Aufgaben aus der Maschinenkunde und Elektrotechnik

Eine Sammlung mit ausführlichen Lösungen

von

FRITZ SÜCHTING
Ing , ord Professor em
der Bergakademie Clausthal

ALBERT VIERLING
Dr -Ing habil , ord Professor
der Techn Hochschule Hannover

Zweite, durchgesehene und erweiterte Auflage

Mit 75 Abbildungen

SPRINGER FACHMEDIEN WIESBADEN GMBH

1952

ISBN 978-3-663-02995-3   ISBN 978-3-663-04183-2 (eBook)
DOI 10 1007/978-3-663-04183-2

Vorwort

Der Vorläufer dieses Buches ist das im Jahre 1924 unter dem Titel „Fritz Süchting, Aufgabensammlung aus der Maschinenkunde und Elektrotechnik" erschienene Werk, das seit langem vergriffen ist. Die Neuauflage, die sich durch verschiedene Umstände verzögert hat, wurde durch das Hinzutreten Albert Vierlings nunmehr ermöglicht. Die langjährige Zusammenarbeit der Verfasser sowie ihre gleichen pädagogischen Grundsätze dürften der Neuausgabe zum Vorteil gereichen.

In die neue Sammlung wurden die besten Aufgaben der 1. Auflage übernommen, und zwar in veränderter und überarbeiteter Form. Die meisten Aufgaben jedoch sind völlig neu, zudem im allgemeinen umfangreicher und zum Teil auch schwieriger.

Das Buch wendet sich zunächst an alle technischen Studenten und an alle Ingenieure, die sich mit Fragen der Maschinenkunde und Elektrotechnik befassen müssen. Es wurde ihm ein breites und vielseitiges Gebiet zugrundegelegt, so daß als Benutzer sowohl Studenten und Ingenieure der beiden genannten Fachrichtungen als auch Bauingenieure, Architekten, Schiffbauer, Berg- und Hüttenleute, technische Physiker und Chemiker, industrielle Kaufleute und Wirtschaftler in Frage kommen. Denn gerade für solche Fälle, wo es sich nicht um Spezialistentum handelt, sondern um eine in die Breite gehende, dennoch aber keineswegs oberflächliche Betätigung, scheint die nicht nur beschreibende, sondern zum exakten Lösen der in der Praxis häufig auftretenden Probleme anleitende Literatur zu fehlen. Die Studenten der Technik und die Ingenieure seien darauf hingewiesen, daß übermäßige Spezialisierung als eine Gefahr erkannt ist, und daß jetzt von den maßgebenden Stellen die Notwendigkeit betont wird, den Ingenieur so gründlich und vielseitig auszubilden, daß er auch auf den Nachbar- und Grenzgebieten seines Hauptfaches zu arbeiten vermag.

Das Buch will nämlich nicht lehren, wie die Einzelteile bestimmter Maschinen berechnet und entworfen werden, was nur der Spezialist zu können braucht, sondern wie man die Hauptdaten der für einen bestimmten Zweck erforderlichen Maschinen, Rohre, Leitungen, Tarife usw. oder, wenn diese gegeben sind, ihre Leistungsfähigkeit und Auswirkung berechnet, etwa, weil man sie auswählen, kaufen, nachprüfen, untersuchen, zu Gesamtanlagen zusammenstellen, sie betreiben, bewirtschaften oder beurteilen soll.

Für alle diese Zwecke ist außer dem Lernen aus Vorträgen oder Büchern auch das intensive Üben in der zahlenmäßigen Lösung von zweckmäßig gewählten Aufgaben unbedingt erforderlich, entweder unter Anleitung eines Lehrers, der nachhilft und jeden Irrtum sofort rügt, oder an Hand einer Sammlung mit so ausführlichen Lösungen, daß sie dem Lernenden die Wege zeigt und die Selbstkontrolle seiner Versuche ermöglicht. Für solche unentbehrlichen Übungen will das Buch als Anregung und Lehrmittel dienen.

Dem Verein von Freunden der Bergakademie Clausthal sind die Verfasser für die Förderung des Werkes zu großem Dank verpflichtet.

Clausthal
   und Hannover,
   Sommer 1952

Fritz Süchting
Albert Vierling

Inhaltsverzeichnis

a) Verzeichnis der Gruppen mit Angabe der Aufgaben-Nummern

(Aufgaben, die sich auf mehrere Gruppen beziehen,
sind hier bei jeder derselben aufgeführt.)

Anhang: Zeichen, Zahlenwerte, Formelgrößen, Indizes, Einheiten, Verzeichnis der Hinweise auf Handbucher (Genauere Angaben Seite VIII.)

b) Verzeichnis der einzelnen Aufgaben

VI

Aufbau der Aufgabensammlung
und Anleitung zu ihrer Benutzung

Wie jede Fertigkeit, sei es eine fremde Sprache, ein Sport oder die Ausübung eines Handwerks oder einer Kunst, niemals allein aus Büchern und Vorträgen oder vom Zusehen erlernt werden kann, sondern erst eigenes Üben, Probieren und Sich-Abmühen unter sachverständiger Leitung das Beste tun muß, wie der Mediziner erst im Präpariersaal und in Kliniken zum Arzt wird, so braucht auch der angehende Ingenieur als Ergänzung des rezeptiv in Vorlesungen und aus Büchern Erworbenen und als wichtigsten Bestandteil seiner Ausbildung eine gründliche vielseitige Vorbereitung durch Übungen. Ohne dieses Üben kann er wohl zu einem Wissen und Verstehen gelangen, aber nicht zu einem Können, das doch erst den Ingenieur ausmacht. Versäumt er es aber während seiner Ausbildungszeit, so muß er das Manko in der Praxis nachholen, wo er doch schon nutzliche verantwortliche Arbeit leisten sollte, und wurde dann mindestens in den ersten Jahren ein unbrauchbarer Ingenieur sein, der leicht grobe Fehler machen und dadurch große Verluste an Material und Arbeit oder gar Unfälle verursachen und so seinen fachlichen Ruf, seine Stellung oder gar seine Existenz riskieren kann.

Die ziffernmäßige Lösung von Aufgaben, wie die Praxis sie vorsetzt, ist meistens nur möglich unter B e n u t z u n g   v o n   H a n d b ü c h e r n, in denen man sich über die betreffenden Gebiete informieren kann und die einschlägigen Formeln und Erfahrungszahlen findet. Die Vertrautheit mit einem solchen Handbuch, die Fertigkeit, es rasch und sicher auf bestimmte ganz verschiedene Einzelfälle anzuwenden, ist daher ein wichtiges Ziel der Ingenieur-Erziehung.

Wir haben deswegen an zahlreichen Stellen der Aufgaben und Lösungen auf bestimmte Stellen der folgenden drei Handbücher hingewiesen. 1. *Hutte, des Ingenieurs Taschenbuch,* herausgegeben vom AKAD. VEREIN HUTTE, E. V. IN BERLIN, *Bd.* I, 27. neubearbeitete *Aufl.* 1941 oder Neudruck 1942 oder 1944 oder 1948, unveränderter Neudruck, Stand 1942; *Bd.* II, 27. *Aufl.* 1944 oder Neudruck 1949, *W. Ernst u. Sohn, Berlin*; 2. *Taschenbuch für den Maschinenbau,* herausgegeben von H. DUBBEL, *Bd.* I u. II, 9. oder 10. *Aufl., Springer-Verlag, Berlin,* 1943 oder 1949; 3. E. KOSACK, *Elektrische Starkstromanlagen,* 11. *Aufl., Springer-Verlag, Berlin,* 1950. Und zwar verweisen wir im Text durch Kursivziffern in eckigen Klammern, z. B. [24], auf das Zitatenverzeichnis am Ende des Buches, das unter der betreffenden Ziffer die Stellen der Handbücher angibt. Wenn während der Benutzung des Buches neue Auflagen dieser Handbücher erscheinen, wird es sich empfehlen, daß der Benutzer selbst jenes Zitatenverzeichnis korrigiert oder neu anlegt. Auch beabsichtigen die Verfasser, dann Neudrucke des Zitatenverzeichnisses zu veranlassen, die von ihnen bezogen werden können

Des Ingenieurs Aufgabe ist, die Tätigkeit der Handarbeiter zu organisieren, anzugeben, was und wie gearbeitet werden soll. Mag er sich nun dabei der Alltagssprache und seiner Fachausdrücke bedienen, oder seiner Spezialsprache, der technischen Zeichnung, immer wird ein Hauptbestandteil seiner Angaben die Z a h l sein, die die Antwort auf die Frage nach dem „w i e v i e l ?“, „w i e g r o ß ?“, „w i e l a n g e ?“ gibt. Die verantwortliche Angabe von Zahlen, von deren Richtigkeit die Brauchbarkeit und Sicherheit der ganzen Arbeit, meistens also große Werte, oft das Leben vieler Menschen abhängen, ist daher charakteristisch für die Arbeit des Ingenieurs, und da er diese Zahlen meistens erst auf Grund einer längeren B e r e c h n u n g erhält, so ist das sichere Ansetzen und Durchführen solcher Rechnungen eine seiner wichtigsten und vornehmsten Fähigkeiten.

Dazu ist nun außer bestimmten Fachkenntnissen, Erfahrungen und konstruktiven Fertigkeiten und außer vielseitigen Kenntnissen auf den Gebieten der Physik, Mechanik, Chemie und Mathematik vor allem nötig· die F ä h i g k e i t, s e i n W i s s e n z u b e n u t z e n, insbesondere die mathematischen Verfahren auf die Erscheinungen der Physik und Mechanik a n z u w e n d e n und die dabei gewonnenen neuen Vorstellungen wiederum auf die Technik; die Fähigkeit, mit Z a h l e n und mit mathematischen F o r m e l n rasch und sicher zu r e c h n e n ; die Gewandtheit und Sicherheit im Umgang mit b e n a n n t e n G r ö ß e n und mit den E i n h e i t e n ; endlich, beinahe als Hauptsache: die Gewöhnung an peinliche S e l b s t k o n t r o l l e bei diesen Rechnungen durch stetes Wachhalten des Gefühls der V e r a n t w o r t l i c h k e i t für die Richtigkeit der abzugebenden Zahlen.

Überraschend ist es nun oft, zu sehen, wie schwer es dem Anfänger fällt, das Gelernte und Erfaßte auch nur auf demselben Gebiet a n z u w e n d e n, also von der bloß rezeptiven Tätigkeit den Schritt auch nur zur allerbescheidensten produktiven zu tun; die Schwierigkeit verzehnfacht sich, wenn es gilt, ein Wissens- und Fertigkeitsgebiet auf ein anderes anzuwenden, etwa die Mathematik auf die Physik, oder gar, wenn es sich darum handelt, die Brücke zu schlagen von den abstrakten mathematisch-physikalischen Vorstellungskreisen zu konkreten technischen Dingen, wie etwa Dampfkesseln, Dampfmaschinen, Dynamos, Fernleitungen, Pumpen, Brücken und sonstigen Maschinen und Bauwerken.

Ähnlich steht es bezüglich der Kunst des gewandten und sicheren R e c h n e n s m i t Z a h l e n u n d F o r m e l n. Die höheren Schulen üben vielfach in den oberen Klassen das Rechnen mit Zahlen nur wenig, und da die Hochschule vorhandene Lücken in dieser Hinsicht nicht mehr zwangsweise ausfüllt, so sind ihre Absolventen in diesem Punkte oft nicht hinreichend gerüstet. Es ist nötig, daß auch das Zahlenrechnen, im Kopf und auf dem Papier, mit Logarithmen, Tabellen und Rechenschieber, womöglich auch mit der Rechenmaschine, vom jungen Ingenieur wahrend seines ganzen Studiums fleißig geübt wird. Dabei muß er auch eine Fertigkeit gewinnen, die für ihn eine weit größere Bedeutung hat als für den Mathematiker, Physiker oder Kaufmann, nämlich das sachgemäße und dem jeweiligen Fall entsprechende A b r u n d e n der Ziffern. Er soll die Zeitverschwendung durch unnötig und unsinnig genaues Rechnen ebenso vermeiden wie ein allzu „großzügiges" Abrunden an unrechter Stelle. Ferner darf und soll er häufig Glieder einer Formel im Interesse der Vereinfachung der Rechnung fortlassen, N ä h e r u n g s v e r f a h r e n gebrauchen, Gleichungen durch P r o b i e r e n lösen, g r a p h i s c h e M e t h o d e n an Stelle der rechnerischen benutzen und ähnliche Mittel anwenden, die rascher oder übersichtlicher arbeiten und eine für den jeweils vorliegenden Fall ausreichende, wenn auch nicht absolute Genauigkeit ergeben

Eine andere Schwierigkeit, die oft verhängnisvolle Fehler herbeiführt, liegt in der richtigen W a h l d e r E i n h e i t e n. Ist die Formel richtig eingesetzt oder ein graphisches Verfahren richtig angewendet, so scheitert oft alles noch daran, daß nun Zweifel entstehen, ob etwa die Länge in Metern oder Zentimetern, der Druck in Millimeter Wassersäule oder in Atmosphären, die Arbeit in Meterkilogramm, Kilokalorien oder Kilowattstunden eingesetzt oder entnommen werden muß. Diese Schwierigkeit ist keineswegs gering; denn der Ingenieur kommt nicht mit e i n e m Maßsystem aus, kann nicht etwa stets alle Längen in m, alle Leistungen in kW usw. messen, sondern muß aus Zweckmäßigkeitsgrunden damit häufig wechseln, auch oft sich ausländischen Maßsystemen anpassen. Dazu kommt, daß manche Handbucher in dieser Beziehung leider oft nachlässig sind und bei den in Buchstaben angegebenen Formeln nicht immer so eindeutig und leicht erkennbar beifügen, in welchen Einheiten die einzelnen Größen eingesetzt werden müssen, wie es wünschenswert wäre und wie es z B. die „*Hutte*" in mustergültiger Weise tut.

Der Ingenieur sollte es sich daher zur Pflicht machen, keine „b e n a n n t e Z a h l" auszusprechen oder gar niederzuschreiben, ohne die exakte Benennung hinzuzufügen. Diese Gewohnheit würde ihn vor vielen Fehlern schützen; für den Anfänger ist sie geradezu unerläßlich zur Erzielung voller Klarheit bei seinen Entwicklungen; außerdem bietet sie ihm ein ausgezeichnetes Mittel, die Richtigkeit seiner Ableitungen dadurch zu kontrollieren, daß er die Gleichungen auf ihre H o m o g e n i t ä t nachprüft. Es gibt Ingenieure, die in dieser Beziehung so nachlässig sind, daß sie nicht nur die Benennung oft fortlassen, sondern auch etwa kW statt kWh, oder km (oder gar „Stundenkilometer“) statt km/h, oder kg statt kg/cm² sagen oder schreiben, was schlimmer ist als ein „mir“ statt „mich“.

Wir haben deswegen Wert darauf gelegt, in den Aufgaben und Lösungen hinter allen Zahlen die B e n e n n u n g anzugeben. Dabei haben wir vielleicht zuweilen des Guten etwas zu viel getan, und öfter, um dem Anfänger diese Regel ja recht nachdrücklich einzupragen, einen unschönen Pleonasmus angewendet, wie etwa· „die stündliche Fördermenge der Pumpe beträgt 12 m³/h“.

In bezug auf die meisten der vorhin genannten und als notwendig erkannten Fähigkeiten ist es bei den Absolventen unserer Fach- und Hochschulen oft recht mangelhaft bestellt. Tüchtige Mathematiker versagen da oft bei ganz leichten Problemen, und obwohl sie schwierige Integrale anstandslos zu lösen vermögen, geben sie falsche Zahlenwerte als Resultate zweier Gleichungen ersten Grades mit zwei Unbekannten, machen einen Dezimalfehler über den anderen, setzen eine Zahl in den Nenner statt in den Zähler, verwechseln kg mit kg/cm², werfen m, cm und mm durcheinander, bilden Gleichungen, die nicht homogen sind, machen gemeine Rechenfehler beim Addieren und Subtrahieren, vergessen eine 2 oder eine 1000 als Faktor und verfangen sich in hundert ähnlichen Fallstricken, die in jeder praktischen Aufgabe lauern

So primitiv solche Fehler oft sind, so schwer ist es erfahrungsgemäß, sie alle mit Sicherheit zu vermeiden. A m s c h l i m m s t e n i s t e s , d i e s e S c h w i e r i g k e i t e n a l s e l e m e n t a r z u v e r a c h t e n und solche Fehler, etwa mit dem Ausdruck „das ist ja nur ein Dezimalfehler“ leichthin zu entschuldigen. Eine Maschine, eine Brucke oder irgendeine andere t e c h n i s c h e E i n r i c h t u n g etwa z e h n m a l z u s c h w a c h a u s z u f ü h r e n , i s t e i n e r d e r d e n k b a r s c h w e r s t e n F e h l e r , d i e e i n I n g e n i e u r m a c h e n k a n n , und bricht ihm wahrscheinlich, und mit Recht, den Hals. Wer solche Fehler als Ingenieur-Eleve leicht nimmt, ist daher für die Laufbahn ungeeignet, weil ihm das Gefühl für die V e r a n t w o r t l i c h k e i t völlig abgeht. S i c h z u m V e r - a n t w o r t u n g s g e f ü h l z u e r z i e h e n , i s t a b e r e i n e d e r w i c h t i g s t e n A u f g a b e n d e r V o r b e r e i t u n g s z e i t .

Ganz fest muß daher dem werdenden Ingenieur jederzeit eingeprägt werden, daß es die erste Anforderung an seine Ansätze und Berechnungen ist, daß die Ergebnisse z a h l e n m ä ß i g r i c h t i g werden. Demgegenüber ist es von sehr untergeordneter Bedeutung, ob die angewendete Methode elegant oder umständlich war, ob er elementaie oder höhere Mathematik benutzte, ob er die Gleichungen durch Probieren oder graphisch oder analytisch löste, ob er mit Rechenschieber, Rechenmaschine, Tabellen, Logarithmen, auf dem Papier oder im Kopf rechnete.

Endlich muß der Ingenieur die Fähigkeit erwerben, bei seinen Berechnungen und Erwägungen nicht nur das Physikalische und Technische, sondern auch das Wirtschaftliche, die Kostenfrage im Auge zu behalten, die oft für seine Entschließungen den Ausschlag gibt. Auch dazu bietet diese Sammlung reiche Gelegenheit. Die dabei zugrunde gelegten Zahlen von Geldbeträgen sind möglichst den wirklichen Verhältnissen angepaßt. Freilich sind Preise, Zinssätze, Stromtarife und dergl. einem oft raschen Wechsel unterworfen, und daher werden vielleicht die im Buch angegebenen Werte zuweilen nicht mit den jeweils geltenden übereinstimmen. Daran möge man sich dann nicht stoßen; der Zweck des Buches braucht darunter nicht zu leiden.

Bezüglich des Stoffes beziehen sich die Aufgaben auf viele verschiedene Gebiete des Maschinenwesens und der Elektrotechnik, die ja nur durch eine konventionelle und in der Praxis sehr oft durchbrochene Scheidewand voneinander getrennt sind. Es ist nicht der Zweck des Buches, dem Benutzer für alle in der Praxis auftretenden Probleme fertige Lösungen zu geben, was bei deren Mannigfaltigkeit auch ganz unmöglich wäre. Vielmehr sollen seine Fähigkeiten zum selbständigen Anpacken der Probleme entwickelt werden, wozu keineswegs die Berücksichtigung aller Gebiete nötig ist, sondern nur eine Auswahl vielseitiger und charakteristischer Fälle. Es standen also pädagogische Ziele durchaus im Vordergrund.

Die Aufgaben sind, wie die Inhaltsverzeichnisse S. V bis VIII zeigen, nach ihrem Hauptinhalt gruppiert; jede Gruppe beginnt mit den einfacheren und endet mit den komplizierteren oder umfangreicheren. Doch sind fast alle Aufgaben unabhängig voneinander durchgeführt, so daß sie auch in beliebiger Reihenfolge in Angriff genommen werden können. Wenn einmal eine sich auf eine andere stützt, ist das besonders hervorgehoben. Infolge dieser Selbständigkeit ließ sich im Text der Lösungen die Wiederholung ähnlicher Gedankengänge nicht immer vermeiden; jedoch sind in solchen Fällen, und zwar auch da, wo die Überschriften auf große Ähnlichkeit schließen lassen, Abweichungen in den Nebenbedingungen und in der Behandlungsweise gewählt worden, damit auch sie neue Anregung und Belehrung bieten.

An sich ist keine der Aufgaben wirklich schwer, sobald der Lernende einmal den Weg gefunden hat, auf dem er dem betreffenden Problem beikommen kann. Es wird ihm damit gehen wie mit den sogenannten „eingekleideten Gleichungen", deren Schwierigkeit ebenfalls meistens bewältigt war, sobald die Übersetzung in die mathematische Formelsprache gelang. Und so wird vielleicht jeder Spezialist diese Aufgaben, wenn er nur die sein engeres Gebiet betreffenden ansieht, für übermäßig

leicht halten. S c h w i e r i g s i n d s i e t r o t z d e m in i h r e r G e -
s a m t h e i t, w e g e n d e r M a n n i g f a l t i g k e i t der in ihnen be-
handelten Probleme. Wir möchten daher glauben, daß derjenige, der die
Aufgaben dieses Buches sämtlich gewandt und richtig anzugreifen und zu
lösen gelernt hat, schon ein gut Teil der Anforderungen erfüllt, die man
an einen jungen Ingenieur stellen darf. Denn außer dem, was die Überschriften andeuten, wird er n e b e n b e i viele Fertigkeiten erlernen, die er
in der Praxis braucht, wie z. B. Kunstgriffe beim Ablesen von Werten aus
Kurvenblättern, das Konstruieren von Vektordiagrammen, die Anstellung
von Rechenkontrollen, das rechnerische und graphische Interpolieren, das
Berechnen von Zahlentafeln nach einem Rechenschema usw. usw. Gerade auf
derartige Fertigkeiten ist bei der Bearbeitung großer Wert gelegt worden.

Entsprechend der Einfachheit der Probleme ist die K e n n t n i s d e r
h ö h e r e n M a t h e m a t i k für die Lösung der weitaus meisten Aufgaben
n i c h t e r f o r d e r l i c h, so daß sie auch für t e c h n i s c h e M i t t e l -
s c h u l e n durchaus geeignet sind. Auch haben wir bei den Lösungen
keineswegs immer die „eleganteste“ Methode bevorzugt, sondern meistens
eine besonders einfache, durchsichtige, wenn auch vielleicht etwas umständ-
lichere. Denn der Ingenieur muß, sofern er sich nicht gerade auf seinem
Spezialgebiet befindet, auf dem es sich lohnen mag, eine rascher zum Ziel
führende Spezialmethode zu erlernen, mit möglichst einfachem, aber vielseitig anwendbarem Handwerkszeug durchzukommen suchen.

Der T e x t d e r L ö s u n g e n ist so a u s f ü h r l i c h, daß er das ge-
sprochene Wort ersetzen kann. Auch die angewendeten Formeln sind meistens, um ihre gedankenlose Anwendung zu vermeiden, so weit abgeleitet,
daß ihre Richtigkeit ersichtlich wird. Besonders dort, wo wir Schwierigkeiten
für den Anfänger vermuteten, die auch durch das Nachlesen der zitierten
Handbuchstellen nicht leicht überwunden werden, sind wir so ausführlich
geworden wie in einem Lehrbuch, beispielsweise bei der Berechnung des
Spannungsverlustes in Wechselstromleitungen in den Aufgaben Nr. 71
und 72.

Ebenso a u s f ü h r l i c h i s t d i e r e c h n e r i s c h e B e h a n d l u n g
der Gleichungen und der Zahlenwerte gehandhabt. Grundsatz war dabei,
k e i n e Z w i s c h e n r e c h n u n g e n z u ü b e r s p r i n g e n und alle
Entwicklungen so vollständig wiederzugeben, daß der Übende, wenn er dem
Gang der Rechnung folgt, im allgemeinen keine Nebenrechnungen auf be-
sonderem Blatt vorzunehmen braucht, außer allenfalls einmal eine Addition
oder Subtraktion. Im übrigen ist davon ausgegangen, daß er den
R e c h e n s c h i e b e r sowie die in fast allen Handbüchern enthaltenen
T a f e l n für n^2, n^3, $\sqrt{n}$, $\sqrt[3]{n}$, $1000/n$, πn, $n^2 \pi/4$, und die vier- oder fünf-
stelligen Tafeln der L o g a r i t h m e n und W i n k e l f u n k t i o n e n
fleißig benutzt.

Vielleicht erscheint einem erfahrenen Ingenieur die Ausführlichkeit als zu groß; der Anfänger wird sie aber begrüßen. denn die Überschlagung von Zwischenrechnungen würde ihm das Lernen nach dem Buch sehr erschweren. Die berechneten Z a h l e n w e r t e sind im allgemeinen m i t e t w a s g r ö ß e r e r a l s R e c h e n s c h i e b e r - G e n a u i g k e i t angegeben und so abgerundet, daß die letzte Ziffer (außer 0) noch zutrifft, damit der Übende, wenn er die Zahlen nachrechnet, kontrollieren kann, ob er seinen Rechenschieber mit der nötigen Sorgfalt gehandhabt hat.

Die den Aufgaben zugrunde gelegten Z a h l e n w e r t e haben wir möglichst so gewählt, daß sie w i r k l i c h e n o d e r ü b l i c h e n V e r h ä l t - n i s s e n e n t s p r e c h e n ; dadurch wird ein für den Ingenieur nützlicher weiterer Gewinn erzielt, nämlich die Grundlage zu einem Schatz von Zahlen oder doch von Größenordnungen, der im Gedächtnis haftet und sich mit anderen Zahlen und Begriffen zu einem reichen Netzwerk verbindet. Daraus kann sich dann allmählich ein Schätzungsvermögen, ein „Fingerspitzengefühl" entwickeln, das bei erfahrenen Ingenieuren oft bis zu einem erstaunlichen Grade ausgebildet ist, so daß sie zuweilen instinktiv und augenblicklich den zweckmäßigsten oder richtigen Zahlenwert für die Lösung eines Problems zu greifen vermögen, den ein anderer erst durch mühsames und langwieriges Rechnen suchen muß.

Als geeignetster W e g d e r B e n u t z u n g d e r S a m m l u n g ohne die persönliche Führung durch einen Lehrer dürfte sich etwa folgendes Verfahren empfehlen: der Lernende versuche zunächst, die Aufgabe ganz selbständig zu lösen, und vergleiche, wenn ihm das gelingt, sein Resultat mit den in der Lösung angegebenen Zahlen. Gelingt es ihm nicht, so lese er die Lösung nur soweit durch, daß er den Gang der Behandlung erkennt, und versuche nun von neuem, selbständig das Ergebnis zu finden. Immer bedenke er, daß das b l o ß e N a c h l e s e n u n d N a c h r e c h n e n w e n i g W e r t hat und daß n u r w i r k l i c h e s K o p f z e r b r e c h e n für ihn v o n N u t z e n sein kann. Ist auf diese Weise, mit mehr oder weniger Beihilfe durch das Buch, ein Zahlenresultat gefunden, das mit dem im Buch angegebenen hinreichend übereinstimmt, so lese er im Buch die Lösung ganz und sorgfältig durch. In den meisten Fällen wird sie von dem von ihm selbst gegangenen Wege doch noch so weit abweichen, daß er daraus weitere Anregung und Belehrung schöpfen kann. Zum Schluß löse er aber nochmals die ganze Aufgabe völlig selbständig, wobei er merken wird, wieviel Mühe das, beim Fehlen aller Krücken, oft noch macht.

Beim Vergleich der selbst gewonnenen Resultate mit den im Buche gegebenen ist übrigens wohl zu beachten, daß bei sehr vielen Aufgaben der Technik die E r f a h r u n g s z a h l e n , mit denen man zu rechnen hat, keine mathematisch festliegenden Ziffern sind, sondern manchmal i n z i e m l i c h w e i t e n G r e n z e n f r e i g e w ä h l t w e r d e n dürfen, und daß infolgedessen oft die Ergebnisse erheblich voneinander abweichen können, ohne daß eines derselben falsch zu sein braucht; vielleicht sind nur bei dem einen Rechnungsweg vorsichtigere Werte eingesetzt, was dann meistens zugleich eine teurere Anordnung ergibt.

Alle in den Lösungen angegebenen Formeln und Ziffern sind sorgfältig kontrolliert worden, so daß wir hoffen, Irrtümer vermieden zu haben. Für Mitteilung von Fehlern aller Art, die etwa dennoch durchgeschlüpft sein sollten, sowie für Verbesserungs- und Ergänzungsvorschläge sind wir jederzeit dankbar.

Die spätere Herausgabe einer Fortsetzung dieser Sammlung mit weiteren Aufgaben ist beabsichtigt.

Aufgaben

Aufgabe 1: Berechnung der Riemenscheibendurchmesser
eines Vorgeleges

Auf einer Transmissionswelle, die mit $n_1 = 150$ Umdr. in der Minute umläuft, befindet sich eine Riemenscheibe von $D_1 = 1120$ mm Durchmesser. Von dieser soll ein elektrischer Generator angetrieben werden, der etwa $n_4 = 1200$ Umdr./min machen muß und dessen Riemenscheibe einen Durchmesser von $D_4 = 225$ mm hat. Wegen des großen Übersetzungsverhältnisses [32] soll ein Vorgelege angewendet werden

1. Zu berechnen sind die Durchmesser der beiden Vorgelege-Riemenscheiben und zwar unter Annahme eines Schlupfes [31] von 2 %/₀ für jeden Riemen und einer Riemendicke von 5 mm und mit der Vorschrift, daß im Interesse rascher und billiger Lieferung nur Werte aus der folgenden Zusammenstellung normaler Riemenscheibendurchmesser (nach DIN 111) in Betracht gezogen werden sollen 200, 225, 250, 280, 320, 360, 400, 450, 500, 560, 630, 710, 800, 900, 1000, 1120, 1250 mm, und daß die Drehzahl des Generators, wenn sie infolge dieser Normen-Vorschrift nicht genau auf den Wert 1200 gebracht werden kann, lieber etwas zu hoch als zu niedrig sein soll. Die ganze Anordnung ist durch eine einfache Skizze mit beigeschriebenen Werten für n und D aller Scheiben zu erläutern.

2. Es ist zu zeigen, daß die eben angegebenen Norm-Durchmesserwerte angenähert eine geometrische Reihe bilden und angenähert dargestellt werden können durch die Formel $D = 25 \cdot 10^{x/20}$, in der x ganze Zahlen in der natürlichen Zahlenfolge bedeutet.

Losung

Zu 1.: Die Gesamt-Übersetzung i_{gesamt} [32] ist $\dfrac{n_1}{n_4} \approx \dfrac{1200}{150} = 8$. Da man bei einem einfachen Riementrieb ohne Spannrolle mit diesem Wert nicht gern höher als 5 geht, soll hier eine Zwischen- oder „Vorgelege-Welle" mit zwei weiteren auf ihr fest verkeilten Scheiben mit den Durchmessern D_2 und D_3 eingeschaltet werden, wie es die (nicht maßstäbliche) **Abb. 1,** S. 10, im Grundriß zeigt. Die Drehzahl n_v dieses Vorgeleges könnte an sich in weiten Grenzen frei gewählt werden, wenn nur das Produkt aus den

beiden Einzel-Übersetzungen $i_1 = \dfrac{n_v}{n_1}$ und $i_2 = \dfrac{n_4}{n_v}$ etwa gleich 8 wird und beide Werte i_1 und i_2 kleiner als 5 sind. Je kleiner man aber einen dieser zwei Werte wählt, um so größer wird offenbar der andere; folglich wird es, um keinen von ihnen größer als nötig werden zu lassen, zweckmäßig sein, sie beide gleich groß, das heißt jeden etwa gleich $\sqrt{8} = 2,828$ zu machen.

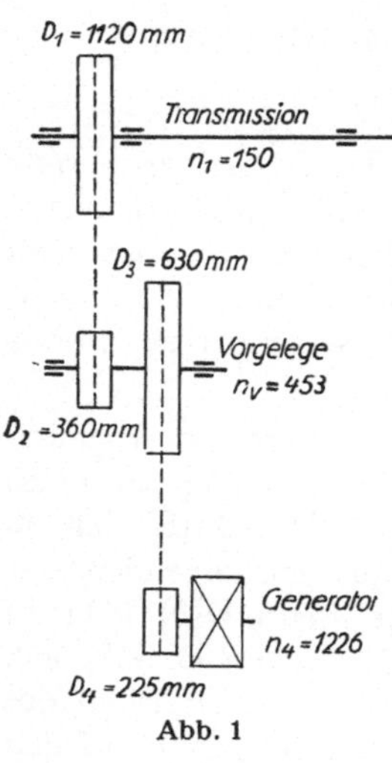

Abb. 1

Wenn wir nun zunächst sowohl den Riemenschlupf als auch den Einfluß der Riemendicke vernachlässigen, so wäre hiernach anzustreben:

$$n_v = 150 \cdot 2,828 = \frac{1200}{2.828} = 424 \text{ und}$$

$$D_2 = \frac{D_1}{2,828} = \frac{1120}{2,828} = 396 \text{ mm;}$$

$$D_3 = D_4 \cdot 2,828 = 225 \cdot 2,828 = 636 \text{ mm.}$$

Nun soll bei jedem Riemen mit einem Schlupf [31] von 2 % gerechnet werden, so daß aus diesem Grunde bei jedem Riemen entweder die treibende Scheibe um 2 % größer oder die getriebene um 2 % kleiner gewählt werden muß als wenn kein Schlupf einträte. Damit kommen wir auf $D_2 = 396 \cdot 0,98 = 388$ mm und $D_3 = 636 \cdot 1,02 = 649$ mm. Ferner muß man bei genauer Berechnung die Riemendicke berücksichtigen, indem man als „wirksamen" Scheibendurchmesser das Doppelte des von der Scheibenachse bis zur neutralen Faser des Riemens gemessenen „wirksamen" Radius einsetzt. Die wirksamen Durchmesser sind also um eine Riemendicke (hier um 5 mm) größer als die wirklichen.

Ohne Berucksichtigung des Schlupfes ist daher genauer statt $D_2 = \dfrac{1120}{2,828}$ zu setzen·

$$D_2 + 5 = \frac{1120 + 5}{2,828} = 398 \text{ mm und entsprechend·}$$

$$D_3 + 5 = (225 + 5) \cdot 2,828 = 650 \text{ mm}$$

und mit Berücksichtigung des Schlupfes:

$$D_2 + 5 = 398 \cdot 0,98 = 390 \text{ mm,} \quad D_2 = 385 \text{ mm und}$$

$$D_3 + 5 = 650 \cdot 1,02 = 663 \text{ mm,} \quad D_3 = 658 \text{ mm.}$$

Endlich sollen die Werte auf Norm-Durchmesserziffern abgerundet werden, so daß für D_2 die Werte 360 oder 400 mm, fur D_3 die Werte 630 oder 710 mm in Betracht kommen. Von den hiernach zunächst möglichen vier Kombinationen· a) 360, 630; b) 360, 710; c) 400, 630; d) 400, 710 scheidet die dritte (c), (400, 630) von vornherein aus. Denn dabei ist gegenüber der

Berechnung die getriebene Scheibe D_2 vergrößert (400 gegen 385), die treibende Scheibe D_3 verkleinert (630 gegen 658), und diese Änderungen wirken b e i d e im Sinne einer Verringerung der Drehzahl n_4 des Generators, so daß diese dabei sicher niedriger als 1200 ausfallen würde. Die anderen drei Kombinationen sind dagegen diskutabel, und wir berechnen daher die bei ihrer Anwendung auftretenden Werte von n_4

Bei Kombination a) wird $D_2 = 360$ mm, $D_3 = 630$ mm;

$$n_4 = n_1 \cdot \frac{D_1 + 5}{D_2 + 5} \cdot 0{,}98 \cdot \frac{D_3 + 5}{D_4 + 5} \cdot 0{,}98 = 150 \cdot \frac{1125}{365} \cdot 0{,}98 \cdot \frac{635}{230} \cdot 0{,}98 = 1226.$$

Die Kombination b) mit $D_2 = 360$, $D_3 = 710$ mm braucht nicht nachgeprüft zu werden, weil sie bei gleichem Wert fur D_2 und größerem Wert für D_3 sicher einen größeren Wert für n_4 ergibt als die Kombination a) und weil der bei a) für n_4 gefundene Wert bereits genügte.

Die Kombination d) mit $D_2 = 400$, $D_3 = 710$ mm ergibt

$$n_4 = 150 \cdot \frac{1125}{405} \cdot 0{,}98 \cdot \frac{715}{230} \cdot 0{,}98 = 1244.$$

Die Kombination a) mit den Werten $D_2 = \mathbf{360\ mm}$ und $D_3 = \mathbf{630\ mm}$ ergibt also mit $n_4 = \mathbf{1226\ Umdr./min}$ den der Forderung am nächsten kommenden Wert von n_4 und ist daher zu wählen. Dabei wird

$$n_v = 150 \cdot \frac{1125}{365} \cdot 0{,}98 = \mathbf{453\ Umdr./min.}$$

In die (nicht maßstäbliche) Abb. 1, S. 10, sind diese endgultigen Durchmesser- und Drehzahlwerte neben den in der Aufgabe gegebenen eingetragen.

Zu 2.: Wenn die gegebenen Werte der genormten Durchmesser eine geometrische Reihe bilden sollen, so müssen ihre Logarithmen eine arithmetische Reihe darstellen. Wir tragen daher in Spalte 1 der Zahlentafel 1, S. 12, diese Durchmesserwerte ein, in Spalte 2 ihre Logarithmen und in Spalte 3 die Differenzen der Logarithmen. Diese Differenzwerte weichen nicht allzusehr voneinander ab, woraus folgt, daß in der Tat die Durchmesserwerte angenähert eine geometrische Reihe bilden. In Spalte 4 sind an Stelle der Logarithmendifferenzen die (mit dem Rechenschieber ermittelten) Quotienten aus je zwei Nachbarwerten von D eingetragen und deren Gleichmäßigkeit führt zu demselben Schluß.

Wenn wir dem ersten der angegebenen Durchmesserwerte (200 mm) den Index a und dem letzten (1250 mm) den Index e geben und noch feststellen, daß dazwischen 15 Zwischenwerte liegen (oder: daß der letzte Wert, vom ersten aus gerechnet, in 16 „Sprüngen" erreicht wird), so ist zu zeigen, daß angenähert die folgenden Gleichungen A) und B) mit ganzen Zahlwerten für x_a und x_e und mit $x_e - x_a = 16$ zutreffen:

$$A) \quad 200 = 25 \cdot 10^{x_a/20} ; \quad B) \quad 1250 = 25 \cdot 10^{x_e/20} .$$

Zahlentafel 1

D[mm]	$\log D$	Differenz	$\dfrac{D_{x+1}}{D_x}$	x	$\dfrac{x}{20}$	$\dfrac{x}{20} + \log 25$	Numerus
200	2,3010			18	0,9000	2,2979	199
		0,0512	1,125				
225	2,3522			19	0,9500	2,3479	223
		0,0457	1,111				
250	2,3979			20	1,0000	2,3979	250
		0,0493	1,120				
280	2,4472			21	1,0500	2,4479	280
		0,0579	1,142				
320	2,5051			22	1,1000	2,4979	315
		0,0512	1,125				
360	2,5563			23	1,1500	2,5479	353
		0,0458	1,111				
400	2,6021			24	1,2000	2,5979	396
		0,0511	1,125				
450	2,6532			25	1,2500	2,6479	445
		0,0458	1,111				
500	2,6990			26	1,3000	2,6979	499
		0,0492	1,120				
560	2,7482			27	1,3500	2,7479	560
		0,0511	1,125				
630	2,7993			28	1,4000	2,7979	628
		0,0520	1,127				
710	2,8513			29	1,4500	2,8479	705
		0,0518	1,127				
800	2,9031			30	1,5000	2,8979	791
		0,0511	1,125				
900	2,9542			31	1,5500	2,9479	887
		0,0458	1,111				
1000	3,0000			32	1,6000	2,9979	995
		0,0492	1,120				
1120	3,0492			33	1,6500	3,0479	1117
		0,0477	1,116				
1250	3,0969			34	1,7000	3,0979	1253

Durch Logarithmieren folgt aus A)·

$$\log 200 = \log 25 + \frac{x_a}{20} \; ;$$

$$2{,}3010 = 1{,}3979 + \frac{x_a}{20} \; ;$$

$$x_a = (2{,}3010 - 1{,}3979) \cdot 20 = 18{,}062$$

und entsprechend aus B)·

$$\log 1250 = \log 25 + \frac{x_e}{20} \; ;$$

$$3{,}0969 = 1{,}3979 + \frac{x_e}{20} \; ;$$

$$x_e = (3{,}0969 - 1{,}3979) \cdot 20 = 33{,}980.$$

Es sind also in der Tat x_a und x_e nahezu ganze Zahlen, nämlich $x_a \approx 18$, $x_e \approx 34$, und $x_e - x_a \approx 16$, woraus folgt, daß die angegebenen Normdurchmesserwerte nahezu jener Formel entsprechen. Unter Zugrundelegung der Werte $D_1 = 200$, $x_a = 18$, $D_2 = 1250$, $x_e = 34$ sind in den Spalten 5 bis 8 der Zahlentafel 1 auch noch die Werte x, $\frac{x}{20}$, $\frac{x}{20} + 1{,}3979$ und die Numeri zu den Logarithmen in Spalte 7 angegeben. Der Vergleich dieser Ziffern mit denen der Spalte 1 zeigt, daß die letzteren von den aus der Formel berechneten Werten nur wenig abweichen.

Aufgabe 2: Berechnung der Leistungsfähigkeit eines Faktoren-Flaschenzuges mit Bockwinde (Bauwinde, Handkabelwinde)

Für das Heben schwerer Teile bei der Montage einer Maschine ist von der Fabrik ein sogenannter „Faktoren-Rollenzug" (Flaschenzug) [36] mit 3 Rollen in der festen und 2 Rollen in der losen Flasche mit der Maschine gesandt worden, dazu ein ziemlich neues Hanfseil von 26 mm $\emptyset$ und eine Bockwinde [38], mit der das Seil angezogen werden soll.

Fragen:

1. Welche Höchstlast Q_{max} läßt sich mit diesen Einrichtungen heben, wenn das Seil [34] an der höchstbeanspruchten Stelle noch 8fache Sicherheit [27] gegen Reißen haben soll und wenn angenommen wird, daß alle anderen Teile der Einrichtung für eine höhere Last ausreichen als das Seil? Die Biegungsbeanspruchung des Seiles ist zu vernachlässigen bzw. soll durch die Wahl einer 8fachen Sicherheit gegen Reißen bereits als mitberücksichtigt gelten.

2. Wieviele Arbeiter müssen an den Kurbeln der Bockwinde drehen [37], um jene Höchstlast am Flaschenzug zu heben, wenn die Winde folgendermaßen gebaut ist und einen gesamten Wirkungsgrad von 0.75 hat [26]?

Kurbelradius: 40 cm;

Seiltrommel-Durchmesser. 350 mm;

Zähnezahl des mit der Seiltrommel fest verbundenen Zahnrades: 70;

Zähnezahl des kleinen Rades auf der Vorgelegewelle 12,

Zähnezahl des großen Rades auf der Vorgelegewelle: 50;

Zähnezahl des Rades auf der Kurbelwelle: 13.

3. Um wieviel wird sich jene Höchstlast in der Minute heben, wenn die gemäß 2. ermittelte Anzahl von Arbeitern an den Kurbeln arbeiten?

Losung

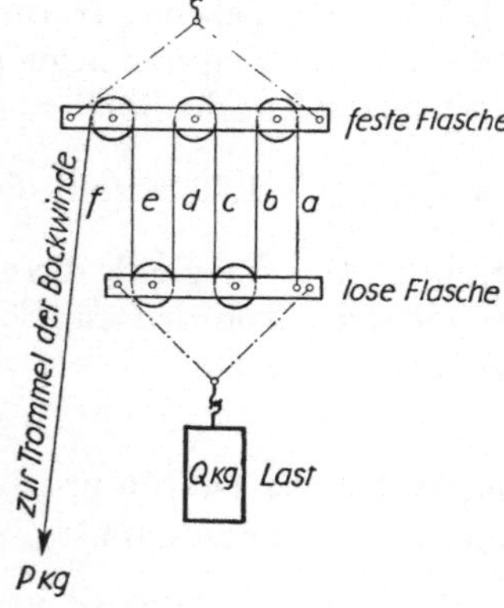

Abb. 2

Zu Frage 1.: Der Faktoren - Flaschenzug wird gemäß den Angaben über die Rollenzahl in der festen und losen Flasche schematisch dargestellt durch die **Abb. 2**, S. 14. Die Last von Q kg hängt an 5 Seilsträngen a, b, c, d, e und würde sich, wenn das Seil und die Rollen keine Reibungswiderstände aufwiesen, auf diese 5 Stränge gleichmäßig verteilen, so daß jeder Strang $^1/_5$ der Last Q zu tragen hätte. Die Zugkraft von P kg in dem zur Bockwinde fuhrenden Seilstrang f würde in diesem Falle (d. h.: ohne Reibung!) zur Erzielung des Gleichgewichtes (d. h.: behufs ruhigen Haltens der Last oder behufs ihrer gleichförmigen, nicht beschleunigten Auf- oder Abwärtsbewegung) gleich der Kraft im Strange e, also ebenfalls gleich $\dfrac{Q}{5}$ kg sein müssen. Die Seilbeanspruchung wäre dann in allen 6 Strängen a, b, c, d, e, f gleich groß.

Infolge der Reibung nimmt jedoch die Seilbeanspruchung (beim Hochwinden der Last Q) vom Strang a bis zum Strang f mit jedem folgenden Strang zu und ist in f am größten, so daß für die Seilberechnung der Strang f maßgebend ist.

Fur die Bestimmung der höchstzulässigen Zugkraft P_{zul} [kg] in diesem Strang bietet uns die *Hütte* I, S. 1055, einen Anhalt, indem sie die zulässige Belastung für ein Manilahanfseil von 26 mm ϕ bei 7 facher Sicherheit zu 550 kg angibt, was bei 8 facher Sicherheit [27] einer Belastung mit

$\dfrac{550 \cdot 7}{8} \approx 480$ kg entspricht. Ungefähr zu demselben Wert führt die Angabe der *Hütte* II, S. 286, daß die Festigkeit σ_B von neuen Hanfseilen 1200 bis 1350 kg/cm² (von alten 500 kg/cm²) sei, bezogen auf den **t a t - s ä c h l i c h e n** Querschnitt, und daß für den **u m s c h r i e b e n e n** Querschnitt mit etwa $^2/_3$ dieser Werte zu rechnen ist. Rechnen wir vorsichtig mit $\sigma_B = 1080$ kg/cm², indem wir von der unteren Ziffer für neue Seile (1200) wegen Alterung 10 % abziehen, so ergibt sich die Bruchlast bei dem Durchmesser $d = 2{,}6$ cm und dem umschriebenen Querschnitt von $d^2\,\pi/4 = 5{,}31$ cm² zu $5{,}31 \cdot \dfrac{2}{3} \cdot 1080 = 3823$ kg und die zulässige Belastung zu $\dfrac{3823}{8} = 478$ kg. Wir rechnen daher weiter mit dem abgerundeten Wert von 475 kg.

Ohne Reibung des Seiles und der Rollen, also bei einem Wirkungsgrad [26] des Flaschenzuges $\eta_{FZ} = 100$ % (oder 1,00), wäre, wie vorhin gezeigt, $Q_{o\,max} = 5 \cdot P_{zul} = 5 \cdot 475 = 2375$ kg. Infolge der Reibung, die diesen Wirkungsgrad erheblich ermäßigt, ist $Q_{max} = 5 \cdot \eta_{FZ} \cdot P_{zul}$. Den Wert η_{FZ} leiten wir aus dem Wirkungsgrad einer einzelnen Rolle η_R ab, der die Verluste durch Zapfenreibung und Seilsteifigkeit einschließt und in den zitierten Handbüchern [36] für Drahtseile mit etwa 0,95 angegeben wird. Bei Hanfseilen ist mit etwas größeren Verlusten und daher mit etwa $\eta_R = 0{,}90$ zu rechnen.

Wenn man zur Bestimmung von η_{FZ} aus η_R die in Handbüchern gegebenen Formeln benutzen will, ist besondere Vorsicht geboten, weil unterschieden werden muß, ob das eine Seilende an der unteren oder an der oberen Flasche des Rollenzuges befestigt ist und ob das andere Ende von einer losen Rolle (wie bei *Dubbel* I, S. 191, Fig. 102) oder von einer festen Rolle (wie bei *Dubbel* I, S. 191, Fig. 103) abläuft, sowie, ob unter n die Zahl **a l l e r** Rollen verstanden ist, was z. B. bei *Dubbel* I, S. 191, Fig. 103 und der zugehörigen Formel 66 nicht zutrifft. Aus diesem Grunde leiten wir die Formel selbst ab:

Der im Strang f herrschende Zug ist P_{zul} kg, der in e bzw. d bzw. c bzw. b bzw. a herrschende: $P_{zul} \cdot \eta_R$ bzw. $P_{zul} \cdot \eta_R^2$ bzw. $P_{zul} \cdot \eta_R^3$ bzw. $P_{zul} \cdot \eta_R^4$ bzw. $P_{zul} \cdot \eta_R^5$ kg. Insgesamt wirkt daher an der losen Flasche senkrecht aufwärts die Kraft $P_{zul} \cdot (\eta_R + \eta_R^2 + \eta_R^3 + \eta_R^4 + \eta_R^5)$

$$= P_{zul} \cdot \eta_R \cdot (\eta_R^4 + \eta_R^3 + \eta_R^2 + \eta_R + 1)$$

$$= P_{zul} \cdot \eta_R \cdot \frac{\eta_R^5 - 1}{\eta_R - 1} = P_{zul} \cdot \eta_R \, \frac{1 - \eta_R^5}{1 - \eta_R}.$$

Senkrecht abwärts wirkt an ihr die Last Q_{max}, so daß folgt:

$$Q_{max} = P_{zul} \cdot \eta_R \cdot \frac{1 - \eta_R^5}{1 - \eta_R} \, .$$

Die Gleichsetzung dieses Ausdrucks fur Q_{max} mit dem vorhin gefundenen $5 \cdot \eta_{FZ} \cdot P_{zul}$ ergibt

$$\eta_{FZ} = \frac{\eta_R \cdot (1 - \eta_R^5)}{5 \cdot (1 - \eta_R)} = \frac{0,90 \cdot (1 - 0,90^5)}{5 \cdot (1 - 0,90)}$$

$$= \frac{0,90 \cdot (1 - 0,5905)}{5 \cdot 0,10} = \frac{0,90 \cdot 0,4095}{0,50} = 0,737 \approx 0,74 \, .$$

Mit diesem Wert und $P_{zul} = 475$ kg ergibt sich die wirklich zu bewältigende Höchstlast $Q_{max} = 5 \cdot \eta_{FZ} \cdot P_{zul} = 5 \cdot 475 \cdot 0,74 = \mathbf{1758\ kg}$.

Zu Frage 2.: An der Bockwinde [38], die durch die **Abb. 3**, S. 16, schematisch dargestellt wird (Konstruktionsskizzen s. *Hütte* II, S. 954, Abb. 120, 121 und *Dubbel* II, S. 373 f., Abb. 11, 13), verhalten sich die Zahlen der von

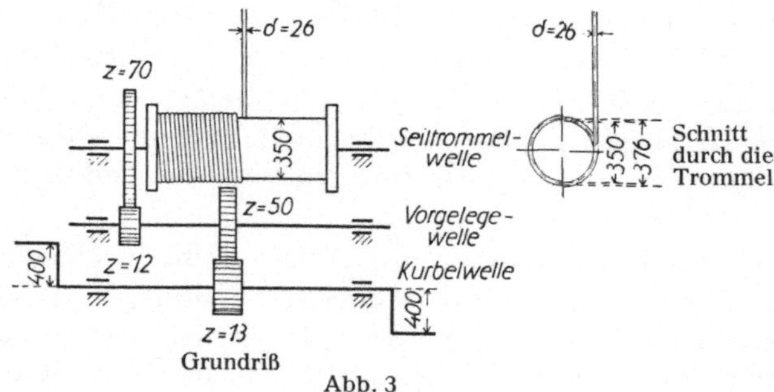

Abb. 3

den drei Wellen (Kurbelwelle, Vorgelegewelle, Seiltrommelwelle) in derselben Zeit vollendeten Umdrehungen umgekehrt wie die Zähnezahlen z der beiden auf den betreffenden Wellen befestigten und ineinander kämmenden Zahnrader [33]. Wenn daher die Kurbeln genau eine volle Umdrehung machen, so macht gleichzeitig die Vorgelegewelle $\frac{13}{50}$ Umdrehungen, die Trommelwelle $\frac{13}{50} \cdot \frac{12}{70} = \frac{156}{3500} = 0,0446$ Umdrehungen.

Die Hand jedes Arbeiters legt dabei, entsprechend dem Kurbelradius von 40 cm, einen Weg von $2 \cdot 0,4 \cdot \pi = 2,513$ m zurück. Jeder Punkt des Seilstranges f bewegt sich dabei, da das Seil sich auf der Trommel in Kreisen vom Durchmesser $350 + 26 = 376$ mm aufwickelt, um einen Weg von $0,376 \cdot \pi \cdot 0,0446 = 0,0527$ m [1].

Bei der Höchstlast $Q_{max} = 1758$ kg und dem zugehörigen Wert P_{zul} $= 475$ kg wird am Seilstrang f während einer Kurbelumdrehung also eine Arbeit von $0,0527 \cdot 475 = 25,03$ mkg geleistet [17]. Der Kurbelweg ist dabei $2 \cdot 0,4 \cdot \pi = 2,513$ m [1], so daß an den Kurbeln bei Annahme eines Wirkungsgrades der Bockwinde von 1,00 eine Kraft $P = \dfrac{25,03}{2,513} = 9,96$ kg erforderlich wäre, die sich bei dem gegebenen Winden-Wirkungsgrad von 0,75 auf $\dfrac{9.96}{0,75} = 13,28$ kg erhöht [26].

Es ist zu prüfen, ob diese Kraft über einen längeren Zeitraum von einem normalen Arbeiter geliefert werden kann: Über die ungefähren Werte der **Kraft und der Geschwindigkeit, mit der Arbeiter an einer Handkurbel arbeiten**, geben die Handbücher [37] folgende Anhalte:

Hütte II, S. 131: Kurbelradius $r = 20$ bis 40 cm; Kurbeldruck P eines Arbeiters (tangential) im Mittel 8 bis 15 kg, vorübergehend 20 kg und mehr; Umfangsgeschwindigkeit $v = 0,5$ bis 1 m/sek.

Hütte II, S. 332: Bester Wirkungsgrad, wenn $r = 28,4$ cm und die pro Umdrehung geleistete Arbeit $= 1430$ kgcm ist, d. h. bei P [kg] $\cdot r$ [cm] $\cdot 2\pi$ $= 1430$ kgcm, also $P = \dfrac{1430}{2 \cdot 28,4 \cdot \pi} \approx 8$ kg.

Hütte II, S. 332, Tafel 6: Höchstleistungen eines Arbeiters an der Handkurbel, abhängig von der Arbeitsdauer:

Dauer in min:	90	41	30	15	5	1,5
Leistung N in mkg/sek	12,5	13,5	12,5	17	19,5	27,7

Dubbel II, S. 390: $r = 30$ bis 40 cm; $P = 10$ bis 15 kg, vorübergehend bis 25 kg; v (bei $P = 10$ bis 15 kg) 1,0 bis 0,7 m/sek; n (bei $P = 10$ bis 15 kg und $r = 40$ cm) ≈ 24 bis 17 Umdr./min; Leistung $N \approx 10$ bis 15 mkg/sek; Höchstleistung ≈ 18 mkg/sek.

Auf Grund dieser Unterlagen entscheiden wir uns, etwa mit folgenden Werten zu rechnen: $v \approx 1$ m/sek; P (für je 1 Arbeiter) $\approx 12,5$ kg; N (für je 1 Arbeiter) $= P \cdot v \approx 12,5$ mkg/sek [15].

Demnach ist die erforderliche Kraft von 13,28 kg für einen Arbeiter reichlich groß, so daß wir **zwei Arbeiter** für die Bedienung der Winde vorsehen, von denen also jeder eine Kraft von etwa 6,7 kg zu liefern hat.

Zu Frage 3.: Mit $v = 1,0$ m/sek und einem Kurbelkreis-Umfang von $2 \cdot 0,4 \cdot \pi = 2,51$ m ergibt sich eine minutliche Drehzahl der Kurbelwelle von n_{Kurbel} $\dfrac{= 60 \cdot 1,00}{2,51} = 24,0$ Umdr./min   Vom Seil wickeln sich daher

gemäß den zu Frage 2. angestellten Berechnungen in der Minute $24,0 \cdot 0,0527 = 1,265$ m auf die Seiltrommel auf Um den fünften Teil dieser Strecke muß sich die Last Q, da sie an 5 Seilstrangen hängt, heben. Sie wird also **in jeder Minute** um $\dfrac{1,265}{5} = 0,253$ m oder **253 mm steigen.**

Aufgabe 3: Belastung von Welle und Lagern einer rasch laufenden Dynamomaschine durch exzentrische Anordnung des Rotors

Der Rotor wiege 1500 kg und laufe mit 3000 Umdr./min. Er sei infolge eines Versehens der Werkstatt ungenau gebohrt oder schlecht ausgewuchtet [20], derart, daß diejenige seiner „freien Achsen", die mit der Verbindungslinie der Mittelachsen der Lagerbohrungen zusammenfallen sollte, zwar dieser Linie parallel liegt, aber von ihr um 0,7 mm entfernt ist

Fragen:

1. Zwischen welchen Grenzen schwankt infolge dieses Fehlers die Belastung von Welle und Lagern?

2. Um wieviel Prozent wird durch den Fehler die Höchstbelastung der Lager gegenuber der bei genauer Auswuchtung vermehrt?

Losung

Zu Frage 1.: Die Drehachse des Rotors (d. h. die Verbindungslinie der Mittelachsen der Lagerbohrungen) liegt, wie in der Aufgabe angegeben ist, parallel zu einer „freien Achse" [20], aber um 0,7 mm von ihr entfernt. Der im Betrieb der Maschine infolge der Fliehkraft entstehende zusätzliche Druck auf Welle und Lager ist daher so groß, als wenn die gesamte Masse des Rotors auf einer zur Drehachse parallelen, aber um 0,7 mm von ihr entfernten Geraden konzentriert wäre und mit 3000 Umdr./min um die Drehachse rotierte. Er beträgt also $m \cdot r \cdot \omega^2$ kg [20], wenn m die Masse [14] des Rotors in technischen Masseneinheiten [kg $\cdot$ sek^2/m] bedeutet, r den Radius des Kreises, auf dem sich der gedachte Massenpunkt bewegt [in Metern], ω seine Winkelgeschwindigkeit [13] in Einheitswinkeln („Radianten") pro Sekunde [4, 5].

Es ist also hier $m = \dfrac{1500}{9,81}$ technische Masseneinheiten, $r = \dfrac{0,7}{1000}$ Meter, $\omega = \dfrac{3000 \cdot 2 \cdot \pi}{60}$ sek^{-1}. Die Fliehkraft beträgt also

$$\frac{1500}{9,81} \cdot \frac{0,7}{1000} \cdot \left(\frac{3000 \cdot 2 \cdot \pi}{60} \right)^2 = \frac{1,5}{9,81} \cdot 0,7 \cdot (100\,\pi)^2 = 10\,560 \text{ kg.}$$

Diese Kraft wirkt abwechselnd nach oben und nach unten.

Bei genauer Auswuchtung wäre die **Belastung** von Welle und Lagern nur 1500 kg. Jetzt schwankt sie zwischen $10\,560 + 1500 = $ **12060 kg**, a b w ä r t s gerichtet, und $10\,560 - 1500 = $ **9060 kg**, a u f w ä r t s gerichtet.

Zu Frage 2.: Der **Höchstwert** der senkrecht nach unten gerichteten Kräfte hat sich gemäß dem Vorstehenden um $\dfrac{10\,560}{1500} \cdot 100\,\% = $ etwa **700 %** gegenüber der Belastung bei genauer Auswuchtung vergrößert. Von fast dem gleichen Betrage wie die Maximalkraft senkrecht abwärts treten jetzt Kräfte senkrecht aufwärts sowie horizontal und in allen Zwischenrichtungen auf, die bei genauer Auswuchtung ganz fehlen.

S c h l u ß b e m e r k u n g   Ein so grober Fehler, wie hier angenommen wurde (um 0,7 mm!), wird in der Praxis in solchen Fällen wohl nicht vorkommen Die Rechnung zeigt aber, wie groß die dadurch entstehenden zusätzlichen Kräfte sind, und daß die Belastung von Welle und Lagern beispielsweise bereits durch einen Fehler von 0,1 mm verdoppelt wird Solche Abweichungen können übrigens nicht nur durch fehlerhafte Werkstattarbeit entstehen, sondern auch durch nachträgliche Verlagerung der Massen des fertigen Rotors im Betriebe, da er ja zum Teil aus nicht sehr starren Materialien (Glimmer, Preßspan, Baumwolle u dgl) besteht, die sich infolge der Einflusse der Fliehkräfte, der Temperaturschwankungen, der Feuchtigkeitsänderungen, von Kurzschlüssen und dergleichen verziehen können.

Aufgabe 4: Verbesserung der Schwungrad-Anordnung
bei der Erweiterung eines Feinblechwalzwerks

Eine Feinblechstraße, bestehend aus vier 750 er Duo-Gerüsten, d h. mit zwei Walzen von 750 mm ϕ je Gerüst (diese Angabe wird zur Lösung der Aufgabe nicht gebraucht, dient vielmehr nur zur Kennzeichnung der Anlage und ihrer Größenverhältnisse), wurde bisher von einem Elektromotor über einen Seiltrieb angetrieben. Die große Seilscheibe, die auf der Walzenwelle saß, diente gleichzeitig als Schwungrad. Sie hatte ein Schwungmoment (GD^2) von 2 650 000 kgm² und machte beim Beginn der Belastungsspitze (also maximal) 40 Umdr /min. Als das Feinblechwalzwerk durch Aufstellung von nochmals vier Gerüsten derselben Art erweitert werden sollte, wurde beschlossen, alle Gerüste, deren angetriebene Walzen sämtlich in einer geraden Linie liegen und unmittelbar miteinander gekuppelt sind, von einem gemeinsamen, raschlaufenden Motor über ein doppeltes Zahnrad-Vorgelege anzutreiben. An die Stelle der bei Beibehaltung der alten Schwungradanordnung jetzt erforderlichen auf der langsamlaufenden Walzwerkswelle befestigten zwei Schwungräder von zusammen 2 · 2 650 000 kgm² sollen aber zwei auf der schnellaufenden, mit dem Motor unmittelbar gekuppelten Antriebsritzelwelle sitzende Schwungräder treten. Der neue Antriebsmotor macht 730 Umdr./min, während die Walzwerkswelle wieder mit 40 Umdr /min läuft.

2*

Fragen:

1. Wie groß muß das Schwungmoment jedes der beiden auf der Ritzel-
welle anzuordnenden Schwungräder sein, damit sie ebenso belastungsaus-
gleichend wirken wie die zwei auf der Walzwerkswelle? (Ohne Berücksichtigung der Schwungmomente der Zahnräder des Vorgeleges.)

2. Welchen Außendurchmesser dürfen die Schwungräder höchstens bekommen, wenn ihre Umfangsgeschwindigkeit mit Rücksicht auf den Luftwiderstand und die Beanspruchung durch die Fliehkraft 80 m/sek nicht über-
schreiten soll?

3. Wie schwer muß jedes der Schwungräder gewählt werden unter der
Annahme, daß der Trägheitsdurchmesser bei der jetzt scheibenförmigen
Form das 0,77 fache des Außendurchmessers beträgt?

4. Wie groß ist die Arbeitsabgabe der Schwungräder [kWh] bei einem
Drehzahlabfall von 8 %, und welcher mittleren Leistungsabgabe [kW] der
Schwungräder entspricht diese Arbeitsabgabe bei einer Dauer der Abgabe-
periode von 9 Sekunden?

Lösung

Vorbemerkungen. Bei Arbeitsmaschinen, deren Leistungsbedarf groß
ist und sehr starken, insbesondere auch periodischen Schwankungen unter-
liegt, werden zweckmäßig Schwungräder als Arbeitsspeicher [82] angeordnet. Sie können entweder (wie bei dieser Aufgabe) zwischen Antriebsmotor
und Arbeitsmaschine angebracht werden, oder aber, wenn der Antriebsmotor
von einem eigenen Generator (Steuer-Dynamo) gespeist wird, auf dessen
Antriebswelle sitzen (LEONARD-ILGNER-Antriebe für Umkehr-Walzen-
straßen und Hauptschachtfördermaschinen). In allen diesen Fällen soll das
Schwungrad bei der plötzlich einsetzenden Spitzenbelastung („Defizitperiode") infolge des damit verbundenen Drehzahlabfalls einen Teil seines
Arbeitsinhaltes (seiner „Wucht") abgeben und dadurch den Motor (der
Arbeitsmaschine oder der Steuerdynamo) entlasten, um nachher während
der Zeitspanne, in der er sonst nur wenig zu leisten hätte („Überschuß-
periode") Drehzahl und Wucht auf Kosten einer erhöhten Leistungsabgabe
des Motors wieder auf die alten Werte zu bringen. Dadurch wird die Wirkung der Belastungsschwankungen der Arbeitsmaschine auf den Motor, die
ihn und das elektrische Leitungsnetz sowie das Kraftwerk sonst in voller
Höhe treffen würden, stark gemildert.

Der Arbeitsinhalt („Wucht", „kinetische Energie") A [mkg] eines
Schwungrades, das mit der Winkelgeschwindigkeit ω [1/sek] umläuft und

ein Trägheitsmoment J [kgmsek²] besitzt, ist $A = \dfrac{J \cdot \omega^2}{2}$ [*19*], die Änderung dieses Arbeitsinhalts bei Änderung seiner Winkelgeschwindigkeit vom Wert ω_1 auf den Wert ω_2

$$A_1 - A_2 = \Delta A = \frac{J}{2} \cdot (\omega_1{}^2 - \omega_2{}^2) \ [\text{mkg}].$$

In der Praxis ist es üblich, statt mit dem Trägheitsmoment J, mit dem Schwungmoment GD^2 [kgm²] zu rechnen, wobei G [kg] das Gewicht des Schwungrades und D [m] seinen Trägheitsdurchmesser (nicht Außendurchmesser!) bedeutet. Den Zusammenhang zwischen dem Trägheitsmoment und dem Schwungmoment ergibt die Beziehung (R [m] $= \dfrac{D}{2} =$ Trägheitsradius, M [kgm⁻¹sek²] $=$ Masse des Schwungrades und $g = 9{,}81$ [m/sek²] $=$ Erdbeschleunigung):

$$J = M \cdot R^2 = \frac{G}{g} \cdot \left(\frac{D}{2}\right)^2 = \frac{GD^2}{4 \cdot g} \ \text{ oder auch } \ GD^2 = 4 \cdot g \cdot J \qquad [14].$$

Führt man diese Beziehung in die obige Gleichung für die Änderung der Wucht ein und ersetzt gleichzeitig die Winkelgeschwindigkeit ω durch die Drehzahl n [1/min] gemäß $\omega = \dfrac{2 \cdot \pi \cdot n}{60}$ [13], so ergibt sich·

$$\begin{aligned}
A_1 - A_2 = \Delta A &= \frac{GD^2}{2 \cdot 4 \cdot g} \cdot \left[\left(\frac{2 \cdot \pi \cdot n_1}{60}\right)^2 - \left(\frac{2 \cdot \pi \cdot n_2}{60}\right)^2\right] \\
&= \frac{\pi^2 \cdot GD^2}{7200 \cdot g} \cdot [n_1{}^2 - n_2{}^2] \\
&= \frac{GD^2}{7160} \cdot [n_1{}^2 - n_2{}^2] \ \text{mkg} \ (\textit{Hütte} \ \text{II, S } 306).
\end{aligned}$$

Aus der Gleichung für die Wucht eines umlaufenden Schwungrades geht ferner hervor, daß derselbe Wert für die Wucht sowohl mit großem Trägheitsmoment und kleiner Winkelgeschwindigkeit als auch mit kleinem Trägheitsmoment und großer Winkelgeschwindigkeit erzielt werden kann, wenn sich die Trägheitsmomente umgekehrt verhalten wie die Quadrate der Winkelgeschwindigkeiten. Daraus folgt, daß, wenn man zwischen Walzwerkswelle und Motorwelle ein Zahnradgetriebe mit dem Übersetzungsverhältnis

$i = \dfrac{\omega_{\text{Motor}}}{\omega_{\text{Walzen}}}$ [32, 33] einschaltet und die Schwungräder auf der Motorwelle anordnet statt auf der Walzwerkswelle, man nur ein um i^2-mal kleineres Trägheitsmoment und folglich auch entsprechend leichtere und billigere Schwungräder braucht. Dieselbe Beziehung gilt auch für die Schwungmomente, also $GD^2{}_{\text{Motorwelle}} = \dfrac{GD^2{}_{\text{Walzenwelle}}}{i^2}$, da diese sich von den Trägheitsmomenten nur durch den konstanten Faktor $4g$ unterscheiden.

Auswertung.

Zu Frage 1.: Aus den Ableitungen der Vorbemerkungen folgt:

$$2 \cdot (GD^2)_{\text{Motorwelle}} = \frac{2 \cdot (GD^2)_{\text{Walzenwelle}}}{i^2} \, .$$

Das Übersetzungsverhältnis i ist

$$i = \frac{\omega_{\text{Motor}}}{\omega_{\text{Walzen}}} = \frac{n_{\text{M}}}{n_{\text{W}}} = \frac{730}{40} = 18,25$$

und damit

$$(GD^2)_{\text{Motorwelle}} = \frac{2\,650\,000}{18,25^2} = \textbf{7960 kgm}^2.$$

Zu Frage 2.: Wenn die Umfangsgeschwindigkeit v der Schwungräder 80 m/sek betragen d a r f , wird man sie auch so groß wählen, weil unter den gegebenen Verhältnissen ein möglichst großer Wert von v einen möglichst großen von D und daher einen möglichst kleinen von G ergibt, also möglichst geringe Kosten der Schwungräder. Mit $v = 80$ m/sek errechnet sich der Schwungrad-Außendurchmesser D_{a} aus der Beziehung $v = \dfrac{D_{\text{a}} \cdot \pi \cdot n_{\text{M}}}{60}$ [12] zu·

$$D_{\text{a}} = \frac{60 \cdot v}{\pi \cdot n_{\text{M}}} = \frac{60 \cdot 80}{\pi \cdot 730} = \textbf{2,10 m.}$$

Zu Frage 3.: Aus dem durch Beantwortung der Frage 2. gefundenen Außendurchmesser D_{a} und der Angabe zu Frage 3. ergibt sich der Trägheitsdurchmesser der Schwungräder auf der Motorwelle $D = 0,77 \cdot D_{\text{a}} = 0,77 \cdot 2,10 = 1,617$ m und das Schwungradgewicht

$$G = \frac{(GD^2)_{\text{Motorwelle}}}{D^2} = \frac{7960}{1,617^2} \approx \textbf{3000 kg} = \textbf{3 t.}$$

Zu Frage 4.: Bei einem Drehzahlabfall von 8 % wird $n_2 = 730 - 0,08 \cdot 730 = 730 - 58,4 = 671,6$ Umdr./min. Setzt man nun die bisher gefundenen Zahlenwerte in die in den Vorbemerkungen abgeleitete Formel für die Wuchtverminderung ein, so wird diese·

$$\varDelta A = \frac{GD^2}{7160} \cdot (n_1^2 - n_2^2) = \frac{7960 \cdot 2}{7160} \cdot (730^2 - 671,6^2)$$

$$= \frac{15\,920}{7160} \cdot (532\,900 - 451\,047) = \frac{15\,920 \cdot 81\,853}{7160}$$

$$= 182\,000 \text{ mkg.}$$

Da 1 kWh $= 367\,210$ mkg ist [17], wird die **Arbeitsabgabe der beiden Schwungräder zusammen** während der Defizitperiode $\dfrac{182\,000}{367\,210} \approx \textbf{0,5 kWh.}$

Bei einer Dauer dieser Abgabeperiode von 9 sek $= \frac{1}{400}$ h entspricht diese Arbeitsabgabe einer **mittleren Leistungsabgabe der Schwungräder** während der Defizitperiode von $0,5 \cdot 400 = \textbf{200 kW.}$

Aufgabe 5: Nutzleistung einer Wasserkraft

Ein Fabrikant hat die Berechtigung erworben, einem Gebirgsfluß bei der Höhenlage 378 m NN (d h. 378 m uber Normal-Null) eine Wasserstrom-starke von 30 m³/min zu entziehen und sie ihm erst bei der Hohenlage von 331 m NN wieder zuzuführen.

Zu ermitteln ist die aus dieser Wassergerechtsame erzielbare elektrische Leistung, wenn sowohl der Obergraben (von der Entnahmestelle am Fluß bis zur Turbinenanlage) als auch der Untergraben (von der Turbinenanlage bis zur Einmundung in den Fluß) ein Gefälle von 1 mm auf den laufenden Meter erfordert, und wenn die Länge beider Kanäle zusammen 3,5 km be-tragt, wenn ferner der Gesamtwirkungsgrad der Turbine zu 81 %, der des elektrischen Generators zu 93 % angenommen und der Verlust bei der Über-setzung zwischen Turbine und Generatoi durch Zahnräder und Riemen auf 5 % veranschlagt wird.

Losung

Die Wasserstromstärke beträgt 0,5 m³/sek oder 500 kg/sek Die gesamte Fallhöhe ist 378 — 331 = 47 m; davon gehen jedoch in den beiden Gräben 3500 · 1/1000 = 3,5 m verloren, so daß an der Turbinenanlage nur noch 47 — 3,5 = 43,5 m verfügbar sind. Bei einem Wirkungsgrad der Tur-binen- und Generator-Anlage von 100 % wurde daher die Leistung der Turbine $\dfrac{43,5 \cdot 500}{75}$ PS und die des elektrischen Generators $\dfrac{43,5 \cdot 500 \cdot 0,7353}{75}$ kW betragen [17, 54]

Da aber der Wirkungsgrad [26] der Turbine nur 0,81, der der Trans-mission nur 0,95 und der des Generators nur 0,93 betragt, so sinkt die **elektrische Nutzleistung** in Wirklichkeit auf:

$$\frac{43,5 \cdot 500 \cdot 0,7353 \cdot 0,81 \cdot 0,95 \cdot 0,93}{75} = \textbf{152,6 kW.}$$

Aufgabe 6: Drehzahl und Leistung von Peltonrädern

In einem im Gebirge liegenden Erzbergwerk sind in einer Teufe von 400 m zwei Peltonräder (Freistrahlturbinen) aufgestellt. Das Wasser fließt ihnen von der Erdoberfläche durch ein im Schacht senkrecht verlegtes Rohr zu und läuft nach der Arbeitsleistung in den Turbinen durch einen mit ge-ringem Gefalle angelegten und am Gebirgsrande zu Tage tretenden Stollen frei ab. Die verfugbare Wasserstromstärke ist 300 Liter/sek. Die beiden Tur-binen sind vollständig kongruent und sitzen mit dem von ihnen angetrie-benen Drehstrom-Generator auf einer gemeinsamen Welle. Der wirksame Durchmesser der Peltonräder beträgt 1,45 m. Die Reibung in den Dusen vermindert die Geschwindigkeit des austretenden Wasserstrahls um 2 %

Fragen:

1. Wie groß ist die Drehzahl der Maschine, wenn die Umfangsgeschwindigkeit der Peltonräder etwa gleich der Hälfte der Geschwindigkeit der aus den Düsen tretenden Wasserstrahlen sein soll?

2. Wieviel Pole muß der Generator haben, wenn er Drehstrom von der in Deutschland üblichen Art liefern soll?

3. Wie groß ist die verfügbare elektrische Leistung, wenn der Wirkungsgrad der Turbinen einschließlich Rohrleitung mit 0,80 und der des Generators mit 0,92 angesetzt wird?

Lösung

Zu Frage 1. und 2.: Die Geschwindigkeit v [m/sek] eines aus einer Duse ins Freie austretenden Flüssigkeitsstrahles bei einer Druckhöhe von h Metern derselben Flüssigkeit ist, wenn keine Reibungsverluste in Rohr und Düse eintreten, $\sqrt{2 \cdot 9,81 \cdot h}$ [40]. Hier wird sie also mit einem Abzug von 2 % für diese Reibung·

$$v_{\text{Strahl}} = \sqrt{2 \cdot 9,81 \cdot 400 \cdot 0,98} = 1,4142 \cdot 3,1321 \cdot 20 \cdot 0,98 = 86,82 \text{ m/sek.}$$

Die Umfangsgeschwindigkeit v_{Rad} der Peltonräder soll also etwa $\dfrac{86,82}{2}$ = 43,41 m/sek sein. Aus der Beziehung zwischen Umfangsgeschwindigkeit v_{Rad} [m/sek], Durchmesser d [m] und Drehzahl n [Umdr./min] eines Rades

$$v_{\text{Rad}} = \frac{d \pi n}{60} \quad [12] \text{ folgt}$$

$$n = \frac{60 \, v_{\text{Rad}}}{d \pi} \text{ und mit } v_{\text{Rad}} = 43,41 \text{ und } d = 1,45:$$

$$n \approx \frac{60 \cdot 43,41}{1,45 \cdot \pi} = 571,8 \text{ Umdr./min.} \quad \text{(Das hier geforderte Verhältnis}$$

$\dfrac{v_{\text{Rad}}}{v_{\text{Strahl}}} \approx \dfrac{1}{2}$ ist in der Tat üblich, weil es eine der Vorbedingungen für einen befriedigenden Wirkungsgrad der Peltonräder bildet.)

Wenn die Peltonräder auf derselben Welle sitzen wie der Generator, haben natürlich beide dieselbe Drehzahl. Nun hängen aber bei Wechselstrom-Generatoren Drehzahl n [Umdr./min], Polpaarzahl p und Frequenz f [Hertz] durch die Beziehung zusammen· $f = \dfrac{p \cdot n}{60}$; $n = \dfrac{60 \, f}{p}$ [165], so daß, wenn für p ein bestimmter Wert vorgeschrieben ist, n nicht jeden beliebigen Wert haben kann, weil f die dem betreffenden Wechselstromnetz eigene Zahl sein muß. Drehstrom „von der in Deutschland üblichen Art" kann in diesem Zusammenhange nur bedeuten „von der in Deutschland üblichen Frequenz". Diese ist nun in Europa 50 Hertz (bei Einphasen-Wechselstrom für Vollbahnen ist sie dagegen meistens $16^2/_3$ Hertz), so daß jene Beziehung lautet $n = \dfrac{60 \cdot 50}{p} = \dfrac{3000}{p}$ und nur die in der folgenden Zusammenstellung enthaltenen Drehzahlen zulässig sind.

Polpaarzahl p	1	2	3	4	5	6	7	8	9	10 usw.
minutliche Drehzahl n	3000	1500	1000	750	600	500	428	375	333,3	300 usw.

Die vorhin berechnete Drehzahl 571,8 ist also nicht möglich, sondern muß auf einen der benachbarten Werte aus der vorstehenden Reihe geändert werden, also entweder auf $n =$ **600 Umdr./min** oder auf $n =$ **500 Umdr./min**, wobei die **Polzahl** des Generators im ersten Falle **10**, im zweiten Falle **12** wird.

Zu Frage 3.: Aus der für Wasserkraftmaschinen allgemein gültigen Beziehung

$$N \text{ [PS]} = \frac{1000 \text{ [kg/m}^3] \cdot J \text{ [m}^3/\text{sek]} \cdot H \text{ [m]} \cdot \eta}{75 \left[\dfrac{\text{mkg/sek}}{\text{PS}} \right]} \qquad [54]$$

folgt hier (mit $J = 0{,}300$, $H = 400$, $\eta_{\text{Turb}} = 0{,}80$, $\eta_{\text{Gen}} = 0{,}92$) als abgegebene **Leistung** N' **[kW] des Generators**:

$$N' = \frac{1000 \cdot 0{,}300 \cdot 400 \cdot 0{,}80 \cdot 0{,}92 \cdot 0{,}7353}{75}$$

$$= 1000 \cdot 0{,}300 \cdot 400 \cdot 0{,}736 \cdot 9{,}804 \cdot 10^{-3} = \mathbf{865{,}9\ kW}\ [17].$$

Aufgabe 7: Betriebskennlinien einer Francis-Turbine

Für eine Francis - Turbine, die mit einer konstanten Fallhöhe von 18 m und einer konstanten Drehzahl von 375 Umdr./min arbeitet, ist der Wirkungsgrad η als Funktion der Wasserstromstärke J [m³/sek] durch die **Abb. 4**, S 25, gegeben.

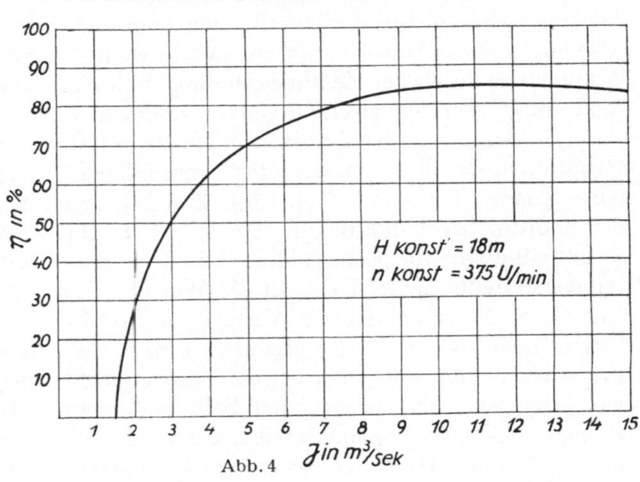

Abb. 4

Es sind danach neue Kurven zu zeichnen, die möglichst übersichtlich die Abhängigkeit der

4 Werte Wasserstromstärke J [m³/sek], Wirkungsgrad η, Leistung N [PS],
Drehmoment M [mkg] von einander darstellen.

Lösung

Da die Fallhöhe $H = 18$ m konstant ist (vermutlich, weil sowohl Ober-
wie Unterwasserspiegel unveränderlich sind) und ebenso die Drehzahl
$n = 375$ Umdr./min (vermutlich, weil die Turbine mit einem 16 poligen
Generator unmittelbar gekuppelt ist, der Drehstrom oder Einphasenstrom
von 50 Hertz erzeugen soll, gemäß dem Ansatz 375 [Umdr./min] $\cdot \dfrac{16}{2}$ [Pol-
paare] $= 50$ [Perioden/sek] $\cdot 60$ [sek/min]), so ändern sich im Betriebe an
der Turbine nur noch die vier Werte J (Wasserstromstärke in m³/sek), N (abgegebene Leistung der Turbine in PS), M (von der Turbine abgegebenes
Drehmoment in mkg), η (Wirkungsgrad der Turbine). Die Abhängigkeit
dieser vier Werte voneinander soll durch Kurven dargestellt werden.

Gegeben ist durch die Kurve der Abb. 4, S. 25, die Beziehung von η zu J
Daraus ergibt sich leicht auch die Beziehung von N zu J; es ist nämlich

$$N = \frac{1000 \cdot H \cdot J \cdot \eta}{75} = \frac{1000 \cdot 18}{75} \cdot J \cdot \eta = 240 \cdot \eta\, J.$$

Ferner ist

$$M = \frac{75\, N}{\omega} = \frac{75\, N}{2 \cdot \pi \cdot n/60} = \frac{75 \cdot 60}{2 \cdot \pi \cdot 375} \cdot N = 1{,}910\, N$$

Daraus ergibt sich zunächst, daß das Drehmoment M der Leistung N
proportional ist, so daß wir beide Werte durch dieselbe Kurve darstellen
können, wenn wir nur der betreffenden Koordinatenachse zwei entsprechend
gewählte Skalen-Maßstäbe geben, so wie wohl der Tischler einen Maßstab
benutzt, der neben der Zentimeterteilung auch eine Zollteilung trägt. Dann
sind im ganzen nur zwei Kurven zu zeichnen: $\eta = $ f (J) und N (bzw. M)
$= $ f (J). Besonders übersichtlich werden sie, wenn wir sie nicht in denselben
Quadranten des Koordinatensystems einzeichnen, sondern in zwei benach-
barte Quadranten I und II (s. **Abb. 5**, S. 27), deren gemeinsame Grenzlinie
die Koordinaten-Nullachse für die Werte J bildet. In der Zahlentafel 2,
S. 28, sind die zur Konstruktion der Kurven erforderlichen Werte zusammengestellt Spalte 1 enthält die Werte J, Spalte 2 die zugehörigen aus
Abb. 4, S. 25, entnommenen Werte η, Spalte 3 die Werte $N = 240 \cdot J \cdot \eta$.
(Wenn man, wie es häufig geschieht, η nicht als echten Bruch, sondern in
Prozenten angibt, muß man bei der Auswertung solcher Formeln besonders
vorsichtig sein; im vorliegenden Fall muß man z. B. beachten, daß die
Formel $N = 240 \cdot J \cdot \eta$ nur zutrifft, wenn η als echter Bruch eingesetzt wird,
und darf also z. B. in der zweiten Zeile nicht etwa ansetzen

$$N = 240 \cdot 2{,}0 \cdot 27{,}5 \text{ PS}$$

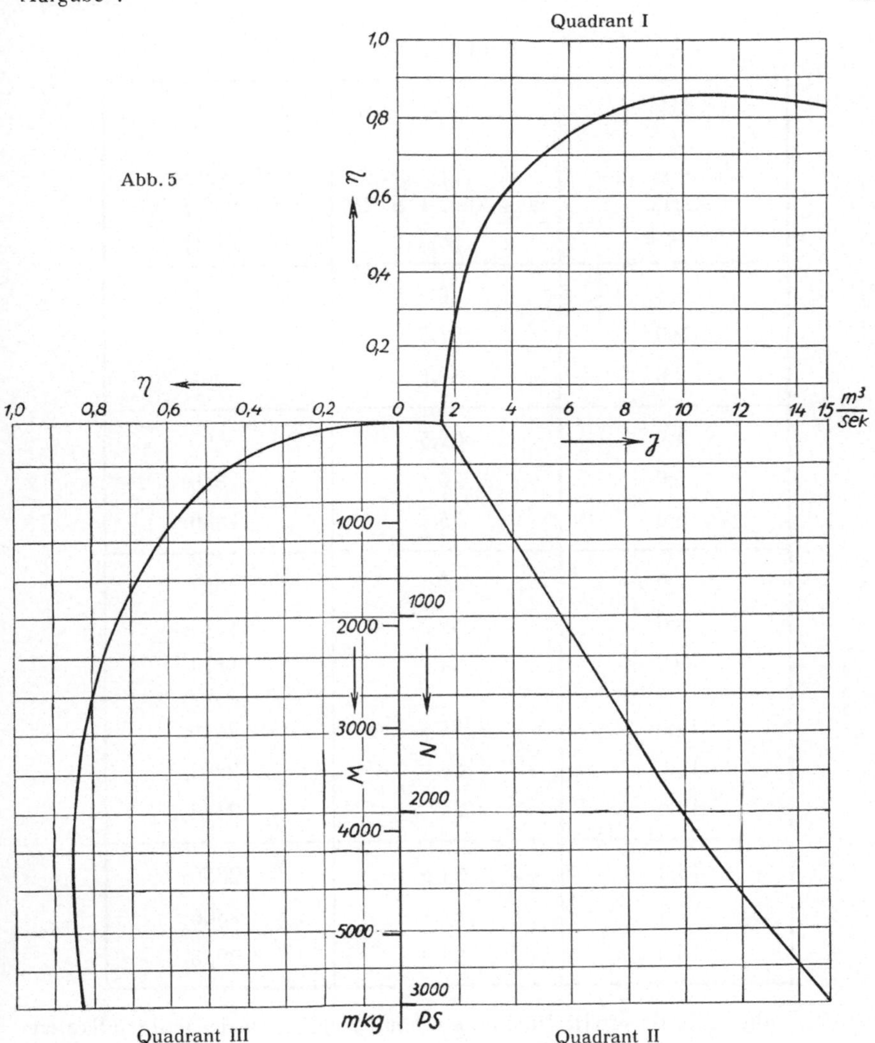

Man sollte deswegen besser die Benennung von η in $^0/_0$ vermeiden.)

In Abb. 5, S. 27, sind die Kurven fur η und N als Funktionen von J auf Grund dieser Zahlenwerte nach Wahl passender Maßstäbe fur J, η und N in den Quadranten I und II gezeichnet.

Der Maßstab für M ergibt sich dann daraus, daß M [mkg] $= 1{,}910\ N$ [PS] sein soll. Zu demjenigen Punkt der Skala, der die Beischrift $N = 1000$ PS trägt, gehört also außerdem der Skalenwert $M = 1000 \cdot 1{,}910$

Zahlentafel 2

[1] J Wasserstrom- stärke [m³/sek]	[2] η Wirkungsgrad aus Abb. 4, S. 25) [%]	[3] N Leistung ($= 240\,J \cdot \eta$) [PS]
1,5	0	0
2,0	27,5	132
3,0	50,5	364
4,0	62,5	600
5,0	70	840
6,0	75	1080
7,0	79	1327
8,0	82	1574
9,0	84	1814
10,0	85	2040
11,0	85	2244
12,0	85	2448
13,0	84,5	2636
14,0	83,5	2806
15,0	83	2988

$= 1910$ mkg. Die Beischrift 1000 mkg kommt folglich an denjenigen Skalenpunkt, zu dem auch der Skalenwert $\dfrac{1000}{1,910} = 523,6$ PS gehört. Dann kann man mittels der N-Kurve gleichzeitig auch die M-Werte ablesen.

Wenn zu einem gegebenen Wert N nur der zugehörige Wert η gesucht wird, so braucht man von dem betreffenden Wert der N-Kurve nur senkrecht aufwärts bis zum Schnitt mit der η-Kurve zu gehen, ohne J abzulesen. Wünscht man aber durchaus eine Kurve $\eta = \mathrm{f}\,(N)$ oder $\eta = \mathrm{f}\,(M)$ zu haben, so ist auch diese leicht konstruiert, indem man den Quadranten III mit den

Koordinaten η und N (bzw. M) benutzt, aus den Quadranten I und II für eine größere Anzahl von N-Werten die zugehörigen Werte η abgreift und diese im Quadranten III über jenen Werten von N (bzw. M) aufträgt, wie es in Abb. 5, S. 27, durchgeführt ist.

Aufgabe 8: Grenzleistung und Grenzarbeit einer Hochgefälle-Wasserkraftanlage mit oberem und unterem Wasser-Vorratsbecken

Einer Abhandlung über das Vermuntwerk (im Montafon, in Vorarlberg, das seinen Strom hauptsächlich an das Rheinisch-Westfälische Elektrizitätswerk lieferte) sind die folgenden Angaben entnommen.

Größe des Niederschlagsgebietes, dessen Niederschläge dem oberen Staubecken des Werkes zufließen· 57 km².

Mittlerer Abfluß dieses Gebietes nach Abzug der Verluste durch Versickern und Verdunsten): 60 Liter pro Sekunde und km².

Oberes Staubecken: Nutzbarer Inhalt (zwischen der höchsten und der tiefsten Lage seines Wasserspiegels, erstere bedingt durch die Höhenlage seiner Überfallkrone, letztere durch die des Abflußstollens): $5{,}4 \cdot 10^6$ m³.

Nutzbare Fallhöhe: 682 m.

Maschinenanlage: 5 Freistrahlturbinen (Peltonräder) von je 31 800 PS mit dazu passenden Drehstrom-Generatoren. Die Wirkungsgrade der Peltonräder sind mit 0,90, die der Generatoren mit 0,95 anzunehmen, die Verluste in den Rohrleitungen (einschließlich der Druckstollen) zu 3 %.

Unteres Ausgleichsbecken (in das die Turbinen zunächst ausgießen und aus dem das Wasser dann nach Bedarf wieder in den Fluß des Tales [*Ill*] abgelassen wird): Fassungsvermögen: 100 000 m³.

Bezüglich der von der zuständigen Fluß-Aufsichtsbehörde dem Werke auferlegten Vorschriften über die Zuführung von Wasser aus dieser Anlage in die *Ill* soll hier (ohne Gewähr für ihr wirkliches Zutreffen) die Annahme gemacht werden, daß sie für einen bestimmten Monat folgendermaßen lauten: „Das Vermuntwerk darf in diesem Monat der *Ill* höchstens eine Wasserstromstärke von 15,00 m³/sek zuführen, unterhalb dieser Höchstgrenze aber die Stromstärke nach Belieben einstellen."

Fragen:

1. Wie groß ist die Höchstleistung des Werkes in kW?

2. Wie groß ist die Arbeit in kWh, die das Werk in einem Jahre mit mittlerer Niederschlagsmenge abzugeben vermag, wenn das obere Staubecken beim Ablauf des Jahres ebensoweit gefüllt sein soll wie bei seinem Beginn?

3. Um wieviel Prozent erhöht sich diese Arbeit, wenn das obere Becken beim Jahresbeginn voll, beim Jahresende leer ist?

4. Wie lange kann die gemäß Frage 1. bestimmte Höchstleistung in einem Monat, für den die oben angegebene Vorschrift der Flußbehörde gilt, höchstens ununterbrochen aufrecht erhalten werden, wenn die Betriebsleitung die Bewegungsfreiheit, die die Vorschriften bezüglich der Wasserzufuhr der *Ill* ihr lassen, voll ausnutzt und auch hinsichtlich der Füllung und Leerung des Ausgleichbeckens zweckmäßig disponiert?

Lösung

Zu Frage 1.: Wenn alle 5 Turbinen voll beaufschlagt arbeiten, so **leisten** sie zusammen $5 \cdot 31\,800 = 159\,000$ PS, ihre **Generatoren** also

$$0,95 \cdot 159\,000 \cdot 0,7353 = \textbf{111\,100 kW} \ [17] \text{ oder } \textbf{111,1 MW}$$

$$(1 \text{ Megawatt} = 10^6 \text{ Watt} = 10^3 \text{ kW}).$$

Zu Frage 2.: In einem Jahre mit mittlerer Niederschlagsmenge läuft dem oberen Staubecken eine Wassermenge von

$$Q = 57 \ [\text{km}^2] \cdot 0,060 \left[\frac{\text{m}^3}{\text{sek} \cdot \text{km}^2}\right] \cdot 365 \left[\frac{\text{d}}{\text{a}}\right] \cdot 24 \left[\frac{\text{h}}{\text{d}}\right] \cdot 3600 \left[\frac{\text{sek}}{\text{h}}\right]$$

$$= 107,85 \cdot 10^6 \text{ m}^3$$

zu.[1]) Da das obere Becken beim Jahresende ebenso voll sein soll wie beim Jahresbeginn, so ist dies zugleich die den Turbinen zufließende **Jahreswassermenge**. Die Turbinen erzeugen damit Q [t] $\cdot H$ [m] $\cdot \eta_{\text{Rohr}} \cdot \eta_{\text{Turb}}$ mt, ihre Generatoren also $Q \cdot H \cdot \eta_{\text{Rohr}} \cdot \eta_{\text{Turb}} \cdot \eta_{\text{Gen}}$ mt oder, da 1 mt

$$= \frac{1000}{3,6721 \cdot 10^5} \text{ kWh ist } [17],$$

$$\frac{1000 \cdot 107,85 \cdot 10^6 \cdot 682 \cdot 0,97 \cdot 0,90 \cdot 0,95}{3,6721 \cdot 10^5} = \textbf{166,12} \cdot \textbf{10}^\textbf{6} \textbf{ kWh.}$$

Zu Frage 3.: Die erzielbare Jahresarbeit steigt, wenn sie nicht nur aus dem Niederschlag dieses Jahres erzielt wird, sondern auch noch auf Kosten des Wasservorrats im oberen Staubecken, und wird ein Maximum, wenn dies Becken beim Jahresbeginn ganz voll, beim Jahresende dagegen ganz leer ist. Die Wassermenge Q, die (bei Frage 2.) $107,85 \cdot 10^6$ m³ war, steigt dann um das Fassungsvermögen des oberen Beckens, das sind $5,4 \cdot 10^6$ m³,

also um $\dfrac{5,4 \cdot 10^6 \cdot 100}{107,85 \cdot 10^6}$ $^0/_0 = \textbf{5,0 } ^\textbf{0}/_\textbf{0}.$ Um ebenso viele Prozent steigt die **Jahresarbeit**, da die Fallhöhe und die Wirkungsgrade unverändert bleiben.

---

[1]) d = dies = Tag; a = annus = Jahr

Zu Frage 4.: Aus der Formel fur die Nutzleistung von Wasserturbinen:

$$N \text{ [PS]} = \frac{1000 \text{ [kg/m}^3] \cdot \eta \cdot J \text{ [m}^3\text{/sek]} \cdot H \text{ [m]}}{75 \left[\dfrac{\text{mkg/sek}}{\text{PS}}\right]} \quad \text{folgt}$$

$$J = \frac{75\,N}{1000 \cdot \eta \cdot H} \text{ m}^3\text{/sek} \qquad\qquad [54].$$

Darin ist fur η das Produkt aus dem Wirkungsgrad der Rohrleitungen und dem der Turbinen, also die Zahl $0{,}97 \cdot 0{,}90 = 0{,}873$ einzusetzen. Es wird also, wenn alle Turbinen voll belastet mit zusammen 159 000 PS laufen,

$$J = \frac{75 \cdot 1{,}59 \cdot 10^5}{1000 \cdot 0{,}873 \cdot 682} = 20{,}029 \text{ m}^3\text{/sek}$$

und es ist daher zu untersuchen, uber eine wie lange Zeit höchstens dieser Wasserstrom bei geschicktester Ausnutzung aller Möglichkeiten ununterbrochen konstant gehalten werden kann. Der Umstand, daß dieser Strom größer ist als der durchschnittliche Zustrom zum oberen Becken, der nur

$$57 \text{ [km}^2] \cdot 0{,}06 \left[\frac{\text{m}^3}{\text{sek} \cdot \text{km}^2}\right] = 3{,}42 \text{ m}^3\text{/sek beträgt,}$$

schließt seine Möglichkeit keineswegs aus; denn die Differenz könnte durch Zubuße aus dem oberen Becken gedeckt werden. Selbst fur den Fall, daß während des ganzen hier gesuchten Zeitraumes dem oberen Staubecken infolge der Wetterlage gar kein Wasser zufließen sollte, könnte dieser Strom J [m^3/sek] über einen

Zeitraum bis zu $t = \dfrac{Q \text{ [m}^3]}{J \text{ [m}^3\text{/sek]}}$ sek aufrecht erhalten werden, wenn Q das

Fassungsvermögen des oberen Staubeckens bedeutet und dies Becken bei Beginn dieses Zeitraumes vollständig gefullt ist. Unter diesen Voraussetzungen wurde sich also ein Zeitraum von

$$t = \frac{5{,}4 \cdot 10^6}{20{,}029} = 0{,}26961 \cdot 10^6 \text{ sek oder } \frac{0{,}26961 \cdot 10^6}{3600} = 74{,}89 \text{ h}$$

ergeben

Es ist damit noch keineswegs sichergestellt, daß diese Leistung tatsächlich uber diesen Zeitraum aufrecht erhalten werden kann; denn es muß nicht nur berücksichtigt werden, woher das Wasser der Turbinen kommt, sondern auch, wo das von ihnen abfließende Wasser bleibt und ob dieser Gesichtspunkt nicht vielleicht jenem Zeitraum engere Grenzen zieht. Wir dürfen nun der *Ill* höchstens einen Strom von 15,00 m^3/sek zufuhren, also einen erheblich kleineren als den bei Vollbelastung des Werkes entstehenden. Diese Vollbelastung ist also nur dadurch möglich, daß wir einen Teil des Abwassers der Turbinen zunächst im unteren Ausgleichsbecken aufspeichern und erst in späteren Zeiträumen mit geringerem Bedarf an elektrischer

Energie allmahlich in die *Ill* abgeben. (Hierin liegt der Sinn und Zweck des Ausgleichsbeckens begründet.) Wenn nun jener Zeitraum des Vollbetriebes möglichst lang werden soll, müssen wir erstens während seiner Dauer einen konstanten Strom von der höchstzulässigen Größe aus dem unteren Becken in die *Ill* fließen lassen und zweitens dafur sorgen, daß dies Becken beim Beginn dieses Zeitraumes ganz leer ist. Der Vollbetrieb muß abgebrochen bzw. die Leistung verringert werden, sobald das Ausgleichsbecken gefüllt ist, d. h $1 \cdot 10^5$ m³ enthält.

Daraus ergibt sich folgender Ansatz fur die größtmögliche Zeitdauer des Vollbetriebes:

$$t \text{ [sek]} \cdot (20{,}029 - 15{,}00) \text{ [m³/sek]} = 1 \cdot 10^5 \text{ [m³]};$$

$$t = \frac{1 \cdot 10^5}{5{,}029} = 19\,885 \text{ sek oder } \frac{19\,885}{3600} = 5{,}52 \text{ h.}$$

Da diese Zeitdauer kleiner ist als die vorhin im Hinblick auf das obere Staubecken berechnete (74,89 h), so ist sie und nicht jene maßgebend; die **Höchstleistung** von 111,1 MW kann also höchstens über **5,52 h** ununterbrochen aufrecht erhalten werden.

Aufgabe 9: Errichtung einer Pump-Speicher-Anlage

Eine große Fabrik, die an jedem der 6 Werktage der Woche von 8 Uhr bis 18 Uhr stets mehr als 2000 kW an elektrischer Leistung braucht, in den übrigen Stunden der Werktage sowie an den Sonntagen jedoch gar nichts, besitzt eine aus dem benachbarten Fluß gespeiste Wasserkraftanlage, bestehend aus einem Drehstrom-Generator für 800 kW und einer dazu passenden Niedriggefälle-Turbine. Sie hat das Recht, dem Flusse dauernd eine Wasserstromstärke zu entnehmen, die zur Erzeugung jener 800 kW ausreicht, und diese Wasserstromstärke steht aus dem Fluß auch in der Tat dauernd zur Verfügung.

Die Fabrik hat demnach nachts und sonntags Überfluß an selbsterzeugter elektrischer Arbeit, während sie in der Werkzeit große Arbeitsmengen von einem fremden Großkraftwerk beziehen und mit 8 Pfg/kWh bezahlen muß. Der Verkauf ihres Überflusses an elektrischer Arbeit an Dritte ist ihr durch vertragliche Bindungen untersagt. Die beantragte Erhöhung der Wasserstromstärke, die sie dem Flusse entnehmen darf, wird von der Aufsichtsbehörde abgelehnt. Der Plan, den ihr zustehenden Wasserstrom in den Nachtstunden in einem etwa in Höhe des Oberwasserspiegels des Flusses anzulegenden Stausee aufzuspeichern, um dann in den Werkstunden außer dem Dauerzufluß auch diesen Vorrat mit zu verbrauchen (nach Aufstellung weiterer Niedriggefälle-Turbinen), scheitert an den großen Anlagekosten und am Einspruch der Anlieger.

Deshalb plant die Fabrikleitung jetzt die Errichtung einer Hochgefälle-Speicheranlage, bestehend aus zwei Wasserbecken, von denen das eine im Tale, das andere um 150 m höher auf einem Berge liegt, einer Hochdruck-Kreiselpumpe mit Elektromotor, einer Freistrahl-Turbine mit Drehstrom-Generator und den verbindenden Rohrleitungen. Das Wasser dieser Speicheranlage soll immer nur zwischen den beiden Becken auf und ab wandern, und alle ihre Teile sollen so bemessen werden, daß in Zukunft die Dauerleistung des Fluß-Kraftwerkes von 800 kW voll nutzbar gemacht wird.

Bezüglich der Wirkungsgrade bzw. Verluste mögen die folgenden Werte angenommen werden:

Wirkungsgrad des Motors und des Generators der Speicheranlage: je 94 %, der Hochdruckpumpe und der Freistrahl-Turbine. je 80 %;
Reibungshöhe der Hochdruckrohrleitung beim Bergwärtspumpen des Wassers· 3 m Wassersäule

Fragen:

1. Wie groß ist der Pumpenmotor [PS], die Pumpe [m³/sek], die Freistrahl-Turbine [PS], der Generator [kW] und jedes der beiden Becken [m³] mindestens zu bemessen?

2. Wieviel kWh an nutzbarem Strom liefert die Wasserkraftanlage jährlich (in 52 Wochen mit je 6 Werktagen) vor bzw. nach Errichtung der Speicheranlage?

3. Wieviel darf die Errichtung der Speicheranlage höchstens kosten, wenn für Verzinsung, Abschreibung und Unterhaltung zusammen jährlich 15 % des Anlagekapitals und für ihren Betrieb (Bedienung, Schmierung usw.) jährlich 20 000 M anzusetzen sind?

Lösung

Zu Frage 1.: Nachts und sonntags stehen aus dem Flußkraftwerk 800 kW für den Betrieb des Motors der Speicherpumpe zur Verfügung. Wenn davon nichts ungenutzt bleiben soll, muß der **Pumpen-Motor** für eine Leistungsaufnahme von 800 kW und folglich für eine abgegebene Leistung von mindestens N_{Mot} [PS] $= \dfrac{800 \cdot \eta_{\mathrm{Mot}}}{0,7353} = \dfrac{800 \cdot 0,94}{0,7353} = \mathbf{1023\ PS}$ bemessen werden.

Die **Pumpe** kann mit dieser Leistung N_{P} [PS] bei einem Wirkungsgrad $\eta_{\mathrm{Pumpe}} = 0,80$ einen Wasserstrom J_{P} [m³/sek] auf eine manometrische Förderhöhe H_{P} [m] $= 150 + 3 = 153$ m drücken,[1]) der sich aus der Beziehung

$$N_{\mathrm{Mot}} = N_{\mathrm{P}} = \frac{1000 \cdot J_{\mathrm{P}} \cdot H_{\mathrm{P}}}{75 \cdot \eta_{\mathrm{P}}} \quad \text{ergibt zu} \quad J_{\mathrm{P}} = \frac{75 \cdot N_{\mathrm{P}} \cdot \eta_{\mathrm{P}}}{1000 \cdot H_{\mathrm{P}}} = \frac{75 \cdot 1023 \cdot 0,80}{1000 \cdot 153}$$

$= \mathbf{0{,}4012\ m^3/sek.}$

---

[1]) Die Durchmesser der Rohrleitungen sind so zu wählen, daß die bei einer Stromstärke von 0,4012 m³/sek in ihnen auftretende Reibungshöhe 3 m WS beträgt.

Für diese Stromstärke ist also die Pumpe mindestens zu bemessen (und für eine manometrische Förderhöbe von mindestens 153 m) Motor und Pumpe größer zu wählen als soeben berechnet, hätte wenig Wert, weil dann die Flußkraftwerksanlage nicht ausreichen würde, um sie voll zu belasten.

Die längste Pumpzeit der Woche dauert von Sonnabend 18^h bis Montag 8^h und umfaßt also 38 Stunden, in denen $38 \cdot 3600 \cdot 0{,}4012 = 54880$ m³ bergauf gepumpt werden. Wenn die Betriebsleitung dafür sorgt, daß an jedem Sonnabend 18^h das untere Becken voll, das obere Becken leer ist, so genügt hiernach für **jedes Becken** ein Fassungsvermögen von **54 880 m³**. Etwas reichlichere Bemessung ist erwünscht, um der Betriebsleitung etwas mehr Bewegungsfreiheit zu geben.

Die **Freistrahl-Turbine** muß mindestens für eine so große Wasserstromstärke J_T [m³/sek] bemessen werden, daß die in den Fabrikruhestunden einer Woche bergwärts gepumpte Wassermenge in den Fabrikarbeitsstunden einer Woche wieder durch sie talwärts fließen kann. Die Zahl dieser Arbeitsstunden ist $6 \cdot 10 = 60$, die der Ruhestunden also $7 \cdot 24 - 60 = 108$. Die gepumpte Wassermenge ist demnach $108 \cdot 3600 \cdot 0{,}4012 = 156\,000$ m³ und die Turbine muß bemessen werden für mindestens

$$J_T = \frac{156\,000}{60 \cdot 3600} = 0{,}7222 \text{ m}^3/\text{sek.}$$

Die an der Turbine wirksame Fallhöhe ergibt sich aus der statischen Druckhöhe von 150 m unter Abzug des Druckverlustes in der Rohrleitung. Da letzterer sich ungefähr proportional dem Quadrat der Stromstärke im Rohr ändert [44] und beim Pumpbetrieb mit $J_P = 0{,}4012$ m³/sek 3 m WS war, so wird er jetzt bei $J_T = 0{,}7222$ etwa $3 \cdot \left(\dfrac{0{,}7222}{0{,}4012}\right)^2 \approx 10$ m WS. Mit $J_T = 0{,}7222$ m³/sek, $\eta_T = 0{,}80$, $H_T = 150 - 10 = 140$ m wird die

Leistung der Turbine $\dfrac{1000 \cdot 0{,}7222 \cdot 140 \cdot 0{,}80}{75} = \textbf{1078 PS}$ und so groß ist sie also mindestens zu bemessen. Der mit ihr gekuppelte **Generator** leistet dann bei einem Wirkungsgrad $\eta_G = 0{,}94 \cdot$

$$1078 \cdot 0{,}7353 \cdot 0{,}94 = \textbf{745 kW}$$

und muß mindestens für diese Dauerleistung bemessen werden. (Um angeben zu können, für wieviel kVA er bemessen werden muß, müßte man wissen, mit welchem Wert von $\cos \varphi$ er arbeiten wird.)

Zu Frage 2.: Vor Errichtung der Speicheranlage lieferte das Flußkraftwerk an nutzbarer elektrischer Arbeit werktäglich $10 \cdot 800$ kWh oder jährlich $10 \cdot 800 \cdot 6 \cdot 52 = \textbf{2,496} \cdot \textbf{10}^6$ **kWh**. Nach Errichtung der Speicheranlage liefert während der Arbeitsstunden der Fabrik außer dem Flußwerk auch noch das Speicherwerk 745 kW (gemäß den Berechnungen zu Frage 1). Auch diese Arbeit kann voll nutzbar gemacht werden, weil der Bedarf der Fabrik in den Arbeitsstunden mit mehr als 2000 kW stets hoher ist als diese Gesamt-Eigenerzeugung von $800 + 745 = 1545$ kW. Die gesamte **nutzbare Jahresarbeit** wachst also auf $10 \cdot 1545 \cdot 6 \cdot 52 = \mathbf{4{,}820 \cdot 10^6\ kWh}$.

Zu Frage 3.: Durch die Speicheranlage werden der Fabrik an selbsterzeugter elektrischer Arbeit (außer der auch schon vorher erzeugten) gemäß den Berechnungen zu Frage 2. noch weitere $10 \cdot 745 \cdot 6 \cdot 52 = 2{,}324 \cdot 10^6$ kWh im Jahre gewonnen, die sie sonst hatte kaufen und mit $2{,}324 \cdot 10^6 \cdot 0{,}08 = 185\,900$ M bezahlen müssen. Dieser Ersparnis stehen die Betriebskosten der Speicheranlage mit 20 000 M/a [1]) und die Ausgaben fur ihre Verzinsung, Abschreibung und Unterhaltung mit $0{,}15 \cdot K$ [M/a] gegenuber, wobei K [M] das **Anlagekapital der Speicheranlage** ist. Wenn die Speicheranlage rentabel sein soll, muß also die Beziehung gelten $185\,900 \geqq 20\,000 + 0{,}15\ K$;

$$K \leqq \frac{185\,900 - 20\,000}{0{,}15} = \mathbf{1\,106\,000\ M}.$$ Dies ist also die obere Grenze der Anlagekosten der Speicheranlage mit allem Zubehor.

Aufgabe 10: Bestimmung der Wasserstromstärke eines Grabens durch Schwimmermessung

Die durch einen Graben fließende Wasserstromstarke [m³/h] soll bestimmt werden. Auf einer Strecke des Grabens, die aus anderen Grunden sauber mit rechteckigem Profil und mit glatten Zementwänden ausgefuhrt war, wurde die Wassergeschwindigkeit mittels einer schwimmenden Flasche und einer Stoppuhr wiederholt gemessen, und zwar betrug die zur Zurucklegung einer Strecke von 45,5 m erforderliche Zeit im Mittel 87,4 sek. Das rechteckige Grabenprofil hatte auf dieser Strecke eine Breite von 118 cm; die Wassertiefe betrug 62 cm

1. Bei der Berechnung ist zunachst die (sicher nicht zutreffende) Annahme zu machen, daß die Geschwindigkeit v_{Fl} der Flasche gleich der mittleren Geschwindigkeit v des Wassers sei.

2. Zwecks genauerer Bestimmung der Wasserstromstarke ist eine von Darcy und Bazin angegebene empirische Formel zu verwenden:

$$\frac{v_{Fl}}{v} = 1 + 14 \sqrt{a\left(1 + \frac{b \cdot U}{F}\right)},$$

in der, je nach der Rauhigkeit der Kanalwande, die folgenden Werte fur a und b einzusetzen sind·

bei glatten Wanden (z. B. Holz oder glattgestrichenem Zement)·

$$a = 0{,}00015;\quad b = 0{,}03;$$

---

[1]) a = annus = Jahr, M/a = Mark jahrlich.

bei ziemlich glatten Wänden (z. B. behauenen Steinen, Backsteinen):

$$a = 0,00019; \quad b = 0,07;$$

bei ziemlich rauhen Wänden (z. B. Bruchsteinmauerwerk):

$$a = 0,00024; \quad b = 0,25;$$

bei Wänden aus Erde·

$$a = 0,00028; \quad b = 1,25.$$

In der Formel bedeutet U die Länge (in m) desjenigen Teiles der Umfangslinie des Kanalquerschnitts, der längs der Sohle und der Seitenwände verläuft und unterhalb des Wasserspiegels liegt, F die Querschnittsfläche des Wasserstromes, also den Inhalt des Kanalprofils bis zur Wasseroberfläche [m²], U/F das Verhältnis beider Werte in m/m². (Der Wert F/U wird oft als der „hydraulische Radius" des Profils oder der Rohrleitung bezeichnet. Man beachte, daß der Zahlenwert dieses Ausdrucks stark von der gewählten Einheit abhängt, so daß U/F z. B. in cm/cm² hundertmal kleiner wäre als in m/m². Dieser Begriff ist eben nicht dimensionslos).

Lösung

Zu 1.: R o h e B e r e c h n u n g Die Geschwindigkeit v_{Fl} der Flasche von 45,5 m/87,4 sek $= 0,52$ m/sek wird als mittlere Wassergeschwindigkeit angenommen. Der Querschnitt des Wasserstromes beträgt $1,18 \cdot 0,62$ m². Die **Wasserstromstärke** ist daher $0,52 \cdot 1,18 \cdot 0,62 = 0,38$ m³/sek oder $0,38 \cdot 3600$ $= $ **1370 m³/h.**

Zu 2.: G e n a u e r e B e r e c h n u n g. Die Berechnung unter 1. ist insofern ungenau, als in Wirklichkeit die mittlere Geschwindigkeit v des Wassers kleiner ist als seine größte Geschwindigkeit, die bei Kanalen etwa in der Mitte und nahe der Oberfläche eintritt und als mit der Flaschengeschwindigkeit v_{Fl} übereinstimmend angenommen werden kann. Wir verwenden daher die in der Aufgabe gegebene Formel und setzen, entsprechend der Ausführung der Kanalwandungen in glattgestrichenem Zement, $a = 0,00015$ und $b = 0,03$. Ferner ergibt sich U (aus der Breite von 1,18 m und der Wassertiefe von 0,62 m) zu $1,18 + 2 \cdot 0,62 = 1,18 + 1,24 = 2,42$ m und $F = 1,18 \cdot 0,62 = 0,73$ m². Der Ausdruck unter der Wurzel

wird daher $0,00015 \cdot \left(1 + \dfrac{0,03 \cdot 2,42}{0,73} \right) = 0,00015 \cdot (1 + 0,0995)$

$$= 0,00015 \cdot 1,1 = 0,000165.$$

Die Wurzel wird dann 0,0128 und damit $\dfrac{v_{Fl}}{v} = 1 + 14 \cdot 0,0128 = 1 + 0,179$

$= 1,179$ oder $\dfrac{v}{v_{Fl}} = \dfrac{1}{1,179} = 0,848.$ Demnach ist die mittlere Wassergeschwindigkeit v um rund 15 % kleiner als vorhin unter 1. angenommen

wurde. Folglich ist auch die **Wasserstromstärke** um 15 % kleiner als unter
1. berechnet, also nur gleich $0,85 \cdot 1370 = $ **1160 m³/h.**

Zuverlässiger als diese primitive Schwimmermessung sind Messungen
mittels des WOLTMANschen Flügels oder eines eingebauten Wehres [42].
Doch erfordern die ersteren teure Meßinstrumente, die letzteren störende
und gefalleverzehrende Einbauten.

Aufgabe 11: Bestimmung des Profils eines Fabrik-Wasserkanals

Einer Fabrik soll ihr großer Wasserbedarf von 180 m³/min aus einem
Fluß durch einen von ihr anzulegenden offenen Kanal zugeleitet werden.
Das verfügbare Gefälle von der Entnahmestelle bis zur Fabrik beträgt
1,10 m.

Der Kanal soll aus Beton mit glatten Zementwänden hergestellt werden;
sein Profil soll ein genaues Rechteck von b m Breite sein; die Wassertiefe
t soll $= b/2$ sein, so daß der benetzte Teil des Profils aus zwei nebeneinander liegenden Quadraten besteht, die Seitenwandungen des Kanals sollen
um 40 cm uber die Wasseroberflache hervorragen (40 cm Freibord).

Die Länge der Kanaltrace beträgt 2,300 km; das Gefälle der Kanalsohle
und des Wasserspiegels soll überall gleichmäßig sein.

Zu berechnen sind die erforderlichen Abmessungen des Kanalpiofils, wobei zwei verschiedene Formeln (A und B) fur die mittlere Wassergeschwindigkeit zugrunde zu legen sind, so daß die ganze Aufgabe zweimal auf verschiedenen Wegen zu bearbeiten ist.

Zum Schluß ist die mittlere Wassergeschwindigkeit zu bestimmen und zu
begutachten, die sich bei Ausführung des Kanals nach den berechneten
Maßen unter den gegebenen Verhältnissen automatisch einstellt.

Formel und Verfahren A. Es gelte die folgende, in *Hutte* I, S. 479, angegebene Formel·

$$v_0 = \sqrt{\frac{2g}{\lambda'}} \cdot \sqrt{r' \cdot i} \quad [\text{m/sek}],$$

fur die CHEZY die Zusammenfassung des ersten Wurzelausdrucks zu der
nach ihm benannten CHEZYschen Zahl vorgeschlagen und BAZIN fur diese
Zahl den folgenden Ausdruck angegeben hat:

$$\sqrt{\frac{2g}{\lambda'}} = \frac{87}{1 + c / \sqrt{r'}}.$$

Darin bedeutet (vgl. auch *Hutte* I, S. 457 und 472).

v_0 die mittlere Wassergeschwindigkeit [m/sek],

g die Schwere-Beschleunigung $(= 9{,}81$ m/sek²$)$,

λ' eine Widerstandsziffer, die gemäß der BAZINschen Formel (ebenso wie g) durch einen Ausdruck in c und r' ersetzt wird,

$r' = F/U$ den sogenannten „hydraulischen Radius" des benetzten Teiles des Kanalprofils [m],

F die Fläche des von Wasser ausgefüllten Teiles des Kanalquerschnitts [m²],

U die Länge desjenigen Teiles der Umfangslinie des Kanalquerschnitts, der längs der Sohle und der Seitenwände verläuft und unterhalb des Wasserspiegels liegt [m],

i (= „Gefälle") den Quotienten aus dem Höhenunterschied [m] der beiden Wasserspiegel am Anfang und am Ende der Kanalstrecke, dividiert durch die Kanal-Länge l,

l die Streckenlänge des Kanals [m],

c eine durch Versuche empirisch festgestellte Ziffer, die bei Wänden aus gehobeltem Holz oder glattem Zement mit 0,06 angesetzt werden kann.

Lösung zu A.: Die bei richtiger Bemessung des Kanals in ihm herrschende

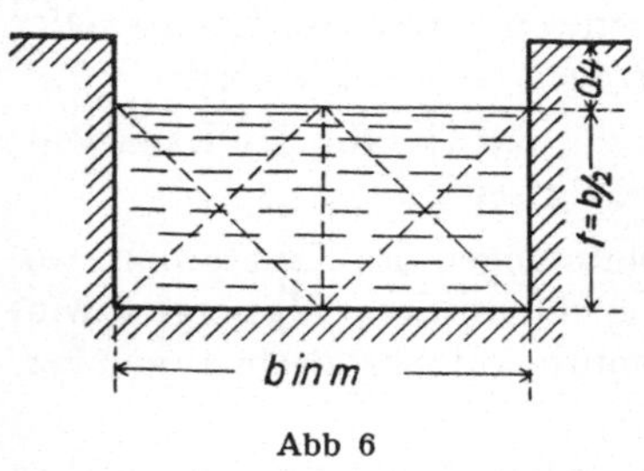

Abb 6

Wasserstromstärke ist $J = \dfrac{180\,\text{m}^3}{60\,\text{sek}} = 3\,\text{m}^3/\text{sek}$.

Das Kanalprofil wird im Prinzip durch die **Abb. 6**, S. 38, dargestellt, in der aber die Hauptmaße b und t noch nicht ziffernmäßig, sondern nur ihrem gegenseitigen Verhältnis nach angegeben werden können. Hieraus und aus den Angaben der Aufgabe folgern wir zunächst die nachstehenden Werte

$$l = 2300\ [\text{m}]; \quad i = \frac{1{,}10\ \text{m}}{2300\ \text{m}} = \frac{4{,}78}{10\,000}\ ; \quad F = b \cdot t = \frac{b^2}{2}\ [\text{m}^2];$$

$$U = b + 2t = 2b\ [\text{m}]; \quad r' = \frac{F}{U} = \frac{b^2}{2 \cdot 2b} = \frac{b}{4}\ [\text{m}].$$

Die erforderliche mittlere Wassergeschwindigkeit v_0 ergibt sich aus dem vorgeschriebenen Wasserstrom J und dem Querschnitt F zu

$$v_0 = \frac{J}{F} = \frac{3}{b^2/2} = \frac{6}{b^2}\ [\text{m/sek}].$$

Durch Einsetzen von $c = 0{,}06$, $r' = \dfrac{b}{4}$ [m], $i = \dfrac{4{,}78}{10\,000}$, $F = \dfrac{b^2}{2}$ [m²], $J = 3$ [m³/sek] ergibt sich

$$v_0 = \frac{87}{1 + \dfrac{0{,}06 \cdot \sqrt{4}}{\sqrt{b}}} \cdot \frac{\sqrt{b} \cdot \sqrt{4{,}78}}{\sqrt{4 \cdot 100}}\ [\text{m/sek}];$$

$$J = v_0 \cdot F = \frac{v_0 \cdot b^2}{2} = \frac{87 \cdot \sqrt{4{,}78}}{\left(1 + \dfrac{0{,}12}{\sqrt{b}}\right) \cdot 2 \cdot 2 \cdot 100} \cdot b^2 \cdot \sqrt{b}\ [\text{m}^3/\text{sek}].$$

$$3 = \frac{87 \cdot \sqrt{4{,}78}}{400} \cdot \frac{b^2 \cdot \sqrt{b}}{1 + 0{,}12/\sqrt{b}};$$

$$\frac{b^2 \cdot \sqrt{b}}{1 + 0{,}12/\sqrt{b}} = \frac{3 \cdot 400}{87 \cdot \sqrt{4{,}78}} = 6{,}31.$$

Diese Gleichung ist nun nach b aufzulösen; auf rein algebraische Weise ware das eine schwierige Aufgabe; wir packen sie lieber empirisch an und haben hier eine erwünschte Gelegenheit, die Lösung von Gleichungen durch probeweises Einsetzen bestimmter Zahlenwerte für x (hier für b) und systematische Annäherung zu üben·

Wir bilden ein Rechenschema gemäß der Zahlentafel 3 auf Seite 40, setzen auf gut Glück in Spalte 1 zunächst für b den Zahlwert 1 ein und finden dabei in Zeile [7] für den Quotienten den Wert 0,893 statt des verlangten Wertes 6,31. Der Wert 1 für b war also zu klein, deswegen rechnen wir in Spalte 2 mit $b = 2$ und kommen dabei in Zeile [7] auf 5,20. Da demnach auch der Wert 2 noch zu klein ist, rechnen wir in Spalte 3 mit $b = 3$ und erhalten den Quotienten 14,6 (statt 6,31). Der gesuchte Wert b liegt also zwischen 2 und 3 und zwar weit näher an 2. In Spalte 2 war das Ergebnis (5,20) um etwa 21,4 % seines Betrages zu klein

$$\left(\frac{6{,}31 - 5{,}20}{5{,}20} \cdot 100 \approx 21{,}4\ \% \right).$$

Da der Wert in Zeile [6] (der Nenner des Bruches) sich nur wenig ändert, so muß also der Zähler, das ist der Wert der Zeile [4], um etwa 21,4 % über den der Spalte 2 (5,64) erhöht werden. Da er $b^2 \cdot \sqrt{b}$ $= b^{2{,}5}$ darstellt, ist b angenähert um $21{,}4 : 2{,}5 \approx 8{,}6$ % zu erhöhen. Daher rechnen wir in Spalte 4 mit $b = 1{,}086 \cdot 2 = 2{,}17$ und kommen auf 6,42 (statt 6,31). Jetzt sind wir dem richtigen Wert also schon sehr nahe. 2,17 ist noch ein wenig zu hoch. Ein nochmaliger Versuch in Spalte 5 mit $b = 2{,}16$ ergibt 6,35, also fast genau den verlangten Wert; und nur zu unserer Beruhigung und Kontrolle rechnen wir in Spalte 6 auch noch mit $b = 2{,}15$, was in Zeile [7] auf 6,26 fuhrt. Damit ist die Kanalbreite b völlig genau genug (nämlich auf den Bruchteil eines cm) eingegrenzt und zu etwa $b = \mathbf{2{,}155\ m}$ gefunden.

Bei der Berechnung dieser Zahlentafel benutzen wir nur die Tafeln eines Handbuches [1] für n^2 und $\sqrt{n}$ sowie den Rechenschieber, dessen Genauigkeit völlig ausreicht Man beachte, wie schnell, namlich schon beim fünften

Zahlentafel 3

Symbol und Zeile	Formel	Rechen-schema	Spalte Nr.					
			1	2	3	4	5	6
[1]	b	[1]	1	2	3	2,17	2,16	2,15
[2]	b^2	$[1]^2$	1	4	9	4,709	4,67	4,62
[3]	$\sqrt{b}$	$\sqrt{[1]}$	1	1,41	1,73	1,473	1,470	1,466
[4]	$b^2 \cdot \sqrt{b}$	$[2] \cdot [3]$	1	5,64	15,6	6,94	6,87	6,77
[5]	$\dfrac{0,12}{\sqrt{b}}$	$0,12 : [3]$	0,12	0,085	0,0695	0,0815	0,0816	0,0819
[6]	$1 + \dfrac{0,12}{\sqrt{b}}$	$1 + [5]$	1,12	1,085	1,0695	1,0815	1,0816	1,0819
[7]	Quotient [1]	$[4] : [6]$	0,893	5,20	14,6	6,42	6,35	6,26

[1]) soll gleich 6,31 werden!

Probieren, wir dem Ziele hinreichend nahegekommen sind, und wende sich von der falschen oder pharisäerhaften Anschauung ab, daß das Auflösen von Gleichungen durch Probieren ein minderwertiges Verfahren sei. Der Ingenieur sollte stets die in Betracht kommenden Verfahren nur danach beurteilen, in welchem Grade sie rasch, sicher und mit genügender Genauigkeit zum richtigen Ergebnis führen.

Aus $b = 2{,}155$ folgt $t = b/2 =$ **1,078 m**.

Die gesamte Kanaltiefe ist also $t + 0{,}40 = 1{,}478$ m, und **Abb. 7,** S. 41, gibt alle Hauptmaße des Kanalprofils an. Wenn wir es mit diesen Abmessungen ausführen, wird sich im Kanal automatisch die verlangte Stromstärke von 3 m³/sek einstellen. Die mittlere Wassergeschwindigkeit ist dabei $v_0 = \dfrac{6}{b^2} = \dfrac{6}{2{,}155^2}$ = **1,29 m/sek**. Das ist zwar ein für Fabrikkanäle ziemlich hoher Wert,

Abb 7

der bei unbefestigten Boden- und Seitenwänden kaum zulässig wäre (*Hutte* I, S. 479, Tafel 6 und S. 480), aber bei einem betonierten Kanal unbedenklich ist

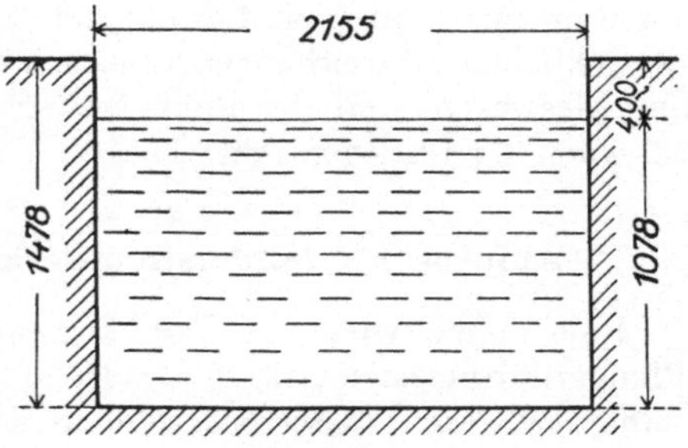

Formel und Verfahren B. Bei der zweiten Bearbeitung der Aufgabe werde die folgende, ebenfalls in *Hutte* I, S. 479, zitierte, von FORCHHEIMER angegebene einfachere Formel zugrunde gelegt.

$$v_0 = a \cdot r'^{\alpha} \cdot i^{0{,}5},$$

in der v_0, r' und i dieselbe Bedeutung haben wie vorhin, während a und α zwei von der Rauhigkeit der Kanalwände abhängige Erfahrungsziffern sind Für Zementwände gibt FORCHHEIMER dafür die Werte· $a = 91$ bis 106 und $\alpha = 0{,}60$ bis 0,68, von denen hier vorsichtigerweise die kleineren angenommen werden sollen [44].

Lösung zu B.: Den in der Formel stehenden Ausdruck $i^{0{,}5}$ berechnen wir zu:

$$\sqrt{i} = \sqrt{\frac{4{,}78}{10\,000}} = \frac{\sqrt{478}}{1000} = \frac{21{,}86}{1000} = \frac{2{,}186}{100} \quad [1].$$

Mit $\alpha = 0{,}60$ wird $r'^{\alpha} = \left(\dfrac{b}{4}\right)^{0{,}60} = \dfrac{b^{0{,}60}}{4^{0{,}60}}$, so daß, mit $a = 91$, die ganze Formel lautet·

$$v_0 = 91 \cdot \frac{b^{0{,}60}}{4^{0{,}60}} \cdot \frac{2{,}186}{100} = \frac{91 \cdot 2{,}186}{4^{0{,}60} \cdot 100} \cdot b^{0{,}60} = 0866\ b^{0{,}60}.$$

Andererseits war vorhin (unter A) gefunden $v_0 = \dfrac{6}{b^2}$; es folgt also

$$0,866\ b^{0,60} = \frac{6}{b^2}; \quad b^{2,60} = \frac{6}{0,866}; \quad \log b = (\log 6 - \log 0,866)\ 2,60 = 0,323\,32;$$

$$b = 2,105\ \text{m}; \quad t = \frac{b}{2} = 1,053\ \text{m},$$

so daß also die Kanalbreite 2,105 m und die Kanaltiefe 1,053 + 0,40 = 1,453 m wird, was von den unter A gefundenen Werten (2,155 m bzw. 1,478 m) nur wenig, nämlich nur um etwa 2,3 % bzw. 1,7 % abweicht. Über diese kleinen Abweichungen brauchen wir uns nicht zu wundern, besonders auch deswegen, weil der Rauhigkeitsgrad der Kanalwände sich nicht scharf zahlenmäßig festlegen läßt.

Aufgabe 12: Förderstromstärke einer Tauchkolben-Pumpe

Eine doppeltwirkende Tauchkolbenpumpe von 600 mm Hub, 220 mm Plungerdurchmesser und 70 Umdrehungen in der Minute sei gegeben. Gesucht wird ihre Wasserförderung in m³/h. (Der Kolbenstangendurchmesser ist zu vernachlässigen.)

Lösung

Die Tauchkolben- oder Plunger-Pumpe [48] entspricht, da sie „doppeltwirkend" sein soll, etwa der Anordnung *Hütte* II, S. 698 ff, Abb. 16, 18, 19. Daß sie doppeltwirkend ist, bedeutet, daß sie bei j e d e m Hub fördert. Bei jeder Umdrehung fördert sie daher theoretisch eine Wassermenge, deren Volumen [m³] gleich zwei mal Kolbenquerschnitt F [m²] mal Hub s [m] ist. Hier ist $F = 0,22^2 \cdot \pi/4 = 0,038$ m² und $s = 0,6$ m, das theoretisch bei einer Umdrehung geförderte Wasservolumen also $2 \cdot 0,038 \cdot 0,6$ m³. In einer Minute werden daher theoretisch $70 \cdot 2 \cdot 0,038 \cdot 0,6$ m³ und in einer Stunde $60 \cdot 70 \cdot 2 \cdot 0,038 \cdot 0,6$ m³ gefördert.

Die wirklich geförderte Menge ergibt sich aus dieser theoretischen durch Multiplikation mit dem „Lieferungsgrad" (oder „Liefergrad" oder — freilich ein schlechter Ausdruck — „volumetrischen Wirkungsgrad") [49], den man etwa zu 0,9 ansetzen kann. Die gesuchte **Förderstromstärke** ist daher.

$$J = 0,9 \cdot 60 \cdot 70 \cdot 2 \cdot 0,038 \cdot 0,6 = 172\ \text{m}^3/\text{h}.$$

Aufgabe 13: Förderstromstärke einer Scheiben-Kolbenpumpe

Eine doppeltwirkende Scheiben-Kolbenpumpe von 300 mm Zylinder-Durchmesser und 500 mm Hub laufe mit 50 Umdr./min. Sie habe nur e i n e Kolbenstangen-Stopfbuchse; der Durchmesser der Kolbenstange betrage 70 mm.

Wieviel Liter pro Sekunde fördert die Pumpe, wenn ihr Liefergrad 0,90 ist?

Losung

Aus dem Zylinderdurchmesser von 3,00 dm folgt der Zylinderquerschnitt $F = 7,069$ dm², wahrend die Kolbenstange bei einem Durchmesser von 0,70 dm einen Querschnitt von $f = 0,385$ dm² hat [1].

Aus der Angabe, daß nur eine einzige Kolbenstangen-Stopfbuchse vorhanden ist, folgt, daß die Kolbenstange nur auf einer Zylinderseite in Betracht kommt und daß die Pumpe etwa der Anordnung *Hutte* II, S. 703, Abb. 22, entspricht. Die bei einem Hub von 5,00 dm pro Umdrehung theoretisch geförderte Wassermenge betragt daher. fur die eine Zylinderseite 7,069 · 5,00 Liter, fur die andere Zylinderseite (7,069 — 0,385) · 5,00 Liter, zusammen also (14,138 — 0,385) · 5,00 = 13,753 · 5,00 = 68,77 Liter. Daraus ergibt sich bei 50 Umdrehungen pro Minute und bei einem Liefergrad

von 0,90 eine **Lieferstromstärke** von $\dfrac{68{,}77 \cdot 50 \cdot 0{,}90}{60}$ **= 51,6 Liter/sek**

(oder 3,095 m³/min oder 185,7 m³/h) [49].

Aufgabe 14: Nachrechnung einer Kesselspeisepumpe

Für einen Wasserrohrkessel von 250 m² Heizfläche, der ohne Rucksicht auf den dadurch bedingten Mehrverbrauch an Kohle hoch beansprucht werden soll, sind zwei Speisevorrichtungen vorhanden, von denen eine eine einfach wirkende, von einer Transmission aus angetriebene Dreiplungerpumpe [48] mit 70 Umdr./min, 20 cm Hub und 10 cm Zylinderdurchmesser ist. Es ist nachzuprüfen, ob diese Pumpe den gesetzlichen Vorschriften entspricht, wobei ihr Liefergrad zu 0,90 anzunehmen ist [92, 49].

Losung

Jeder Plunger verdrängt bei seinem Arbeitshub $0{,}100^2 \cdot \pi/4 \cdot 0{,}200$ m³ Wasser. Die drei Plunger zusammen liefern daher bei einer Umdrehung $0{,}100^2 \cdot \pi/4 \cdot 0{,}200 \cdot 0{,}90 \cdot 3$ und folglich in einer Stunde·

$0{,}100^2 \cdot \pi/4 \cdot 0{,}200 \cdot 0{,}90 \cdot 3 \cdot 70 \cdot 60 \approx 17{,}8$ m³/h oder 17 800 Liter/h [49].

Nach den gesetzlichen Bestimmungen [92] muß jede Speisevorrichtung dem Kessel das Doppelte derjenigen Wassermenge zuführen können, die der normalen Verdampfungsfähigkeit des Kessels entspricht. Da normale Wasserrohrkessel, wenn keine gute Ausnutzung der Kohle gefordert wird, etwa 30 kg Dampf pro Stunde und Quadratmeter Heizfläche erzeugen können [89], so muß jede Speisevorrichtung mindestens liefern können: 2 · 250 · 30 = 15 000 Liter/h. **Die Pumpe genügt also** den gesetzlichen Vorschriften

Aufgabe 15: Wirkungsgrad einer Kreiselpumpe mit Elektromotor

Eine mit einem Gleichstrommotor direkt gekuppelte Kreiselpumpe fördert durch eine Rohrleitung Wasser aus einem Fluß zu einer auf einer benachbarten Anhöhe liegenden Fabrik. Ein am Saugrohr unmittelbar an der Pumpe und in der Höhenlage ihrer Achse angebrachtes Manometer zeigte 0,24 at Unterdruck, ein ebenso am Druckrohr angebrachtes Manometer zeigte 1,27 at Überdruck [65, 66].

Die Wasserstromstärke („der Förderstrom") der Pumpe wurde dadurch bestimmt, daß das gesamte gehobene Wasser aus dem Behälter A, in den die Rohrleitung mündet und in dem der Wasserspiegel sich beruhigte, dauernd in einen kleineren eisernen, oben offenen Behälter B floß und aus diesem durch drei in seinen ebenen und horizontalen Boden eingebaute gut abgerundete und polierte Düsen (eine kleine und zwei große) mit vertikalen Achsen frei ausströmte.

Die Mundungen der drei Meßdüsen lagen genau gleich hoch. Der Durchmesser der kleinen Düse betrug 50,0 mm, der der beiden großen Düsen je 160,0 mm. Die aus den großen Düsen austretenden Strahlen liefen ungemessen weiter zur Verwendung in der Fabrik. Der Strahl aus der kleinen Düse konnte dagegen durch Umlegen einer Auffangrinne entweder ungemessen in die Fabrik oder in einen genau prismatischen Betonbehälter C von 1,570 m Breite, 2,380 m Länge und 1,690 m Höhe geleitet werden. Durch geeignetes Umlegen dieser Rinne und Beobachtung einer Stoppuhr ergab sich, daß dieser Strahl 11 min 42 sek brauchte, um den vorher völlig geleerten Betonbehälter bis zum Überlaufen zu fullen.

Der Motor nahm 88,5 Amp bei 440 Volt auf.

Alle gemessenen Werte blieben während der gesamten, hinreichend langen Versuchsdauer unverändert; ebenso änderte sich der Wasserspiegel in den beiden Behältern A und B nicht, da mit der Füllung des Betonbehälters C erst begonnen wurde, nachdem Beharrungszustand eingetreten war.

Wie groß ist der gemeinsame Wirkungsgrad des aus Motor und Pumpe bestehenden Aggregates?

Lösung

Aus der kleinen Düse floß in 11 min 42 sek oder in 702 sek eine Wassermenge von $1{,}570 \cdot 2{,}380 \cdot 1{,}690 = 6{,}315$ m³ oder sekundlich $\dfrac{6{,}315}{702}$ $= 0{,}00900$ m³/sek. Der Durchmesser jeder großen Duse war $\dfrac{160}{50} = 3{,}20$ mal so groß als der der kleinen Duse; der Querschnitt einer großen Düse war daher das $3{,}20^2 = 10{,}24$ fache des Querschnittes der kleinen Düse.

Ebenso groß war offenbar das Verhältnis der aus einer großen Düse austretenden Wassermenge zu der aus der kleinen Duse in der gleichen Zeit austretenden, weil das Wasser aus beiden Dusen unter der Wirkung derselben Druckhöhe austrat und alle Dusen gut abgerundet und poliert waren, also die gleiche „Ausflußzahl" hatten (die etwa 0,99 sein dürfte, hier aber nicht gebraucht wird) [41].

Die gesamte in einer bestimmten Zeit von der Pumpe geförderte Wassermenge war daher (mit Rucksicht darauf, daß die Wasserspiegel in den Gefäßen A und B sich während der Messung nicht änderten und daß folglich der Förderstrom der Pumpe gleich dem Gesamtstrom der 3 Düsen war) das $(1 + 10,24 + 10,24) = 21,48$ fache der aus der kleinen Duse in derselben Zeit ausgeflossenen Menge. Die Förderstromstärke der Pumpe war somit $0,00900 \cdot 21,48 = 0,1933$ m³/sek.

Die manometrische Gesamtforderhöhe (Saughöhe + Druckhöhe) der Pumpe betrug $0,24 + 1,27 = 1,51$ at oder 15,1 m Wassersäule oder 15 100 mm Wassersäule oder 15 100 kg/m² [47].

Die Nutzleistung der Pumpe [mkg/sek] ergibt sich am einfachsten und sichersten (sogar unabhängig von der Art und dem spezifischen Gewicht der geförderten Flüssigkeit!), wenn man ihren Volumen-Förderstrom [m³/sek] [74] multipliziert mit ihrer manometrischen Gesamtforderhöhe [kg/m²] [50]. Sie war also hier $0,1933 \cdot 15 100 = 2919$ mkg/sek

Der Motor verbrauchte 88,5 Amp bei 440 Volt, also $88,5 \cdot 440 = 38 940$ Watt [122]

Der **Wirkungsgrad von Pumpe und Motor zusammen** [26] ist der Quotient aus der Nutzleistung der Pumpe durch den Verbrauch des Motors, wobei jedoch beide Leistungen in derselben Einheit gemessen werden mussen, zum Beispiel beide in Watt. Daraus folgt, da 1 mkg/sek = 9,804 Watt ist [17],

$$\eta_{\text{Mot + Pumpe}} = \frac{2919 \cdot 9,804}{38 940} = \mathbf{0,735.}$$

Aufgabe 16: Bestimmung des mit einer gegebenen Motorleistung und gegebenen Rohrleitung erzielbaren Förderstromes einer Kreiselpumpe

Fur die Trockenhaltung einer großen und tiefen Baugrube soll ermittelt werden, wieviel Wasser pro Stunde unter den folgenden gegebenen Verhältnissen bewältigt werden kann:

Verfugbar ist ein Elektromotor von 200 PS, der eine passend zu wählende Kreiselpumpe antreiben soll, ferner eine neue gußeiserne Rohrleitung von 800 m Gesamtlänge und 300 mm lichter Weite. Die durch Nivellement gemessene Forderhöhe, gerechnet vom Saugwasserspiegel bis zum Ausguß, beträgt 34,0 m. (Die Rohrleitung ist viel länger, weil das Wasser auf eine erhebliche Entfernung fortgeschafft werden muß, damit es nicht wieder in die Grube zurückläuft.) Der Wirkungsgrad der Kreiselpumpe ist zu 79 % anzunehmen

a) Vorfrage: Welcher Förderstrom wäre mit den 200 PS erzielbar, wenn in der Rohrleitung kein Reibungswiderstand aufträte?

b) Hauptfrage: Wie sinkt die Ziffer unter a) bei Berücksichtigung der Rohrreibung? Die Reibungsverluste durch den Saugkorb und durch die Krümmer und Absperrorgane sind zu vernachlässigen, ebenso der Verlust durch die Austrittsgeschwindigkeit. Für den Reibungswiderstand im Rohr ist die von HOPF und FROMM angegebene Formel (*Hütte* I, S. 472, 475, *Dubbel* I, S. 261, 260) zugrunde zu legen [*44*]·

$$\Delta p = \lambda \cdot \frac{l}{d} \cdot v_0^2 \cdot \frac{\varrho}{2} , \qquad \lambda = 10^{-2} \cdot \left(\frac{k}{d}\right)^{0\,314} ,$$

in der bedeutet·

Δp den Druckverlust im Rohr durch Reibung in kg/m² oder mm Wassersäule,

λ die Widerstandsziffer der Leitung,

l die Streckenlänge der Rohrleitung in m,

d den lichten Durchmesser der Rohrleitung in m,

v_0 die mittlere Durchflußgeschwindigkeit in m/sek,

ϱ (= γ/g) die spezifische Masse (oder „Dichte") der Flüssigkeit in kg sek²/m⁴,

γ das spezifische Gewicht der Flüssigkeit in kg/m³,

g die Schwerebeschleunigung in m/sek²,

k das „Rauhigkeitsmaß" der Rohre in m.

Sollte sich für den gesuchten Förderstrom J eine Gleichung höheren Grades ergeben, so ist sie durch Probieren aufzulösen, wobei es genügt, den Wert von J mit einem Fehler von ± 10 Liter/sek zu bestimmen. Zum Schluß sind die Hauptdaten für die Bestellung der Pumpe anzugeben.

Lösung

Zu Frage a): Der Motor leistet 200 PS oder 200 · 75 = 15 000 mkg/sek [*17*]. Die Pumpe hat einen Wirkungsgrad von 0,79 [*26*], kann also bei Antrieb durch diesen Motor eine Nutzleistung von 0,79 · 15000 = 11 850 mkg/sek abgeben.

Da die „geodätische" („hydrostatische", „nivellierte", d. h. durch Nivellement ermittelte) Förderhöhe [*47*] genau 34 m beträgt und Reibungsverluste nicht auftreten, ist die von der Pumpe zu erzeugende Druckdifferenz (Unterschied der beiden Drücke im Saug- und im Druckstutzen der Pumpe. beide bezogen auf die gleiche Höhenlage, meistens auf die der Pumpenachse) P = 34 000 kg/m² (oder mm Wassersäule) [*66*].

Aufgabe 16

Wenn J den Forderstrom in m³/sek bedeutet, so ist die N u t z l e i - s t u n g N_n der Pumpe in mkg/sek [50] gleich dem Volumen-Strom in m³/sek mal der Druckdifferenz in kg/m², genau so, wie bei einem Gleichstromgenerator die Nutzleistung in Watt gleich dem Strom in Amp mal der Druckdifferenz (oder Spannung) in Volt ist. Hier folgt also aus $N_n = J \cdot P$ mit $N_n = 11\,850$ mkg/sek und $P = 34\,000$ kg/m² fur den **Förderstrom** der Wert

$$J = \frac{N_n}{P} = \frac{11\,850}{34\,000} = 0{,}349 \text{ m}^3/\text{sek oder } \mathbf{349\ Liter/sek.}\ \mathbf{Das\ in\ 1\ Stunde\ ge\text{-}}$$

förderte Wasservolumen wird dann $3600 \cdot 0{,}349 = \mathbf{1256\ m^3}$.

Zu Frage b): Zwecks Berucksichtigung der Rohrreibung nach der in der Aufgabe angegebenen Formel stellen wir zunächst die folgenden Werte fest·

$$l = 800 \text{ m}; \quad d = 0{,}300 \text{ m}; \quad \gamma = 1000 \text{ kg/m}^3; \quad g = 9{,}81 \text{ m/sek}^2 \ [14,21]; \quad \varrho = \frac{\gamma}{g}$$

$$= \frac{1000}{9{,}81} = 101{,}9 \approx 102 \text{ kg sek}^2/\text{m}^4 \ [21, 46]; \quad \varrho/2 = 50{,}95 \approx 51 \text{ kg sek}^2/\text{m}^4.$$

Für das Rauhigkeitsmaß k geben die *Hutte* I, S. 476, Tafel 4, und *Dubbel* I, S. 262, bei neuem Gußeisen oder Eisenblech den Wert 2,5 m an.

Mit diesen Zahlenwerten bestimmen wir zunächst λ.

$$\lambda = 10^{-2} \cdot (k/d)^{0,314} = 10^{-2} \cdot \left(\frac{2{,}5}{0{,}300} \right)^{0,314} = 10^{-2} \cdot 8{,}331^{\,0,314};$$

$$\log \lambda = (0{,}314 \cdot \log 8{,}333) - 2 = 0{,}28913 - 2;$$

$$\lambda = \frac{1{,}946}{100},$$

und finden dann für den Druckverlust durch Rohrreibung:

$$\varDelta p = \lambda \cdot \frac{l}{d} \cdot v_0^2 \cdot \frac{\varrho}{2} = \frac{1{,}946}{100} \cdot \frac{800}{0{,}300} \cdot v_0^2 \cdot 51.$$

Statt des Wertes v_0 fuhren wir lieber den gesuchten Wert J ein, der sich aus v_0 und dem Rohrquerschnitt $d^2 \pi/4 = 0{,}300^2 \pi/4 = 0{,}0707$ m² [1] zu $J = v_0 \cdot 0{,}0707$ m³/sek ergibt, und ersetzen v_0 durch $\dfrac{J}{0{,}0707}$, so daß nun folgt

$$\varDelta p = \frac{1{,}946}{100} \cdot \frac{800}{0{,}300} \cdot \frac{J^2}{0{,}0707^2} \cdot 51 = 529\,000\ J^2 \text{ kg/m}^2.$$

Die gesamte von der Pumpe zur Überwindung der geodätischen Förderhöhe u n d der Rohrreibung zu erzeugende Druckdifferenz P [kg/m²] wird also jetzt

$$P = 34\,000 + 529\,000\ J^2 \text{ kg/m}^2,$$

und die Nutzleistung der Pumpe

$$N_n = J \cdot P = 34\,000\ J + 529\,000\ J^3 \text{ mkg/sek.}$$

Indem wir diese gleich der schon unter a) gefundenen verfügbaren Pumpen-Nutzleistung von 11 850 mkg/sek setzen, erhalten wir die Gleichung in J:

$$11\,850 = 34\,000\,J + 529\,000\,J^3$$

$$\text{oder}\quad \frac{11,85}{34,0} = J + \frac{529}{34,0} \cdot J^3$$

$$\text{oder}\quad 0,3485 = J + 15,56\,J^3$$

$$\text{oder}\quad 15,56\,J^3 - 0,3485 + J = 0,$$

wobei J in m³/sek gemessen ist.

Diese Gleichung ist nun nach J aufzulösen, was durch Probieren erfolgen soll. Wir entwerfen gemäß der Zahlentafel 4, S. 48, in den Zeilen [1] bis

Zahlentafel 4

Symbol und Zeile	Rechenschema	Spalte Nr.			
		1	2	3	4
[1]	J	0,1	0,2	0,2110	0,2080
[2]	J^3	0,001	0,008	0,00939	0,00900
[3]	$15,56\,J^3$	0,0156	0,1245	0,1461	0,1400
[4]	0,3485	0,3485	0,3485	0,3485	0,3485
[5]	[3] — [4]	— 0,3329	— 0,2240	— 0,2024	— 0,2085
[6]	J	0,1000	0,2000	0,2110	0,2080
[7] [1]	[5] + [6]	— 0,2329	— 0,0240	+ 0,0086	— 0,0005
[8]	Kritik	zu klein	etwas zu klein	ein wenig zu groß	ganz wenig zu klein
[9]	Zuwachs von [1] gegen Vor-Spalte	—	+ 0,1	+ 0,0110	— 0,0030
[10]	Zuwachs von [7] gegen Vor-Spalte	—	+ 0,2089	+ 0,0326	— 0,0091
[11] [2]	$-\dfrac{[7] \cdot [9]}{[10]}$	—	+ 0,011	— 0,0030	+ 0,0002

[1] Sollte gleich Null sein!
[2] Zweckmäßige Erhöhung des Wertes J in der folgenden Spalte, damit [7] möglichst Null wird

[7] ein Rechenschema für den linken Ausdruck dieser Gleichung und setzen zunächst in Zeile [1] der Spalte 1 einen willkürlich gegriffenen Wert für J ein. Da infolge der jetzt berücksichtigten Rohrreibung sicher J erheblich niedriger ausfallen wird, als unter a) berechnet war (nämlich als 0,349 m³/sek) und wir den ersten rohen und tastenden Versuch, des bequemeren Rechnens wegen, gern mit einem runden Wert für J machen, so wählen wir dafür $J = 0,1$.

In Zeile [2] tragen wir J^3 ein, in Zeile [3] 15,56 J^3, in Zeile [4] stets dieselbe Zahl 0,3485, in [5] die Differenz 15,56 J^3 — 0,3485, in [6] nochmals J, in [7] die Summe von [5] und [6], also den Wert der linken Gleichungsseite, die ja gleich Null sein sollte.

In [8] folgt die Kritik, die für Spalte 1 besagt, daß der Gesamtwert [7] zu klein ist (nämlich — 0,2329 statt 0). Da in diesem Gesamtwert sowohl J^3 als auch J beide ein positives Vorzeichen haben, so wird mit J auch der Ausdruck [7] wachsen oder sinken, so daß diese Kritik nicht nur für [7] gilt, sondern auch für [1].

In Spalte 2 versuchen wir es daher mit einem größeren runden Wert (aber unter 0,349), nämlich mit $J = 0,2$ und kommen in [7] auf — 0,0240, woraus folgt, daß der Wert $J = 0,2$ immer noch etwas zu klein ist.

Um rasch zum Ziele zu gelangen, stellen wir nun die folgende Überlegung an: Wenn der Wert [7] in dieser Spalte a ist, wenn er ferner von der vorigen Spalte bis zu dieser um b gewachsen ist, wenn endlich gleichzeitig der Wert [1] um c gewachsen ist und wenn wir (was freilich nur sehr roh zutreffen wird) in diesem Bereich und auch noch etwas darüber hinaus einen einigermaßen gradlinigen Verlauf der die Werte [7] als Funktion von [1] darstellenden Kurve annehmen und demgemäß eine lineare Interpolation (nötigenfalls auch Extrapolation) anwenden, so müssen wir, um den Wert [7] auf Null zu bringen, um ihn also um den Wert — a (!) zu erhöhen, [1] erhöhen um — $\dfrac{c \cdot a}{b}$.

In Zeile [9] tragen wir daher den hier mit c bezeichneten Wert (Z u - w a c h s von [1]) ein, in [10] den soeben mit b bezeichneten Z u w a c h s von [7] (bei beiden Werten unter sorgfältigster Beachtung des Vorzeichens!), und berechnen in [11] (roh, mittels Rechenschieber!) den Wert — $\dfrac{c \cdot a}{b}$ oder, in unserer Schreibweise: — $\dfrac{[7] \cdot [9]}{[10]}$. Um diesen Betrag, der sich in Spalte 2 zu etwa + 0,011 ergibt, lassen wir in der nächsten Spalte J anwachsen und beginnen so z. B. die Spalte 3 mit $J = 0,2110$.

In Spalte 3 zeigen Zeile [7] und [8], daß der für J angenommene Wert ein wenig zu groß war, und Zeile [11], daß es sich empfiehlt, in Spalte 4 mit einem um 0,0030 kleineren Wert zu beginnen. Der in Spalte 4 zugrunde gelegte Wert $J = 0.2030$ m³/sek ist, wie Zeile [7] und [8] besagen, nahezu richtig; und Zeile [11] ergibt, daß, wenn man ihn noch verbessern will, die nächste Probe anzustellen wäre mit $J = $ **0,2082 m³/sek**.

Damit ist aber, obwohl dazu nur vier Versuche erforderlich waren, die Genauigkeit der Rechnung schon viel weiter getrieben, als bei der nur mäßigen Zuverlässigkeit der Unterlagen, insbesondere der Formel für λ und des Wertes für den Rauhigkeitsgrad k, sinnvoll erscheint.

Dem gefundenen Werte entspricht, auf die Stunde bezogen, ein **Förderstrom** von $0.2082 \cdot 3600 = $ **749,5 m³/h**.

Man beachte, wie erheblich der Strom gegenüber dem unter a) bei Vernachlässigung der Rohrreibung berechneten zurückbleibt (0,2082 gegen 0,349 m³/sek).

Zum Schluß wollen wir uns darüber klar werden, daß die Pumpe den vorliegenden Verhältnissen angepaßt werden muß. Bei ihrer Bestellung müssen wir angeben: 1. ihre Drehzahl, die sich nach der des vorhandenen Motors richtet; 2. ihren Förderstrom, hier also 208 Liter/sek; 3. ihre gesamte Druckdifferenz. Hier war gefunden· $P = 34\,000 + 529\,000\,J^2 = 34\,000 + 529\,000 \cdot 0,2082^2 = 56\,930$ kg/m² oder 56,93 m Wassersäule oder 5,69 at [66]. Zur Sicherheit wird man zu diesem Wert noch einen kleinen Aufschlag machen und die Pumpe etwa für 6 at bestellen Wenn dann infolge zu hohen Anwachsens des Förderstromes J etwa der Motor überlastet werden sollte, kann man diesem Übelstand leicht abhelfen, indem man entweder die Drehzahl etwas verringert oder — wenn das nicht möglich ist — die Rohrleitung ein wenig drosselt.

Aufgabe 17: Bestimmung des Förderstromes einer Kreiselpumpe bei gegebener Kennlinie („Drosselkurve", „Q-H-Kurve") und gegebener Rohrleitung

Eine (bei den Alternativen E und F sind es zwei!) Kreiselpumpe soll Wasser fördern durch eine Saug- und Druckleitung aus neuen Gußeisenrohren von 250 m Gesamtlänge mit einem Höhenlagenunterschied zwischen dem oberen Ausguß und dem Saugwasserspiegel von 15,00 m. Wie bei Aufgabe 16, S. 46, sind die Reibungsverluste durch Saugkorb, Krümmer und Absperrorgane zu vernachlässigen, ebenso der Verlust durch die Austrittsgeschwindigkeit. Für die Rohrleitung sind die dort unter b) angegebenen Formeln nach HOPF und FROMM zugrunde zu legen (s. S. 46).

Diese Angaben gelten für alle sechs hier zu betrachtenden Fälle, während bezüglich der übrigen Unterlagen sechs Alternativen A, B, C, D, E, F berücksichtigt werden sollen. G e s u c h t w i r d in allen sechs Fällen d e r F ö r d e r s t r o m d e r A n l a g e.

Alternative A. Es wirkt eine Kreiselpumpe mit 576 Umdr./min, deren Kennlinie bei dieser Drehzahl mit hinreichender Genauigkeit (wenigstens für den hier in Betracht kommenden Bereich) durch die in **Abb. 8**, S. 51, wiedergegebene (nach rechts abfallende) Gerade dargestellt werden kann. Der lichte Durchmesser der Rohre sei 200 mm.

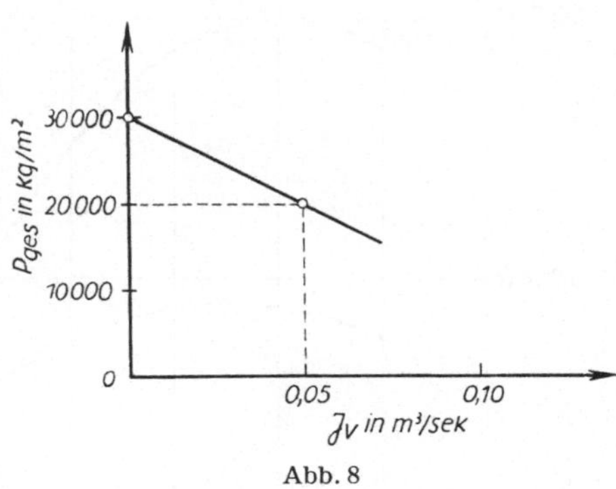

Abb. 8

Alternative B. Die Pumpenkennlinie sei nicht, wie bei A, eine Gerade, sondern (was meistens fast genau der Wirklichkeit entspricht), eine nach unten offene Parabel mit vertikaler Achse nach Art der in *Hutte* II, S. 716 ff., Abb. 45, 46, 46 a, 47, 49, *Dubbel* II, S. 281 f., Abb. 22, 23 wiedergegebenen. Sie möge dargestellt sein durch die Gleichung

$$P_{gesamt} = 25\,000 - 6 \cdot 10^6 \cdot (J_v - 0{,}0200)^2$$

und durch die Kurve „B, D" in **Abb. 9**, S. 52. In der Gleichung ist P_{gesamt} gemessen in kg/m², J_v in m³/sek. Alle übrigen Unterlagen sollen dieselben sein wie bei A.

Alternative C. Die Drehzahl der Pumpe werde von 576 auf 720 Umdr./min erhöht, während alle übrigen Unterlagen bleiben wie bei B.

Alternative D. Die Rohre mögen einen lichten Durchmesser von 400 mm haben (statt 200 mm). Alle übrigen Unterlagen bleiben wie bei B.

Alternative E. Es mögen auf die Rohrleitung (von 200 mm ⌀) z w e i k o n g r u e n t e u n d i n R e i h e g e s c h a l t e t e K r e i s e l p u m p e n arbeiten (so daß das Wasser vom Druckstutzen der ersten dem Saugstutzen der zweiten und erst von deren Druckstutzen der Rohrleitung zufließt). Jede der beiden Pumpen habe dieselbe Kennlinie und Drehzahl wie bei Fall B, der auch für alle übrigen Angaben gilt.

Alternative F. Auf die Rohrleitung arbeiten z w e i k o n g r u e n t e und z u e i n a n d e r p a r a l l e l g e s c h a l t e t e P u m p e n (so daß das Wasser von den Druckstutzen der beiden Pumpen sich vereinigt und in die gemeinsame Druckrohrleitung von 200 mm ⌀ eintritt). Die Kennlinien und Drehzahlen der einzelnen Pumpen sowie alle übrigen Angaben gelten wie bei B.

Lösung

Vorbemerkungen. Bezüglich der Benennungen (Förderstrom, statische oder geodätische und manometrische Förderhöhe, Reibungshöhe, Druckdifferenz, Druckverlust durch Rohrreibung usw.) lese man zunächst die Aufgaben 15, S. 44, und 16, S. 45, durch, letztere auch wegen der Formeln für den

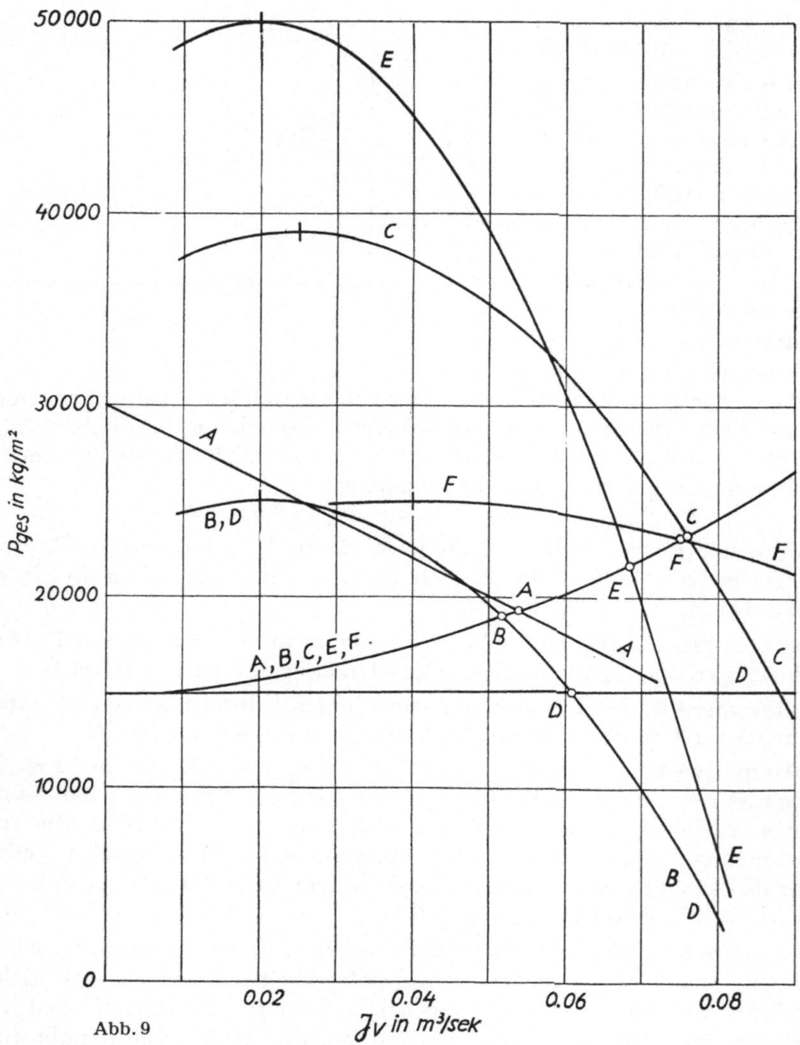

Abb. 9

Druckverlust durch Rohrreibung und der Bedeutung der Buchstaben Δp, λ, l, d, v_0, ϱ, γ, g, k und der zu ihnen gehörenden, den Formeln angepaßten Einheiten.

Etwas abweichend von Aufgabe 16, S. 46, wollen wir hier den Förderstrom, da wir ihn in m³/sek (und nicht etwa in kg/sek, t/h oder dergleichen) rechnen, „Volumenstrom" nennen und mit J_v bezeichnen (im Gegensatz zu „Gewichtsstrom") [74]. Ferner wollen wir die lediglich zur Überwindung der geodätischen (oder statischen) Forderhöhe erforderliche Druckdifferenz der Pumpe „P_{stat}" nennen, die lediglich zur Überwindung der Rohrreibung erforderliche (die in Aufgabe 16, S. 46, Δp hieß) dagegen „P_{w}", die Summe von beiden „P_{gesamt}" (alle drei Werte zu messen in kg/m² = mm WS) [47].

Jede Kreiselpumpe hat ihre sie charakterisierende „Kennlinie" (genauer: für jede Drehzahl und für jede Flüssigkeit eine andere), die die von ihr erzeugte Gesamt-Druckdifferenz P_{gesamt} als Funktion (Ordinate) des Wasser-Volumenstromes J_{v} (als Abszisse) darstellt [52], ebenso wie z. B. jeder elektrische Gleichstrom-Generator (bei bestimmter und konstanter Drehzahl und Erregung) eine bestimmte „Außenkennlinie" („äußere Charakteristik", „Belastungscharakteristik") besitzt [156] mit der Spannung U als Ordinate über der Stromstärke J als Abszisse.

Diese Pumpenkurve wurde früher meistens und wird auch heute noch oft als „Q-H-Kurve" bezeichnet; das ist aber ein schlechter Ausdruck, weil man bei Q an eine M e n g e (etwa in m³) und nicht an einen S t r o m (etwa in m³/sek) zu denken pflegt und weil man besser mit einer D r u c k d i f f e r e n z P als mit einer H ö h e H rechnet. Die *Hütte* bezeichnet sie jetzt (nach PFLEIDERER) als „Drosselkurve" [52]. Sie ist meistens angenähert eine n a c h   u n t e n   o f f e n e   P a r a b e l mit vertikaler Achse, die von $J_{\text{v}} = 0$ zunächst ein wenig ansteigt, bald im Scheitelpunkt der Parabel ihr Maximum erreicht und dann wieder abfällt (s. die Kurven der Abb. 9, S. 52). Für den praktischen Betrieb kommt der kurze ansteigende Ast nicht in Betracht, weil ihm kein stabiler Betriebszustand entspricht, sondern nur der absteigende Ast. Dieser ist in einiger Entfernung vom Scheitelpunkt der Parabel nur noch mäßig gekrümmt und kann auf solchen Strecken allenfalls mit leidlicher Annäherung als Teil einer Geraden angesehen werden, wie es hier bei Alternative A (lediglich im Interesse der Vereinfachung der Rechnung) geschehen soll.

In ähnlicher Weise hat jede fest verlegte Rohrleitung (bei gegebener Flüssigkeitsart) eine bestimmte Kennlinie ($P_{\text{gesamt}} = P_{\text{stat}} + P_{\text{w}}$, als Funktion von J_{v}) [52]. Sie ist angenähert eine n a c h   o b e n   o f f e n e   P a r a b e l mit vertikaler Achse (weil P_{w} etwa proportional mit J_{v}^2 wächst), die *bei* $J_{\text{v}} = 0$ ihren Scheitel (und zugleich ihr Minimum) hat, und zwar beim Ordinatenwert P_{stat}. (Siehe in Abb. 9, S. 52, die mit „A, B, C, E, F" bezeichnete Kurve.)

Diese Rohrkennlinie stellt somit eine zwingende Beziehung zwischen J_{v} und P_{gesamt} dar, wobei diese Werte vom G e s i c h t s p u n k t   d e r   R o h r l e i t u n g   a u s betrachtet werden: D i e   R o h r l e i t u n g   e r f o r d e r t für jeden Wert von J_{v} den d i e s e r Kurve entsprechenden Wert des Gesamtdruckes P_{gesamt}.

Andererseits stellt die Pumpenkennlinie ebenfalls (und ebenso zwingend) P_{gesamt} als Funktion von J_{v} dar, v o m   G e s i c h t s p u n k t   d e r   P u m p e

a u s   g e s e h e n :   D i e   P u m p e   e r z e u g t   für jeden Wert von J_v den
d i e s e r   Kurve entsprechenden Wert des Gesamtdruckes P_{gesamt}.

Da nun Pumpe und Rohrleitung in Reihe geschaltet sind, f l i e ß t   u n -
b e d i n g t   d u r c h   b e i d e   d e r s e l b e   S t r o m J_v.

Da die beiden Kennlinien von Pumpe und Rohr sich keineswegs decken,
so bilden diese zwei Gesichtspunkte für die meisten Werte von J_v einen
Widerspruch insofern, als dabei die Pumpe nicht gerade denjenigen Wert
von P_{gesamt} erzeugt, den die Rohrleitung bei diesem Wert von J_v erfordert.
Die Pumpe erzeugt vielmehr entweder zu viel oder zu wenig Druck.

Das bedeutet praktisch, daß bei den meisten Werten von J_v der Betriebszustand nicht stabil ist: Wenn die Pumpe zu viel Druck erzeugt, wenn also
in einem bestimmten Zeitpunkt bei dem gerade zutreffenden Wert von J_v
der Punkt der Pumpenkurve oberhalb des Punktes der Rohrkurve liegt, so
wird das Wasser im Rohr beschleunigt, v_0 und J_v wachsen; erzeugt sie dagegen zu wenig Druck (Pumpenkurve unterhalb der Rohrkurve), so wird das
Wasser durch die Reibung verzögert und J_v sinkt. So ändert sich J_v ganz
selbsttätig bis zu dem Wert, der dem Schnittpunkt beider Kurven entspricht,
als dem einzigen Punkt, in dem jener Widerspruch aufhört, die Pumpe nämlich genau den von der Rohrleitung erforderten Druck erzeugt und folglich
der Betriebszustand stationär (stabil) wird.

Unsere Aufgabe ist damit zuruckgeführt auf die Ermittelung des
Abszissenwertes des Schnittpunktes der beiden Kurven.

Auswertung.

Alternative A. Ähnlich wie in der Lösung der Aufgabe 16, unter b),
S. 47, ergibt sich zur Berechnung von P_{gesamt} aus den Angaben uber die
Rohrleitung hier [44]:

$$k = 2,5 \text{ m}; \quad d = 0,200 \text{ m}; \quad \varrho = 101,9 \text{ kg sek}^2/\text{m}^4; \quad l = 250 \text{ m};$$

$$\lambda = 10^{-2} \cdot (2,5/0,200)^{0,314} = 10^{-2} \cdot 12,50^{0,314};$$

$$\log \lambda = 0,314 \cdot 1,09691 - 2 = 0,34443 - 2; \quad \lambda = 2,210 \cdot 10^{-2};$$

$$v_0 = \frac{J_v}{d^2 \, \pi/4} = \frac{J_v}{0,200^2 \, \pi/4} = \frac{J_v}{0,03141};$$

$$P_w = \lambda \cdot v_0^2 \cdot \frac{\varrho}{2} \cdot \frac{l}{d} = 2,210 \cdot 10^{-2} \cdot J_v^2 \cdot \frac{50,95 \cdot 250}{0,03141^2 \cdot 0,200}$$

$$= 1,426 \cdot 10^6 \cdot J_v^2 \; [\text{kg/m}^2].$$

P_{stat} ist, entsprechend dem Niveau-Unterschied von 15,000 m, da 1 mm WS
$= 1$ kg/m^2 ist [66], gleich 15 000 kg/m^2. Daraus folgt für die R o h r -
K e n n l i n i e („Rohrparabel") die Gleichung:

$$P_{gesamt} = P_{stat} + P_w = 15\,000 + 1,426 \cdot 10^6 \cdot J_v^2.$$

In Abb. 9, S. 52, ist die Kurve, dieser Gleichung entsprechend, eingezeichnet
und durch die Beischrift „A, B, C, E, F" gekennzeichnet. Die P u m p e n -

K e n n l i n i e läßt sich gemäß Abb. 8, S. 51, darstellen durch die lineare Gleichung:

$$P_{\text{gesamt}} = 30\,000 - \frac{30\,000 - 20\,000}{0,05} \cdot J_{\text{v}} = 30\,000 - 200\,000\,J_{\text{v}}.$$

Der Schnittpunkt der Pumpen-Kennlinie mit der Rohrparabel ist daher festgelegt durch die Beziehung

$$P_{\text{gesamt, Pumpe}} = P_{\text{gesamt, Rohr}} \quad \text{oder}$$

$$30\,000 - 200\,000\,J_{\text{v}} = 15\,000 + 1,426 \cdot 10^6 \cdot J_{\text{v}}^2,$$

woraus dann folgt·

$$1,426 \cdot 10^6 \cdot J_{\text{v}}^2 + 200\,000\,J_{\text{v}} = 15\,000;$$

$$J_{\text{v}}^2 + 0,1403\,J_{\text{v}} = 0,01052;$$

$$J_{\text{v}} = -0,07015 \pm \sqrt{0,00492 + 0,01052} = -0,07015 \pm \sqrt{0,01544}$$

$$= -0,07015 \pm 0,1243.$$

Von den beiden Wurzeln wird die eine negativ und hat also keinen praktischen Sinn (mathematisch besagt sie, daß der linke, uns nicht interessierende Ast der Rohrparabel die Pumpen-Gerade noch in einem zweiten Punkte mit negativem Wert für J_{v} schneidet). Uns interessiert nur der andere positive Wert $J_{\text{v}} = 0,1243 - 0,07015 = \textbf{0,0541 m}^3\textbf{/sek,}$ entsprechend dem Abszissenwert des Schnittpunktes „A" in Abb. 9, S. 52. In anderen Maßeinheiten ist dieser Strom 54,1 Liter/sek oder 3,246 m³/min oder 194,8 m³/h.

Alternative B. Jetzt ist auch die Pumpen-Kennlinie eine Parabel (Abb. 9, S. 52, Kurve „B, D"), was der Wirklichkeit weit besser entspricht als die unter A gemachte Annahme einer Geraden und deswegen auch bei allen folgenden Alternativen angenommen werden soll. Da die Aufgabe der Bestimmung des Schnittpunktes von zwei Parabeln dieser Art und Lage sich nachher noch mehrfach, aber mit verschiedenen Zahlenwerten, wiederholen wird, behandeln wir sie hier zunächst mit B u c h s t a b e n, um nachher darauf zurückgreifen zu können, und setzen für die R o h r p a r a b e l· $y = a + b \cdot x^2$ und für die P u m p e n p a r a b e l: $y = c - d \cdot (x - e)^2$, wobei also a die Ordinate des Rohrparabel-Scheitels ist, d. h. die hydrostatische (geodätische) Förderhöhe, in mm WS oder kg/m², ferner c die Ordinate und e die Abszisse des Pumpenparabel-Scheitels (b bzw. d stellen den „Parameter" der betreffenden Parabel dar und sind aus der Gleichung der Rohr- bzw. Pumpenparabel zu entnehmen; hier ist $b = 1,426 \cdot 10^6$ und $d = 6 \cdot 10^6$).

Für den Schnittpunkt der beiden Kurven gilt·

$$a + b \cdot x^2 = c - d \cdot x^2 + 2\,d \cdot e \cdot x - d \cdot e^2,$$

$$x^2 \cdot (b + d) - 2\,d \cdot e \cdot x = c - d \cdot e^2 - a,$$

$$x^2 - \frac{2\,d \cdot e}{b + d} \cdot x = \frac{c - d \cdot e^2 - a}{b + d}$$

oder, mit $A = \dfrac{2\,d \cdot e}{b + d}$ und $B = \dfrac{c - d \cdot e^2 - a}{b + d}$:

$$x^2 - A \cdot x = B; \qquad x = \frac{A}{2} \pm \sqrt{\frac{A^2}{4} + B}\ .$$

Für die Alternative B haben wir hierin einzusetzen·
$a = 15000$; $b = 1{,}426 \cdot 10^6$; $c = 25000$: $d = 6 \cdot 10^6$; $e = 0{,}0200$. Damit ergibt sich:

$$A = \frac{2 \cdot d \cdot e}{b + d} = \frac{2 \cdot 6 \cdot 10^6 \cdot 0{,}0200}{7{,}426 \cdot 10^6} = 0{,}03232.$$

$$B = \frac{c - d \cdot e^2 - a}{b + d} = \frac{25\,000 - 2400 - 15\,000}{7{,}426 \cdot 10^6}$$

$$= \frac{7600}{7{,}426 \cdot 10^6} = \frac{1{,}024}{1000}.$$

$$x = 0{,}01616 \pm \sqrt{0{,}01616^2 + 0{,}001024} = 0{,}01616 \pm \sqrt{0{,}001285}$$

$$= 0{,}01616 \pm 0{,}03585,$$

und als einzige p o s i t i v e Wurzel, die wir jetzt wieder J_v nennen,
$J_v = 0{,}01616 + 0{,}03585 = \mathbf{0{,}05201\ m^3/sek}$, entsprechend der Abszisse des
Punktes B in Abb. 9, S. 52.

Alternative C. Jetzt soll die Drehzahl der Pumpe von 576 auf 720
Umdr./min, das ist auf das 1,250 fache der vorigen, erhöht werden. Die
unrunden Zahlen rühren daher, daß für den Antrieb Asynchronmotoren für
50 Hertz [165] angenommen sind, und zwar bei allen anderen Alternativen
solche mit 10 Polen und demgemäß einer Synchron-Drehzahl von 600, hier
dagegen einer mit 8 Polen und daher $n_{\text{synchron}} = 750$ [165], und daß in
allen Fällen mit einer Schlüpfung von $4^0/_0$ [165] gerechnet ist, woraus sich
$n = 0{,}96 \cdot 600 = 576$ bzw. $n = 0{,}96 \cdot 750 = 720$ ergibt.

Aus der Pumpenkennlinie für $n = 576$ ist zunächst die für $n = 720$
zu entwickeln. Dazu müssen wir wissen, daß bei ein und derselben Pumpe
die Kennlinie (Parabel) bei einer Änderung der Drehzahl von n_1 auf n_2
kongruent bleibt und nur eine horizontale und eine vertikale Parallel-
verschiebung erleidet. (In der Parabelgleichung ändern sich also nur die

Werte der Konstanten c und e, nicht aber der Wert des Parameters d.) Und zwar ändert sich die Abszisse des Scheitelpunktes proportional mit n, seine Ordinate dagegen proportional mit n^2. Seine neuen Koordinaten sind daher jetzt: $J_v = 1{,}250 \cdot 0{,}0200 = 0{,}0250$ m³/sek und $P_{gesamt} = 1{,}250^2 \cdot 25\,000 = 1{,}5625 \cdot 25\,000 = 39\,063$ kg/m², und die Gleichung der Pumpenparabel lautet also jetzt: $P_{gesamt} = 39\,063 - 6 \cdot 10^6 \cdot (J_v - 0{,}0250)^2$, entsprechend der Pumpenkurve C in Abb. 9, S. 52.

Wir haben demgemäß für die Ermittelung des Schnittpunktes mit der Rohrparabel „A, B, C, E, F" einzusetzen·

a (unverändert) $= 15\,000$; b (unverändert) $= 1{,}426 \cdot 10^6$; $c = 39\,063$;

$$d \text{ (unverändert)} = 6 \cdot 10^6; \quad e = 0{,}0250$$

und finden daraus:

$$A = 2 \cdot \frac{d \cdot e}{b + d} = 2 \cdot 6 \cdot 10^6 \cdot \frac{0{,}0250}{7{,}426 \cdot 10^6} = 0{,}04040;$$

$$B = \frac{c - d \cdot e^2 - a}{b + d} = \frac{39\,063 - 6 \cdot 10^6 \cdot 0{,}0250^2 - 15\,000}{7{,}426 \cdot 10^6}$$

$$= \frac{39\,063 - 3750 - 15\,000}{7{,}426 \cdot 10^6} = \frac{20\,313}{7{,}426 \cdot 10^6} = 0{,}002735;$$

$$x = J_v = \frac{A}{2} + \sqrt{\frac{A^2}{4} + B} = 0{,}02020 + \sqrt{0{,}0004080 + 0{,}002735}$$

$$= 0{,}02020 + \sqrt{0{,}003143} = 0{,}02020 + 0{,}05606 = \mathbf{0{,}07626 \ m^3/sek,}$$

entsprechend der Abszisse des Punktes C in Abb. 9, S. 52. Der Strom ist also gegenuber dem Falle B infolge der 25-prozentigen Drehzahlerhöhung gestiegen auf das $\dfrac{0{.}076\,26}{0{,}052\,01} = 1{,}466$ fache.

Alternative D. Jetzt hat sich, während die Pumpenparabel bleibt wie bei B (Kurve „B, D" in Abb. 9, S. 52), die Rohrparabel geändert, da der Rohrdurchmesser verdoppelt wurde (400 mm statt 200 mm). Es wird also

$$\text{jetzt} \quad \lambda = 10^{-2} \cdot \left(\frac{2{,}5}{0{,}400}\right)^{0{,}314} = 10^{-2} \cdot 6{,}25^{0{,}314}; \quad \log \lambda = 0{,}314 \cdot 0{,}79588 - 2$$

$$= 0{,}24991 - 2; \quad \lambda = 1{,}778 \cdot 10^{-2}; \quad v_0 - \frac{J_v}{0{,}400^2 \cdot \pi/4} = \frac{J_v}{0{,}12566},$$

während k, ϱ, l und P_{stat} unverändert bleiben

($k = 2{,}5$ m, $\varrho = 101{,}9$ kg · sek²/m⁴, $l = 250$ m, $P_{stat} = 15\,000$ kg/m²).

Damit wird $P_w = \lambda \cdot v_0^2 \cdot \dfrac{\varrho}{2} \cdot \dfrac{l}{d} = 1{,}778 \cdot 10^{-2} \cdot J_v^2 \cdot \dfrac{50{,}95 \cdot 250}{0{,}12566^2 \cdot 0{,}400}$

$$= 35\,850 \ J_v^2 \ [\text{kg/m}^2]$$

Die Gleichung der Rohrparabel wird also: $P_{\text{gesamt}} = 15\,000 + 35\,850\,J_{\text{v}}^2$, entsprechend der fast geraden und fast horizontalen Kurve „D" in Abb. 9, S. 52.

Die Pumpenparabel-Gleichung ist, wie bei Fall B:

$$P_{\text{gesamt}} = 25\,000 - 6 \cdot 10^6 \, (J_{\text{v}} - 0{,}0200)^2$$

und entspricht der Pumpenkurve „B, D" der Abb. 9, S. 52.

Zur Ermittelung der Abszisse des Schnittpunktes beider Parabeln setzen wir also ein: a (unverändert) $= 15\,000$; $b = 35\,850$; c (wie bei Fall B) $= 25\,000$; d (wie bei Fall B) $= 6 \cdot 10^6$; e (wie bei Fall B) $= 0{,}0200$ und finden so:

$$A = \frac{2\,d \cdot e}{b + d} = \frac{2 \cdot 6 \cdot 10^6 \cdot 0{,}0200}{35\,850 + 6 \cdot 10^6} = 0{,}03976;$$

$$B = \frac{c - d \cdot e^2 - a}{b + d} = \frac{25\,000 - 6 \cdot 10^6 \cdot 0{,}000400 - 15\,000}{35\,850 + 6 \cdot 10^6}$$

$$= \frac{10\,000 - 2400}{6\,035\,850} = \frac{7600}{6\,035\,850} = \frac{1{,}259}{1000};$$

$$x = J_{\text{v}} = \frac{A}{2} + \sqrt{\frac{A^2}{4} + B} = 0{,}01988 + \sqrt{0{,}00039521 + 0{,}001259}$$

$$= 0{,}01988 + \sqrt{0{,}001654} = 0{,}01988 + 0{,}04067 = \mathbf{0{,}06055 \ m^3/sek,}$$

entsprechend dem Abszissenwert des Punktes D in Abb. 9, S. 52. Gegenuber dem Fall B ist also, lediglich infolge der Verdoppelung des Rohrdurchmessers, der Strom auf das 1,164 fache gestiegen.

Alternative E. Jetzt arbeiten zwei kongruente Pumpen derselben Kennlinie wie bei B in Reihe auf dasselbe Rohr wie bei A, B, C. Sie führen also beide denselben Strom J_{v}; aber die von ihnen erzeugten Druckdifferenzen addieren sich (wie die Spannungen bei zwei in Reihe geschalteten elektrischen Elementen, Batteriezellen oder Gleichstromgeneratoren). Die für beide Pumpen (als eine einzige Maschine betrachtet) zusammen geltende Kennlinie hat also, verglichen mit der Pumpenkennlinie für Fall B, bei gleichen Werten von J_{v} genau die doppelten Werte von P_{gesamt}, und lautet folglich·

$$P_{\text{gesamt}} = 2 \cdot 25\,000 - 2 \cdot 6 \cdot 10^6 \cdot (J_{\text{v}} - 0{,}0200)^2$$
$$= 50\,000 - 12 \cdot 10^6 \, (J_{\text{v}} - 0{,}0200)^2$$

und entspricht der Pumpenkurve E in Abb. 9, S. 52.

Die Rohrparabel ist dieselbe wie bei Fall A, B und C (Rohrkurve „A, B, C, E, F" der Abb. 9, S. 52).

Demgemäß ist hier einzusetzen: $a = 15\,000$; $b = 1{,}426 \cdot 10^6$: $c = 50\,000$; $d = 12 \cdot 10^6$; $e = 0{,}0200$, und es folgt also:

$$A = \frac{2\,d \cdot e}{b + d} = \frac{2 \cdot 12 \cdot 10^6 \cdot 0{,}0200}{13{,}426 \cdot 10^6} = 0{,}035\,75;$$

$$B = \frac{c - d \cdot c^2 - a}{b + d} = \frac{50\,000 - 12 \cdot 10^6 \cdot 0{,}0200^2 - 15\,000}{13{,}426 \cdot 10^6} = 0{,}002\,249.$$

$$x = J_\mathrm{v} = \frac{A}{2} + \sqrt{\frac{A^2}{4} + B} = 0{,}01788 + \sqrt{0{,}000\,319\,69 + 0{,}002\,249}$$

$$= 0{,}017\,88 + \sqrt{0{,}002\,569} = 0{,}017\,88 + 0{,}050\,69 = \mathbf{0{,}068\,57 \ m^3/sek},$$

entsprechend der Abszisse des Punktes E der Abb. 9, S. 52. Die zwei in Reihe geschalteten kongruenten Pumpen erzeugen also unter den hier vorliegenden, im übrigen unveränderten Verhältnissen (gleiche geodätische Förderhöhe und gleiche Rohrleitung wie bei B) den 1,318 fachen Strom wie dort.

Alternative F. Hier arbeiten zwei kongruente Pumpen derselben Kennlinie wie bei B, zueinander parallel, auf dasselbe Rohr wie bei A, B, C, E. Wie zwei zueinander parallel geschaltete elektrische Elemente oder Gleichstromgeneratoren z w a n g s w e i s e d i e s e l b e K l e m m e n s p a n n u n g h a b e n (oder annehmen), w ä h r e n d s i c h i h r e S t r ö m e a d d i e r e n, so ist auch hier für beide Pumpen der Wert P_gesamt unbedingt gleich. Ihr Gesamtstrom J_v (zugleich der Strom in der Rohrleitung) ist dagegen gleich der Summe der Ströme in den zwei Pumpen und zwar (aus Symmetriegrunden) gleich dem Doppelten derselben. Der Wert P_gesamt ist also jetzt bei einem bestimmten Wert von $J_\mathrm{v,\ Rohr}$ $(= 2 \cdot J_\mathrm{r,\ Pumpe})$ so groß, wie er in der Kennlinie einer einzelnen Pumpe bei $J_\mathrm{v}/2$ ist. Die Gleichung der für die Gesamtheit der beiden Pumpen (als eine einzige Maschine betrachtet) geltenden Pumpenparabel lautet also:

$$P_\mathbf{gesamt} = 25\,000 - 6 \cdot 10^6 \cdot (J_\mathrm{v}/2 - 0{,}0200)^2$$
$$= 25\,000 - 1{,}5 \cdot 10^6\,(J_\mathrm{v} - 0{,}0400)^2,$$

und ihr entspricht die Pumpenkurve F der Abb. 9, S. 52, deren Einzelpunkte entstehen, wenn man für jeden Ordinatenwert der Pumpenkurve „B, D‘ deren zugehörigen Abszissenwert verdoppelt.

Die Rohrparabel ist dieselbe wie bei A, B, C, E mit der Gleichung $P_\mathrm{gesamt} = 15\,000 + 1{,}426 \cdot 10^6 \cdot J_\mathrm{v}^2$, also in Abb. 9, S. 52, die Rohrkurve „A, B, C, E, F‘‘.

Zwecks bequemer Ermittelung des Schnittpunktes beider Kurven bringen wir die Formeln wieder auf die Form: $y = a + b \cdot x^2$ (Rohrparabel) und $y = c - d \cdot (x - e)^2$ (Pumpenparabel) und stellen also fest:

$$a = 15\,000; \quad b = 1{,}426 \cdot 10^6; \quad c = 25\,000; \quad d = 1{,}5 \cdot 10^6; \quad e = 0{,}0400.$$

$$\text{Damit wird}\cdot\ A = \frac{2\cdot d\cdot e}{b+d} = \frac{2\cdot 1,5\cdot 10^6\cdot 0,0400}{2,926\cdot 10^6} = 0,04101;$$

$$B = \frac{c-d\cdot e^2-a}{b+d} = \frac{25\,000-1,5\cdot 10^6\cdot 0,0400^2-15\,000}{1,426\cdot 10^6+1,5\cdot 10^6}$$

$$= \frac{7600}{2,926\cdot 10^6} = 0,002\,597;\qquad x = J_{\mathrm v} = \frac{A}{2}+\sqrt{\frac{A^2}{4}+B}$$

$$= 0,020\,505+\sqrt{0,000\,420\,5+0,002\,597} = 0,020\,505+\sqrt{0,003\,017}$$

$$= 0,02051+0,05493 = \mathbf{0,07544\ m^3/sek},$$

entsprechend der Abszisse des Punktes F in Abb. 9, S. 52. Die Stromstärke ist also durch die Verwendung von zwei parallel geschalteten Pumpen unter sonst gleichen Verhältnissen gegenuber Fall B mit nur einer Pumpe auf das 1,450 fache gestiegen.

Schlußbemerkungen. Wenn, was meistens zutrifft, die Pumpenkennlinie vom Fabrikanten nicht als Gleichung angegeben wird, sondern als empirisch auf dem Versuchsstand durch Messungen an der fertigen Pumpe gefundene gezeichnete Kurve, so zeichnet man zweckmäßig die Rohrparabel im gleichen Maßstab auf ein zweites durchscheinendes Blatt Pauspapier und stellt dann die Koordinaten des Schnittpunktes beider Kurven fest, indem man beide Blätter richtig aufeinander legt. Dabei ist es einfach, durch Verschieben des oberen Blattes die Werte a, c und e zu verändern, wenn sich etwa P_{stat} oder n ändern sollten, während die übrigen Werte unverändert bleiben. Auch kann man leicht aus der so gegebenen Kennlinie einer Pumpe die gemeinsame Kennlinie für zwei kongruente in Reihe oder zueinander parallel geschaltete Pumpen rein zeichnerisch durch Verdoppelung aller Ordinaten oder aller Abszissen punktweise konstruieren und den mit diesen Kombinationen von zwei Pumpen sich ergebenden Strom durch bloßes Aufeinanderlegen der Kurvenblätter und Ablesen der Abszisse des Schnittpunktes bestimmen.

Zusammenstellung der Ergebnisse. Um den zum Teil vielleicht überraschenden Einfluß der Änderung der Bedingungen auf den Strom besser übersehen zu können, stellen wir die Ergebnisse der Berechnungen für die fünf Alternativ-Fälle B, C, D, E, F nochmals in Zahlentafel 5 zusammen:

Insbesondere stellen wir fest, daß die Erhöhung der Drehzahl den Strom erheblich vergrößert und daß die Verdoppelung der Pumpenzahl keineswegs eine Verdoppelung des Stromes bewirkt.

Noch übersichtlicher als diese Zahlentafel, wenn auch nicht mit derselben Genauigkeit, zeigt die Abb. 9, S. 52, in der alle funf Pumpenkurven und beide Rohrkurven eingetragen sind, die bei den einzelnen Alternativ-Fällen eintretenden Stromstärken $J_{\mathrm v}$ und Druckdifferenzen P_{gesamt}. Die Pumpen-

Zahlentafel 5

Fall	Kennzeichnung				Ergebnis Strom [Liter/sek]
	Zahl der Pumpen	Schaltung der Pumpen	Drehzahl n [Umdr/min]	Rohr-durchmesser [mm]	
B	1	—	576	200	52,01
C	1	—	720	200	76,26
D	1	—	576	400	60,55
E	2	in Reihe	576	200	68,57
F	2	parallel	576	200	75,44

kurve für Fall A ist die nach rechts abfallende Gerade durch $J_v = 0$, $P_{gesamt} = 30\,000$ kg/m², während die übrigen für die Fälle B, C, D, E, F nach unten offene Halb-Parabeln sind. Sie sind durch die beigeschriebenen Buchstaben gekennzeichnet, wobei eine die Doppelbenennung „B, D" hat, weil sie für diese beiden Fälle gilt. Die zwei Rohrkurven sind nach oben offene Halb-Parabeln und zwar gilt die eine für die fünf Fälle A, B, C, E, F und trägt daher diese 5 Buchstaben, während die andere nur für den Fall D zutrifft. Diese letztere (für die Rohrweite von 400 mm) ist so schwach gekrümmt und steigt so wenig an, daß sie sich nur sehr wenig von der Horizontalen durch den Scheitelpunkt beider Rohrkurven mit den Koordinaten $J_v = 0$, $P_{gesamt} = 15\,000$ kg/m² entfernt.

Die Schnittpunkte je einer Pumpen- und einer Rohrkurve gleichen Buchstabens sind mit diesem Buchstaben gekennzeichnet; ihre Koordinaten geben die bei dem betreffenden Alternativ-Fall eintretenden Werte von J_v und P_{gesamt} an Die Kurven zeigen deutlicher und übersichtlicher als die Gleichungen, wie der Wert J_v beeinflußt wird durch Änderung der Form oder Lage der Pumpenkurven, der Drehzahl (Fall C), der Schaltungsart mehrerer Pumpen (Fälle E und F, Schnittpunkte E und F gegen Punkt B), der Rohrweite (Schnittpunkt D gegen Punkt B) und Rohrlänge, der geodätischen Förderhöhe (hier stets $P_{stat} = 15\,000$ kg/m²) usw.

Eine sorgfältige und eingehende Beschäftigung mit diesen Kurven, von denen man einige auf Pauspapier durchzeichnen und dann auf dem Kurvenblatt verschieben möge, wird dringend empfohlen, da sie für das Vertrautwerden mit vielen Problemen des praktischen Betriebes von Kreiselpumpen das beste Mittel ist.

Aufgabe 18: Rohrleitung und elektrische Leitung
für eine Schachtförderpumpe

Eine durch einen Elektromotor angetriebene Hochdruck-Kreiselpumpe, die einen Schacht trocken halten soll, muß minutlich 6 m³ Wasser fördern. Die Teufe, vertikal gemessen vom Saugwasserspiegel bis zum Ausguß über Tage, beträgt 315,0 m.

Die mittlere Geschwindigkeit des Wassers in den Rohren soll etwa 2,5 m/sek sein. Dabei ist anzunehmen, daß sich an den Innenwandungen der Rohre überall gleichmäßig eine Ablagerungsschicht von 5 mm Stärke angesetzt hat. Der (für alle Saug- und Druckrohre gleiche) Rohrdurchmesser soll aus der Reihe der genormten Werte gewählt werden. Die Rauhigkeit der Flußstahlrohre ist (wegen der Ablagerungen) gleich der von „verkrustetem Gußeisen" oder „rauhem Zement" anzunehmen. In der Rohrleitung, die außer den vertikalen Strecken auch im ganzen noch 140 m horizontale Strecken und 12 normale Krümmer (von 90°) enthält, sind 6 normale Absperrorgane (Ventile oder Rückschlagklappen) anzunehmen, bei deren Auswahl kein Wert auf besonders geringen Druckverlust gelegt ist. Der Verlust durch die Austrittsgeschwindigkeit des Wassers am Ausguß über Tage ist zu berücksichtigen.

Der Reibungswiderstand in den Rohren ist zunächst an Hand der in *Hütte* I, S. 475 ff. gegebenen Skizzen usw. (Nomogramm Abb. 31, Rechenskala Abb. 30 und Tafel 4) zu überschlagen und dann an Hand der Formeln genauer zu berechnen. (Vgl. auch *Dubbel* I, S. 260 ff., sowie die Aufgaben 16 und 17.)

Der Motor wird gespeist mit Gleichstrom von 500 Volt, gemessen an den Motorklemmen. Die Länge der Leitungsstrecke von der Schalttafel des Kraftwerks bis zum Motor ist (hauptsächlich wegen der horizontalen Strecken) um 230 m größer als die Teufe.

Gesucht wird

1. der zu wählende Rohrdurchmesser;

2. die von der Pumpe zu liefernde Gesamt-Druckdifferenz;

3. der Leistungsbedarf (die „Wellenleistung") der Pumpe, wenn ihr Wirkungsgrad zu 0,80 angenommen wird;

4. der Verbrauch des Motors in kW und in Amp, wenn für seinen Wirkungsgrad ein angemessener Wert eingesetzt wird;

5. der erforderliche Kabelquerschnitt, der nur nach dem Gesichtspunkt der Erwärmung und unter Annahme von Kupfer als Leitungsmetall zu bestimmen ist;

6. die an der Schalttafel des Kraftwerks einzuhaltende Spannung (damit am Motor 500 Volt herrschen);

7. die an der Schalttafel des Kraftwerks gemessene, an den Motor zu liefernde Leistung.

Losung

Vorbemerkung. Wir verwenden dieselben Benennungen, Bezeichnungen und Einheiten wie in den Aufgaben 16 und 17, S. 45 und 50, die man deswegen zunächst durchsehen möge.

Zu 1.: Aus dem verlangten Förderstrom von 6 m³/min folgt: $J_v = \dfrac{6}{60}$ $= 0,100$ m³/sek. Wenn wir mit „F_{frei}" den f r e i e n Querschnitt der Rohre [in m²] bezeichnen, so folgt aus $J_v = F_{frei} \cdot v_0$ die Beziehung $F_{frei} = \dfrac{J_v}{v_0}$ $\approx \dfrac{0,100}{2,5} \approx 0,040$ m². Zu dieser Kreisflache von 4,0 dm² gehört [1] ein freier Durchmesser von 2,26 dm oder 226 mm und folglich, mit Rücksicht auf die Ablagerungen, ein **Rohrdurchmesser** von $226 + 2 \cdot 5 = 236$ mm, an dessen Stelle im Hinblick auf die Normungsvorschrift als nächster Normwert [43] **250 mm** zu wählen ist.

Zu 2.: Zu rechnen ist natürlich nur mit dem f r e i e n Durchmesser, der nur $250 - 2 \cdot 5 = 240$ mm beträgt, so daß mit $d = 0,240$ m und dem vorgeschriebenen Wert $J_v = 0,100$ m³/sek endgültig $v_0 = \dfrac{J_v}{d^2 \, \pi/4} = \dfrac{0,100}{0,04524}$ $= 2,2104$ m/sek wird.

Wir berechnen nun zunächst den Druckverlust in der gesamten Rohrleitung ohne Rücksicht auf Krümmer und Absperrorgane, den wir P_w nennen und in kg/m² ($=$ mm WS) messen wollen, und zwar zunächst an Hand des Nomogramms *Hütte* I, S. 477, Abb. 31:

Auf der rechten Leiter [fur d, in m] markieren wir daher den Punkt $d = 2,40 \cdot 10^{-1}$ m, und auf der Leiter fur v_0 [m/sek], und zwar auf deren linker Skala für Wasser (die rechte gilt fur Luft!), den Punkt v_0 $= 2,21$ m/sek. Durch diese beiden Punkte ziehen wir eine feine gerade Bleistiftlinie (oder wir ziehen mit Reißfeder und Tusche eine feine Gerade auf einem gut durchsichtigen Blatt Pauspapier und legen dies so auf das Nomogramm, daß die Gerade durch jene Punkte geht) und lesen an deren Schnittpunkten mit den Leitern fur J_v (dort „Q" genannt) in m³/sek, fur die Reynoldsche Zahl „Re", für „Δp, rauh" in kg/m² und fur „Δp, glatt" in kg/m² (und zwar immer an den l i n k e n Skalen fur Wasser, während die rechten fur Luft gelten!) die folgenden Werte ab: $J_v \approx 1,0 \cdot 10^{-1}$ $\approx 0,10$ m³/sek; $Re \approx 5 \cdot 10^5 \approx 500000$; $\Delta p_{rauh} \approx 2,6 \cdot 10 \approx 26$ kg/m²; Δp_{glatt} $\approx 1,2 \cdot 10 \approx 12$ kg/m².

Von diesen Werten bestätigt $J_v \approx 0,10$ m³/sek nur die bereits bekannte Zahl und ergibt insofern eine gegenseitige Kontrolle von Rechnung, Zeichnung und Ablesung. Die Reynoldsche Zahl [44] $Re \approx 500\,000$ liegt hoch über der „kritischen", die auf jener Skala bei 2320 durch die Beischrift „Re_{kr}" markiert ist (s. auch S. 474), was besagt, daß nach den Regeln über „turbulente Strömung" zu rechnen ist. Von den beiden Werten „Δp_{rauh}" und „Δp_{glatt}" interessiert immer nur der größere, hier also 26, und wir beachten, daß er f ü r 1 M e t e r Rohr und für ein „R a u h i g k e i t s m a ß" $k = 5$ m gilt. Nun soll hier eine Rauhigkeit wie bei „verkrustetem Gußeisen" angenommen werden, wofür die Zahlentafel 4 den Wert $k = 7$ m angibt. Infolgedessen muß der gefundene Wert Δp noch mit $(7/5)^{0,314}$ multipliziert werden; die Tafel 4 gibt diesen Faktor zu 1,1 an, und wir finden also für unseren Fall $\Delta p = 1,1 \cdot 26 = 28,6$ und $P_w = 28,6 \cdot l$ kg/m².

Zur Kontrolle benutzen wir auch die Rechenskala Abb. 30 auf S. 475 und lesen auf ihr für $k/d = 7/0,24 = 29,2$ den Wert $\lambda \approx 0,029$ ab.

Auf Seite 472 finden wir die Beziehung $\lambda = \dfrac{\Delta p}{v_o{}^2 \cdot \varrho/2} \cdot \dfrac{d}{l}$. Da aber hier Δp den Druckabfall a u f d e r g a n z e n S t r e c k e v o n l M e t e r n bedeutet, in Abb. 31 aber nur den a u f 1 M e t e r, so schreiben wir, um Verwechselungen zu vermeiden, hier lieber (ebenso wie in Aufgabe 17, S. 53)

$$P_{w, \text{Rohr}} \text{ statt } \Delta p \text{ und also } \lambda = \frac{P_{w.\ \text{Rohr}} \cdot d}{v_o{}^2 \cdot \varrho/2 \cdot l} \text{ oder}$$

$$P_{w, \text{Rohr}} = \lambda \cdot v_o{}^2 \cdot \frac{\varrho}{2} \cdot \frac{1}{d} \cdot l \text{ und folglich hier:}$$

$$P_{w, \text{Rohr}} \approx 0,029 \cdot 2,21^2 \cdot 51 \cdot \frac{1}{0,240} \cdot l \approx 30,1 \cdot l \text{ kg/m²}.$$

Die so nach zwei verschiedenen und ziemlich rohen Verfahren gefundenen Werte (30,1 gegen 28,6) weichen also nur um etwa 5 % voneinander ab.

Unter Verwendung ihres Mittelwertes von $\dfrac{30,1 + 28,6}{2} \approx 29,4$ ergibt sich für die ganze Rohrlänge (ohne Krümmer und Absperrorgane)

$$P_{w, \text{Rohr}} \approx 29,4 \cdot (315 + 140) \approx 29,4 \cdot 455 \approx 13\,380 \text{ kg/m²}$$

(entsprechend 13,38 m WS).

Obwohl eine große Genauigkeit der Berechnung hier wegen der Unsicherheit der Unterlagen, besonders des Rauhigkeitsmaßes k, keinen großen Wert hat, wollen wir dennoch die Rechnung auch ohne die soeben benutzten graphischen Hilfsmittel, nur an Hand der Formeln, durchführen:

Wir setzen also ein: $k = 7$ m; $d = 0,240$ m und finden daraus.

$$\lambda = 10^{-2} \cdot (k/d)^{0,314} = 10^{-2} \cdot (7/0,240)^{0,314};$$

$$\log \lambda = 0,314 \cdot (0,8451 - 0,3802 + 1) - 2 = 0,4600 - 2;$$

$$\lambda = 0,028\,84 \text{ (gegenüber } \lambda = 0,029 \text{ aus der Abb. 30, S. 475);}$$

$$P_{w, \text{Rohr}} = \frac{0,028\,84 \cdot 2,21^2 \cdot 51 \cdot 455}{0,240} = 13\,620 \text{ kg/m²}$$

(entsprechend 13,62 m WS).

Fur Rohrkrummer gilt
$$P_{w,\,1\,\text{Krummer}} = \zeta \cdot v_0{}^2 \cdot \varrho/2 \ (\textit{Hütte} \ \text{I, S. 472}),$$
und in *Hütte* I, S. 483 finden wir eine Näherungsformel nach WEISBACH.
$$\zeta = 0{,}13 + 0{,}16 \cdot (d/r)^{3{,}5}$$
wobei d den lichten Rohrdurchmesser und r den Krümmungsradius der Rohrachse bedeutet. Nun ist bei normalen Rohrkrümmern jener Krümmungsradius etwa um 100 mm größer als der Nenn-Rohrdurchmesser (*Hütte*
I S. 1044, *Dubbel* I, S. 614; wenn man P_w klein halten will, wählt man
freilich größere Krümmungsradien, d. h. „schlankere" Bogen!), so daß wir
hier zu setzen haben:

$$d = 0{,}240; \quad r = 0{,}350;$$
$$\log (d/r) = 0{,}3802 - 1 - 0{,}5441 + 1 = 0{,}8361 - 1;$$
$$\log [(d/r)^{3{,}5}] = 3{,}5 \cdot 0{,}8361 - 3{,}5 = 0{,}4264 - 1;$$
$$\log [0{,}16 \cdot (d/r)^{3{,}5}] = 0{,}2041 - 1 + 0{,}4264 - 1 = 0{,}6305 - 2;$$
$$0{,}16 \cdot (d/r)^{3{,}5} = 0{,}0427;$$
$$\zeta = 0{,}13 + 0{,}04 = 0{,}17;$$
$$P_{w,\,1\,\text{Krummer}} = 0{,}17 \cdot 2{,}21^2 \cdot 51 = 42 \ \text{kg/m}^2. \text{ Also gilt für 12 Krummer}$$
$$P_{w,\,12\,\text{Krummer}} = 12 \cdot 42 = 504 \ \text{kg/m}^2.$$

Fur Ventile gibt *Dubbel* I, S. 266 f. und 623, etwa die folgenden Werte ζ
an· Dinorm-Ventil 3,9; Reform-Ventil 3,4; Rhei-Ventil 2,7; Koswa-Ventil 2,5;
Patent-Freifluß-Ventil 0,6 [45]. Der große Unterschied zeigt, daß durch ge-
schickte Konstruktion der Ventile sich der Verlust in ihnen in sehr erheb-
lichem Maße verringern läßt. Hier sollen n o r m a l e Ventile angenommen
werden (obwohl man in derartigen Leitungen wegen des geringeren Druckverlustes meistens Schieber einbauen wird), so daß wir etwa mit $\zeta = 4$ zu
rechnen haben und daher finden·

$$P_{w,\,1\,\text{Ventil}} = 4 \cdot 2{,}21^2 \cdot 51 \approx 1000 \ \text{kg/m}^2,$$
$$P_{w,\,6\,\text{Ventile}} = 6 \cdot 1000 = 6000 \ \text{kg/m}^2.$$

Insgesamt ist also der Reibungsdruckverlust in den geraden Rohrstrecken,
den Krummern und den Absperrorganen zusammen:

$$P_w = 13\,620 + 504 + 6000 = 20\,124 \ \text{kg/m}^2,$$

ein bei dieser Anlage gegenüber dem geodätischen Förderdruck mit
$P_{\text{stat}} = 315\,000 \ \text{kg/m}^2$ nur geringer Betrag.

Als letzter Druckverlust sollte hier noch derjenige berücksichtigt werden,
der der verloren gehenden Geschwindigkeitsenergie des am Ende des Druckrohres frei austretenden Wassers entspricht. Um dem Wasser diese Geschwindigkeit zu erteilen, hat die Pumpe einen gewissen Teilbetrag von
P_{gesamt} erzeugen müssen, nämlich den ihr entsprechenden sogenannten
„*Staudruck*" $P_v = v_0{}^2 \cdot \varrho/2 \ \text{kg/m}^2$, der also hier $2{,}21^2 \cdot 51 \approx 250 \ \text{kg/m}^2$ beträgt (*Hütte* I, S 465, *Dubbel* I, S. 256).

Der von der Pumpe zu erzeugende **Gesamtdruck** beträgt also:

$$P_{\text{gesamt}} = 315\,000 + 20\,124 + 250 = \mathbf{335\,400\ kg/m^2}.$$

Zu 3.: Bei $P_{\text{gesamt}} = 335\,400$ kg/m² und $J_v = 0{,}100$ m³/sek ist die manometrische Förderleistung („Nutzleistung") der Pumpe $335\,400 \cdot 0{,}100$ mkg/sek,
und ihre **Leistungsaufnahme** („Wellenleistung") (bei einem Wirkungsgrad

von 0,80) gleich $\dfrac{335\,400 \cdot 0{,}100}{0{,}80} = 41\,920$ mkg/sek oder $\dfrac{41\,920}{75} = 558{,}9$ PS

oder $558{,}9 \cdot 0{,}735 = \mathbf{410{,}8\ kW}$ [50, 51, 9, 17].

Zu 4.: Ein Gleichstrommotor dieser Größe hat bei Nennlast (und damit
dürfen wir rechnen, weil man ihn etwa für diese Leistung bemessen oder
auswählen wird) einen **Wirkungsgrad** von etwa **0,93** [158]. Er wird also bei

einer **Leistungsabgabe** von 410,8 kW eine Leistung von $\dfrac{410{,}8}{0{,}93} = \mathbf{441{,}7\ kW}$

und folglich (bei 500 Volt) einen **Strom** von $\dfrac{441\,700\ \text{Watt}}{500\ \text{Volt}} = \mathbf{883{,}4\ Amp}$

aus seiner Zuleitung entnehmen [122].

Zu 5.: Die in den Handbüchern enthaltenen Zahlentafeln über die im
Hinblick auf Erwärmung zulässige Belastung von Papier-Bleikabeln gelten
für Verlegung im Erdboden. Bei Verlegung in Luft, wie sie im Schacht vorliegt, beträgt der zulässige Strom nur etwa 75 % jener Werte [154]. Hier
muß das Kabel also so ausgewählt werden, als wenn es in den Erdboden
verlegt werden und $(4/3) \cdot 883{,}4 = 1178$ Amp dauernd führen sollte. Dafür
ist gemäß den (empirisch gefundenen) Zahlentafeln bei Einleiter-Papier-
Bleikabeln für Spannungen bis 1000 Volt mit Kupferleitern ein **Normquerschnitt** von **500 mm²** erforderlich [147].

Zu 6.: In diesem Kabel von q = 500 mm² Kupferquerschnitt und
$l = 2 \cdot (315 + 230) = 1090$ m Gesamtlänge entsteht bei $J = 883{,}4$ Amp und
einem spezifischen Widerstand für Leitungskupfer von $\varrho = 0{,}0178\ \Omega$ mm²/m

ein Spannungsverlust von $\Delta U = J \cdot R = \dfrac{J \cdot \varrho \cdot l}{q} = \dfrac{883{,}4 \cdot 0{,}0178 \cdot 1090}{500}$
$= 34{,}3$ Volt [117, 116].

Die **Spannung** an der Schalttafel des Kraftwerks muß daher, damit am
Motor 500 Volt verfügbar bleiben, $500 + 34{,}3$ Volt $= \mathbf{534{,}3\ Volt}$ betragen.

Zu 7.: Bei dieser Spannung und dem Strom von 883,4 Amp beträgt
die an der Schalttafel gemessene, dem Motor zuzuführende **Leistung**
$\dfrac{534{,}3 \cdot 883{,}4}{1000} = \mathbf{472{,}0\ kW}$ [122].

Aufgabe 19: Berechnung einer Windrohrleitung für einen Hochofen

Ein Hochofen erfordere minutlich 500 kg Wind von 700° und 0,3 at Überdruck. In der Leitung zwischen Winderhitzer und Hochofen soll die Luftgeschwindigkeit 15 m/sek betragen.

Fragen:

1. Wie groß muß der Durchmesser der zylindrischen Rohrleitung zwischen Winderhitzer und Hochofen sein?

2. Wie groß muß·der Durchmesser der zylindrischen Leitung vom Gebläse zum Winderhitzer sein bei gleicher Luftgeschwindigkeit?

Lösung

Zu Frage 1.: Der Luft-Gewichtsstrom [74] im Rohr ist $J_G = 500$ kg/60 sek $= 8,33$ kg/sek. Der Volumenstrom [74] ergibt sich daraus zu $J_v = J_G/\gamma$ [m³/sek], wobei γ das spezifische Gewicht oder die „Wichte" [21] der Luft bei den hier zutreffenden Werten von Druck und Temperatur bedeutet und in kg/m³ zu messen ist.

Nun ist der Druck im Rohr um 0,3 kg/cm² höher als der äußere Luftdruck [66]. Wenn wir diesen zu 760 mm QS annehmen und berücksichtigen, daß 1 kg/cm² $= 735,5$ mm QS ist [65, 66], so ergibt sich der absolute Druck [66] im Rohr zu $760 + 0,3 \cdot 735,5 \approx 760 + 220 \approx 980$ mm QS. Die Temperatur der Luft im Rohr beträgt 700° oder 973° abs. (oder 973° Kelvin oder 973° K) [57]. Die Wichte der Luft, die bei 760 mm QS und 0° C (oder 273° K) 1,293 kg/m³ beträgt [70], ist daher bei dem hier vorliegenden Zustand: $\gamma_{\text{Luft, 0,3 atu, 700°C}} = 1,293 \cdot \dfrac{980}{760} \cdot \dfrac{273}{973} \approx 0,468$ kg/m³ [72], so daß

$$J_v = \frac{J_G}{\gamma} = \frac{8,33}{0,468} \approx 17,8 \text{ m³/sek wird.}$$

Für diesen Volumenstrom J_v ist bei $v = 15$ m/sek gemäß der Beziehung $J_v = v \cdot F$ [44] ein lichter Rohrquerschnitt von $F = \dfrac{J_v}{v} = \dfrac{17,8 \text{ m³/sek}}{15 \text{ m/sek}}$

$= 1,19$ m² erforderlich. Der **lichte Durchmesser** des zylindrischen Rohres muß daher etwa **1,23 m** betragen [1].

Zu Frage 2.: Der Gewichtsstrom J_G ist unter der Voraussetzung, daß die Wandungen aller Windwege dicht sind, vor und hinter dem Erhitzer derselbe· $J_{G,\text{vor}} = J_{G,\text{hinter}}$. Unter sinngemäßer Anwendung dieser Indizes „vor" und „hinter" auch auf andere Zeichen folgt daraus· $J_{G,\text{vor}} = J_{v,\text{vor}} \cdot \gamma_{\text{vor}}$

$= J_{G,\text{hinter}} = J_{v,\text{hinter}} \cdot \gamma_{\text{hinter}}$ und daraus: $J_{v,\text{vor}} = J_{v,\text{hinter}} \cdot \dfrac{\gamma_{\text{hinter}}}{\gamma_{\text{vor}}}$.

5*

Nun ist $\gamma = 1{,}293 \cdot \dfrac{P}{760} \cdot \dfrac{273}{T}$, wenn P den absoluten Druck in mm QS

und T die absolute Temperatur bedeutet. Daraus folgt

$$\frac{\gamma_{\text{hinter}}}{\gamma_{\text{vor}}} = \frac{P_{\text{hinter}}}{P_{\text{vor}}} \cdot \frac{T_{\text{vor}}}{T_{\text{hinter}}} \; .$$

Nun ist der Druckverlust in den Rohren und im Winderhitzer selbst, das heißt die Differenz $P_{\text{vor}} - P_{\text{hinter}}$, wegen der großen Querschnitte sicher nur sehr gering gegenüber diesen beiden Druckwerten selbst, so daß wir den

Quotienten $\dfrac{P_{\text{hinter}}}{P_{\text{vor}}}$ mit genügender Annäherung gleich 1 setzen können

und folglich erhalten: $\dfrac{\gamma_{\text{hinter}}}{\gamma_{\text{vor}}} = \dfrac{T_{\text{vor}}}{T_{\text{hinter}}}$. Vor dem Erhitzer ist die Luft noch kühl, da sie aus der freien Atmosphäre entnommen und nur durch das Gebläse geflossen ist, so daß ihre Temperatur etwa zu $t_{\text{vor}} \approx 20°\,\text{C}$ oder $T_{\text{vor}} \approx 293°\,\text{K}$ angenommen werden kann. Damit folgt dann $\dfrac{\gamma_{\text{hinter}}}{\gamma_{\text{vor}}} \approx \dfrac{293}{973}$

und somit $J_{\text{v, vor}} = J_{\text{v, hinter}} \cdot \dfrac{293}{973}$.

Setzen wir noch $J_{\text{v}} = F \cdot v$ ein, also $F_{\text{vor}} \cdot v_{\text{vor}} = F_{\text{hinter}} \cdot v_{\text{hinter}} \cdot \dfrac{293}{973}$ und berücksichtigen die Forderung, daß $v_{\text{hinter}} = v_{\text{vor}}$ sein soll, so folgt $F_{\text{vor}} = F_{\text{hinter}} \cdot \dfrac{293}{973}$ und folglich

$$d_{\text{vor}} = d_{\text{hinter}} \cdot \sqrt{\frac{293}{973}} = 1{,}23 \cdot 0{,}549 \approx \mathbf{0{,}68\ m}$$

Wer lieber in Worten als in Formeln denkt, oder wer die Aufgabe ohne Zuhilfenahme von Papier nur im Kopf lösen will, argumentiert bei der zweiten Frage vielleicht besser etwa so:

Da durch beide Rohre in derselben Zeit dieselbe Luftmasse, folglich auch das gleiche Luftgewicht strömt, so verhalten sich die in derselben Zeit durchfließenden Luftvolumina — bei ungefähr gleichem Druck — ungefähr wie die absoluten Temperaturen, also wie $(273 + 20)$ zu $(273 + 700)$. Ebenso müssen sich — bei gleicher Geschwindigkeit — die Querschnittsflächen verhalten. Da diese Flächen einander ähnlich sind — nämlich beides Kreise —, so verhalten sich ihre linearen Dimensionen, z. B. ihre Durchmesser, wie die Wurzeln aus dem Flächenverhältnis. An der kälteren Stelle, nämlich vor dem Erhitzer, ist das Luftvolumen k l e i n e r, folglich auch die erforderliche Rohrweite. Letztere ist daher vor dem Erhitzer gleich der zu 1. (hinter dem Erhitzer) berechneten m a l (nicht etwa d u r c h !)$\sqrt{293/973}$.

Aufgabe 20: Entwurf der Geschwindigkeits- und Beschleunigungs-Diagramme einer Schacht-Förderanlage

Die Teufe betrage 625 m, die Nutzlast pro Zug 2000 kg, die Höchstgeschwindigkeit (v_{max}) 15 m/sek, die Dauer der Sturzpause 15 sek Verlangt werde eine Förderung von 100 t/h.

Gesucht wird die Beschleunigung p und die Verzögerung z (wobei $z = 1,5\,p$ sein soll). Ferner sind die Diagramme für v, p und z, mit der Zeit als Abszisse, zu zeichnen. Endlich ist festzustellen, bei welchen Stellungen des Förderkorbes die Beschleunigung enden und wo die Verzögerung beginnen muß. Dabei ist anzunehmen, daß während der Beschleunigungs- bzw. Verzögerungsperiode p bzw. z konstant ist und ebenso v wahrend der dazwischenliegenden Fahrt.

Losung

Aus der vorgeschriebenen stündlichen Forderung von 100 000 kg und der Nutzlast pro Zug von 2000 kg ergibt sich die Anzahl der erforderlichen Züge pro Stunde zu $\dfrac{100\,000}{2000} = 50$. Daraus folgt die für einen Zug einschließlich der Sturzpause verfügbare Zeit zu $\dfrac{3600}{50} = 72$ sek, so daß also fur einen Zug ohne Sturzpause $72 - 15 = 57$ sek verbleiben.

Im Diagramm a, **Abb. 10**, S. 69, in dem als Ordinate die Korbgeschwindigkeit, als Abszisse die Zeit eingetragen ist, ist demnach der Wert von $t_1 + t_2 + t_3 = 57$ sek gegeben, außerdem die Höchstgeschwindigkeit von 15 m/sek.

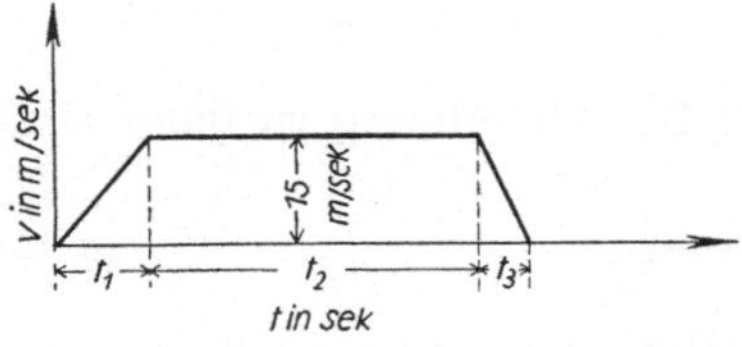

Abb. 10 Diagramm a

Da die Geschwindigkeit in der ersten Periode des Zuges (Beschleunigungsperiode) in t_1 sek von 0 m/sek auf 15 m/sek anwächst und die Beschleunigung als konstant, also v als lineare Funktion von t angenommen werden soll (was auch wirklich oft ungefähr zutrifft), so ist die Beschleunigung

$$p = \frac{15}{t_1} \text{ m/sek}^2 \quad \text{oder} \quad t_1 = \frac{15}{p} \text{ sek } [11].$$

Entsprechend ist die Verzögerung in der 'etzten Periode des Zuges (Verzögerungsperiode) $z = \dfrac{15}{t_3}$ m/sek² oder $t_3 = \dfrac{15}{} $ sek.

Fer er soll die Verzögerung um 50 % größer sein als die Beschleunigung,

$$z = 1,5\,p \quad \text{woraus dann folgt} \quad t_3 = \frac{15}{1,5\,p} = \frac{t_1}{1,5} \text{ sek.}$$

Die vorhin angegebene Beziehung für die Summe der drei Zeitspannen $t_1 + t_2 + t_3 = 57$ wird daher jetzt

$$t_1 + t_2 + \frac{t_1}{1,5} = 57 = 1,667\, t_1 + t_2 \quad \text{(Gleichung 1)}.$$

Der vom Förderkorb in der Beschleunigungsperiode durchlaufene Weg ist $0,5 \cdot 15 \cdot t_1$ m; der in der Periode konstanter Geschwindigkeit durchlaufene Weg ist $15 \cdot t_2$ m, der Weg in der Verzögerungsperiode ist $0,5 \cdot 15 \cdot t_3$ m. (Die Wege werden auch durch die Flächeninhalte der entsprechenden Teile des Diagramms a dargestellt [11].) Setzt man auch hier für t_3 den Wert $\dfrac{t_1}{1,5}$ ein und berücksichtigt, daß die Summe der drei Wegteile gleich der ganzen Zuglänge von 625 m sein muß, so ergibt sich als zweite Gleichung zwischen t_1 und t_2:

$$0,5 \cdot 15 \cdot t_1 + 15\, t_2 + 0,5 \cdot 15 \cdot \frac{t_1}{1,5} = 625;$$

$$7,5\, t_1 + 5\, t_1 + 15\, t_2 = 625;$$
$$12,5\, t_1 + 15\, t_2 = 625 \quad \text{(Gleichung 2)}.$$

Gleichung 1 ergibt bei Erweiterung mit dem Faktor 15:
$25\, t_1 + 15\, t_2 = 855$, so daß durch Subtraktion beider Gleichungen folgt:

$$12,5\, t_1 = 230; \quad t_1 = \frac{230}{12,5} = 18,4 \text{ sek}; \quad t_3 = \frac{t_1}{1,5} = \frac{18,4}{1,5} = 12,3 \text{ sek};$$

$$t_2 = 57 - (t_1 + t_3) = 57 - 30,7 = 26,3 \text{ sek}.$$

Die **Beschleunigung** ist daher $p = \dfrac{15}{t_1} = \dfrac{15}{18,4} = \textbf{0,815 m/sek}^2$, die **Verzö-**

gerung: $\qquad\qquad\qquad z = \dfrac{15}{t_3} = \dfrac{15}{12,3} = 1,22 \text{ m/sek}^2.$

Danach ergeben sich die in **Abb. 11**, S. 70, und **12**, S. 71, als Diagramme b) und c) dargestellten maßstäblichen Kurvenzüge für v und p bzw. z über der Zeit als Abszisse [55].

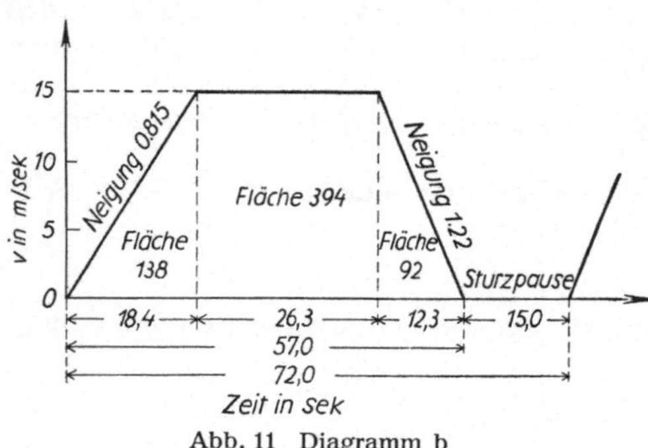

Abb. 11 Diagramm b

Der bei Beendigung der Beschleunigungsperiode zurückgelegte Weg entspricht dem Inhalt des ersten Dreiecks im v-t-Diagramm, ist also gleich $0,5 \cdot 15 \cdot 18,4 = \textbf{138 m}$. Bei dieser Höhenlage des aufwärtsgehenden Förderkorbes, gerechnet vom Beginn des Hubes an, muß daher die Beschleunigung aufhören und die gleichmäßige Bewegung beginnen.

In der Zeit konstanter Geschwindigkeit wird ein Weg entsprechend dem Inhalt des Rechtecks durchlaufen von $15 \cdot 26,3 = 394$ m. Bei der Korbhöhenlage von $394 + 138 = \mathbf{532\ m}$, gerechnet vom Beginn des Hubes an, muß daher die Verzögerung beginnen.

Der Weg während der Verzögerungsperiode entspricht dem Inhalt des letzten Dreiecks, ist also $0,5 \cdot 15 \cdot 12,3 = 92$ m.

Als Probe auf die ganze Berechnung werden die drei

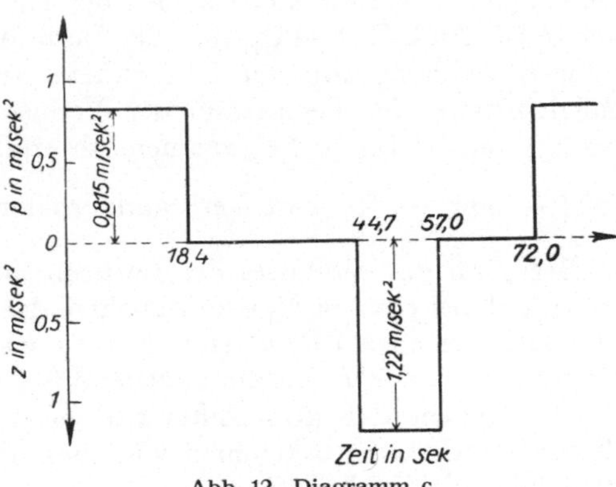

Abb. 12   Diagramm c

gefundenen Wegstrecken addiert und ergeben $138 + 394 + 92 = 621$ m gegenuber 625 m. Die kleine Abweichung erklärt sich durch die Abrundung beim Rechnen, da wir die Zeiten nur auf Zehntel, nicht auf Hundertstel Sekunden angeben wollten.

Aufgabe 21: Berechnung einer Kesselanlage mit Schornstein

Für den Betrieb einer Dampfturbodynamo von 2500 kW Leistung soll **a)** eine Kesselanlage berechnet, d. h. es sollen Zahl und Größe der erforderlichen Kessel sowie ihre Rostfläche bestimmt werden. Der Dampf soll an der Turbine einen Überdruck von 13 at und eine Temperatur von 300° haben. Das Vakuum am Austrittsstutzen der Turbine wird gemäß der Garantie des Lieferanten der Kondensationsanlage 95 % betragen. Bezüglich des Dampfverbrauches der Turbine, die aus einer anderen Anlage mit anderen Dampfverhältnissen übernommen werden soll, ist aus früheren Messungen bekannt, daß sie bei einem Überdruck von 13 at, einer Dampftemperatur von 350° und einem Vakuum von 98 % 5,40 kg für je eine kWh erfordert. Die Kessel sollen kombinierte Kessel (Flammrohrkessel mit darüber liegendem Heizrohrkessel [83]) mit selbsttatiger Wurfbeschickung des Planrostes [85] sein und eine gute Ausnutzung der Kohle ergeben; sie sollen nicht größer sein als je 250 m² Heizfläche. Als Heizmaterial ist gute westfälische Steinkohle mit einem unteren Heizwert von 7500 kcal/kg anzunehmen.

Außer der Kesselanlage ist auch **b)** der zugehörige gemauerte Schornstein nach Höhe und Mündungsweite wenigstens überschläglich zu bestimmen.

Lösung

a) Kesselanlage. Aus dem angegebenen Dampfverbrauch von 5,4 kg/kWh bei 13 atü, 350° und 98 % Vakuum ist zunächst der spezifische Verbrauch bei den hier zutreffenden Verhältnissen (13 atü, 300°, 95 %) zu ermitteln.

Dazu dienen zunächst die Angaben der Handbücher [103] (in Hütte jedoch nur in 26. Aufl. II, S. 481), daß der Verbrauch für je 5° bis 7° der Temperatur-Abweichung sich um 1 % ändert, selbstverständlich in dem Sinne, daß Erhöhung der Temperatur den Verbrauch verringert. Wenn wir (vorsichtig) mit 5° für je 1 % rechnen, so ergibt die Temperaturdifferenz von

$$350° - 300° = 50° \text{ eine Verbrauchserhöhung um } \frac{50}{5} = 10 \%.$$

Bezüglich des Einflusses der Luftleere im Kondensator gibt *Dubbel* an [103], daß bei etwa 90 % eine Zunahme der Luftleere um 1 % den Dampfverbrauch um etwa 1 % verringert, bei etwa 96 % dagegen um etwa 1,6 % bis 2 %. Wenn wir für diese letzte Ziffer als Mittelwert 1,8 % einsetzen und annehmen, daß diese Ziffer sich von 1,0 % bis 1,8 % linear mit dem Vakuum ändert, so bekommen wir (bei Abrundung auf Zehntel Prozent) etwa folgende Zahlentafel:

Vakuum in %	90	91	92	93	94	95	96	97	98
Änderung des Verbrauchs in %	1,0	1,1	1,3	1,4	1,5	1,7	1,8	1,9	

woraus sich für die Änderung des Vakuums von 98 % bis 95 % eine Änderung des Verbrauchs von 1,9 + 1,8 + 1,7 = 5,4 % ergeben würde.

Die *Hütte* [103] gab in der 26. Aufl. II, S. 482, ein Zahlenbeispiel für eine Turbine von 30 000 kW, wobei sich der Verbrauch bei einem Vakuum von 95 % (0,05 ata) gegenüber dem bei 98 % (0,02 ata) für Voll-Last von

$$4,28 \text{ auf } 4,45 \text{ kg/kWh, also um } 0,17 \text{ kg/kWh oder } \frac{0,17}{4,28} \cdot 100 \% = 4,0 \%,$$

bei Dreiviertel-Last dagegen von 4,35 auf 4,58 kg/kWh, also um

$$0,23 \text{ kg/kWh oder } \frac{0,23}{4,35} \cdot 100 \% = 5,3 \% \text{ erhöht.}$$

Wenn wir nach diesen drei Werten (5,4 %, 4,0 %, 5,3 %) hier mit rund 5 % rechnen, so ergibt sich der gesamte Mehrverbrauch infolge Änderung der Temperatur und des Vakuums zu etwa 10 + 5 = 15 %.

In der 27. Aufl. der *Hütte* II, S. 510, fehlen die vorhin aus der 26. Aufl. zitierten Angaben, und es wird hinsichtlich der Änderung des spezifischen Dampfverbrauchs infolge Änderung von Temperatur und Vakuum nur auf die dadurch bedingte Änderung des verfügbaren adiabatischen Wärmegefälles verwiesen, was zweifellos besser ist als jene groben Faustregeln. Wenn wir dementsprechend an Hand von Wasserdampftafeln oder eines genügend genauen MOLLIER-*i-s*-Diagramms [80] für beide Betriebsverhältnisse die Werte des Wärmeinhalts (Enthalpie, *i*, *Hütte* I, S. 541, 566, 562) des Frischdampfes und des durch denselben Entropiewert *s* und den Enddruck 0,02 bzw. 0,05 ata definierten Endzustandes feststellen, so kommen wir zu folgenden Werten:

A l t e r   B e t r i e b (14 ata, 350° bis auf 0,02 ata) [66]

Aus Dampftabelle der *Hütte* I, S. 566, Tafel 4 (in der Werte für 14 ata nicht angegeben sind):

$$10 \text{ ata}; \quad 350°; \quad i = 753,3; \quad s = 1,7442;$$
$$25 \text{ ata}; \quad 350°; \quad i = 746,0; \quad s = 1,6346.$$

Daraus durch Interpolation·

$$14 \text{ ata}; \quad 350°; \quad i = 751,4; \quad s = 1,7149.$$

Der Abdampf von 0,02 ata war ein Gemisch von Sattdampf und Wasser („Naßdampf" mit „x" kg Sattdampf und $1 - x$ kg Wasser auf 1 kg des Gemisches) und hat (bei Annahme adiabatischer [„isentropischer"] Expansion denselben Entropiewert $s = 1,7149$. Daraus bestimmen wir seinen Wert x an Hand der Tafel 3 der *Hütte* I, S 562, wo wir für Sattdampf finden:

$$0,02 \text{ ata}; \quad s' \text{ (Wasser)} = 0,0612; \quad s'' \text{ (Dampf)} = 2,0847;$$
$$i' \text{ (Wasser)} = 17,24; \quad i'' \text{ (Dampf)} = 604,8.$$

Damit die Entropie des Gemisches $= 1,7149$ wird, muß gelten.

$$2,0847 \cdot x + 0,0612 \cdot (1 - x) = 1,7149$$
$$\text{oder } 2,0235 \, x = 1,6537; \quad x = 0,820 \text{ (Dampfgehalt 82 \%)};$$
$$1 - x = 0,180 \text{ (Wassergehalt 18 \%)}.$$

Daraus folgt die Enthalpie des Abdampfes zu

$$i = 0,820 \cdot 604,8 + 0,180 \cdot 17,24 = 495,9 + 3,1 = 499,0$$

und das adiabatische Wärmegefälle (der Enthalpie-Unterschied) zu

$$751,4 - 499,0 = 252,4 \approx 252 \text{ kcal/kg}.$$

N e u e r   B e t r i e b (14 ata, 300° bis auf 0,05 ata):

Jetzt finden wir entsprechend der vorstehenden Rechnung:

$$10 \text{ ata}; \quad 300°; \quad i = 728,1; \quad s = 1,7021;$$
$$25 \text{ ata}; \quad 300°; \quad i = 718,6; \quad s = 1,5887;$$
$$14 \text{ ata}; \quad 300°; \quad i = 725,6; \quad s = 1,6718.$$

Naßdampf:

$$0,05 \text{ ata}· \quad s' \text{ (Wasser)} = 0,1126; \quad s'' \text{ (Dampf)} = 2,0064;$$
$$i' \text{ (Wasser)} = 32,55; \quad i'' \text{ (Dampf)} = 611,5;$$
$$2,0064 \, x + 0,1126 \, (1 - x) = 1,6718$$
$$\text{oder } 1,8938 \, x = 1,5592; \quad x = 0,823; \quad 1 - x = 0,177;$$
$$i = 0,823 \cdot 611,5 + 0,177 \cdot 32,55 = 503,3 + 5,8 = 509,1;$$
$$\text{Wärmegefälle} = 725,6 - 509,1 = 216,5 \approx 217 \text{ kcal/kg}.$$

Da demnach die von derselben Dampfmenge (bei adiabatischer Expansion) theoretisch verfügbaren Wärmemengen sich verhalten wie 252 (früher) zu 217 (jetzt), und man annehmen darf, daß die Turbine in beiden Fällen das Wärmegefälle gleich gut ausnutzt (d. h. denselben „thermodynamischen Wirkungsgrad" oder „CLAUSIUS-RANKINE-Wirkungsgrad" hat [81]), so verhalten sich die beiden Werte des spezifischen Dampfverbrauchs [kg Dampf/kWh] etwa wie 217 (früher) zu 252 (jetzt). Der jetzt zu erwartende Dampf-verbrauch ist also um etwa $\dfrac{(252 - 217) \cdot 100}{217}$ $^0/_0$ = 16,1 $^0/_0$ des fruheren Wertes größer als der frühere.

An Stelle des vorhin nach roheren Unterlagen veranschlagten Aufschlages von 15 $^0/_0$ wollen wir diesen besser begründeten von 16,1 $^0/_0$ anwenden, so daß mit einem spezifischen Dampfverbrauch von 1,161 · 5,40 = 6,27 kg/kWh zu rechnen ist. Daraus ergibt sich der stündliche Dampf-verbrauch (bei voller Belastung der Turbine) zu 6,27 · 2500 = 15 675 kg/h. Dazu ist fur den Dampfverbrauch der Pumpen, für Verluste usw. ein Zuschlag von etwa 10 $^0/_0$ zu machen, so daß die Kesselanlage etwa 1,1 · 15 675 $\approx$ 17 300 kg Dampf pro Stunde erzeugen muß.

Wenn gute Ausnutzung der Kohle verlangt wird, können bei Kesseln dieser Art auf je 1 m² der Kesselheizfläche pro Stunde etwa 14 kg Dampf erzeugt werden [89]. Es ist daher eine gesamte Kesselheizfläche von $\dfrac{17\,300}{14}$ = 1235 m² erforderlich. Da jeder Kessel nicht größer als 250 m² sein soll, so wird man **5 Kessel** wählen (**außerdem einen oder zwei als Reserve**) **von je 250 m² Heizfläche.**

Um die erforderliche Rostfläche zu bestimmen, ist auch die gesamte von einem Kessel in einer Stunde zu verfeuernde Kohlenmenge zu ermitteln. Wenn der Kessel 14 kg Dampf pro m² und Stunde erzeugen soll, so sind das stündlich 14 · 250 = 3500 kg Dampf. Nach den Dampftabellen [80] hat 1 kg Dampf von 14 ata (13 atü) und 300° eine Enthalpie (Wärme-Inhalt) von i'' = 725,6 kcal. Wenn wir annehmen, daß das Speisewasser, das zum größten Teil lauwarm als Kondensat aus dem Oberflächenkondensator der Turbine zum Kesselhaus zurückkommt und vom Abdampf der Speise-pumpen noch weiter angewärmt wird, beim Eintritt in den Ekonomiser (Rauchgasvorwärmer [87]), den wir mit zum Kessel rechnen, eine Tempera-tur von 40° hat, so müssen Kessel und Ekonomiser jedem kg desselben wei-tere 725,6 — 40 $\approx$ 686 kcal zuführen. Bei einem Wirkungsgrad der Kessel-anlage einschließlich Ekonomiser von 0,80 [91] und einem „*unteren Heizwert*" [58] der Kohle H_u = 7500 kcal/kg sind dann für je 1 kg Dampf $\dfrac{686}{0.80 \cdot 7500}$ $\approx$ 0,115 kg Kohle erforderlich, die 0,115 · 7500 $\approx$ 860 kcal enthalten. Der ganze Kessel erfordert also stündlich 3500 · 0,115 = 402,5 kg Kohlen mit 402,5 · 7500 = 3 020 000 kcal.

Für starre Planroste mit Wurffeuerung [85] geben nun die Handbücher, wenn gute Ausnützung der Kohle gefordert wird, als zulässige Rostbelastung pro m² Rost und Stunde die Werte 90 kg guter Steinkohle oder etwa 650 000 kcal des Heizwertes der Kohle an [88]. Mit 90 kg/m²h ergibt sich daraus die erforderliche **Rostfläche** zu $\dfrac{402,5}{90} = 4,47$ m², mit 650 000 kcal/m²h dagegen zu $\dfrac{3\,020\,000}{650\,000} = 4,65$ m² für jeden Kessel. Als Mittel rechnen wir etwa mit **4,55 m²** für jeden Kessel und überlegen nun noch, ob diese Fläche gut untergebracht werden kann: Wenn der Unterkessel als Zweiflammrohrkessel ausgeführt wird, mit einem Flammrohr-Innendurchmesser von reichlich 1 m, so wird auch die Rostbreite reichlich 1 m; die Rostlänge muß daher dann etwa $\dfrac{4,55}{2} \approx 2,28$ m werden, was (mit Rücksicht auf bequeme Bedienung) bei Beschickung mittels selbsttätiger Wurfschaufel gut (und bei Handbeschickung allenfalls noch eben) zulässig ist (*Hutte* II, S. 398, *Dubbel* II, S. 11).

b) Schornstein. Für den lichten Querschnitt (f in cm² oder F in m²) des Schornsteins an seiner oberen Mündung gibt die *Hutte* [94] nach HOFFMANN eine vereinfachte Formel an, die für eine überschlägige Berechnung genügt. Danach ist für je 100 kcal/h des verfeuerten Brennstoffs und bezogen auf eine Geschwindigkeit der Rauchgase von 1 m/sek, etwa 1 cm² der Querschnittsfläche erforderlich, wenn die mittlere Schornsteintemperatur 275° beträgt. Für je ± 25° Temperaturabweichung ist f um ± 5 % zu verändern.

Es sind also für den hier vorliegenden Fall festzustellen· die Anzahl der in der stündlich verbrannten Kohlenmenge enthaltenen Kilokalorien, die Austrittsgeschwindigkeit der Rauchgase und ihre Temperatur im Schornstein.

Hier sollen stündlich 17 300 kg Dampf erzeugt werden, von denen jedes Kilogramm 0,115 kg Kohlen mit 860 kcal erfordert. Statt der der Formel zugrundeliegenden 100 kcal/h ist also mit $17\,300 \cdot 860 = 14,88 \cdot 10^6$ kcal/h zu rechnen.

Die Mündungsgeschwindigkeit der Rauchgase soll nach den Angaben von *Hutte* und *Dubbel* etwa $0,1 \cdot H$ m/sek, jedoch nicht mehr als 8 m/sek betragen, wobei H die Schornsteinhöhe in Metern bedeutet. Indem wir H vorläufig auf etwa 50 m schätzen und danach $v \approx 5$ m/sek ansetzen, veranschlagen wir, da f sich umgekehrt proportional mit v verändert, nach der HOFFMANNschen Formel f auf

$$\frac{14,88 \cdot 10^6}{100 \cdot 5} \approx 3 \cdot 10^4 \text{ cm}^2.$$

Dieser Wert muß aber noch hinsichtlich der Temperatur korrigiert werden, da die Rauchgase (nach Durchströmen des Ekonomisers) im Schornstein im Mittel nur noch etwa 150° haben werden [87], so daß bei f noch ein Abschlag von $\dfrac{275 - 150}{25} \cdot 5\,{}^0\!/_0 = 25\,{}^0\!/_0$ zu machen ist, was auf $0{,}75 \cdot 3 \cdot 10^4$

$= 22\,500$ cm² führt. Dazu gehört ein lichter Mündungsdurchmesser d von 170 cm [1].

Dubbel gibt für F (in m²!) die folgende Formel, die wir leicht auch selbst hätten ableiten können:

$$F = \frac{B \cdot V \cdot (273 + t)}{3600 \cdot v \cdot 273} \ \text{m}^2,$$

wobei B der Brennstoffverbrauch in kg/h ist, V das Rauchgasvolumen in Nm³ pro kg Kohle (1 Nm³ „Normkubikmeter" ist 1 m³ Gas vom Zustand 0° und 760 mm QS) [73], t die Temperatur am Schornsteinkopf in Grad, v die Gasgeschwindigkeit am Schornsteinende in m/sek. Für Steinkohle gibt *Dubbel* an: $V = 15$ Nm³ Rauchgase pro kg Kohle. Wenn wir diesen Wert einsetzen und ferner B [kg Kohle/h] $= 17\,300$ [kg Dampf/h] $\cdot\ 0{,}115$ [kg Kohle/kg Dampf] $= 1980$ kg/h, $t = 150°$, $v = 5$ m/sek, so wird $F = \dfrac{1980 \cdot 15 \cdot 423}{3600 \cdot 5 \cdot 273} \approx 2{,}56$ m² und daraus $D = 1{,}81$ m [1].

Für die Höhe H [m] gibt die *Hütte* bei $D < 2$ m an: $H =$ bis zu $25\,D$ und darüber, was auf etwa $H = 25 \cdot 1{,}7 = 42{,}5$ m führt. *Dubbel* gibt an: $H = (25 \text{ bis } 30) \cdot D = 25 \cdot 1{,}81 \approx 45$ m bis $30 \cdot 1{,}81 \approx 55$ m.

Wir wählen also etwa $H = \mathbf{50\ m}$ (wozu dann auch die vorhin zu $v = 5$ m/sek angenommene Gasgeschwindigkeit paßt, so daß die Rechnung nicht mit einem neuen Wert von v wiederholt zu werden braucht), und $D = \mathbf{1{,}75\ m}$.

Aufgabe 22: Berechnung der Leistungsfähigkeit und der Heizfläche eines Rauchgas-Speisewasser-Vorwärmers (Ekonomisers)

In einer Dampfkesselanlage werden stündlich 900 kg Steinkohlen von folgender Zusammensetzung (in Gewichtsprozenten) verbrannt: $80{,}0\,{}^0\!/_0$ Kohlenstoff, $5{,}0\,{}^0\!/_0$ Wasserstoff, $6{,}0\,{}^0\!/_0$ Sauerstoff, $2{,}0\,{}^0\!/_0$ Stickstoff, $1{,}0\,{}^0\!/_0$ Schwefel, $2{,}0\,{}^0\!/_0$ Wasser, $4{,}0\,{}^0\!/_0$ Asche. Die Verbrennung erfolge vollständig, mit einer Luft-Überschußzahl $1{,}75$, und unter Zuführung von atmosphärischer Luft mit einer Temperatur von $20°$ und einer relativen Feuchtigkeit von $20\,{}^0\!/_0$.

Um von der in den dabei entstehenden Rauchgasen enthaltenen Wärmemenge noch einen Teil auszunützen, soll nachträglich in den Weg der Rauchgase, die bisher mit $320°$ in den Kamin strömen, noch ein Rauchgas-Kesselspeisewasser-Vorwärmer (Ekonomiser, abgekürzt „Eko") [87] eingebaut werden, der aus gußeisernen Rohren ohne Rippen besteht und in dem die Rauchgase und das Speisewasser nach dem Gegenstromprinzip [62] aneinander vorbeiströmen.

Die Rauchgase sollen nur bis auf eine Temperatur von 180° abgekuhlt werden, damit der Kamin noch gut zieht und damit der Eko nicht zu teuer wird. Das Speisewasser soll in den Eko mit 20° eintreten und ihn mit 130° verlassen.

Fragen:

1. Wieviel Wasser kann pro Stunde angewärmt werden.

2. Wieviel m² Heizfläche muß der Eko haben, wenn die Wärmedurchgangszahl [61] k bei Anwendung von selbsttätigen Kratzern gleich 15,0 kcal/m²h grad ist. (Das heißt: 15,0 kcal gehen stündlich durch je 1 m² der Trennwand, wenn die Temperaturdifferenz zwischen Rauchgasen und Wasser überall 1° ist.)

Lösung

Zu Frage 1.: Um zunächst die stundlich erzeugte Rauchgasmenge zu bestimmen, betrachten wir den Verbrennungsvorgang genauer und beziehen dabei alle Werte auf 1 kg Kohle.

Die drei brennbaren Elemente C, H und S verbrennen gemäß den folgenden Gleichungen, von denen bei jedem Element die erste nur die chemischen Zeichen enthält, die zweite aus der ersten durch Einsetzen der Atom- bzw. Molekulargewichte entsteht und die dritte aus der zweiten durch Kürzung derart, daß das brennbare Element darin mit 1 kg erscheint:

$$C + 2\,O = CO_2; \quad 12\,\text{kg} + 32\,\text{kg} = 44\,\text{kg}; \quad 1\,\text{kg} + 2{,}667\,\text{kg} = 3{,}667\,\text{kg},$$

$$2\,H + O = H_2O; \quad 2\,\text{kg} + 16\,\text{kg} = 18\,\text{kg}; \quad 1\,\text{kg} + 8\,\text{kg} = 9\,\text{kg};$$

$$S + 2\,O = SO_2; \quad 32\,\text{kg} + 32\,\text{kg} = 64\,\text{kg}, \quad 1\,\text{kg} + 1\,\text{kg} = 2\,\text{kg}$$

Dementsprechend sind nachstehend die drei brennbaren Mengen, die zu ihrer Verbrennung erforderlichen Sauerstoffmengen und die dabei entstehenden Mengen des Verbrennungsproduktes zusammengestellt·

$$0{,}800 \text{ kg C} + 0{,}800 \cdot 2{,}667 \; [= 2{,}133] \text{ kg O} = 2{,}933 \text{ kg } CO_2;$$

$$0{,}050 \text{ kg H} + 0{,}050 \cdot 8 \quad\;\; [= 0{,}400] \text{ kg O} = 0{,}450 \text{ kg } H_2O;$$

$$0{,}010 \text{ kg S} \; + 0{,}010 \cdot 1 \quad\;\; [= 0{,}010] \text{ kg O} = 0{,}020 \text{ kg } SO_2.$$

Demnach erfordert die vollständige Verbrennung von 1 kg Kohle theoretisch $2{,}133 + 0{,}400 + 0{,}010 = 2{,}543$ kg Sauerstoff. Davon waren in der Kohle bereits 0,060 kg vorhanden, so daß noch 2,483 kg O in Form von atmosphärischer Luft zugefuhrt werden mussen. Dazu sind, da 1 kg trockener Luft (unter Vernachlässigung der winzigen übrigen Beimischungen, die hier mit zum Stickstoff geschlagen sind) etwa 0,233 kg O und etwa 0,767 kg N enthält [69], $\dfrac{2{,}543}{0{,}233} = 10{,}91$ kg Luft erforderlich, die $10{,}91 \cdot 0{,}767 = 8{,}368$ kg N mitfuhren. Aus der *Luftuberschußzahl* $\lambda = 1{,}75$ folgt, daß außerdem noch $0{,}75 \cdot 10{,}91 = 8{,}182$ kg Luft mit $8{,}182 \cdot 0{,}233 = 1{,}906$ kg O und $8{,}182 \cdot 0{,}767 = 6{,}276$ kg N fur je 1 kg Kohle in den Feuerraum eintreten.

Die Verbrennungsluft bringt infolge ihrer Feuchtigkeit nun auch noch Wasser mit in den Verbrennungsraum, dessen Menge wir bestimmen müssen. Bei 20° ist das spezifische Gewicht des gesättigten Wasserdampfes $\gamma'' = 0{,}017\,29$ kg/m³ [80], so daß ein m³ trockener Luft bei voller Sättigung $0{,}017\,29$ kg und folglich bei 20 % relativer Feuchtigkeit ein Fünftel davon, also etwa 0,0035 kg Wasser aufnimmt, während sie selbst $\dfrac{1{,}293 \cdot 273}{293}$ $\approx 1{,}205$ kg wiegt [70, 72], so daß der Gewichtsanteil des Wassers etwa $\dfrac{3{,}5}{1205} \approx 3\,^0/_{00}$ beträgt. Die mit der theoretisch erforderlichen und der überschussigen Luft eintretende Wassermenge ist daher etwa $0{,}003 \cdot (10{,}91 + 8{,}182) = 0{,}057$ kg. Insgesamt sind also nach der Verbrennung fur je 1 kg Kohlen vorhanden:

$CO_2 \cdot$ .... 2,933 kg;

$H_2O \cdot$ .... aus der Verbrennung: 0,450 kg; aus der Kohle: 0,020 kg; aus der zugeführten Luft: 0,057 kg; zusammen: 0,527 kg;

$SO_2 \cdot$ .. .. 0,020 kg;

O_2: ...... aus der überschüssigen Luft: 1,906 kg;

N_2: ...... aus der Kohle: 0,020 kg; aus der Luft. $8{,}368 + 6{,}276 = 14{,}644$ kg; zusammen: 14,664 kg;

insgesamt: 20,050 kg Rauchgase.

Auf je 1 kg der Rauchgase entfallen also $\dfrac{2{,}933}{20{,}05} = 0{,}146$ kg CO_2,

$$\frac{0{,}527}{20{,}05} = 0{,}026 \text{ kg } H_2O; \qquad \frac{0{,}020}{20{,}05} = 0{,}001 \text{ kg } SO_2;$$

$$\frac{1{,}906}{20{,}05} = 0{,}095 \text{ kg } O_2 \text{ und } \frac{14{,}664}{20{,}05} = 0{,}732 \text{ kg } N_2.$$

Wir stellen diese und die vorhin gefundenen (auf 1 kg Kohle bezogenen) Werte nachstehend übersichtlich zusammen:

Zusammensetzung der Rauchgase

Gasart	auf 1 kg Kohle kg	auf 1 kg Rauchgase kg
CO_2	2.933	0,146
H_2O	0,527	0,026
SO_2	0,020	0,001
O_2	1,906	0,095
N_2	14,664	0.732
zusammen	20,050	1,000

Für diese Einzelbestandteile der Rauchgase können wir nun die zugehörigen Einzelwerte der spezifischen Wärme in den Handbüchern aufsuchen. Dabei ist Folgendes zu beachten·

Erstens ist zu unterscheiden zwischen c_p, der spezifischen Wärme bei konstantem Druck, und c_v, der spezifischen Wärme bei konstantem Volumen [79]. Hier kommt nur c_p in Betracht, weil die Rauchgase auf ihrem ganzen Wege (vom Rost bis zur Schornsteinmündung ins Freie) praktisch überall unter dem gleichen Druck stehen, nämlich unter dem Druck der Außenluft, den wir mit ungefähr 760 mm QS $\approx$ 1 at (genauer: 760 mm QS = 1,033 at; 1 at = 1 kg/cm² = 735,5 mm QS) [65, 66] ansetzen können, während wegen der sich stark ändernden Temperatur das Volumen sehr schwankt. Wir werden daher im Folgenden den Index „p", weil selbstverständlich, fortlassen.

Zweitens ändert sich c mit der Temperatur; bei manchen Gasen freilich nur wenig, bei anderen, z. B. bei CO_2, aber ziemlich erheblich. Man spricht daher von der „mittleren" spezifischen Wärme zwischen zwei bestimmten Temperaturen und versteht z. B. unter $\left[c_m \right]_{0°}^{300°}$ diejenige Wärmemenge, die der zugrunde gelegten Einheitsmenge des betreffenden Gases bei der Erwärmung von 0° auf 300° im Mittel für je 1° Temperaturzunahme zugeführt werden muß. Solche Werte c_m sind in den Handbüchern für die wichtigsten Gase angegeben und zwar etwa von 100° zu 100°. Da wir hier nicht diese Mittelwerte für die Temperaturdifferenz von 0° bis 300° brauchen, sondern die für die Abkühlung von etwa 300° (genauer 320°) auf etwa 200° (genauer 180°), so müssen wir sie erst berechnen, indem wir die Differenz bilden zwischen den beiden Gesamtwärmemengen, die für die Erwärmung von 0 bis 300° bzw. von 0° bis 200° zugeführt werden müssen, und sie durch die Temperaturdifferenz von 300° — 200° = 100° dividieren. (Die *Hütte* I, S. 549, Tafel 7, gibt auch jene Gesamtwärmemengen $\left(t \cdot \left[c_m \right]_{0°}^{t°} \right)$ unter dem Namen „Enthalpiedifferenz $(i_{t°} - i_{0°})$" an, was die Rechnung etwas vereinfacht, siehe die Zeilen [14] und [15] der Zahlentafel 6, S. 80/81. (Wenn bei einer solchen Differenz der Subtrahend $i_{0°}$ ist, kann man das Wort „Differenz" auch fortlassen und kurzweg von der *Enthalpie $i_{t°}$* sprechen, indem man den Wert $i_{0°}$ als selbstverständlichen Nullpunkt der i-Skala betrachtet.)

Drittens wird c oft auf verschiedene Mengeneinheiten bezogen, nämlich entweder auf 1 kg oder auf 1 Nm³ („Normkubikmeter") oder auf 1 kmol („Kilomol" oder kürzer „Mol"). 1 Nm³ ist 1 m³ Gas vom Zustand 0° und 760 mm QS, während 1 kmol M kg des Gases bedeutet, wenn M sein Molekulargewicht ist. Da der Rauminhalt, den 1 kmol eines vollkommenen Gases bei 0° und 760 mm QS einnimmt, gleich 22,414 m³ ist, unabhängig von der Gasart (Gesetz von AVOGADRO), so ist der Zusammenhang zwischen Nm³ und kmol gegeben durch die Beziehung: 1 Nm³ = 1/22,414 kmol [73].

Zahlen-
Berechnung der mittleren

Symbol und Zeile	Zeichen	Begriff	Einheit	Rechenschema
[1]	γ	spez. Gewicht	kg/Nm³	
[2]	c_{0^0}	spez. Wärme bei 0°	kcal/Nm³ grad	
[3]	$\left[c_m\right]_{0°}^{200°}$	mittlere spez. Wärme zwischen 0° und 200°	kcal/Nm³ grad	
[4]	$\left[c_m\right]_{0°}^{300°}$	mittlere spez. Wärme zwischen 0° und 300°	kcal/Nm³ grad	
[5]	i_{200^0}	Enthalpie bei 200°	kcal/Nm³	[3] · 200
[6]	i_{300^0}	Enthalpie bei 300°	kcal/Nm³	[4] · 300
[7]	$\left[c_m\right]_{200°}^{300°}$	mittlere spez. Wärme zwischen 200° und 300°	kcal/Nm³ grad	$\dfrac{[6]-[5]}{100}$
[8]	$\left[c_m\right]_{200°}^{300°}$	mittlere spez. Wärme zwischen 200° und 300°	kcal/kg grad	$\dfrac{[7]}{[1]}$
[9]	c_{0^0}	spez. Wärme bei 0°	kcal/kg grad	
[10]	M	Molekulargewicht		
[11]	c_{0^0}	spez. Wärme bei 0°	kcal/kmol grad	
[12]	$\left[c_m\right]_{0°}^{200°}$	mittlere spez. Warme zwischen 0° und 200°	kcal/kmol grad	
[13]	$\left[c_m\right]_{0°}^{300°}$	mittlere spez. Warme zwischen 0° und 300°	kcal/kmol grad	
[14]	i_{200^0}	Enthalpie bei 200°	kcal/kmol	
[15]	i_{300^0}	Enthalpie bei 300°	kcal/kmol	
[16]	$\left[c_m\right]_{200°}^{300°}$	mittlere spez. Warme zwischen 200° und 300°	kcal/kmol grad	$\dfrac{[15]-[14]}{100}$
[17]	$\left[c_m\right]_{200°}^{300°}$	mittlere spez. Wärme zwischen 200° und 300°	kcal/kg grad	$\dfrac{[16]}{[10]}$

tafel 6

spezifischen Wärme

N_2	O_2	Luft	CO_2	SO_2	Herkunft
1,250	1,429	1,293	1,977	2,926	*Dubbel* I, S. 636
0,311	0,313	0,310	0,389	0,419	*Dubbel* I, S. 635
0,312	0,319	0,313	0,432		*Dubbel* I, S. 636
0,314	0,324	0,315	0,450		*Dubbel* I, S. 636
62,4	63,8	62,6	86,4		
94,2	97,2	94,5	135,0		
0,318	0,334	0,319	0,486		
0,2544	0,2337	0,2467	0,2458		
0.249	0,218	0,239	0,197	0,151	*Hütte* I, S. 539
28,02	32,00	28,96	44,00	64,06	*Hütte* I, S. 538, 603, 782, 546
6,96	6,99	6,94	8,61	9,31	*Hütte* I, S. 548, 618
7,00	7,15	7,01	9,65		*Hütte* I, S. 618
7,04	7,26	7,06	10,06		*Hütte* I, S. 618
1400	1429	1401	1930	2030	*Hütte* I, S. 549
2113	2177	2116	3018	3156	*Hütte* I, S. 549
7,13	7,48	7,15	10,88	11,26	
0,2545	0,2337	0,2469	0,2473	0,1758	

Für die uns interessierenden Gase N_2, O_2, Luft, CO_2, SO_2 finden wir in den Handbüchern [79] die in den Zeilen [1] bis [4] und [10] bis [15] der Zahlentafel 6, S. 80/81, angegebenen Werte, von denen die erstgenannten Zeilen aus *Dubbel*, die übrigen aus der *Hütte* stammen. Aus den Werten der Zeilen [1] bis [4] finden wir in den Zeilen [5] bis [8] nach dem Rechenschema $\frac{300 \cdot [4] - 200 \cdot [3]}{100 \cdot [1]}$ den in Zeile [8] angegebenen Wert $\left[c_m\right]_{200°}^{300°}$ in kcal/kg grad und ebenso in Zeile [16] und [17] aus den Werten der Zeilen [14], [15] und [10] nach dem Schema $\frac{[15] - [14]}{100 \cdot [10]}$. Die gute Übereinstimmung zwischen den Zeilen [8] und [17] zeigt, daß die Angaben beider Handbücher gleichbedeutend sind und sich nur durch die zugrunde gelegten Einheiten für die Gasmenge unterscheiden.

Die so gefundenen Werte $\left[c_m\right]_{200°}^{300°}$ können wir unbedenklich auch noch bis zu $\pm 20°$ uber jene Grenzen hinaus, also von $180°$ bis $320°$, gelten lassen, zumal sie bei N_2, O_2 und Luft überhaupt nicht nennenswert und auch bei CO_2 nicht sehr viel von $c_{0°}$ (Zeile [9]) abweichen.

Beim Wasserdampf benutzen wir lieber die in den Dampftafeln fur überhitzten Dampf [80] angegebenen Enthalpiewerte und finden dort für 1 ata und $320°$ bzw. $180°$ die Werte $i'' = 743{,}1$ bzw. $677{,}2$ kcal/kg, deren Differenz von $65{,}9$ kcal/kg ohne weitere Rechnung die Wärmeabgabe von je 1 kg des Wasserdampfes in kcal/kg angibt. (Für je $1°$ der Temperaturdifferenz sind das $\frac{65{,}9}{140} = 0{,}471$ kcal/kg grad, so daß hier der Wert $\left[c_m\right]_{180°}^{320°}$ $= 0{,}471$ kcal/kg grad ist.)

Nun können wir an Hand der gefundenen Werte von $\left[c_m\right]_{180°}^{320°}$ für N_2, O_2, CO_2, SO_2 (bzw. der von je 1 kg Wasserdampf abgegebenen Wärmemenge) und der vorhin ermittelten Gewichtsmengen dieser Einzelbestandteile der Rauchgase für je 1 kg Kohle die gesamte von den Rauchgasen abfließende Wärme für je 1 kg Kohle berechnen. Sie ist für je $1°$ der Temperaturabnahme:

für N_2· .... 14,664 [kg] · 0,2545 [kcal/kg grad] = ... 3,732 kcal,
für O_2· . . . 1,906 [kg] · 0,2337 [kcal/kg grad] = ... 0,445 kcal;
für CO_2 . . . 2,933 [kg] · 0,2473 [kcal/kg grad] = ... 0,725 kcal;
für SO_2: . . . 0,020 [kg] · 0,1758 [kcal/kg grad] = ... 0,004 kcal;
zusammen für je 1 kg Kohle und $1°$ Temperaturabnahme ... 4,906 kcal
und folglich für $140°$ Abnahme 140 · 4,906 = ... 686,8 kcal.
Dazu kommen für Wasserdampf: für je 1 kg Kohle
$\qquad$ 0,527 [kg] · 65,9 [kcal/kg] = ... 34,730 kcal.

Im ganzen geben also die Rauchgase für je 1 kg Kohle 686,8 + 34,7 = 721,5 kcal ab und folglich fur den ganzen Kohlenstrom von 900 kg/h einen **Wärmestrom** von 721,5 · 900 = **649 400 kcal/h**.

Wenn wir die soeben gefundene Wärmeabgabe der Rauchgase (einschließlich Wasserdampf) im Eko fur je 1 kg Kohle (721,5 kcal) dividieren durch ihr Gewicht (20,05 kg) und durch ihre Temperaturabnahme im Eko (140°), so kommen wir auf einen Gesamt-Mittelwert fur dies Rauchgasgemisch von $\left[c_{\mathrm{m}}\right]_{180°}^{320°} = \dfrac{721,5}{20,05 \cdot 140} = 0,257$ kcal/kg grad, der nicht allzusehr von dem Wert $c_{0°}$ für Luft (0,239) abweicht. Das ist kein Zufall; denn wenn wir die folgende Zusammenstellung betrachten, die zu den Bestandteilen der Rauchgase ihren Gewichtsanteil am ganzen Gemisch und ihre hier in Betracht kommende spezifische Wärme angibt, so sehen wir, daß die c-Werte fur die drei Hauptbestandteile N_2, CO_2 und O_2 nur um einige Prozente vom Wert 0,24 abweichen, dazu auch noch in verschiedenem Sinne, und daß die darin mehr abweichenden Stoffe H_2O und SO_2 nur wenige Gewichtsprozente des Gemisches ausmachen und folglich den Mittelwert fur c nur wenig beeinflussen. Auch bei anderer Zusammensetzung der Steinkohle und selbst bei Braunkohle wird dies noch annähernd zutreffen.

Stoff	Anteil an den Rauchgasen in Gewichtsprozenten	$\left[c_{\mathrm{m}}\right]_{320°}^{180°}$ [kcal/kg grad]
N_2	73,2	0,2545
CO_2	14,6	0,2473
O_2	9,5	0,2337
H_2O	2,6	0,471
SO_2	0,1	0,1758

Hätten wir das im voraus übersehen und uns mit einer geringeren Genauigkeit begnügt, so hätten wir uns die genaue Bestimmung der Einzelwerte fur c ersparen und von vornherein mit $c \approx 0,24$ rechnen können. Unser Verfahren hat aber neben der größeren Genauigkeit den Vorteil gebracht, uns mit den Verbrennungsgesetzen, den verschiedenen Werten von c und den neben dem kg ublichen Gasmengeneinheiten (Nm^3 und kmol) vertraut zu machen.

Da das Wasser von 20° auf 130° erwärmt werden soll, so nimmt jedes kg Wasser im Eko 130 — 20 = 110 kcal auf. Mit den stundlich verfügbaren

649 400 kcal können daher theoretisch $\dfrac{649\,400\ [\text{kcal/h}]}{110\ [\text{kcal/kg}]}$ = **5904 kg/h** auf die angegebene Temperatur erwärmt werden. (In Wirklichkeit wird die Menge etwas geringer sein, weil ein Teil der Wärme durch Leitung und Strahlung nach außen ungenutzt verloren geht.)

Zu Frage 2.: Die zum Durchlassen eines Wärmestromes von J_{w} [kcal/h] erforderliche Oberfläche F [m²] beträgt gemäß den Handbüchern [61, 62, 87]

$F = \dfrac{J_{\text{w}}}{k \cdot \varDelta_{\text{m}}}$, wobei $\varDelta_{\text{m}}$ die „mittlere" Temperaturdifferenz zwischen Rauchgasen und Speisewasser in Graden bedeutet. Sie wird definiert durch die Beziehung

$$\varDelta_{\text{m}} = \frac{\varDelta_{\text{groß}} - \varDelta_{\text{klein}}}{ln\ (\varDelta_{\text{groß}} / \varDelta_{\text{klein}})},$$

worin $\varDelta_{\text{groß}}$ bzw. $\varDelta_{\text{klein}}$ die größere bzw. kleinere der beiden Temperaturdifferenzen Gas/Wasser bezeichnen, die am Anfang bzw. am Ende der Trennfläche herrschen. In dieser Fassung gelten die Formeln sowohl für Gleich- (oder „Parallel-") als auch für „Gegenstrom". Bei Gegenstrom oder bei einem Wert des Quotienten $\dfrac{\varDelta_{\text{groß}}}{\varDelta_{\text{klein}}} < 2$ kann aber einfacher und mit genügender Genauigkeit $\varDelta_{\text{m}} = \dfrac{\varDelta_{\text{groß}} + \varDelta_{\text{klein}}}{2}$ gesetzt werden [87].

Die Wärmedurchgangszahl k ist ein Erfahrungswert, abhängig von der Anordnung, der Rauchgasgeschwindigkeit, der Durchwirbelung der Gase, der Reinheit und Rauhigkeit der Rohroberflächen, der Form und dem Material der Rohre (z. B. glatt, mit Rippen, aus Gußeisen oder Flußstahl) und dem Temperaturgefälle. Sie variiert bei den verschiedenen Ausführungen der Ekos von etwa 8 bis 26 kcal/m²h grad und soll hier gemäß der Aufgabe zu 15,0 kcal/m²h grad angesetzt werden [87].

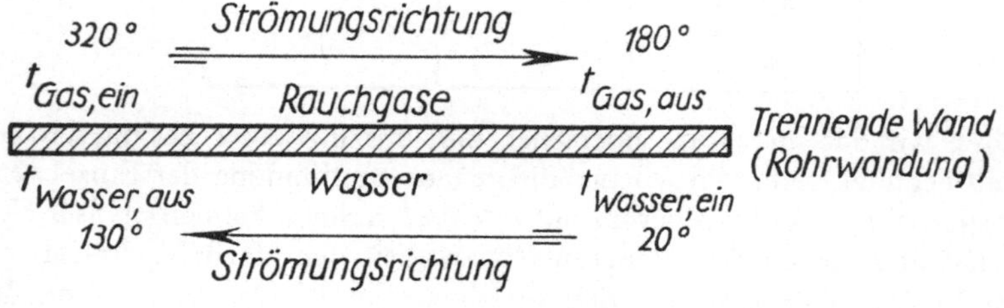

Abb 13

In unserem Fall sind, unter Bezugnahme auf die Bezeichnungen der **Abb. 13**, S. 84, und die darin eingetragenen, der Aufgabe entnommenen Temperaturen, die beiden Werte $\varDelta$·

fur das linke Ende der Trennwand:

$$\varDelta = t_{\text{Gas, ein}} - t_{\text{Wasser, aus}} = 320° - 130° = 190°;$$

fur das rechte Ende der Trennwand:

$$\varDelta = t_{\text{Gas, aus}} - t_{\text{Wasser, ein}} = 180° - 20° = 160°,$$

so daß $\varDelta_{\text{groß}} = 190°$ und $\varDelta_{\text{klein}} = 160°$ wird.

Die oben angegebene Näherungsformel für Gegenstrom ergibt also:

$$\varDelta_{\text{m}} \approx \frac{190° + 160°}{2} = 175°,$$

während nach der genaueren Formel wird:

$$\varDelta_{\text{m}} = \frac{190° - 160°}{ln\,\dfrac{190}{160}} = \frac{30°}{ln\,\dfrac{190}{160}}.$$

Da $ln\,x = 2,3026 \cdot \log x$ ist [1], so folgt hier:

$$\varDelta_{\text{m}} = \frac{30°}{2,3026 \cdot (\log 190 - \log 160)} = 174,6°.$$

Rascher fuhrt auf ungefähr denselben Wert die in *Hütte* I, S. 598, gegebene Tafel 15, in der wir für $\dfrac{\varDelta_{\text{klein}}}{\varDelta_{\text{groß}}} = 0,80$ bzw. $0,90$ die Werte $n = 0,90$ bzw. $0,95$ ablesen und dazu für den hier vorliegenden Wert dieses Quotienten von $\dfrac{160}{190} = 0,842$ durch Interpolieren finden: $n = 0,921$, woraus dann

$$\varDelta_{\text{m}} = 0,921 \cdot \varDelta_{\text{groß}} = 0,921 \cdot 190° = 175,0°\ \text{folgt}.$$

Mit $\varDelta_{\text{m}} = 175,0°$, $J_{\text{w}} = 649\,400$ kcal/h, $k = 15,0$ kcal/m²h grad ergibt sich die erforderliche **Eko-Oberfläche** zu $F = \dfrac{649\,400}{15,0 \cdot 175,0} = 247,4$ m² oder rund **250 m²**. Und zwar ist damit die äußere, von den Rauchgasen umspülte Fläche der Rohre gemeint, nicht die innere, vom Wasser berührte. Denn die Heizfläche wird stets auf derjenigen Seite gemessen, für die die geringere Wärme-Übergangszahl gilt, und diese ist bei Flüssigkeiten etwa 50- bis 100 mal so groß wie bei Gasen [61] und *Hutte* I, S. 593). Bei Schiffsdampf-kesseln herrscht allerdings die umgekehrte Gepflogenheit.

Aufgabe 23: Warmwasserbereitung durch Dampf

Für eine Zeche soll eine Badeeinrichtung mit 500 Brausebädern pro Schicht geschaffen werden. Die gewünschte Warmwassertemperatur beträgt 30°, der Wasserverbrauch pro Bad 50 Liter. Die Erwärmung erfolgt durch unmittelbares Einleiten von Dampf ins Wasser. Die Wärmeverluste vom Kessel bis zur Brause mögen zu 25 % der im Dampf am Kessel enthaltenen

Wärme angenommen werden. Die Bereitungszeit für den Wasserbedarf einer Schicht soll 2 Stunden betragen. Der Kessel liefert trocken gesättigten Dampf von 6 at Überdruck. Die Brunnenwassertemperatur beträgt 10°.

Fragen:

1. Wieviel Dampf muß zur Bereitung der Bäder für eine Schicht erzeugt werden?

2. Wieviel Kohlen werden dazu verbraucht, wenn gute westfälische Steinkohle mit einem unteren Heizwert von 7500 kcal/kg zur Verwendung kommt und der Wirkungsgrad des Kessels zu 70 % angenommen wird?

3. Wieviel m² Heizfläche muß der Flammrohrkessel haben, wenn er nur diesem Zwecke dienen, behufs guter Brennstoffausnützung mäßig angestrengt und mit Rücksicht auf spätere Vergrößerung von vornherein für das 1,5-fache des vorläufigen Bedarfs bemessen werden soll?

Lösung

Zu Frage 1.: Der Wasserbedarf pro Schicht beträgt $500 \cdot 50 = 25\,000$ Liter $= 25\,000$ kg.

Bezeichnet x die zur Bereitung dieser Wassermenge e r f o r d e r l i c h e D a m p f m e n g e in kg, so ist die dem Brunnen zu entnehmende und unmittelbar den Bädern zuzuführende Wassermenge nur $(25\,000 - x)$ kg. Diese Wassermenge soll von 10° auf 30°, also um 20° erwärmt werden, wozu eine Wärmemenge von $20 \cdot (25\,000 - x)$ kcal [17] erforderlich ist. Diese Wärmemenge muß an das Wasser von den x kg Dampf abgegeben werden, die sich dabei in Wasser von 30° verwandeln und daher noch 30 kcal pro kg behalten.

Beim Verlassen des Kessels ist der Dampf trocken gesättigt und hat 6 at Überdruck oder 7 at abs. [66] und daher gemäß den Dampftabellen [80] einen Wärmeinhalt (Enthalpie) $i'' = 659,4$ kcal/kg. Da hiervon durch Strahlung und Leitung im ganzen 25 %, das sind 164,8 kcal/kg, verloren gehen, ist nur noch mit $659,4 - 164,8 = 494,6$ kcal/kg zu rechnen. Hiervon bleiben im kondensierten Dampf gemäß dem vorhin Gesagten 30 kcal/kg zurück, so daß also der Dampf $494,6 - 30 = 464,6$ kcal/kg und im ganzen daher $464,6\, x$ kcal an das Brunnenwasser abgibt.

Es besteht daher die Gleichung: $464,6\, x = 20 \cdot (25\,000 - x)$. Daraus folgt dann $484,6\, x = 500\,000$; $x = \dfrac{500\,000}{484,6} = \mathbf{1032\ kg\ Dampf.}$

Zu Frage 2.: Wenn das Kesselspeisewasser ebenfalls dem Brunnen mit 10° entnommen wird, so sind zur Erzeugung von 1 kg Dampf theoretisch $659,4 - 10 = 649,4$ kcal erforderlich; praktisch steigt diese Zahl bei einem Wirkungsgrad der Kesselanlage von 0,70 [91] auf $\dfrac{649,4}{0,70}$ kcal/kg. Zur Erzeugung von 1 kg Dampf durch Kohle von 7500 kcal/kg [58] sind dal

$$\frac{649,4}{7500 \cdot 0,70} = 0,124 \text{ kg Kohle erforderlich. (Die „Bruttoverdampfung"}$$

dann (1/0,124) fach oder etwa 8 fach [90]).

Der **Gesamtbedarf pro Schicht** von 1032 kg Dampf erfordert demn∂
1032 · 0,124 = **128 kg Kohle.**

Zu Frage 3.: Eine mäßige Kesselanstrengung [89] behufs guter Ausnützu
des Brennstoffs ergibt eine Dampferzeugung von etwa 17 kg pro m² Kess
heizfläche und Stunde. Wenn der Kessel in 2 Stunden vorläufig 1032 u
später das 1,5 fache davon, das ist 1548 kg Dampf, oder in der Stun

$$\frac{1548}{2} = 774 \text{ kg Dampf erzeugen soll, so muß er daher eine } \mathbf{Heizfläc}$$

von etwa $\frac{774}{17} \approx 45{,}5$ oder rund **50 m²** haben, so daß er als E i n f l a m ı

r o h r k e s s e l ausgeführt werden kann (*Hütte* II, S. 361).

Aufgabe 24: Berechnung des Profils eines Kesselhaus-Rauchfuchse

Für drei Dampfkessel soll ein gemeinsamer Fuchs (Rauchgaskanal z
schen Kesseln und Schornstein) gebaut werden, dessen Profil aus ein
Rechteck mit aufgesetztem Halbkreisbogen bestehen soll, gemäß **Abb.**
S. 87. Die gesamte lichte Höhe des Fuchses in der Mitte des
Gewölbes soll, damit er bequem begangen werden kann,
1900 mm betragen. Gesucht wird die untere lichte Breite des
Fuchsprofils.

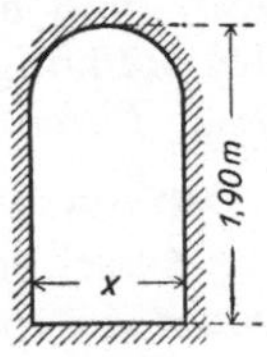

Jeder Kessel hat eine Heizfläche von 200 m². Die Anstrengung der Kessel soll 17 kg Dampf pro Stunde und
m² betragen. Erzeugt wird Sattdampf von 12 at Überdruck.
Der Wirkungsgrad der Kesselanlage ist zu 0,70 anzunehmen,
bezogen auf den unteren Heizwert der Kohle.

Abb. 14

Als Brennstoff ist Rohbraunkohle von folgender Zusammensetzung
Gewichtsprozenten) anzunehmen: 54,84 % Kohlenstoff, 4,45 % Wassers
15,10 % Sauerstoff, 1,54 % Stickstoff, 5,40 % Schwefel, 7,32 % Wa
11,35 % Asche (Unverbrennliches).

Der (untere) Heizwert soll nach einer von *Dubbel* (I, S. 323) angegeb
Näherungsformel berechnet werden·

$$H_u = 81{,}3\,C + 243\,H_2 + 15\,N_2 + 45{,}6\,S - 23{,}5\,O_2 - 6\,H_2O \quad \text{kcal/kg}$$

in der die Buchstaben den Anteil an C, H_2, N_2, S, O_2, H_2O in Gewi
prozenten angeben und die die früher übliche „Verbandsformel" (*H*
I, S. 614, Fußnote 2) $H_u = 81\,C + 280\,(H - O/8) + 25\,S - 6\,H_2O$
setzen soll.

Der in den Feuerungsraum eingeführte Verbrennungsluftstrom sei das 1,6 fache des theoretisch erforderlichen und t r o c k e n.

Die Fuchstemperatur sei 320°, die Speisewassertemperatur 40°.

Die Geschwindigkeit der Rauchgase im Fuchs soll 4.0 m/sek sein.

Lösung

Anleitung. Aus Zahl, Größe und Anstrengung der Kessel ergibt sich der erzeugte Dampfstrom in kg/h. Daraus, aus der Dampfart und dem Wirkungsgrad der Kesselanlage folgt der gesamte Wärmestrom in kcal/h, der in Form von Kohlen in den Heizraum gesteckt werden muß. Aus diesem Wärmestrom und dem unteren Heizwert der verwendeten Kohle in kcal/kg, der an Hand der chemischen Elementar-Analyse nach der angegebenen Formel berechnet wird, ergibt sich der erforderliche Kohlenstrom in kg/h.

Aus der Analyse der Kohle läßt sich auch die zur vollständigen Verbrennung von 1 kg Kohle theoretisch gerade eben ausreichende Luftmenge in kg oder Nm³ oder kmol (s. Aufgabe 22, S. 79) berechnen. Aus dieser Zahl, dem Kohlenstrom in kg/h und der Angabe über den Luftüberschuß folgt der in den Feuerungsraum eintretende Luftgewichtsstrom und der aus ihm und dem Kohlenstrom sich ergebende Rauchgasgewichtsstrom in kg/h oder Nm³/h oder kmol/h.

Unter Berücksichtigung der im Fuchs herrschenden Werte des Druckes und der Temperatur ergibt sich dann der Rauchgas-Volumenstrom im Fuchs, und aus ihm und der vorgeschriebenen Strömungsgeschwindigkeit folgt die nötige Fuchsquerschnittsfläche. Die Berechnung der Fuchsbreite aus dieser Fläche ist dann nur noch eine einfache mathematische Aufgabe.

Auswertung.

3 Kessel von je 200 m² liefern, wenn jedes m² pro Stunde 17 kg Dampf erzeugt, zusammen $3 \cdot 200 \cdot 17 =$ **10 200 kg Dampf pro Stunde.**

Sattdampf von 12 at Überdruck oder einem absoluten Druck [66] von etwa 13 kg/cm² hat gemäß den Dampftabellen [80] eine Enthalpie von $i'' = 665,4$ kcal/kg; d. h.: 1 kg dieses Dampfes enthält 665,4 kcal mehr als 1 kg Wasser von 0°. Da das Speisewasser eine Temperatur von 40° hat, also jedes kg desselben bereits 40 kcal enthält, so **muß jedem kg des** in die Kessel eingeführten **Speisewassers** (dessen Gesamtgewicht gleich dem Gewicht des erzeugten Dampfes ist) eine Wärmemenge von $665,4 - 40 = $ **625,4 kcal zugeführt werden.**

Der Heizwert der zur Erzeugung von 1 kg Dampf zu verbrennenden Kohle muß größer sein, weil ein Teil der in der Kohle steckenden Wärme verloren geht. Bei einem Wirkungsgrad der Kesselanlage von 0,70, bezogen auf den unteren Heizwert [91, 58], ist **für jedes kg Dampf eine Kohlenmenge mit einem** gesamten **unteren Heizwert von 625,4/0,70 kcal erforderlich.**

Der **untere Heizwert** von 1 kg der Kohle läßt sich angenähert an Hand der in der Aufgabe gegebenen chemischen Elementaranalyse der Kohle berechnen. (Genau läßt er sich nur mittels des Bomben- bzw. JUNKERS-Kalorimeters bestimmen [60].) Durch Einsetzen der in der Aufgabe gegebenen Analysenziffern ergibt sich für die vorliegende Braunkohle·

$$H_\mathrm{u} = 81,3 \cdot 54,84 + 243 \cdot 4,45 + 15 \cdot 1,54 + 45,6 \cdot 5,40 - 23,5 \cdot 15,10$$
$$- 6 \cdot 7,32 \ \mathrm{kcal/kg} = 4459 + 1081 + 23 + 246 - 355 - 44$$
$$= \mathbf{5410 \ kcal/kg}.$$

(Die alte „Verbandsformel" wurde ergeben:

$$H_\mathrm{u} = 81 \cdot 54,84 + 280 \cdot \left(4,45 - \frac{15,10}{8}\right) + 25 \cdot 5,40 - 6 \cdot 7,32$$
$$= 4442 + 717 + 135 - 44 = 5250 \ \mathrm{kcal/kg}.)$$

Da, wie vorhin berechnet, zur Erzeugung von je 1 kg Dampf eine Kohlenheizwertmenge von $\dfrac{625,4}{0,70}$ kcal erforderlich ist, so e r f o r d e r t

j e d e s k g D a m p f somit $\dfrac{625,4}{0,70 \cdot 5410} = \mathbf{0,1651 \ kg \ Kohle}$. Mit je 1 kg Kohle werden daher $\dfrac{1}{0,1651} = 6,057$ kg Dampf erzeugt.

Der **erforderliche Kohlenstrom** in kg/h zur Erzeugung des Dampfstromes von 10 200 kg/h beträgt daher $0,1651 \cdot 10\,200 = \mathbf{1684 \ kg \ Kohle/h}$.

Für die Ermittelung der bei der v o l l s t ä n d i g e n Verbrennung von 1 kg Brennstoff unter Zuführung von t r o c k e n e r Luft entstehenden R a u c h g a s m e n g e in Nm³ [73] aus der Elementar-Analyse des Brennstoffes finden wir in den Handbüchern folgende Formeln: *Hütte* I, S. 604: (λ = Luftüberschußzahl; die kleinen Buchstaben bedeuten die Gewichtsanteile des betreffenden Elementes an 1 kg Brennstoff in kg, nicht in %; hier ist also z. B. $c = 0,5484$; w bedeutet den Wassergehalt, hier also $w = 0,0732$)·

Mindestbedarf an Sauerstoff:

$$\min \mathrm{O} = \frac{22,41}{12} \cdot \left[c + 3\left(h - \frac{o-s}{8}\right)\right] \ \mathrm{Nm^3/kg}.$$

Mindestbedarf an trockener Luft:

$$\min L = \frac{\min \mathrm{O}}{0,21} \ \mathrm{Nm^3/kg}.$$

Gesamte Rauchgasmenge aus 1 kg Brennstoff:

$$V'' = \lambda \cdot \min L + 5,60 \, h + 0,70 \, o + 0,80 \, n + 1,245 \, w \ \mathrm{Nm^2/kg}.$$

Dubbel I, S. 332 f. (*Dubbel* verwendet hier große Buchstaben mit derselben Bedeutung wie die kleinen in der *Hütte*, C statt c, H_2O statt w. Die Luftüberschußzahl nennt er „n"):

Mindestbedarf an Sauerstoff:

$$O_{min} = \frac{22,39}{12,01}\, C + \frac{22,39}{4,0324}\, H_2 + \frac{22,39}{32,06}\, S - \frac{22,39}{32}\, O_2 \quad \text{Nm}^3/\text{kg}.$$

Mindestbedarf an trockener Luft:

$$L_{min} = \frac{100}{21,0} \cdot O_{min} \quad \text{Nm}^3/\text{kg}.$$

Mindestrauchgasmenge aus 1 kg Brennstoff:

$$V_{min} = 8,867\, C + 3,31\, S + 32\, H_2 + 1,243\, H_2O + 0,8\, N_2$$
$$- 2,631\, O_2 \quad \text{Nm}^3/\text{kg}.$$

Wirkliche Rauchgasmenge aus 1 kg Brennstoff:

$$V = V_{min} + (n - 1) \cdot L_{min} \quad \text{Nm}^3/\text{kg}.$$

Das Ergebnis dieser Formeln bei *Dubbel* stimmt mit dem aus denen der *Hütte* fast genau überein; sie sind nur etwas anders angeordnet.

Wir benutzen zunächst die Formeln der *Hütte* und finden durch Einsetzen unserer Analysenwerte $c = 0,5484$, $h = 0,0445$, $o = 0,1510$, $n = 0,0154$, $s = 0,0540$, $w = 0,0732$.

$$\min O = \frac{22,41}{12} \cdot \left[0,5484 + 3 \cdot \left(0,0445 - \frac{0,1510 - 0,0540}{8} \right) \right] \quad \text{Nm}^3/\text{kg}$$
$$= 1,206 \ \text{Nm}^3/\text{kg};$$

$$\min L = \frac{1,206}{0,21} = 5,743 \ \text{Nm}^3/\text{kg};$$

$V'' = 1,6 \cdot 5,743 + 5,60 \cdot 0,0445 + 0,70 \cdot 0,1510 + 0,80 \cdot 0,0154 + 1,245 \cdot 0,0732 \ \text{Nm}^3/\text{kg} = 9,189 + 0,2492 + 0,1057 + 0,01232 + 0,09113 = \textbf{9,647 Nm}^3\textbf{/kg}$ (Nm³ Rauchgase einschließlich Wasserdampf für je 1 kg Brennstoff).

Nach *Dubbel* hätte sich ergeben:

$$O_{min} = \frac{22,39}{12,01} \cdot 0.5484 + \frac{22,39}{4,0324} \cdot 0,0445 + \frac{22,39}{32,06} \cdot 0,0540 - \frac{22,39}{32} \cdot 0,1510$$
$$= 1,022 + 0,2471 + 0,03771 - 0,1057 = 1,201 \ \text{Nm}^3/\text{kg};$$

$$L_{min} = \frac{100}{21,0} \cdot 1,201 = 5,719 \ \text{Nm}^3/\text{kg};$$

$V_{min} = 8,867 \cdot 0,5484 + 3,31 \cdot 0,0540 + 32 \cdot 0,0445 + 1,243 \cdot 0,0732 + 0,8 \cdot 0,0154 - 2,631 \cdot 0,1510 = 4,863 + 0,1787 + 1,424 + 0,090\,99 + 0,012\,32 - 0,3973 = 6,172 \ \text{Nm}^3/\text{kg};$

$V = 6,172 + 0,6 \cdot 5,719 = 9,603 \ \text{Nm}^3/\text{kg}.$ (Die Abweichung gege aber der *Hütte* beträgt also nur etwa 0,5 %.)

Wenn wir mit $V'' = 9{,}647$ Nm³/kg Kohle rechnen, so entspricht einem Kohlenstrom von 1684 kg/h ein **Rauchgasstrom** von $9{,}647 \cdot 1648$ Nm³/h oder von $\dfrac{9{,}647 \cdot 1684}{3600} = \textbf{4,513 Nm³/sek}$, der jetzt gemäß den wirklich herrschenden Werten von Druck und Temperatur in einen Volumenstrom umgerechnet werden muß [74]. Der absolute Druck im Fuchs ist praktisch gleich dem Druck der Außenluft, da der Unterdruck im Fuchs nur etwa 20 bis 30 mm WS zu betragen pflegt und also gegenüber dem absoluten Druck von rund 10 000 mm WS vernachlässigt werden kann (zumal der genaue Barometerstand gar nicht gegeben ist) [65, 66]. Wir können also den absoluten Druck im Fuchs im Mittel zu etwa 760 mm QS annehmen, so daß hinsichtlich des Druckes eine Umrechnung nicht erforderlich ist. Mit Rücksicht auf die Temperatur von 320° ergibt sich der **Rauchgasvolumen-strom** zu $\dfrac{4{,}513 \cdot (273 + 320)}{273} = \textbf{9,803 m³/sek}$ [72, 57].

Wenn dabei, wie in der Aufgabe vorgeschrieben ist, die Strömungsgeschwindigkeit 4,0 m/sek betragen soll, so muß der **Fuchsquerschnitt** 9,803 [m³/sek] : 4,0 [m/sek] = **2,451 m²** sein.

Aus der vorgeschriebenen Profilform gemäß der **Abb. 15**, S 91, und dem soeben berechneten Flächeninhalt des Profils ergibt sich die Beziehung:

$$x \cdot (1{,}90 - x/2) + 0{,}5 \cdot x^2\,\pi/4 = 2{,}451. \text{ Daraus folgt}$$

$$1{,}90\ x - 0{,}5\ x^2 + 0{,}393\ x^2 \qquad = 2{,}451;$$

$$- 0{,}107\ x^2 + 190\ x \qquad = 2{,}451;$$

$$x^2 - 17{,}76\ x \qquad = 22{,}91;$$

$$x = 8{,}88 \pm \sqrt{78{,}85 - 22{,}91} = 8{,}88 \pm \sqrt{55{,}94} = 8{,}88 \pm 7{,}48;$$

$$x_1 = 8{,}88 + 7{,}48 = 16{,}36 \text{ m}; \qquad x_2 = 8{,}88 - 7{,}48 = 1{,}40 \text{ m}.$$

Die Wurzel x_1 kommt hier nicht in Betracht, weil dabei sich für die Höhe des rechteckigen Teils des Profils $(1{,}90 - x/2)$ ein negativer Wert ergeben würde. Anwendbar ist allein die Wurzel x_2, also eine **lichte Fuchsbreite** von **1,40 m**.

Zum Schluß machen wir noch die Probe auf richtige Lösung der quadratischen Gleichung, indem wir aus den nunmehr gefundenen Maßen des Fuchsquerschnittes seine Profilfläche berechnen:

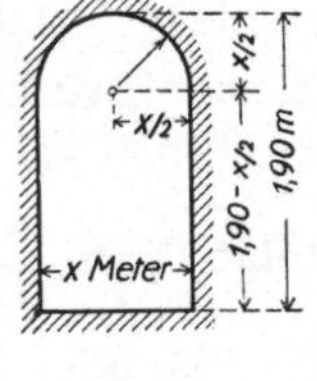

Abb 15

$$1{,}40 \cdot (1{,}90 - 0{,}70) + 0{,}5 \cdot 1{,}40^2\,\pi/4 = 2{,}45 \text{ m}^2.$$

Sie stimmt fast genau mit der zugrundegelegten von 2,451 m² uberein, was die Richtigkeit der Lösung der Gleichung bestätigt.

Aufgabe 25: Englische Maßeinheiten im Dampfkesselbetrieb

Ein deutscher Fabrikbesitzer beauftragt seinen Sohn, der neue Sprachen studiert und sich zur Zeit in England aufhält, dort eine bestimmte ihn interessierende Dampfkesselanlage zu besuchen und ihm die wichtigsten Daten derselben mitzuteilen. Der Sohn läßt sich von den Betriebsbeamten jener englischen Anlage diese Daten (natürlich in englischen Maßeinheiten) geben und übermittelt sie, da er selbst nicht Ingenieur ist, genau so, wie er sie bekommen hat, an seinen Vater nach Deutschland und schreibt:

„Die Anlage besteht aus 8 Kesseln von je 3300 Quadratfuß (a)[1] Kesselheizfläche, der Dampfdruck (Überdruck) beträgt 180 Pfund pro Quadratzoll (b), die Dampftemperatur 580° Fahrenheit (c), die normale Kesselbeanspruchung 5 Pfund Dampf pro Quadratfuß Heizfläche und Stunde (d). Bei Verwendung einer Kohle von einem oberen Heizwert von 11 000 BTU[2] pro Pfund (e) und einer Speisewassertemperatur von 120° F (f) erzielt die Anlage bei der genannten Normalbelastung eine 6,86 fache (g) Bruttoverdampfung. Die gesamte stündliche Dampferzeugung der ganzen Anlage sowie den Wirkungsgrad wollten mir die Betriebsbeamten nicht angeben, weil das, wie sie sagten, eine „Überbestimmung" sein würde; sie behaupteten, Du könntest diese Werte aus den vorstehenden Angaben selbst berechnen."

1. Für jede der 6 Angaben a, b, c, d, e, f ist diejenige Ziffer und Maßbezeichnung anzugeben, die in den Bericht einzusetzen ist, um ihn für deutsche Leser, die nur das deutsche Maßsystem kennen, verständlich zu machen.

2. Der erwähnte Wirkungsgrad und die gesamte stündliche Dampferzeugung der ganzen Anlage ist zu berechnen.

Lösung

Zu 1.: a) **(Heizfläche).** Gemäß den Handbüchern [2] ist **1 engl. Fuß** („ft") = 0,3048 m, 1 engl. Quadratfuß („sq.ft") = 0,092 90 m², also 3300 sq.ft = 3300 · 0,092 90 = **306,6 m²**.

b) **(Druck).** Gemäß den Handbüchern [2] ist 1 engl. Pfund („lb") = 0,4536 kg, 1 engl. Zoll („in") = 2,54 cm, 1 in² = 6,452 cm². Daraus

folgt dann: $\dfrac{1\ \text{lb}}{1\ \text{in}^2} = \dfrac{0,4536\ \text{kg}}{6,452\ \text{cm}^2} = 0,0703$ at (was man auch in *Hutte* I,

S. 1199, oder *Dubbel* I, S. 673, unmittelbar hätte finden können) und

$$180\ \text{lb/in}^2 = 180 \cdot 0,0703 = \textbf{12,66 atü}.$$

---

[1] Die in Klammern gesetzten Buchstaben a bis f sind im Bericht des Sohnes nicht enthalten, sondern dienen nur zur Kürzung der Fragebeantwortung.

[2] 1 BTU = 1 „British Thermal Unit" ist diejenige Wärmemenge, die 1 Pfund Wasser um 1° Fahrenheit erwärmt [2].

c) Gemäß [56] ist die in Celsius-Graden gemessene **Temperatur** (t_C) mit der in Fahrenheit-Graden gemessenen (t_F) verbunden durch die Beziehung

$t_C = \dfrac{5}{9} \cdot (t_F - 32)$, woraus hier sich ergibt

$$t_C = \frac{5}{9} \cdot (580 - 32) = \frac{5 \cdot 548}{9} = \mathbf{304° \ C.}$$

d) (**Beanspruchung**). Da, wie vorhin schon erwähnt, 1 lb = 0,4536 kg, 1 sq.ft = 0,09290 m² ist, so werden

$$\frac{5 \text{ lb}}{1 \text{ sq.ft} \cdot \text{h}} = \frac{5 \cdot 0,4536 \ [\text{kg}]}{0,092\,90 \ [\text{m}^2 \cdot \text{h}]} = \mathbf{24,41 \ kg/m^2h.}$$

e) (**Heizwert**). 1 BTU erwärmt 1 lb Wasser um 1° F, das ist 0,4536 kg Wasser um $\dfrac{5}{9}$° C, ist also gleich $0,4536 \cdot \dfrac{5}{9} = 0,252$ kcal (was in *Hutte* I, S. 1211, oder *Dubbel* I, S. 673, auch unmittelbar zu finden ist) [17]. Folglich ist $1\dfrac{\text{BTU}}{\text{lb}} = \dfrac{0,4536 \cdot 5/9 \ [\text{kcal}]}{0,4536 \ [\text{kg}]} = \dfrac{5}{9}$ [kcal/kg] (*Hutte* I, S. 1216) und

11 000 BTU/lb = 11 000 · 5/9 = **6111 kcal/kg.**

f) Der **Speisewassertemperatur** von 120° F entsprechen $\dfrac{5}{9} \cdot (120 - 32)$

$$= \frac{5 \cdot 88}{9} = \mathbf{48,9° \ C.}$$

g) Da unter der **Bruttoverdampfungsziffer** das V e r h ä l t n i s des Gewichtes des erzeugten Dampfes zu dem des verbrauchten Brennstoffes verstanden wird [90], so ist diese Ziffer unabhängig von der bei der Feststellung der beiden Gewichte benutzten Gewichtseinheit und bleibt folglich auch im deutschen Text **6,86.**

Zu 2.: Gemäß g, e, b, c, f erzeugt 1 kg Kohle vom oberen Heizwert H_0 = 6111 kcal/kg 6,86 kg Dampf von 12,66 atü und 304° C aus Wasser von 48,9° C. Der Barometerstand kann zu rund 1 ata angenommen werden, so daß der absolute Dampfdruck 13,66 ata beträgt. Der Wärmeinhalt i von 1 kg Dampf dieses Zustandes kann aus einem i-s-Diagramm oder aus Wasserdampftafeln [80] berechnet werden, wozu freilich etwas Übung im Interpolieren gehört: In einem großen MOLLIER-Diagramm können wir die Enthalpiewerte i auf Zehntel kcal/kg ablesen und finden z. B.:

a) bei 13 at und 300°   ist $i = 726,2$;

b) bei 13 at und 310°   ist $i = 731,3$;

c) bei 14 at und 300°   ist $i = 725,6$;

d) bei 14 at und 310°   ist $i = 730,7$.

Dann interpolieren wir e) aus a) und b), f) aus c) und d), g) aus e) und f):

e) bei 13 at und 304°   ist $i = 728,2$;
f) bei 14 at und 304°   ist $i = 727,6$;
g) bei 13,66 at und 304° ist $i = 727,8$.

In ähnlicher Weise verfahren wir bei der Benutzung von Zahlentafeln und gehen z. B. bei Benutzung der VDI-Dampftafeln aus von den Werten fur 13,5 und 14 at bzw. 300° und 310°, bei den Tafeln der *Hutte* von 10 at und 25 at bzw. 300° und 310°, bei den Tafeln im *Dubbel* von 13 at und 14 at bzw. 290° und 310°. Alle vier Bestimmungen müssen auf die gleiche Zahl 727,8 führen, und es ist eine nutzliche Übung, dies Ergebnis in dieser Weise auf verschiedene Arten zu berechnen und sich dadurch selbst zu kontrollieren.

Da das Speisewasser bereits 48,9 kcal/kg enthielt, haben die Kessel ihm nur $727,8 - 48,9 = 678,9$ kcal/kg zugeführt. Ihr **Wirkungsgrad** war also, bezogen auf den oberen Heizwert des Brennstoffs, $\dfrac{6,86 \cdot 678,9}{6111} = \mathbf{0{,}762}$.

Die gesamte **stündliche Dampferzeugung** ist (gemäß den Angaben a und d): $8 \cdot 306,6 \cdot 24,41 = \mathbf{59\,870\ kg/h}$.

Aufgabe 26: Verdampfungs-Versuch an einer Dampfkesselanlage

Bei dem an einer kleinen Dampfkesselanlage mit Überhitzer und Ekonomiser angestellten und über 5 Stunden und 15 Minuten ausgedehnten Verdampfungs-Versuch wurden die folgenden Größen gemessen:

Gewicht der verfeuerten Kohle . . . . 169,0 kg;
Gewicht des Speisewasserverbrauches . . . . 1409 kg;
Speisewassertemperatur vor dem Ekonomiser . . . 14° C;
Speisewassertemperatur hinter dem Ekonomiser . 146° C;
mittlerer Kesseldruck . . . . 13 atü;
mittlere Temperatur des erzeugten überhitzten Dampfes . . 302° C.

Der Kessel hat eine Rostfläche von 0,60 m² und eine Kessel-Heizfläche von 17,9 m². Der untere Heizwert [58] der verfeuerten Kohle wurde zu 7350 kcal/kg festgestellt [59].

Fragen:

Wie groß ist·

1. die Kessel-Heizflächenbeanspruchung des Kessels? [89]
2. die spezifische Rostbelastung? [88]
3. die Brutto-Verdampfungsziffer? [90]
4. die Netto-Verdampfungsziffer, bezogen auf Normaldampf? [90]
5. der Gesamt-Wirkungsgrad der Kesselanlage einschließlich Überhitzer und Ekonomiser? [91, 87, 86]

6. Wie verteilt sich diese Ausnutzungsziffer auf Kessel, Überhitzer und Ekonomiser?

Lösung

Vorbemerkungen. Voraussetzung für die Brauchbarkeit des Versuches ist, daß der Kessel und alle Rohranschlüsse dicht sind (weil sonst nicht die gewogene Speisewassermenge gleich dem Gewicht des erzeugten Dampfes ist), daß das gesamte Speisewasser durch den Ekonomiser, der gesamte vom Kessel erzeugte Dampf durch den Überhitzer geht, und daß der Zustand des Feuers, der Druck und die Temperatur des Dampfes, sowie der Wasserspiegel im Kessel beim Ende des Versuches genau so sind wie bei seinem Beginn. Wenn diese Voraussetzungen erfüllt sind, kann geschlossen werden, daß die bei dem verhältnismäßig kurzzeitigen Versuch festgestellten Werte auch bei Dauerbetrieb gelten würden, und daß das Speisewassergewicht gleich dem Gewicht des Dampfes vom angegebenen Endzustand ist. Im Folgenden verwenden wir die Benennungen und Bezeichnungen der *Hütte* II, S. 357 f, 391.

Auswertung.

Zu Frage 1.: Die **„Kessel-Heizflächenbeanspruchung"** oder „spezifische Dampfleistung" [kg/m²h] ist die auf je 1 m² der Kessel-Heizfläche (F_k) entfallende „Dampfleistung" D [kg/h]. Hier wird sie also mit $D = \dfrac{1409}{5,25}$

$= 268,4$ [kg/h] und $F_k = 17,9$ [m²]

$$\frac{D}{F_k} = \frac{268,4}{17,9} = \mathbf{14,99\ kg/m^2h}$$

Zu Frage 2.: Gemäß *Hütte* II, S. 395, ist die **spezifische Rostbelastung** entweder in kcal/m²h oder in kg/m²h anzugeben, wobei die kcal sich auf den unteren Heizwert H_u der verfeuerten Kohle und die kg auf das Gewicht dieser Kohle beziehen. Sie ist also hier

$$\frac{169\ [\text{kg}] \cdot 7350\ [\text{kcal/kg}]}{5,25\ [\text{h}] \cdot 0,6\ [\text{m}^2]} = \mathbf{394300\ kcal/m^2h} \quad \text{oder} \quad \frac{169}{5,25 \cdot 0,6} = \mathbf{53,65\ kg/m^2h.}$$

Zu Frage 3.: Die **Bruttoverdampfungsziffer** v ist

$$\frac{1409\ \text{kg Dampf}}{169,0\ \text{kg Kohle}} = \mathbf{8,337}\ \frac{\textbf{kg Dampf}}{\textbf{kg Kohle}}.$$

Zu Frage 4.: Die Bruttoverdampfungsziffer v berücksichtigt weder die Qualität des erzeugten Dampfes noch die Speisewassertemperatur und ist daher nur sehr bedingt als Maßstab für den Betrieb einer Anlage brauchbar. Unser Kessel nebst Ekonomiser und Überhitzer hat aus Speisewasser von 14° Dampf von 13 atü oder rund 14 ata und 302° gemacht. Das Speisewasser enthielt 14 kcal/kg. Den Wärmeinhalt des Dampfes entnehmen wir den VDI-Wasserdampftafeln 1941, und zwar entweder durch unmittelbare Ablesung in dem i-s-Diagramm oder aus Tafel III durch Interpolation zwischen den Werten 725,6 für 14 ata, 300° und 730,7 fur 14 ata, 310°, zu 726,6 kcal/kg [80]. Weniger genau ergibt sich dieser Wert aus dem MOLLIER-i-s-Diagramm *Hütte* I, S. 558; mühsam ist seine Berechnung nach der Formel von KOCH (*Hütte* I, S. 565).

Die „Erzeugungswärme" des Dampfes ist also $i = 726,6 - 14 = 712,6$ kcal/kg, während die des „Normaldampfes" mit 640 kcal/kg festgesetzt ist. Die auf Normaldampf bezogene **Netto-Verdampfungsziffer** v_n ist also

$$v_n = \frac{v \cdot i}{640} = \frac{8,337 \cdot 712,6}{640} = 9,283 \ \frac{\textbf{kg Normaldampf}}{\textbf{kg Brennstoff}}.$$

Zu Frage 5.: Aus dem in der Kohle vorhandenen (unteren) Heizwert $H_u = 7350$ kcal/kg und der davon zur Dampferzeugung nutzbar gemachten Wärmemenge von $v \cdot i = 8,337 \cdot 712,6 = 5941$ (oder $v_n \cdot 640 = 9,283 \cdot 640 = 5941$) kcal/kg ergibt sich der **Wirkungsgrad der Kesselanlage**

$$\eta = \frac{5941}{7350} = \textbf{0,808} \ \text{(bezogen auf } H_u).$$

Zu Frage 6.: Der Ekonomiser erwärmt das Wasser von 11° auf 146°, erhöht also den Wärmeinhalt i' der Flüssigkeit von 14,0 auf 146.8 kcal/kg (*Hütte* I, S. 560 oder VDI-Wasserdampftafeln, Tafel I), und führt folglich jedem kg Wasser 146,8 — 14 = 132,8 kcal zu. Der Kessel liefert Sattdampf von 14 ata mit einem Wärmeinhalt $i'' = 666,0$ kcal/kg (*Hütte* I, S. 563 oder VDI-Tafel II) und führt also jedem kg 666,0 — 146,8 = 519,2 kcal zu. Der Überhitzer erhöht (gemäß der Berechnung zu Frage 4.) den Wärmeinhalt auf 726,6 kcal/kg und führt also jedem kg 726,6 — 666,0 = 60,6 kcal zu. An der gesamten Wärmezufuhr von 712,6 kcal/kg (gemäß der Berechnung zu Frage 4.) oder an der gesamten Ausnutzung des unteren Heizwertes der Kohle, die (gemäß den Berechnungen zu Frage 5.) 80,8 % beträgt, sind demgemäß Ekonomiser, Kessel und Überhitzer im Verhältnis 132,8 : 519,2 : 60,6 beteiligt, so daß ihnen vom Gesamtwirkungsgrad zuzuschreiben sind:

$$\text{dem Ekonomiser:} \quad \frac{132,8}{712,6} \cdot 80,8 = \textbf{15,0 \%},$$

$$\text{dem Kessel:} \quad \frac{519,2}{712,6} \cdot 80,8 = \textbf{58,9 \%},$$

$$\text{dem Überhitzer:} \quad \frac{60,6}{712,6} \cdot 80,8 = \textbf{6,9 \%}.$$

Aufgabe 27: Gesamtwirkungsgrad (Nutzwirkungsgrad) einer Dampfkraftanlage

In einer Dampfanlage erzeugt jedes kg Kohle mit einem unteren Heizwert von 7500 kcal/kg 8 kg Dampf. Die Dampfmaschine brauche für je eine effektive Pferdestunde 10 kg Dampf.

Fragen:

1. Wie groß ist der Gesamtwirkungsgrad (oder „wirtschaftliche Wirkungsgrad") der Anlage (d. h. die Ausnutzung der Brennstoffenergie)?

2. Wo bleiben die Verluste hauptsächlich? (Antwort in zwei Worten!)

Lösung

Zu Frage 1.: Bei verlustloser Umsetzung von Wärme in Arbeit entsprechen 427 mkg einer kcal oder 1 mkg einer Wärmemenge von $\dfrac{1}{427}$ kcal [17].

Eine ideale Dampfanlage mit dem Wirkungsgrad $\eta = 1$ [26] würde daher zur Abgabe einer Arbeitsmenge von einer PSh oder von $75 \cdot 3600$ mkg [17] eine Wärmemenge von $\dfrac{75 \cdot 3600}{427} = 632$ kcal erfordern. Die gegebene wirkliche Dampfkraftanlage (Kessel mit allem Zubehör, Rohrleitungen und Dampfmaschine zusammen) braucht dagegen für je eine PSh 10 kg Dampf, von denen jedes kg $^1/_8$ kg Kohle erfordert, wobei jedes kg Kohle 7500 kcal enthält. Die Anlage **braucht** also **für je 1 PSh**

$$10 \cdot {}^1/_8 \cdot 7500 = \textbf{9375 kcal}.$$

Von den 9375 kcal werden demnach nur 632 kcal nutzbar gemacht. Der **Gesamtwirkungsgrad** [26, 64] der ganzen Anlage ist daher:

$$\eta_{\text{gesamt}} = \frac{632}{9375} = \textbf{0,0674 oder 6,74 \%}.$$

Zu Frage 2.: Die **nicht ausgenutzten Wärmemengen bleiben** hauptsächlich:

> bei A u s p u f f m a s c h i n e n : **im Abdampf,**
>
> bei K o n d e n s a t i o n s m a s c h i n e n : **im Kühlwasser.**

Aufgabe 28: Veranschlagung der Tages-Kohlenkosten eines elektrischen Kraftwerkes

Für die elektrische Zentrale eines Werkes sollen die Kohlenkosten pro Tag festgestellt werden.

Gegeben sind die folgenden Unterlagen: Täglicher Strombedarf, gemessen an der Schaltanlage der Zentrale durch Zähler: 13 600 kWh. Dampfart· Überhitzter Dampf von 12 at Überdruck und 280°. Wirkungsgrad der Kesselanlage einschließlich Überhitzer [86] und Rauchgas-Speisewasservorwärmer (Ekonomiser) [75]: 75 %, bezogen auf den u n t e r e n Heizwert der Kohle. Verwendete Kohlensorte: Braunkohle mit einem (unteren) Heizwert [58] von 5232 kcal/kg. Verluste in den Rohrleitungen zwischen Kessel und Dampfmaschine sowie durch den Verbrauch der Speisepumpen: 15 % der Dampferzeugung. Wirkungsgrad der Dynamomaschine: 94 %. Verluste in den Leitungen von Dynamomaschine bis Schaltanlage: 2 %. Mechanischer Wirkungsgrad [97] der Kolbendampfmaschine: 91 %. Dampfverbrauch der Dampfmaschine für je 1 indizierte PSh [98]: 5,4 kg. Temperatur des Kesselspeisewassers vor dem Ekonomiser: 40°. Kohlenpreis frei Kesselhaus: 35 M/t.

Losung

Aus dem gegebenen Tages-Strombedarf, dem Verlust in den elektrischen Leitungen, dem Wirkungsgrad der Dynamo und dem mechanischen Wirkungsgrad der Dampfmaschine ergibt sich die indizierte Tagesarbeit der Dampfmaschine und daraus der tägliche Dampfverbrauch der Maschine. Hieraus und aus dem Verbrauch für Speisepumpen und Verluste finden wir die tägliche Dampferzeugung der Kessel.

Aus Dampfdruck, Dampftemperatur und Temperatur des Speisewassers folgt die zur Erzeugung von je 1 kg Dampf erforderliche Wärmemenge Aus dieser, dem Heizwert der Kohle und dem Wirkungsgrad der Kessel berechnet sich der Tages-Kohlenbedarf, und daraus folgen, in Verbindung mit dem Kohlenpreis, die Tages-Kohlenkosten.

Hiernach ergibt sich der nachstehende Rechnungsgang, wobei folgende Werte gegeben sind:

Tages-Strombedarf: 13 600 kWh;

$\eta_{\text{Leitungen}} = 0{,}98$ (entsprechend einem Verlust von 2 %);

$\eta_{\text{Dynamo}} = 0{,}94$;

$\eta_{\text{mech. der Dampfmaschine}} = 0{,}91$ [97].

Die indizierte [98] Tagesarbeit der Dampfmaschine beträgt daher:

$$\frac{13\,600}{0{,}735 \cdot 0{,}98 \cdot 0{,}94 \cdot 0{,}91} = 22\,070 \ \text{PS}_i\text{h} \ [17].$$

Da jede PS_i h 5,4 kg Dampf erfordert, ist der Tages-Dampfverbrauch der Dampfmaschine demnach· 22 070 · 5,4 = 119 200 kg.

Die **Tages-Dampferzeugung** der Kessel für den Strombedarf ist dann, mit Rücksicht darauf, daß 15 % der Dampferzeugung fur die Pumpen und Verluste zu rechnen sind:

$$\frac{119\,200}{0{,}85} = \textbf{140\,200 kg.}$$

Die VDI-Wasserdampftafeln [80] (Tafel III für uberhitzten Dampf) geben für den **Wärmeinhalt** („Enthalpie") bei 13 ata [66] und 280°:
$i = \textbf{715,9 kcal/kg.}$

Die *Hutte* I, S. 566 gibt

$$\text{für 10 ata, } 280°: \ldots \ldots \quad i = 717,9 \text{ kcal/kg,}$$
$$\text{fur 25 ata, } 280° \quad \ldots .. \quad i = 707,1 \text{ kcal/kg,}$$

so daß wir durch Interpolation finden:

$$\text{für 13 ata, } 280°. \ldots \ldots \quad i = 717,9 - \frac{3}{15} \cdot (717,9 - 707,1)$$
$$= 717,9 - 0,2 \cdot 10,8 = 717,9 - 2,2 = \mathbf{715,7 \ kcal/kg.}$$

Dubbel I, S 643 gibt an·

$$\text{für 13 ata, } 270°: \ldots \ldots \quad i = 710,8,$$
$$\text{fur 13 ata, } 290°: \ldots \ldots \quad i = 721,0.$$

Daraus finden wir durch Interpolation·

$$\text{für 13 ata, } 280°: \quad \ldots .. \quad i = \mathbf{715,9 \ kcal/kg.}$$

Die Temperatur des Kesselspeisewassers beträgt 40°, der Wärmeinhalt desselben daher 40 kcal/kg. Dem Dampf sind somit zuzuführen:

$$715,9 - 40 = 675,9 \text{ kcal/kg.}$$

Jedes kg der verwendeten Kohle enthält 5232 kcal.

Zur Erzeugung von 1 kg Dampf (von 13 ata und 280°) sind daher bei einem Wirkungsgrad der Kesselanlage von 0,75 [*91*] **erforderlich:**

$$\frac{675,9}{5232 \cdot 0,75} = \mathbf{0,1722 \ kg \ Braunkohle.}$$

(Die „Brutto-Verdampfungsziffer" [*90*] ist also $\dfrac{1}{0,1722} = 5,807$ kg Dampf

pro kg Kohle.)

Insgesamt sind daher **am Tage erforderlich·**

$$0,1722 \cdot 140\,200 = \mathbf{24\,140 \ kg} \text{ oder } \mathbf{24,14 \ t \ Kohle.}$$

Die **Tages-Kohlenkosten** betragen daher:

$$24,14 \cdot 35 = \mathbf{844,90 \ M.}$$

Aufgabe 29: Bestimmung der indizierten Leistung einer kleinen Einzylinder-Dampfmaschine aus dem Indikatordiagramm

Eine Einzylinder-Dampfmaschine von 300 mm Zylinderbohrung und 500 mm Hub sei indiziert worden. Das Indikatordiagramm sei planimetriert und sein Inhalt zu 700 mm² ermittelt. Seine Länge sei gleich 60 mm gefunden. Auf der benutzten Indikatorfeder stehe „1 mm = 0,25 kg". Die Drehzahl während des Indizierens sei gemessen zu 140/min.

Gesucht ist die **indizierte Leistung** der Maschine während der Messung, in PS. Dabei mögen die Diagramme von Deckel- und Kurbelseite als gleich angenommen und die Kolbenstangenstärke vernachlässigt werden.

Bemerkung. Auf den Federn steht gewöhnlich „1 mm = ... kg"· Gemeint sind aber nicht kg, sondern kg/cm² (oder, was dasselbe ist, metrische Atmosphären oder at).

Lösung

Aus den Angaben über das Diagramm und uber die Indikatorfeder folgt: Diagramminhalt: 700 mm²; Diagrammlänge: 60 mm; mittlere Diagramm-höhe: $\frac{700}{60} = 11{,}67$ mm; je 1 mm der Diagrammhöhe entspricht einem Druck im Dampfmaschinenzylinder von 0,25 at; daher ist der mittlere indizierte Druck·

$$p_i = 11{,}67 \cdot 0{,}25 = 2{,}9175 \text{ at } [98].$$

Die Dampfmaschinen-Kolbenfläche F (in cm²!) ist $30^2\,\pi/4 = 707$ cm² [1].

Die indizierte Arbeit e i n e r (!) Zylinderseite bei e i n e m U m l a u f (nicht bei einem Hub!) wird daher, da der Hub $s = 0{,}500$ Meter (!) ist,

$$707\ (F)\ [\text{cm}^2] \cdot 2{,}9175\ (p_i)\ [\text{kg/cm}^2] \cdot 0{,}500\ (s)\ [\text{m}] = 1031{,}3 \text{ mkg } [17].$$

Die indizierte Arbeit beider Zylinderseiten zusammen während einer Um-drehung ist daher $2 \cdot 1031{,}3 = 2063$ mkg.

Daraus folgt die indizierte Arbeit der Maschine in einer Minute durch Multiplikation mit $n = 140$, und daraus die sekundliche Arbeit (das ist die Leistung) mittels Division durch 60, also zu $2063 \cdot 140/60$ mkg/sek. Die **in-dizierte Leistung** in PS ergibt sich daher zu:

$$N_i = \frac{2063 \cdot 140}{60 \cdot 75} = \textbf{64{,}18 PS } [17].$$

Aufgabe 30: Bestimmung der indizierten Leistung einer Tandem-Dampfmaschine aus den Indikatordiagrammen,

Die indizierte Maschine ist eine Tandem-Maschine [95] mit zwei Zylin-dern. Ihre normale Drehzahl ist 150/min, ihr Hub 800 mm. Die Bohrung beträgt beim Hochdruckzylinder 450 mm, beim Niederdruckzylinder 730 mm. Die Kolbenstange, die auch noch durch den hinteren Zylinderdeckel hin-durchtritt, hat einen überall gleichen Durchmesser von 60 mm.

Indiziert ist gleichzeitig mit vier Indikatoren und zwar achtmal in gleichen Zeitabständen. Die Planimetrierung der vier Diagrammgruppen ergab (als Mittelwert für je acht Diagramme desselben Zylinderraumes) die folgenden Flächeninhalte:

> Hochdruckzylinder-Deckelseite: 13,8 cm²;
> Hochdruckzylinder-Kurbelseite: 12,9 cm²;
> Niederdruckzylinder-Deckelseite: 15,9 cm²;
> Niederdruckzylinder-Kurbelseite· 14,7 cm².

Die Länge der Diagramme betrug bei allen Diagrammen 78,4 mm. Die Indikatorfedern, mit denen die Hochdruckdiagramme geschrieben wurden, trugen die Aufschrift: „1 mm = 0,2 kg, Klb 10". Die Indikatorfedern, mit denen die Niederdruckdiagramme geschrieben wurden, trugen die Auf-schrift· „1 mm = 0,25 kg, Klb 10".

Verwendet wurden bei den Hochdruckdiagrammen Indikatorkolben von 10 mm ϕ, bei den Niederdruckdiagrammen dagegen Kolben von 20 mm ϕ.

Die Drehzahl der Maschine während der Messung war genau gleich der oben angegebenen normalen.

Zu bestimmen ist die indizierte Leistung der Maschine während der Messung [98].

B e m e r k u n g   Bezüglich der Federaufschrift beachte man die „Bemerkung" bei Aufgabe 29, S 99. Der Zusatz „Klb 10" besagt, daß der angegebene Federmaßstab nur dann gilt, wenn ein Indikatorkolben von 10 mm ϕ verwendet wird.
Vergleiche Aufgabe 46, Losung, zu 2.

Losung

Zweckmäßig berechnet man die indizierte Leistung N_1' [PS] für jeden der vier Zylinderräume (HD-Deckelseite, HD-Kurbelseite, ND-Deckelseite, ND-Kurbelseite) einzeln, schon um zu sehen, ob die vier Räume ungefähr gleich viel zur Gesamtleistung beitrugen. Die Addition von je zwei Werten gibt dann N_1'' fur die einzelnen Zylinder; die Gesamtsumme gibt N_1 fur die ganze Maschine.

Aus dem Flächeninhalt J [mm²] eines Indikatordiagramms und seiner (parallel zur atmosphärischen Linie gemessenen größten) Länge l [mm] ergibt sich durch Division seine „mittlere Höhe h_m" [mm]. (Das ist die Höhe eines Rechtecks von gleichem Inhalt und gleicher Länge.)

Die Federaufschrift gibt unter der Voraussetzung, daß ein Indikatorkolben von 10 mm ϕ benutzt wurde, die Bedeutung c von je 1 mm der Diagrammhöhe in kg/cm² an. Moderne Indikatoren haben meistens mehrere gegeneinander auswechselbare Zylinder mit zugehörigen Kolben, damit man bei geringeren Drucken die größeren Kolben und daher steifere Federn verwenden kann, so daß die Reibung des Indikators weniger storend wirkt und die Diagramm-Inhalte nicht zu klein werden, worunter die Genauigkeit der Inhaltsbestimmung leiden würde. Wenn nun nicht derjenige Kolben benutzt wird, für den die Federaufschrift gilt, so ist die Druckbedeutung von je 1 mm Diagrammhöhe eine entsprechend andere. Hat der verwendete Kolben z. B. doppelten Durchmesser (20 mm statt 10 mm), also vierfache Kolbenfläche, so wirkt derselbe Dampfdruck [at] mit der vierfachen Kraft [kg] auf den Indikatorkolben und auf die Indikatorfeder und hebt daher den Schreibstift um den vierfachen Betrag [mm]. Je 4 mm der Diagrammhöhe bedeuten daher jetzt denselben Dampfdruck [at] wie vorhin 1 mm, 1 mm bedeutet jetzt nur $^1/_4$ des vorigen Druckwertes.

Gemäß dieser Überlegung ist die wirkliche Bedeutung c' von je 1 mm Diagrammhöhe unter Berücksichtigung des wirklich benutzten Indikatorkolbens für die einzelnen Diagrammgruppen zu bestimmen. Daraus und aus der ermittelten mittleren Diagrammhöhe folgt dann der mittlere Druck (indizierter Druck p_1) [kg/cm²], mit dem in dem betreffenden indizierten Zylinderraum der Dampf auf den Kolben wirkt [98].

Aus p_i [kg/cm²] und der w i r k s a m e n Kolbenfläche F des betreffenden Zylinderraumes [cm²] ergibt sich die in diesem Zylinderraum auf den Kolben im Mittel wirkende arbeitsleistende Kraft P_m [kg]. Der Wert von F [cm²] folgt aus dem Zylinderdurchmesser D [cm!] und dem Kolbenstangendurchmesser d [cm!] gemäß $F = D^2 \pi/4 - d^2 \pi/4$. (Der Subtrahend fällt natürlich fort, wenn die Kolbenstange durch den betreffenden Zylinderraum nicht ganz hindurchführt; im vorliegenden Falle ging sie gemäß den Angaben der Aufgabe durch alle Deckel.)

Aus P_m [kg] und dem Hub der Maschine s [m!] (hier ist $s = 0,800$ m) ergibt sich die von dem betreffenden Zylinderraum bei einer vollen Umdrehung (') geleistete indizierte Arbeit zu $P_m \cdot s$ mkg [17].

Man beachte, daß p_i die mittlere D i f f e r e n z zwischen dem arbeitsleistenden Druck der Füllungs- und Expansionsperiode und dem arbeitsverbrauchenden Druck der Ausschub- und Kompressionsperiode ist, so daß die aus p_i sich ergebende Kraft P_m zur Ermittelung der von diesem Zylinderraum b e i e i n e r v o l l e n U m d r e h u n g geleisteten Arbeit nur noch mit dem Hube s der Maschine (nicht etwa mit 2 s) multipliziert werden muß! [98].

Diese Arbeit [mkg] wird in der Minute n-mal geleistet, so daß die indizierte L e i s t u n g dieses einen Zylinderraumes sich zu

$$\frac{P_m \cdot s \cdot n}{60} = \frac{F \cdot p_i \cdot s \cdot n}{60} \text{ mkg/sek ergibt.}$$

In PS ausgedrückt, ist daher die indizierte Leistung eines Zylinderraumes

$$N_i' \text{ [PS]} = \frac{F \text{ [cm}^2\text{]} \cdot p_i \text{ [kg/cm}^2\text{]} \cdot s \text{ [m]} \cdot n \text{ [min}^{-1}\text{]}}{60 \text{ [sek/min]} \cdot 75 \text{ [mkg/(PS} \cdot \text{sek)]}} \quad [17].$$

Durch Einsetzen derjenigen Größen, die für alle vier Zylinderräume denselben Wert haben, wird daraus für den hier vorliegenden Fall:

$$N_i' \text{ [PS]} = \frac{F \text{ [cm}^2\text{]} \cdot p_i \text{ [kg/cm}^2\text{]} \cdot 0,800 \text{ [m]} \cdot 150 \text{ [1/min]}}{60 \text{ [sek/min]} \cdot 75 \text{ [mkg/(PS-sek)]}}$$

$$= 0,0267 \text{ [PS/kg]} \cdot F \text{ [cm}^2\text{]} \cdot p_i \text{ [kg/cm}^2\text{]}$$

$$= 0,0267 \text{ [PS/kg]} \cdot P_m \text{ [kg]}.$$

Die weitere ziffernmäßige Berechnung wird am bequemsten und übersichtlichsten gemäß Zahlentafel 7, S. 103, durchgeführt, in der für jeden Zylinderraum eine Vertikalspalte vorgesehen ist. Die Horizontalzeilen enthalten der Reihe nach: D, $D^2 \pi/4$, d, $d^2 \pi/4$, F, J, l, h_m, c, Indikatorkolbendurchmesser, c', p_i, P_m, N_i', N_i'', N_i.

In jeder Zeile ist die Bedeutung der Zahlen, das Symbol und die Maßeinheit angegeben. Auf strenge Einhaltung der Maßeinheiten ist ganz besonders zu achten.

So ergeben sich die Zahlen der Tabelle 7·

Zahlentafel 7

Zeile	Benennung und Ableitung	Be-zeich-nung	Maß-ein-heit	Hochdruck-zylinder		Niederdruck-zylinder	
				Deckel-Seite	Kurbel-Seite	Deckel-Seite	Kurbel-Seite
1	Zylinderdurchmesser (gegeben)	D	cm	45,00	45,00	73,00	73,00
2	Zylinderquerschnitt (aus Zeile 1)	$D^2\,\pi/4$	cm²	1590	1590	4185	4185
3	Kolbenstangendurchmesser (gegeben) . .	d	cm	6,00	6,00	6,00	6,00
4	Kolbenstangenquerschnitt (aus Zeile 3) . .	$d^2\,\pi/4$	cm²	28	28	28	28
5	Wirksame Kolbenfläche $(D^2\,\pi/4 - d^2\,\pi/4)$.	F	cm²	1562	1562	4157	4157
6	Diagrammfläche (gegeben)	J	mm²	1380	1290	1590	1470
7	Diagrammlänge (gegeben)	l	mm	78,4	78,4	78,4	78,4
8	Mittlere Diagrammhöhe (J/l)	h_m	mm	17,60	16,45	20,28	18,75
9	Bedeutung von 1 mm beim Kolben von 10 mm $\emptyset$ (gegebene Federaufschrift)	c	at	0,2	0,2	0,25	0,25
10	Benutzter Indikatorkolben-$\emptyset$ (gegeben) . . .		mm	10	10	20	20
11	Bedeutung von 1 mm der Diagrammhöhe bei diesem Kolben (aus Zeile 9 und 10)	c'	at	0,2	0,2	0,0625	0,0625
12	Mittlerer indizierter Druck $(c' \cdot h_\mathrm{m})$ (aus Zeile 8 u 11)	p_i	at	3,52	3,29	1,268	1,172
13	Mittlere wirksame Kraft $(p_\mathrm{i} \cdot F)$ (aus Zeile 5 u. 12)	P_m	kg	5498	5139	5271	4872
14	Indizierte Leistung des betreffenden Zylinderraumes $(0,0267 \cdot P_\mathrm{m})$ . . .	N_i'	PS	146,6	137,1	140,6	129,9
15	Indizierte Leistung eines Zylinders	N_i''	PS	283,7		270,5	
16	**Indizierte Leistung der ganzen Maschine** . .	N_i	PS	554,2			

Demnach war die Leistung der vier Zylinderräume einigermaßen gleich groß (146,6; 137,1; 140,6; 129,9 PS), was oft nicht zutrifft. Auch die Leistung der beiden Zylinder war ungefähr gleich groß (283,7 gegen 270,5 PS).

Die indizierte Gesamtleistung der Maschine war
$$N_i = 554 \text{ PS}.$$

Aufgabe 31: Berechnung des in einem Kondensator herrschenden absoluten Druckes aus den Angaben eines mit Prozent-Skala versehenen Vakuummeters und eines Barometers

An den Einspritz-Kondensator einer Dampfmaschinenanlage ist ein Röhrenfeder-Vakuummeter (Unterdruckmesser) angeschlossen, dessen Skala nach Prozenten eingeteilt ist. Es zeigt 0 % an, wenn es abgenommen auf dem Tische liegt, dagegen 100 %, wenn es an ein Gefäß angeschlossen ist, in dem ein Unterdruck von 735,5 mm QS herrscht.

Bei einer Versuchsmessung an der Maschine sollte aus den Angaben dieses Vakuummeters und eines daneben hängenden Barometers der absolute Druck im Kondensator errechnet werden.

Das Vakuummeter zeigte in jenem Zeitpunkt 76,2 %, das Barometer, auf 0° reduziert, 681,3 mm QS.

Fragen:

1. Wie groß war in jenem Zeitpunkt der absolute Druck im Kondensator, ausgedrückt in ata?

2. Wieviel Prozent des wirklich herrschenden Außenluftdruckes betrug der Unterdruck im Kondensator?

Lösung

Vorbemerkungen. Federmanometer mit Platten- oder Röhrenfeder sind stets so eingerichtet, daß auf die eine Seite der Platte bzw. auf die Innenseite der gekrümmten Röhre der zu messende Druck, auf die andere Seite der Platte bzw. auf die Außenseite der Röhre der äußere Luftdruck wirkt und daß die durch die Druckdifferenz verursachte Formänderung der Platte oder Röhre auf den Zeiger übertragen wird. Demnach ist die Bewegung des Zeigers lediglich abhängig vom Ü b e r - o d e r U n t e r d r u c k g e g e n ü b e r d e r A u ß e n l u f t [67]. Die Skala pflegt geteilt zu sein nach at [kg/cm²], m WS, mm QS oder %. Die letzte Teilung, die bei Unterdruckmessern (Vakuummetern) für Kondensatoren von Dampfmaschinen nicht selten verwendet wird, ist recht bedenklich: zunächst ist zweifelhaft, was der Hersteller unter 1% verstanden hat, ob $\dfrac{1}{100}$ at $= 7{,}355$ Torr [1])

oder $\dfrac{1}{100}$ Atm $= 7{,}60$ Torr [65], oder vielleicht gar $\dfrac{1}{100}$ desjenigen Baro-

---

[1]) 1 Torr = 1 mm QS [66].

meterstandes, der am Verwendungsorte im Jahresmittel zutrifft und der bei hochgelegenen Orten oder im tiefen Schacht erheblich von 760 Torr abweichen kann [68]. Zweitens erzeugt ein solches Instrument, besonders wenn es nahezu 100 % anzeigt, oft einen völlig falschen Eindruck von der Güte des Vakuums und gibt daher leicht Anlaß zu Irrtumern: Wenn beispielsweise der Außendruck 798 Torr beträgt, der absolute Druck in dem zu prufenden evakuierten Gefäß 15 Torr, und das Instrument so geeicht ist, daß 100 % 760 Torr bedeuten, so wird es ein Vakuum von 103 % anzeigen (entsprechend einem Unterdruck von 783 = 1,03 · 760 Torr), und man wird vermutlich diese Angabe für falsch oder für unsinnig erklären. Deswegen ist diese Art der Skaleneinteilung nicht zu empfehlen, und man sollte überhaupt möglichst wenig von Überdruck und Unterdruck, sondern besser nur vom absoluten Druck sprechen, was auch den Vorteil hat, daß dieser (bei Flüssigkeiten, Gasen und Dämpfen) nie negativ wird, weil diese Körper keinen Zug ausüben können.

Auswertung.

Zu Frage 1.: Da das nicht angeschlossene, frei auf dem Tisch liegende Instrument 0 % zeigt, ist es ein Unterdruckmesser und der Nullpunkt seiner Skala ist richtig; da es bei Anschluß an einen Behälter, in dem ein Unterdruck von 735,5 Torr (= 1 at) herrscht, 100 % zeigt, bedeutet 1 % 7,355 Torr. Wenn es also im Betriebe 76,2 % anzeigte, so herrschte im Kondensator ein Unterdruck von 76,2 · 7,355 = 560,5 Torr. Da nun nach Angabe des daneben hängenden Barometers der absolute Außendruck 681,3 Torr war (die Maschinenanlage befand sich offenbar an einem ziemlich hoch gelegenen Ort), so betrug der **absolute Druck** im Kondensator 681,3 — 560,5

$$= 120,8 \text{ Torr} \quad \text{oder} \frac{120,8}{735,5} = \textbf{0,1642 ata.} \quad \text{Die Worte „daneben hängendes“}$$

sollen andeuten, daß das Barometer nicht erheblich höher oder tiefer angebracht sein darf, da z. B. 10 m Höhenunterschied das Barometer schon um etwa 1 Torr beeinflussen; eine nicht allzu große horizontale Entfernung ist dagegen unbedenklich.

Zu Frage 2.: Der **Unterdruck** von 560,5 Torr betrug von dem damals herrschenden Außenluftdruck von 681,3 Torr $\frac{560,5}{681,3} \cdot 100 = \textbf{82,3 \%.}$ Man hätte

also auch wohl von einem „Vakuum von 82,3 %“ sprechen können; weit besser, weil präziser und nicht mißverständlich, ist aber die Angabe des absoluten Druckes mit 0,1642 ata oder 120,8 Torr. Auch hinsichtlich der Messung ist am besten ein einziges Quecksilber-Instrument, das ohne Rechnung und ohne Berücksichtigung eines Barometers sogleich den absoluten Druck im Kondensator (etwa in Torr) abzulesen gestattet.

Aufgabe 32: Kühlwasserbedarf für eine Kondensations-Anlage

Für den Kondensator einer Dampfturbine, die dauernd eine Leistung von 300 kW abgeben soll und einen spezifischen Dampfverbrauch von 4,5 kg/kWh hat, ist der größte stundliche Kuhlwasserbedarf zu ermitteln. Der Dampf tritt aus der Turbine in den Kondensator mit 0,08 ata und 10 % Feuchtigkeit ein. Das Kuhlwasser wird einem Fluß entnommen und soll am heißesten Sommertag, an dem es im Fluß 22° hat, aus dem Kondensator mit höchstens 34° ablaufen.

Lösung

Die i-s-Diagramme für Wasserdampf [80] zeigen den Wärmeinhalt i von je 1 kg Dampf auch für Naßdampf von bestimmtem Wassergehalt und Druck. Bei 10 % Feuchtigkeit bzw. 90 % Gehalt an trocken gesättigtem Dampf („$x = 0,90$") und $p = 0,08$ ata ergeben sie $i = 558$ kcal/kg.

Mangels eines großen MOLLIER-Diagramms kann man diesen Wert auch leicht aus den Zahlentafeln für gesättigten Dampf [80] berechnen. Diese ergeben (nötigenfalls mittels einfacher Interpolation) die Enthalpiewerte i' für Wasser und i'' für Sattdampf bei dem betreffenden Druck und der zugehörigen Sättigungstemperatur, und wir entnehmen ihnen beispielsweise für $p = 0,08$ ata die Werte $i' = 41,14$ kcal/kg und $i'' = 615,2$ kcal/kg. Bei 10 % Wasser und 90 % Dampf folgt daraus für das Gemisch:

$$i = 0,10 \cdot 41,14 + 0,90 \cdot 615,2 = 4,1 + 553,7 = 557,8 \text{ kcal/kg.}$$

Jedes von der Turbine verbrauchte kg Dampf fuhrt daher dem Kondensator 558 kcal zu; es verläßt ihn wieder in Form von Wasser und zwar mit einer Temperatur, die sicher niedriger ist als 41,16°. Denn dies ist gemäß den Dampftabellen die Temperatur des gesättigten oder nassen Dampfes von 0,08 ata, also des Dampfes bei seinem Eintritt in den Kondensator; der Dampf bzw. das aus ihm gebildete Kondensat wird sich aber bis zu seinem Austreten aus dem Kondensator noch weiter abkühlen.

Wenn wir die Temperatur des austretenden Kondensates rund mit 40° annehmen, so führt jedes kg Dampf aus dem Kondensator (in Form von Kondensat) 40 kcal wieder ab. Etwa $558 - 40 = 518$ kcal bleiben also (für je 1 kg Dampf) auf andere Weise abzuführen. Wenn für je 1 kg Dampf y kg Kühlwasser den Kondensator durchströmen („y-fache Kühlwassermenge"), die mit 22° ein-, mit 34° wieder austreten, sich also im Kondensator um $34 - 22 = 12°$ erwärmen, so entführen sie für je 1 kg Dampf dem Kondensator 12 y kcal. Daraus ergibt sich (unter Vernachlässigung des geringen Einflusses der Wärmeabgabe durch Strahlung) die Beziehung.

$12\,y = 518$, woraus folgt: $y = \dfrac{518}{12} = 43,2\ \dfrac{\text{kg Wasser}}{\text{kg Dampf}}$. Da der stündliche

Dampfverbrauch 300 [kW] $\cdot$ $4{,}5$ [kg Dampf/kWh] $= 1350$ kg Dampf/h beträgt, ist der **Kühlwasserbedarf**:

$$1350 \cdot y = 1350 \cdot 43{,}2 \approx \mathbf{58\,300\ kg\ K\ddot{u}hlwasser/h.}$$

Aufgabe 33: Bestimmung des Heizwertes von Gichtgas

Um den thermischen und wirtschaftlichen Wirkungsgrad [*64, 81*] einer mit Hochofengas betriebenen Großgasmaschinen-Anlage zu bestimmen, sollte der Heizwert des verwendeten Gichtgases festgestellt werden. Das Gichtgas wurde deshalb mit dem JUNKERS-Kalorimeter [*60*] untersucht, wobei sich die folgenden Meßwerte ergaben:

Temperatur im nassen Gasmesser (Sperrflüssigkeit Wasser)	$14°$;
Überdruck im Gasmesser	68 mm QS;
Barometerstand, reduziert auf $0°$	708 mm QS:
Eichfaktor des Gasmessers	0,980;
Mittlere Eintritts-Temperatur des Kühlwassers . .	10,43°;
Mittlere Austritts-Temperatur des Kühlwassers .	17,65°;
Ablesung am Gasmesser beim Beginn der Kühlwasser- wägung	225,00 Liter;
Ablesung am Gasmesser beim Ende der Kühlwasser- wägung	235,00 Liter;
Während des Verbrauches der Gasmenge von 10,00 Litern durchgeflossene Kühlwassermenge	1083 g;
Ablesung am Gasmesser beim Beginn der Kondenswasser- messung	205,00 Liter;
Ablesung am Gasmesser beim Ende der Kondenswasser- messung	265,00 Liter;
Während des Verbrauches der Gasmenge von 60,00 Litern gebildetes Kondenswasser	1,8 g.

Frage:

Wie groß ist der obere und der untere Heizwert des untersuchten Gichtgases, bezogen auf $0°$ und 760 mm QS?

Lösung

Vorbemerkungen. Über die Definition des oberen Heizwertes H_o, der auch zuweilen „Verbrennungswärme" genannt wird, und seinen Unterschied gegen den unteren Heizwert H_u findet man nähere Angaben in den Handbüchern gemäß [*58*], über das JUNKERS-Kalorimeter gemäß [*60*].

Ein Präzisions-Gasmesser, der noch hundertstel Liter abzulesen gestattet, mißt das Gas, das im Kalorimeter verbrennt. Die erzeugte Wärme wird restlos an das Kühlwasser abgegeben, das das Kalorimeter durchfließt und dessen Eintritts- und Austrittstemperatur durch zwei Präzisions-Thermometer bis auf hundertstel Grad genau gemessen wird. Die Messung beginnt und endet mit zwei Zeitpunkten, in denen der Gasmesser genau runde Ziffern anzeigt (hier 225 und 235 Liter). Bei Beginn und Ende wird ein Drei-Wege-Hahn derart umgeschaltet, daß das während der Meßdauer abfließende Kühlwasser gesondert aufgefangen und gewogen werden kann (hier zu 1083 g).

Unter dem Eichfaktor des Gasmessers ist der Faktor (hier 0,980) zu verstehen, mit dem man das vom Gasmesser angezeigte Gasvolumen multiplizieren muß, um das wirklich durchgeflossene Volumen zu erhalten. — Die Angaben über Barometerstand, Überdruck und Temperatur im Gasmesser sind nötig, um das vom Gasmesser angezeigte Gasvolumen auf diejenigen Verhältnisse umzurechnen, für die der Heizwert angegeben werden soll ($0°$, 760 mm QS) und um den Teil des Volumens abziehen zu können, der nicht auf Gas, sondern auf Wasserdampf entfällt. — Die angegebenen Ein- und Austritts-Temperaturen des Kühlwassers ($10,43°$ und $17,65°$) sind Mittelwerte aus vielen Ablesungen, die während der Meßdauer in kurzen gleichen Zeitzwischenräumen erfolgten.

Die Verbrennungsgase ziehen etwa mit Zimmertemperatur wieder aus dem Kalorimeter ab, so daß ihr Feuchtigkeitsgehalt, ihre fühlbare und ihre latente Wärmemenge etwa ebenso groß sind wie die entsprechenden Werte der zugeführten Gase (Gichtgas und Zimmerluft). Der bei der Verbrennung gebildete Wasserdampf kondensiert im Kalorimeter. Seine latente Wärme wird folglich an das Kalorimeterwasser abgegeben und das Kalorimeter mißt daher den o b e r e n Heizwert H_o.

Um auch den u n t e r e n Heizwert H_u zu finden, muß man von H_o die Verdampfungswärme des bei der Verbrennung gebildeten Wasserdampfes (bezogen auf $0°$) abziehen und daher durch Messung die Menge dieses Dampfes für je 1 Liter Gas bestimmen. Dazu dient ein besonderer längerer Versuch (hier über genau $265,00 - 205,00 = 60,00$ Liter Gas) und die Messung des während dieser Zeit aus dem Kalorimeter abtropfenden Kondenswassers (hier 1,8 g).

Auswertung.

Den vom Gasmesser angezeigten 10,00 Litern entsprechen $0,980 \cdot 10,00$ wirklich durchgeflossene. Bei der Umrechnung dieses Volumens auf $0°$ C $= 273°$ K [57] und 760 mm QS oder Torr [66] sind die Temperatur und der Druck zugrunde zu legen, bei denen das Gas gemessen wurde, die also im Gasmesser herrschten. Diese Temperatur war $14°$ C $= 287°$ K. Der Druck ergibt sich aus dem Barometerstand von 708 mm QS und dem im Gasmesser herrschenden Überdruck von 68 mm WS oder $68/13,6$ $= 5,0$ mm QS zu $708 + 5 = 713$ mm QS. An der Erzeugung dieses Druckes ist aber auch der im Gasmesser enthaltene Wasserdampf beteiligt und zwar beträgt dessen Druck, entsprechend der dort herrschenden Temperatur von 14°, gemäß Dampftabelle [80], 0,0163 at oder 0,0163 · 735,5 mm QS = 12 mm QS [66].

Das gemessene t r o c k e n e Gichtgas entsprach also nur einem Druck von 708 + 5 — 12 = 701 Torr und das verbrannte trockene Gasvolumen, bezogen auf 0° und 760 Torr, war somit:

$$0{,}980 \cdot 10{,}00 \cdot \frac{701\ [\text{Torr}]}{760\ [\text{Torr}]} \cdot \frac{273\ [^\circ\text{K}]}{287\ [^\circ\text{K}]} = 8{,}60 \ \text{„Norm-Liter"} \ [73].$$

Diese 8,60 Norm-Liter Gas haben 1083 g Wasser um 17,65 — 10,43 = 7,22° erwärmt, also 1083 · 7,22 gcal Wärme erzeugt. Daraus folgt der obere Heizwert des trockenen Gases, bezogen auf 0° und 760 Torr, zu

$$H_o = \frac{1083 \cdot 7{,}22}{8{,}60} = 909 \ \frac{\text{gcal}}{\text{Norm-Liter}} \ \text{oder} \ \frac{\text{kcal}}{\text{Nm}^3}.$$

Da bei der Verbrennung von 60,00 angezeigten oder $60{,}00 \cdot \dfrac{8{,}60}{10{,}00} = 51{,}6$ w i r k l i c h e n und auf 0°, 760 Torr u m g e r e c h n e t e n Litern t r o k - k e n e n Gases 1,8 g Kondenskwasser entstanden sind, hat je 1 Norm-Liter Gas $\dfrac{1{,}8}{51{,}6} = 0{,}035$ g Wasserdampf gebildet. Da je 1 g gesättigter Wasserdampf von etwa 0° eine Verdampfungswärme von etwa 597 oder rund 600 gcal enthält („Verdampfungswärme r") [80], so entfallen davon auf 1 Norm-Liter Gas 600 · 0,035 = 21 gcal. Um diesen Betrag ist daher der untere Heizwert H_u kleiner als der obere und ergibt sich somit zu

$$H_u = 909 - 21 = 888 \ \frac{\text{gcal}}{\text{Norm-Liter}} \ \text{oder} \ \frac{\text{kcal}}{\text{Nm}^3}.$$

Gichtgas ist verhältnismäßig arm an Wasserstoff und bildet daher nur wenig Wasserdampf, so daß der Unterschied zwischen H_o und H_u hier nur klein wird. Bei Leuchtgas beträgt er etwa 10 %.

Aufgabe 34: Verwendung von Gichtgas zur Krafterzeugung

Von einer Hochofenanlage stehen in völlig gleichmäßigem Strom Gichtgase zur Verfügung und zwar in je 24 Stunden 120 000 m³, gemessen bei (den bei ihrer Ankunft bei den Kesseln oder Gasmaschinen zutreffenden Zuständen von Druck und Temperatur) 775 mm QS und 123°.

Es ist zu ermitteln, wieviel kW daraus dauernd erzeugt werden können und zwar·

1. mit Kesseln und Dampfmaschinen;
2. mit Gasmaschinen.

Dabei sind folgende Zahlen zugrunde zu legen:

Zu 1.: Unterer Heizwert [58] des Gases: 950 kcal/Nm³ („Normkubikmeter") [73];

Spezifische Wärme des Gases: $c_p = 0,25$ kcal/kg grad [79];

Relatives spezifisches Gewicht des Gases, wenn das der Luft gleich 1 gesetzt wird: 0,98 [70, 71];

Wirkungsgrad der Kessel mit Überhitzern und Ekonomisern (Rauchgas-Speisewasservorwärmern): 0,80 [91, 86, 87];

Speisewasser-Temperatur vor den Ekonomisern 40°;

Dampfdruck· 20 at Überdruck;

Dampftemperatur hinter den Überhitzern: 350°;

Dampfverbrauch der Kolbendampfmaschinen: 3,7 kg/PS₁h [98];

Mechanischer Wirkungsgrad derselben: 0,95 [97];

Wirkungsgrad der Dynamomaschinen: 0,94 [26, 163].

Zu 2.: Gasverbrauch der Gasmaschinen· 2,1 Nm³/PS₁h;

Mechanischer Wirkungsgrad der Gasmaschinen: 0,83;

Wirkungsgrad der Dynamomaschinen: wie zu a).

Lösung

Die Umrechnung des verfügbaren Gasstromes von 120 000 m³ bei 775 mm QS und 123° in 24 Stunden auf Nm³/h [73] (also auf 760 mm QS, 0° und 1 Stunde) ergibt:

$$120\,000 \cdot \frac{775}{760} \cdot \frac{273}{273 + 123} \cdot \frac{1}{24} \; \text{Nm}^3/\text{h} \; [72] = 3515 \; \text{Nm}^3/\text{h}.$$

Zu 1.: Gemäß den VDI-Dampftabellen [80] (Tabelle III für uberhitzten Dampf) hat der vorgesehene Dampf von 20 atu oder etwa 21 ata und 350° eine E n t h a l p i e (Wärmeinhalt) von $i = 748,0$ kcal/kg.

Die *Hütte* I, S. 566 gibt an:

für 10 ata und 350° .. . $i = 753,3$ kcal/kg.

für 25 ata und 350° ..... $i = 746,0$ kcal/kg,

woraus wir interpolieren:

$$\text{für 21 ata und 350° } i = 753,3 - \frac{11}{15} \cdot (753,3 - 746,0) = 735,3 - 5,4$$
$$= 747,9 \; \text{kcal/kg.}$$

Dubbel I, S. 643 gibt für 21 ata und 350° unmittelbar $i = 748,0$ kcal/kg.

Die Erzeugung von 1 kg dieses Dampfes aus Wasser von 40° erfordert daher (bei einem Wirkungsgrad der Kesselanlage von 0,80)

$$\frac{748,0 - 40}{0,80} = 885 \; \text{kcal/kg} \; [91].$$

1 Nm³ des Gases ergibt gemäß den Angaben der Aufgabe bei der Verbrennung eine Wärmemenge von 950 kcal. Außer dieser, auf ihrer chemischen Eigenschaft beruhenden Energie enthält diese Gasmenge aber noch eine zweite auf Grund ihrer Temperatur von 123°. Um diese zu berechnen, mussen wir außer dieser Temperatur und der spezifischen Wärme des Gases (0,25 kcal/kg grad) [79] das Gewicht von 1 Nm³ Gas kennen. Nun wiegt 1 Nm³ Luft 1,293 kg [70], folglich 1 Nm³ Gas, da laut Aufgabe $\gamma_{Gas} = 0,98 \cdot \gamma_{Luft}$ ist, $0,98 \cdot 1,293 = 1,267$ kg. Jene kalorische Energie ist also $1,267 \cdot 123 \cdot 0,25 = 39,0$ kcal/Nm³ und die gesamte, in 1 Nm³ Gas verfugbare Wärmemenge somit $950 + 39 = 989$ kcal/Nm³.

Demgemäß vermag 1 N m³ G a s eine Dampfmenge von $\dfrac{989}{885} = 1,118$ kg zu erzeugen. Mit dieser Dampfmenge können die Dampfmaschinen (bei einem spezifischen Verbrauch von 3,7 kg/PS$_i$ h) eine indizierte Arbeit [98] von $\dfrac{1,118}{3,7} = 0,3022$ PS$_i$h oder (bei $\eta_{mech.} = 0,95$) [97] $0,3022 \cdot 0,95 = \mathbf{0,2871\ PS_e h}$ liefern, woraus (bei $\eta_{Dynamo} = 0,94$ und mit Rücksicht auf das Verhältnis PS/kW $= 0,735$) [17] die Dynamomaschinen $0,2871 \cdot 0,94 \cdot 0,735 = \mathbf{0,1984\ kWh}$ zu erzeugen vermögen.

Der gesamte G a s s t r o m von 3515 Nm³/h e r g i b t also eine **elektrische Dauerleistung** von

$$3515\ [\text{Nm}^3/\text{h}] \cdot 0,1984\ [\text{kWh}/\text{Nm}^3] = \mathbf{697,4\ kW}.$$

Zu 2.: Die Gasmaschinen brauchen fur je 1 PS$_i$h 2,1 Nm³ Gas. Sie **erzeugen** also a u s j e 1 Nm³ G a s $\dfrac{1}{2,1} = 0,4762$ PS$_i$h oder

$$(\text{bei } \eta_{mech.} = 0,83) \qquad 0,4762 \cdot 0,83 = \mathbf{0,3952\ PS_e h}.$$

die die Dynamomaschinen in $0,3952 \cdot 0,94 \cdot 0,735 = \mathbf{0,2731\ kWh}$ umwandeln können.

D e r G a s s t r o m v o n 3515 Nm³/h e r g i b t daher eine **elektrische Dauerleistung** von 3515 [Nm³/h] $\cdot$ 0,2731 [kWh/Nm³] $= \mathbf{960,0\ kW}$.

Vergleich

Die Gasmaschinenanlage liefert aus derselben Gaszufuhr fast das 1,4 fache an elektrischer Arbeit oder Leistung wie die Dampfanlage (nämlich 0.2731 kWh/Nm³ gegenüber 0,1984 kWh/Nm³, oder im ganzen dauernd 960,0 kW gegenüber 697,4 kW) und ist insofern der Dampfanlage überlegen. Für die Wahl der Dampfanlage sprechen dagegen die niedrigeren Anlagekosten, die geringeren Ausgaben für Verzinsung, Tilgung, Instandhaltung, Bedienung, Schmierung, der geringere Platzbedarf, die größere Betriebssicherheit und die höhere Überlastbarkeit. Im Einzelfall sind diese beiderseitigen Vorteile gegeneinander abzuwägen.

Aufgabe 35: Berechnung der Leistung eines Dieselmotors aus den Indikatordiagrammen

An einem liegenden doppeltwirkenden Viertakt-Dieselmotor mit Tandem-Anordnung der Zylinder und mit zwei Kurbeln sind sämtliche Verbrennungsräume indiziert worden. Der Mittelwert der Flächeninhalte aller Diagramme ergab je 698 mm². Die Diagrammlänge war bei allen Diagrammen 76 mm, der Federmaßstab bei allen 1 at = 1,5 mm. Alle Zylinder sind gleich und haben eine Bohrung von 700 mm und einen Hub von 1100 mm. Die Kolbenstangen gehen durch alle Zylinder vollständig hindurch und haben überall einen Durchmesser von 220 mm. Die Umdrehungen wurden gezählt und zwar 600 Umdr. in 5 min 36 sek.

Zu berechnen ist die effektive Leistung der Maschine während der Messung, wenn der mechanische Wirkungsgrad zu 0,80 angenommen wird.

Lösung

Aus den Angaben „doppeltwirkend" [*100*], „Tandem-Anordnung" [*95*] und „zwei Kurbeln" ergibt sich, daß die Maschine 4 Zylinder mit zusammen 8 Verbrennungsräumen hat und im Prinzip gemäß der **Abb. 16**, S. 112 [1]), angeordnet ist. Gemäß den Angaben haben alle 8 Räume gleichen Kolbendurchmesser D (70 cm), gleichen Kolbenstangen-Durchmesser d (22 cm), gleichen Hub s (1,1 m).

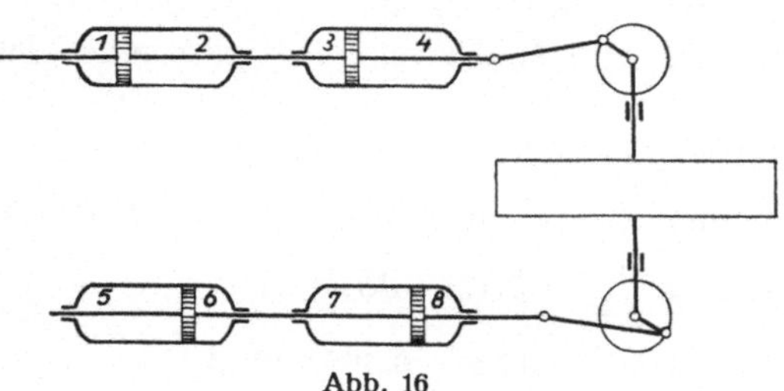

Abb. 16

Berechnet werde zunächst für **e i n e n** dieser 8 Verbrennungsräume die von ihm am Kolben **i n z w e i v o l l e n U m l ä u f e n** geleistete indizierte Arbeit A (in mkg) [*98*]. Auf 2 Umläufe wird sie bezogen, weil es sich um eine „Viertaktmaschine" [*99*] handelt, so daß im gleichen Verbrennungsraum sich derselbe Vorgang immer erst nach je 2 vollen Umdrehungen wiederholt.

Aus dem mittleren Inhalt der Indikatordiagramme von 698 mm² und ihrer Länge von 76 mm folgt ihre „mittlere Höhe" (d. h. die Höhe eines Rechtecks von gleichem Inhalt und gleicher Länge) zu 698/76 mm. Da je 1,5 mm der Diagrammhöhe einen Druck von 1 kg/cm² bedeuten, ist der

$$\text{„mittlere Druck" } p_i = \frac{698}{76 \cdot 1,5} = 6{,}123 \text{ kg/cm}^2.$$

---

[1]) In der Abbildung sind unexakt die Kurbeln und Pleuelstangen im Aufriß gezeichnet, um die Versetzung der Kurbeln besser anzudeuten, während die Maschine im übrigen im Grundriß dargestellt ist.

Aus p_i (in at) und der „wirksamen Kolbenfläche" F (in cm²) ergibt sich die auf den Kolben in diesem Verbrennungsraum im Mittel wirkende a r b e i t s l e i s t e n d e Kraft P_m (in kg). Der Wert von F folgt aus dem Zylinderdurchmesser von 70 cm und dem Kolbenstangen-Durchmesser von 22 cm zu $70^2\,\pi/4 - 22^2\,\pi/4 = 3848 - 380 = 3468$ cm² [1], so daß $P_m = 3468 \cdot 6{,}123$ kg $= 21\,235$ kg wird. (Man beachte die beträchtliche Größe dieser Kraft!; deswegen auch die starke Kolbenstange.)

Aus P_m (in kg) und dem Hub s der Maschine (in m; hier ist $s = 1{,}1$ m) ergibt sich die von diesem Verbrennungsraum während des Arbeitshubes und des Kompressionshubes geleistete indizierte Arbeit zu $A = P_m \cdot s$ mkg $= 21\,235 \cdot 1{,}1 = 23\,359$ mkg.

Man beachte, daß als Diagramm-Inhalt nur der Inhalt der Fläche zwischen den Linien des Arbeitshubes und des Kompressionshubes gerechnet ist und daß dieser Inhalt zur Ermittelung von h_m und p_i nur durch die einfache Diagrammlänge dividiert wurde. p_i stellt daher die mittlere D i f - f e r e n z zwischen dem (arbeitsleistenden) Druck des Arbeitshubes und dem (arbeitsverbrauchenden) Druck des Kompressionshubes dar, so daß die aus p_i sich ergebende Kraft P_m zur Ermittelung der von diesem Verbrennungsraum in diesen beiden Hüben geleisteten Arbeit nur noch mit dem Hube s der Maschine (nicht etwa mit 2 s) multipliziert werden muß!

Der Ausschubhub und der Ansaughub sind sowohl bei Ermittelung des Diagramm-Inhalts als auch bei Berechnung von A vernachlässigt. Das ergibt keinen erheblichen Fehler; denn die in diesen Hüben von der Maschine verbrauchte (!) Arbeit ist nur klein und die zugehörigen beiden Diagrammlinien fallen miteinander (und mit der atmosphärischen Linie) so nahe zusammen, daß man sie im allgemeinen nicht unterscheiden kann (vgl das Diagramm a der **Abb. 17**, S. 113). Genau genommen, bilden sie eine sehr kleine zweite Fläche (gemäß dem übertrieben gezeichneten Diagramm b der Abb. 17), die von der Hauptfläche zu subtrahieren wäre. Oft wird diese Fläche durch „Schwachfeder - Diagramme" gesondert ermittelt (vgl. das Diagramm c der Abb. 17), und es wird der ihr entsprechende Arbeitsbetrag A' vom Hauptbetrag A oder der ihr entsprechende Wert p_i' vom Hauptwert p_i abgezogen.

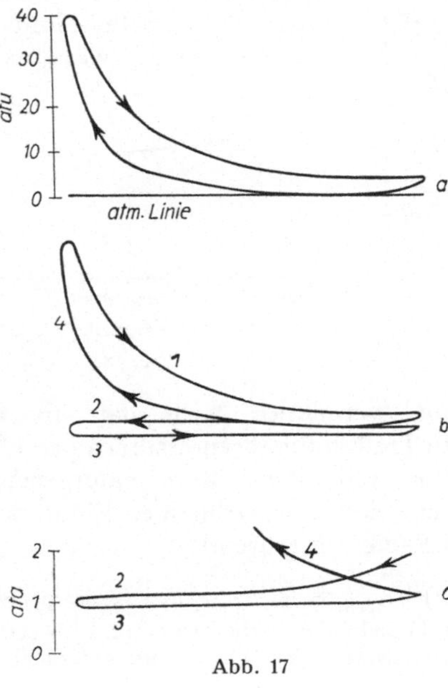

Die Arbeit von 23 359 mkg wird von jedem Verbrennungsraum bei je 2 Umläufen einmal geleistet, in der Minute also $n/2$ mal. Hier ergibt sich die Drehzahl n aus den Angaben der Aufgabe zu $\dfrac{600}{336} \cdot 60 = 107{,}1$ Umdr./min.

Daraus folgt die indizierte Leistung jedes Verbrennungsraumes zu

$$23\,359 \cdot \frac{107{,}1}{2 \cdot 60} \text{ mkg/sek oder } 23\,359 \cdot \frac{107{,}1}{2 \cdot 60 \cdot 75} \text{ PS} = 278{,}0 \text{ PS } [17] \text{ und die}$$

indizierte Leistung der ganzen Maschine zu

$$N_i = 8 \cdot 278{,}0 = \mathbf{2224\ PS}.$$

Aus der indizierten Leistung und $\eta_{\text{mech}} = 0{,}80$ [1]) **folgt die effektive Leistung** (oder Nutzleistung, Bremsleistung) der ganzen Maschine zu

$$N_e = 0{,}80 \cdot 2224 = \mathbf{1779\ PS}.$$

Aufgabe 36: Jahres-Treibstoffkosten eines Dieselmotors

In einem Handbuch findet sich die in **Abb. 18**, S. 114, wiedergegebene Kurve für den Treibstoffverbrauch von Dieselmotoren (in $\text{kcal/PS}_e\text{h}$), abhängig von der Belastung (von Vollast bis Halblast).

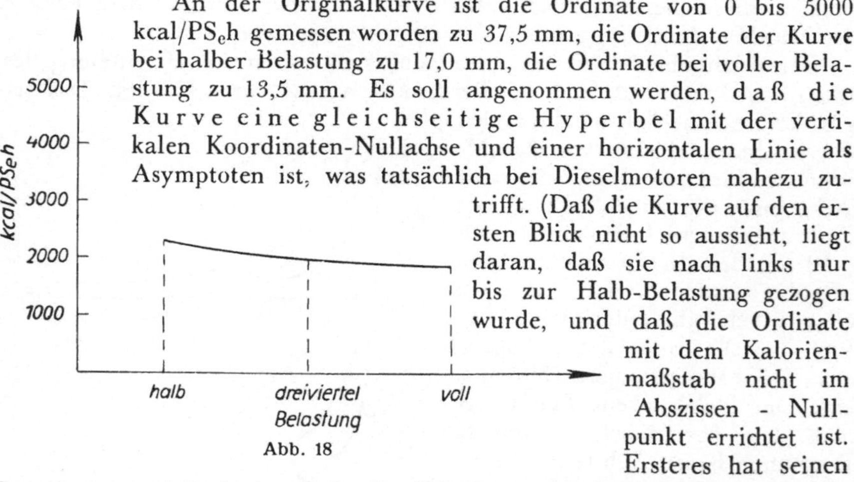

Abb. 18

An der Originalkurve ist die Ordinate von 0 bis 5000 $\text{kcal/PS}_e\text{h}$ gemessen worden zu 37,5 mm, die Ordinate der Kurve bei halber Belastung zu 17,0 mm, die Ordinate bei voller Belastung zu 13,5 mm. Es soll angenommen werden, d a ß d i e K u r v e e i n e g l e i c h s e i t i g e H y p e r b e l mit der vertikalen Koordinaten-Nullachse und einer horizontalen Linie als Asymptoten ist, was tatsächlich bei Dieselmotoren nahezu zutrifft. (Daß die Kurve auf den ersten Blick nicht so aussieht, liegt daran, daß sie nach links nur bis zur Halb-Belastung gezogen wurde, und daß die Ordinate mit dem Kalorienmaßstab nicht im Abszissen - Nullpunkt errichtet ist. Ersteres hat seinen Grund vermutlich darin, daß die Fabrikanten der Dieselmotoren nicht gern Treibstoffverbrauchsziffern pro PS_eh für sehr geringe Belastung angeben, weil diese Ziffern naturgemäß sehr hoch werden müssen und bei Laien leicht einen schlechten Eindruck machen; letzteres geschah vermutlich, um Papier zu sparen.)

---

[1]) $\eta_{\text{mech.}} = N_e/N_i$ ist hier verhältnismäßig niedrig, weil die zum Antrieb des mit dem Dieselmotor verbundenen und für seinen Betrieb notwendigen Luftkompressors erforderliche Arbeit als Verlust gerechnet wird

Unter Zugrundelegung dieser Kurve sollen die Kosten des Treibstoff-
veibrauchs eines Dieselmotors in einem ganzen Jahre berechnet werden,
wenn noch folgende Angaben vorliegen Der Motor habe eine Nennleistung
von 100 PS_e. Er sei an jedem der 300 Arbeitstage des Jahres belastet
wie folgt:

5 Stunden lang mit 100 PS,

4 Stunden lang mit 50 PS,

4 Stunden lang mit 25 PS,

5 Stunden lang leerlaufend,

6 Stunden lang stillstehend,

zusammen 24 Stunden.

Der Treibstoff sei Gasöl von 9475 kcal/kg, sein Preis sei 420 M/t.

Fragen:

1. Wie groß sind die T r e i b s t o f f k o s t e n p r o J a h r ?

2. Wie groß sind die T r e i b s t o f f k o s t e n p r o PS_e h bei Voll-
Last, Dreiviertel-Last, Halb-Last, Einviertel-Last, Leerlauf?

3. Wie groß sind die T r e i b s t o f f k o s t e n p r o S t u n d e bei
Voll-Last, Dreiviertel-Last, Halb-Last, Einviertel-Last, Leerlauf?

Anleitung. Es empfiehlt sich, zunächst eine Treibstoff-Verbrauchskurve
zu konstruieren, die die Belastung in PS_e als Abszissen hat, aber als Ordinaten nicht kcal/PS_eh, sondern kcal/h.

Losung

Unter der in der Aufgabe gemachten Annahme ist die
Kurve mit den verbrauchten kcal/PS_eh als Ordinate (y) und
der Belastung in PS_e als Abszisse (x) eine gleichseitige
Hyperbel gemäß der nicht maßstäblichen **Abb. 19**, S. 115.

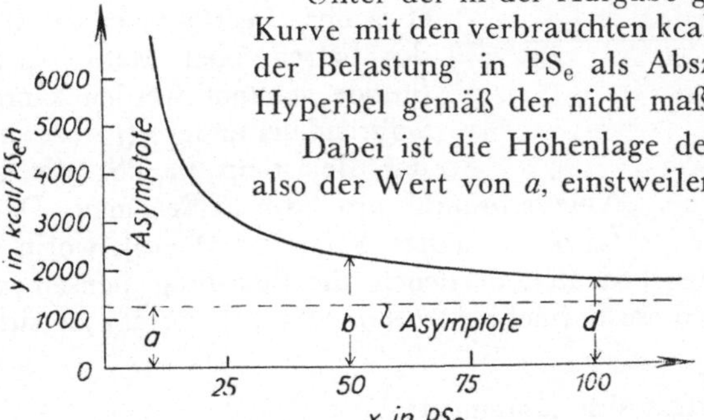

Dabei ist die Höhenlage der horizontalen Asymptote,
also der Wert von a, einstweilen noch unbekannt. Bekannt
ist dagegen, daß in der Originalkurve die Strecke b eine Länge von
17,0 mm und die Strecke d eine Länge von 13,5 mm hatte. Da bei den Ordinaten der Originalkurve

37,5 mm einen Verbrauch von 5000 kcal/PS_eh bedeutete, so ergeben sich die
Werte von b und d wie folgt:

$$b = \frac{5000}{37,5} \cdot 17,0 = 2267 \ \text{kcal/PS}_\text{e}\text{h};$$

$$d = \frac{5000}{37,5} \cdot 13,5 = 1800 \ \text{kcal/PS}_\text{e}\text{h}.$$

Die Gleichung einer gleichseitigen Hyperbel, deren Asymptoten die Koordinatenachsen sind, lautet. $x \cdot y = c$ oder $y = c/x$, worin c eine Konstante ist Die Gleichung d i e s e r, um das Stück a nach oben verschobenen Hyperbel ist daher: $y = a + c/x$.

Entwirft man nun, entsprechend der in der Anleitung gegebenen Anregung, eine neue Kurve, die dieselben Abszissen x hat wie die vorige, deren Ordinaten y_1 aber den Kalorienverbrauch p r o S t u n d e (nicht pro PS$_\text{e}$h!) bezeichnen, so ist $y_1 = y\,x$. (Verbrauch pro Stunde gleich Verbrauch pro Pferdestunde mal Belastung in Pferdestärken.) Durch Einsetzen des Wertes von y folgt daraus für die neue Kurve die Gleichung:

$$y_1 = y\,x = (a + c/x) \cdot x = a \cdot x + c.$$

Das ist die Gleichung einer Geraden, die bei $y_1 = c$ die Y-Achse schneidet und die Neigung a hat, und die durch die nicht maßstäbliche **Abb. 20**, S. 116, dargestellt wird.

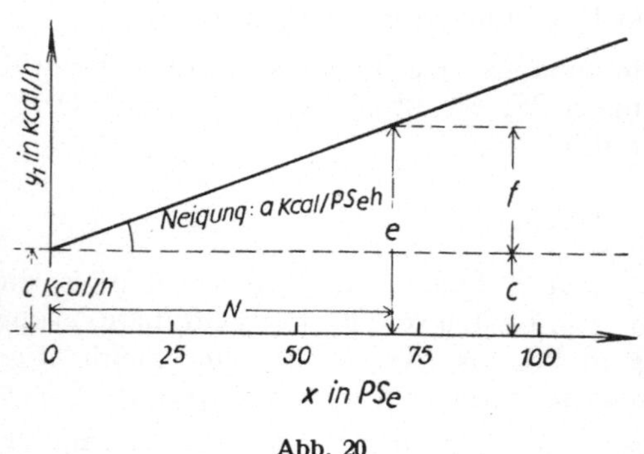

Abb. 20

Der Verbrauch e an kcal in einer bestimmten Betriebsstunde mit der Belastung von N PS$_\text{e}$ stellt sich hiernach höchst einfach dar als die Summe zweier Beträge c und f, von denen der eine (c) von der Belastung unabhängig ist und etwa der „Leerlaufsverbrauch" des betreffenden Motors pro Stunde genannt werden kann. während der andere $(f = N \cdot a)$ der Belastung in PS$_\text{e}$ direkt proportional ist und etwa der „Nutzverbrauch" pro PS$_\text{e}$h heißen mag. Der Verbrauch in einem Tage oder Jahre ist daher $\Sigma\,[t \cdot (c + N \cdot a)]$, worin t die Zahl derjenigen Stunden bedeutet, in denen die Belastung denselben Wert N hat. Schreibt man diese Formel $c \cdot \Sigma\,t + a \cdot \Sigma\,(N\,t)$, so läßt sie sich einfach in Worte fassen:

„Der Gesamtverbrauch setzt sich zusammen:

a) aus dem „Leerlaufsverbrauch", der sich durch Multiplikation des stündlichen Leerlaufsverbrauches (c) mit der Anzahl aller Betriebsstunden $(\Sigma\,t)$ ergibt (die Stunden des Stillstandes zählen natürlich nicht mit), und

b) aus dem „Nutzverbrauch", der sich durch Multiplikation des Nutzverbrauches pro $PS_e h$ (a) mit der Gesamtzahl der geleisteten $PS_e h$ $[\Sigma\,(N\,t)]$ ergibt."

Will man nicht mit kcal rechnen, sondern mit Treibstoffgewicht, so braucht man nur statt je 9475 kcal je 1 kg Treibstoff zu setzen.

Diese Behandlungsweise ermöglicht in einfacher Weise die Vorausberechnung des Treibstoffverbrauches, wenn die Belastungsverhältnisse bekannt sind. Der Wert von c hängt sehr von der Größe des Dieselmotors ab und ist ihr etwa proportional; a hat dagegen für alle Dieselmotoren annähernd denselben Wert.

Im vorliegenden Falle war fur die Belastung von 100 PS_e der Wert $y = d = 1800$ kcal/$PS_e h$, woraus für den zugehörigen Wert y_1 der Betrag von $100 \cdot 1800 = 180\,000$ kcal/h folgt. Für die Belastung mit 50 PS_e war $y = b = 2267$ kcal/$PS_e h$, also $y_1 = 50 \cdot 2267 = 113\,350$ kcal/h.

Bei Umrechnung in Treibstoffgewicht ergibt sich

für 100 PS_e ein stündlicher Treibstoffverbrauch von

$$\frac{180\,000}{9475} = 18,99 \text{ kg Gasöl/h,}$$

für 50 PS_e ein stündlicher Treibstoffverbrauch von

$$\frac{113\,350}{9475} = 11,97 \text{ kg Gasöl/h,}$$

Trägt man diese beiden Werte gemäß der nicht maßstäblichen **Abb. 21,**

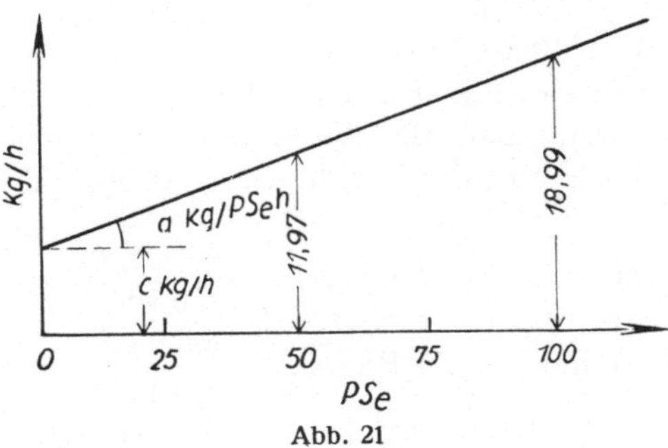

Abb. 21

S. 117, graphisch auf, so ergibt sich aus der Eigenschaft der geraden Linie, daß

$$c = 18,99 - \frac{18,99 - 11,97}{100 - 50} \cdot 100 = 18,99 - 7,02 \cdot 2 = \mathbf{4,95 \text{ kg/h}} \text{ ist}$$

(„L e e r l a u f s v e r b r a u c h").

Die Neigung ergibt sich zu

$$\frac{18,99 - 11,97}{100 - 50} = \frac{7,02}{50} = \mathbf{0,1404\ kg/PS_e h}\ \text{(„N u t z v e r b r a u c h")}.$$

Mittels dieser beiden Werte lassen sich die gestellten Fragen sofort beantworten:

Zu Frage 1.: Die Zahl der Betriebsstunden im Jahre beträgt:
$$300 \cdot (5 + 4 + 4 + 5) = 300 \cdot 18 = 5400\ \text{Betriebsstunden/a}.$$
Der „Leerlaufsverbrauch" im Jahre ist daher $5400 \cdot 4,95 = 26\,730$ kg/a.
Die im Jahre geleistete Arbeit in PS_eh beträgt·
$$300 \cdot (5 \cdot 100 + 4 \cdot 50 + 4 \cdot 25 + 5 \cdot 0) = 300 \cdot (500 + 200 + 100)$$
$$= 300 \cdot 800 = 240\,000\ PS_e\,\text{h/a}.$$
Der „Nutzverbrauch" im Jahre ist daher
$$240\,000 \cdot 0,1404 = 33\,700\ \text{kg/a}.$$
Der Gesamtverbrauch im Jahre ist somit
$$26\,730 + 33\,700 = 60\,430\ \text{kg/a},$$
und die **jährlichen Treibstoffkosten** werden daher
$$\frac{60\,430}{1000} \cdot 420 = \mathbf{25\,380\ M/a}.$$

Zu Frage 2. und 3.: Die T r e i b s t o f f g e w i c h t e p r o S t u n d e bei verschiedenen Belastungen ergeben sich aus dem Leerlaufsverbrauch von 4,95 kg/h und dem Nutzverbrauch von 0,1404 kg/PS_eh. Danach ergibt sich der stündliche Gesamtverbrauch

bei Leerlauf zu 4,95 kg/h;
bei 25 PS zu $4,95 +\ \ 25 \cdot 0,1404 = 4,95 +\ \ 3,51 =\ \ 8,46$ kg/h;
bei 50 PS zu $4,95 +\ \ 50 \cdot 0,1404 = 4,95 +\ \ 7,02 = 11,97$ kg/h;
bei 75 PS zu $4,95 +\ \ 75 \cdot 0,1404 = 4,95 + 10,53 = 15,48$ kg/h;
bei 100 PS zu $4,95 + 100 \cdot 0,1404 = 4,95 + 14,01 = 18,99$ kg/h (Voll-Last).

Der T r e i b s t o f f v e r b r a u c h p r o PS_e h ergibt sich aus den vorstehenden Ziffern, wenn man den Verbrauch pro Stunde durch die Belastung (das ist durch die in der Stunde geleistete Anzahl von PS_eh) dividiert. Er wird also:

für Leerlauf mit $\qquad\qquad 0\ PS_e\cdot\ldots\ldots\ \dfrac{4950\ \text{g/h}}{0\ PS_e} =\ \ \infty\ \text{g/}PS_e\text{h};$

für Viertel-Last mit $\qquad 25\ PS_e\cdot\ldots\ldots\ \dfrac{8460\ \text{g/h}}{25\ PS_e} = 338\ \text{g/}PS_e\text{h};$

für Halb-Last mit $\qquad\ \ 50\ PS_e{:}\ldots\ldots\ \dfrac{11\,970\ \text{g/h}}{50\ PS_e} = 239\ \text{g/}PS_e\text{h};$

für Dreiviertel-Last mit $75\ PS_e\cdot\ldots\ldots\ \dfrac{15\,480\ \text{g/h}}{75\ PS_e} = 206\ \text{g/}PS_e\text{h},$

für Voll-Last mit $\qquad 100\ PS_e{:}\ldots\ldots\ \dfrac{18\,990\ \text{g/h}}{100\ PS_e} = 190\ \text{g/}PS_e\text{h}.$

Die Treibstoffkosten in M pro Stunde bzw. in $Pfg/PS_e h$ ergeben sich aus den entsprechenden Treibstoffgewichten, wenn man 1 kg = 42 Pfg einsetzt. Die so entstehenden Beträge sowie die vorstehend berechneten Gewichtsmengen sind in der Zahlentafel 8, S. 119, zusammengestellt:

Zahlentafel 8

Belastung		Treibstoffmenge		Treibstoffkosten	
in Bruchteilen der Nennlast	in PS_e	pro Stunde in kg	pro $PS_e h$ in g	pro Stunde in M	pro $PS_e h$ in Pfg
0	0	4,95	∞	2,08	∞
$1/_4$	25	8,46	338	3,55	14,20
$1/_2$	50	11,97	239	5,03	10,04
$3/_4$	75	15,48	206	6,50	8,65
$4/_4$	100	18,99	190	7,98	7,98

Aufgabe 37: Abwärme-Verwertung einer Gasmaschinen-Anlage

Eine vorhandene, mit Hochofengasen betriebene Gasmaschinen-Drehstrom-Zentrale, bestehend aus 7 Maschinen von je 1400 kW, von denen stets 2 als Reserve dienen, während die übrigen 5 dauernd (Tag und Nacht) mit voller Nennlast laufen, arbeitete bisher ohne Ausnutzung der in den Auspuffgasen und im ablaufenden Kühlwasser der Maschinen enthaltenen Wärme.

Jetzt soll eine Dampfanlage, bestehend aus Abhitzekesseln [84], Kolbendampfmaschinen und Drehstromgeneratoren, hinzugefügt werden, die die gesamten Abgase ausnutzt.

Fragen:

1. Wie groß ist die Gesamt-Heizfläche aller aufzustellenden Abhitzekessel zu wählen?

2. Wie groß ist die Gesamtleistungsfähigkeit der aufzustellenden Maschinen zu wählen?

3. Wie groß ist die durch diese Abhitze-Verwertungsanlage zu erwartende Erhöhung der täglichen Brutto-Einnahme für Strom?

4. Ist die Menge des von den Gasmaschinen ablaufenden warmen Kühlwassers größer als der Speisewasserbedarf der Dampfkessel? Wenn ja, wieviel kann davon stündlich noch für Badezwecke abgegeben und wieviel Badewasser von 35° kann damit bereitet werden?

Dabei sind die folgenden **Unterlagen** zu benutzen:

a) Wärmebilanz der Gas-Dynamos: Von je 100 im Gas enthaltenen Kilokalorien werden 25,2 kcal in elektrische Arbeit verwandelt, während 29,3 kcal in das Kühlwasser übergehen und 38,1 kcal in den Abgasen verbleiben.

b) Das Kuhlwasser verläßt die Gasmaschinen mit 65° und kommt im Kesselhaus oder Badehaus mit 55° an.

c) Die Abgase verlieren in den Rohrleitungen von den Gasmaschinen zu den Dampfkesseln 12 % ihres (am Austritt aus den Maschinen vorhandenen) Wärme-Inhalts.

d) Die Beanspruchung der Kessel soll 4,5 kg Dampf pro Stunde und Quadratmeter Heizfläche betragen.

e) Sowohl bei den Kesseln als auch bei den Dampfmaschinen und Drehstromgeneratoren ist anzunehmen, daß von je 3 gleich großen Einheiten stets eine als Reserve außer Betrieb ist.

f) Die Dampfanlage soll mit 16 ata und 260° arbeiten und mit Einspritz-Kondensatoren, deren Abwasser — weil ölhaltig — nicht wieder zur Kesselspeisung verwendet werden soll. Das Wasser verläßt den Mischkondensator mit 40°.

g) Wasser von 20° steht für die Kühlung der Gasmaschinen, für die Speisung der Kessel, für die Kondensatoren und für die Bäder in beliebiger Menge kostenlos zur Verfügung.

h) Der Wirkungsgrad der Kessel (einschließlich Vorwärmer und Uberhitzer) ist zu 80 % anzunehmen, der der Drehstromgeneratoren zu 92 %, der „CLAUSIUS-RANKINE-Wirkungsgrad" (thermodynamische Wirkungsgrad [81]) η_{ClR} der Dampfmaschinen (einschließlich der Dampfleitungen) zu 0,60, ihr mechanischer Wirkungsgrad zu 0,89.

i) Der Verkaufspreis der kWh beträgt 3 Pfg.

Lösung

Zu Frage 1.: Die Zentrale liefert an elektrischer Leistung dauernd $5 \cdot 1400 = 7000$ kW oder 7000 kWh/h oder $7000 \cdot 860 = 6{,}020 \cdot 10^6$ kcal/h [17]. Dieser Nutzleistung entspricht gemäß Unterlage a) ein Wärmeinhalt

der Abgase von $6{,}020 \cdot 10^6 \cdot \dfrac{38{,}1}{25{,}2} = 9{,}102 \cdot 10^6$ kcal/h (und eine Wärme-

abgabe an das Kühlwasser der Gasmaschinen von $6{,}020 \cdot 10^6 \cdot \dfrac{29{,}3}{25{,}2}$

$= 7{,}000 \cdot 10^6$ kcal/h). Da die Abgase (gemäß Unterlage c) auf dem Wege zu den Kesseln 12 % ihres Wärme-Inhalts verlieren, kommt dort nur noch ein Wärmestrom von $0{,}88 \cdot 9{,}102 \cdot 10^6 = 8{,}010 \cdot 10^6$ kcal/h an, von dem die Kessel (gemäß Unterlage h) 80 %, also

$$0{,}80 \cdot 8{,}010 \cdot 10^6 = 6{,}408 \cdot 10^6 \text{ kcal/h}$$

zur Dampferzeugung nutzbar machen.

Dampf von 16 ata und 260° (Unterlage f) hat gemäß einem großen MOLLIER-i-s-Diagramm [80] etwa $i = 703$ kcal/kg mehr als Wasser von 0° [80]. Noch etwas genauer geben die VDI-Wasserdampftafeln diesen Wert „i" zu 703,1 an. Bei Benutzung der *Hütte* I, S. 566 hätten wir interpolieren müssen zwischen

$$10 \text{ ata, } 260°, \ i = 707,9 \text{ und}$$
$$25 \text{ ata, } 260°, \ i = 695,2$$

und hätten gefunden:

$$i_{16 \text{ ata, } 260°} = 707,9 - \frac{6}{15} \cdot (707,9 - 695,2) = 702,8 \text{ kcal/kg.}$$

Aus *Dubbel* I, S. 643 hätten wir gefunden:

$$16 \text{ ata, } 250°, \ i = 697,6,$$
$$16 \text{ ata, } 270°, \ i = 708,5, \text{ folglich}$$

$$i_{16 \text{ ata, } 260°} = 697,6 + \frac{1}{2} \cdot (708,5 - 697,6) = 703,1 \text{ kcal/kg.}$$

Wenn wir vorläufig annehmen (was bei Frage 4. noch nachzuprüfen sein wird), daß das von den Gasmaschinen ablaufende Kühlwasser hinsichtlich der Menge für die Kesselspeisung ausreicht, so bringt das gesamte Speisewasser bereits 55 kcal/kg mit, da gemäß Unterlage b das Kühlwasser im Kesselhaus 55° hat. Ihm müssen daher zwecks Verwandlung in Betriebsdampf noch $703 - 55 = 648$ kcal/kg zugeführt werden, so daß die vorhin ermittelten für die Dampferzeugung nutzbar zu machenden
$6,408 \cdot 10^6$ kcal/h

$$\frac{6,408 \cdot 10^6 \ [\text{kcal/h}]}{648 \ [\text{kcal/kg Dampf}]} = 9889 \text{ kg Betriebsdampf/h}$$

erzeugen können.

Da die Kessel (gemäß Unterlage d) mit 4,5 kg Dampf/(h · m²) belastet werden sollen, so müssen die gleichzeitig in Betrieb befindlichen Kessel zusammen eine Heizfläche von $\dfrac{9889 \ [\text{kg Dampf/h}]}{4,5 \ [\text{kg Dampf/(h · m²)}]} = 2198$ m² haben. Da (gemäß Unterlage e) auf je 2 in Betrieb befindliche Kessel 3 vorhandene Kessel entfallen, so muß

die **gesamte Heizfläche** aller aufzustellenden Kessel

$$\frac{3}{2} \cdot 2198 = \textbf{3297 m}^2 \textbf{ betragen.}$$

Zu Frage 2.: Gemäß den Berechnungen zu Frage 1. werden in den Dampfkesseln stündlich 9889 kg Dampf von 16 ata und 260° erzeugt.

Der in Unterlage h angegebene CLAUSIUS-RANKINE-Wirkungsgrad $\eta_{\text{Cl R}}$ [81] bedeutet das Verhältnis der indizierten Leistung der Maschine zur Leistung einer „vollkommenen" Maschine von gleichem absolutem Dampfverbrauch, bei der der Dampf a d i a b a t i s c h und verlustlos vollstandig expandiert, und zwar vom Anfangszustand bis auf denjenigen Enddruck, der der Ablauftemperatur des Kühlwassers zugeordnet ist. Diese Ablauftemperatur beträgt (gemäß Unterlage f) 40°, so daß jener Enddruck sich gemäß den Zahlentafeln für gesättigten Wasserdampf [80] zu 0,0752 ata ergibt.

Wir nehmen also ein großes und genaues i-s-Diagramm zur Hand, suchen in ihm den Punkt 16 ata, 260°, lesen die zugehorige Ordinate mit 703 kcal/kg ab (und, was zwar nicht unbedingt nötig, aber der besseren Kontrolle wegen empfehlenswert ist, auch die Abszisse mit 1,606 Entropie-Einheiten), gehen von diesem Punkt s e n k r e c h t (entsprechend adiabatischer verlustfreier Expansion) abwärts bis zum Schnitt mit der Isobare 0,075 ata, und lesen (nachdem wir auch hier den Abszissenwert kontrolliert haben, der wieder $s = 1{,}606$ sein muß) den zu diesem Endpunkt der Expansion gehörenden Ordinatenwert mit $i = 500$ kcal/kg ab.

Wenn das Diagramm zwischen den Isobaren 0,06 ata und 0,08 ata keine Zwischenlinien enthält, lesen wir die Ordinatenwerte der Schnittpunkte jener Vertikalen mit diesen beiden Isobaren ab. 494 bzw. 502 kcal/kg, und interpolieren daraus fur $p = 0{,}075$ at

$$494 + (502 - 494) \cdot \frac{0{,}075 - 0{,}060}{0{,}080 - 0{,}060} = 494 + 8{,}0 \cdot 0{,}75 = 494 + 6{,}0$$

$$= 500 \text{ kcal/kg.}$$

Wenn wir kein großes und genaues MOLLIER-Diagramm zur Verfugung haben, wohl aber die VDI-Dampftafeln [80], so finden wir dort (S. 41) für 16 ata und 260° die Werte $i_1 = 703{,}1$; $s_1 = 1{,}6070$. Auf S. 20 suchen wir dann die zu $p = 0{,}07$ und 0,08 ata gehorenden Werte s und finden im Überhitzungsgebiet (das ist unterhalb der starken horizontalen Linie zwischen 30° und 40° bzw. zwischen 40° und 50°) nur Werte, die erheblich großer sind als 1,6070, woraus folgt, daß der Endpunkt der adiabatischen Expansion in diesem Falle im Naßdampfgebiet liegt (was ein Blick auf den Verlauf der Isobaren auch in einem kleinen und rohen MOLLIER-Diagramm gelehrt hätte).

Fur Naßdampf ist aber

$$s = s' + x \cdot (s'' - s') \text{ und}$$
$$i = i' + x \cdot (i'' - i') = i' + x \cdot r \qquad [80].$$

Dementsprechend benutzen wir jetzt die Tafel I (Sattigungszustand, Temperaturtafel), notieren aus S. 7 fur $t = 40°$ die Werte:

$$t = 40°, \ i' = 39{,}98; \ r = 574{,}7; \ s' = 0{,}1366; \ s'' = 1{,}9718,$$

setzen die Gleichung an:

$$s = s' + x \cdot (s'' - s') = 0{,}1366 + 1{,}8352 \, x = 1{,}6070$$

und finden daraus:

$$x = \frac{1,4704}{1,8352} = 0,8012 \quad \text{und}$$

$$i_2 = 39,98 + 0,8012 \cdot 574,7 = 500,4 \text{ kcal/kg},$$

also fast genau ubereinstimmend mit dem vorhin aus dem MOLLIER-Diagramm abgelesenen Wert.[1])

Mit $i_1 = 703$ und $i_2 = 500$ wird das adiabatische Warmegefälle $703 - 500 = 203$ kcal/kg, und die „vollkommene" Maschine wurde folglich aus den 9889 kg/h eine indizierte Leistung von

$$9889 \; [\text{kg/h}] \cdot \frac{203 \; [\text{kcal/kg}]}{860 \; [\text{kcal/kWh}]} = 2334 \text{ kW}$$

erzeugen [17] Da die wirklichen Maschinen (gemäß Unterlage h) einen CLAUSIUS-RANKINE-Wirkungsgrad $\eta_{Cl\,R} = 0,60$, einen mechanischen Wirkungsgrad [97] $\eta_{\text{mech.}} = 0,89$ und einen Wirkungsgrad des Drehstromgenerators $\eta_{\text{Gen}} = 0,92$ haben, so erzeugen sie statt dessen nur

$$2334 \cdot 0,60 \cdot 0,89 \cdot 0,92 = 1147 \text{ kW}.$$

Mit Rucksicht auf die verlangte Reserve (gemäß Unterlage e) muß also die

Gesamt-Leistungsfähigkeit der aufzustellenden Maschinen $\dfrac{3}{2} \cdot 1147$

= **1721 kW** betragen. (Etwa 3 Einheiten von je 575 kW.)

Zu Frage 3.: Die Abhitze-Anlage erzeugt (gemaß den Berechnungen zu Frage 2.) dauernd 1147 kW, also taglich $24 \cdot 1147 = 27\,528$ kWh, die (gemäß Unterlage i)

eine **tägliche Brutto-Einnahme** von $27\,528 \cdot 0,03 = $ **825,84 M** ergeben.

Zu Frage 4.: Da (gemäß Unterlagen g und b) das Kuhlwasser der Gasmaschinen mit $20°$ in die Maschinen eintritt und mit $65°$ wieder abläuft, sich also um $45°$ erwärmt und daher fur je 1 kg Kuhlwasser den Maschinen 45 kcal entzieht, so erfordert der zu Frage 1. berechnete, an das Kuhlwasser abzugebende Warmestrom von $7,000 \cdot 10^6$ kcal/h einen Kuhlwasserstrom von

$$\frac{7,000 \cdot 10^6 \; [\text{kcal/h}]}{45 \; [\text{kcal/kg}]} = 1,556 \cdot 10^5 \text{ kg/h}.$$

Von diesem Heißwasserstrom wird zunächst der Speisewasserbedarf der Kessel bestritten, der (gemäß den Berechnungen zu Frage 1.) 9889 kg/h beträgt. Es bleiben also rund $155\,600 - 9900 = 145\,700$ **k g / h H e i ß - w a s s e r f u r B a d e z w e c k e** verfugbar. (Mit dieser Feststellung ist die bei den Berechnungen zu Frage 1. gemachte Annahme als zutreffend erwiesen.) Da das zum Baden bestimmte Kaltwasser (gemäß Unterlage g)

---

[1]) Ausfuhrlicher wird diese Anwendung des MOLLIER-Diagramms und der Dampftafeln in Aufgabe 39, Losung, Abschnitt A, und in Aufgabe 44, Losung, zu Fragen 3 und 5., behandelt

mit 20° zur Verfügung steht und auf 35° oder um 15° erwarmt werden soll, während das sich mit ihm mischende Heißwasser (gemäß Unterlage b) sich von 55° auf 35°, also um 20° abkühlt, kann je 1 kg Heißwasser $\frac{20}{15} = 1{,}333$ kg Kaltwasser anwärmen und ergibt so $1 + 1{,}333 = 2{,}333$ kg

Badewasser. Mittels des Heißwasserstromes von 145 700 kg/h kann also

ein **Badewasserstrom** von $2{,}333 \cdot 145\,700 = $ **340 000 Liter/h** bereitet werden.

Das ist nun freilich ein so großer Badewasserstrom, daß er vermutlich den Bedarf weit übersteigt, so daß die Betriebsleitung versuchen wird, für den Überschuß an Heißwasser noch eine andere Verwendung zu finden.

Aufgabe 38: Ruths-Speicher im Anschluß an eine Fördermaschine und Abdampfturbine

Der Abdampf einer Fördermaschine soll in einer Abdampfturbine, die für Sattdampf von etwa 2 ata gebaut ist und dauernd mit gleichmäßiger Belastung läuft, weiter verwertet werden. Um die Schwankungen der Ab-

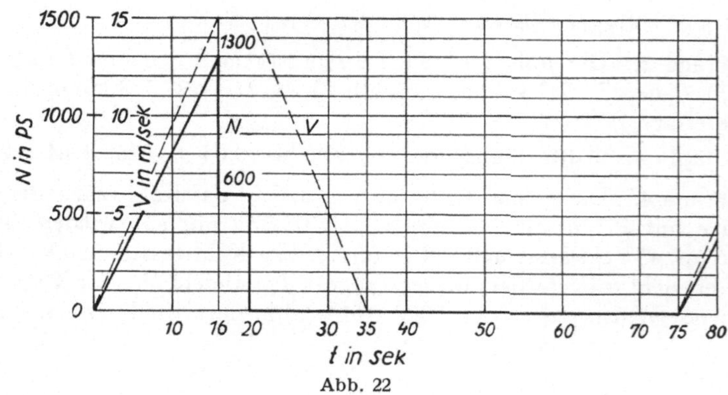

Abb. 22

dampflieferung der Fördermaschine auszugleichen, soll parallel zur Turbine ein Ruths-Speicher geschaltet werden. Die Fördermaschine verbraucht im Durchschnitt 21 kg Dampf fur die effektive PS-Stunde. Die Förderung erfolgt kontinuierlich nach dem Geschwindigkeits- und Leistungs-Diagramm der **Abb. 22**, S. 124, ohne andere als die dort angegebenen Pausen.

Fragen:

1. Wieviel Abdampf liefert die Fördermaschine für je einen Zug?

2. Wieviel kg Dampf bekommt die Dampfturbine stündlich?

3. Wieviel kg Wasser muß der Ruths-Speicher mindestens enthalten, wenn sein Druck einerseits nicht uber 2,2 ata steigen, andererseits nicht unter 2,0 ata fallen soll?

4. Wie groß ist (gemäß der v-Kurve) die Beschleunigung und die Verzögerung des Förderkorbes sowie die Förderteufe?

Bemerkung. Die Warmeverluste des Speichers und der Leitungen sind zu vernachlässigen; ebenso die Speicherwirkung des Dampfraumes des Speichers. Der Abdampf der Fördermaschine ist als trocken-gesättigt anzunehmen.

Lösung

V o r b e m e r k u n g e n. Die Kolben-Dampf-Fordermaschinen arbeiten oft mit Auspuff, weil Auspuffmaschinen den Handgriffen des Maschinisten präziser gehorchen als Kondensationsmaschinen. Da der Auspuffbetrieb aber einen hohen Dampfverbrauch bedingt, schaltet man oft hinter die Fordermaschine eine, mit einer Kondensationsanlage versehene Abdampfmaschine, die den Abdampf der Fordermaschine weiter verarbeitet und etwa zur Stromerzeugung verwertet [*104*] Da dann eine gute Ausnutzung des Dampfes sichergestellt ist, kann man auch den Gegendruck der Fordermaschine höher als etwa 1 ata wahlen (in diesem Beispiel etwa zu 2 ata), wodurch die Abdampfturbine billiger wird. Dann nennt man die Auspuffmaschine eine „Gegendruckmaschine".

Wenn, wie hier, die Vordermaschine unregelmaßig arbeitet, die Hintermaschine aber gleichmaßig Strom erzeugen soll, so ist die Parallelschaltung eines Dampfspeichers nötig (wie uberall, wo Produktion oder Konsum zeitlich in verschiedener Weise schwanken, ein Speicher am Platze ist) Besonders verbreitet ist der Ruths-Speicher, ein dampfkesselartiger, feuerloser, geschlossener, gut wärmeisolierter Behälter, der zum weitaus größten Teil mit Wasser, im übrigen mit Sattdampf gefullt ist Bei Zufuhr von Dampf, der im Speicher kondensiert, steigt der Speicherdruck und seine Wassertemperatur; bei Dampfentnahme sinken beide Werte, und ein Teil des Wassers verdampft wieder. Bei guter Wärmeisolierung sind die Verluste gering [*82*].

Auswertung.

Zu Frage 1.: Eine Periode der Arbeitsweise der Fördermaschine oder ein „Treiben" dauert (gemäß Abb. 22) 75 sek. Davon entfallen auf die reine Förderzeit (gemäß der v-Kurve) 35 sek (davon wieder nur 20 sek auf die Zeit des Dampfverbrauchs der Fördermaschine), 40 sek auf die Sturzpause.

Die während eines Treibens von der Fördermaschine abströmende Dampfmenge ergibt sich aus der darin von ihr geleisteten Arbeit, und diese ist proportional der von der N-Kurve begrenzten Fläche. Diese Fläche setzt sich zusammen aus einem Dreieck, dessen Basis 16 sek, dessen Höhe 1300 PS,

dessen Inhalt also $\dfrac{16 \cdot 1300}{2} = 10\,400$ PSsek ist, und einem Rechteck mit der

Basis $(20 - 16) = 4$ sek, der Höhe 600 PS, dem Inhalt $4 \cdot 600 = 2400$ PSsek,

so daß sie im ganzen $10\,400 + 2400 = 12\,800$ PSsek oder $\dfrac{12\,800}{3600} = 3{,}556$ PSh enthält. Da jede PSh 21 kg Dampf erfordert, liefert also

jedes Treiben $3{,}556 \cdot 21 = $ **74,7 kg Abdampf** [55].

Zu Frage 2.: Da ein Treiben (einschließlich Sturzpause) 75 sek erfordert, so entfallen auf eine Stunde $\dfrac{3600}{75} = 48{,}0$ Treiben. Die Fördermaschine liefert also $48{,}0 \cdot 74{,}7 = $ **3586 kg/h Abdampf.** Ebensoviel muß die Turbine stündlich verbrauchen, wenn Beharrungszustand herrschen soll und die geringen Wärmeverluste im Speicher durch Strahlung und Ableitung vernachlässigt werden.

Zu Frage 3.: Wir zerlegen jede Periode (von 75 sek) in einen „Überschußabschnitt", in dem dauernd der Abdampfstrom der Fördermaschine größer ist als der Verbrauch der Turbine, und in einen „Defizitabschnitt", in dem der Verbrauch der Turbine dauernd überwiegt. In jedem Überschußabschnitt steigen Druck, Temperatur und Wasserinhalt des Speichers und haben am Ende dieses Abschnittes ihre Höchstwerte; in jedem Defizitabschnitt sinken sie wieder um ebensoviel und haben an seinem Ende ihre Minima. Bezüglich des Druckes soll sich dies Pendeln in den Grenzen von 2,0 bis 2,2 ata abspielen.

Um die zeitlichen Grenzen dieser beiden Abschnitte festzustellen, verwandeln wir die Fläche des N-Diagramms eines Treibens in ein Rechteck über einer ganzen Periode (75 sek) als Basis. Seine Höhe wird offenbar $\dfrac{12\,800\ \text{PSsek}}{75\ \text{sek}} = 170{,}7$ PS, und wir ziehen daher in einer großen, an Hand der Zahlenangaben der Abb. 22, S. 124, genau maßstäblich hergestellten Zeichnung bei diesem Ordinatenwert eine Horizontale (s. **Abb. 23**). Sie schneidet die N-Kurve bei $t = 2{,}1$ sek und bei 20,0 sek. (Den ersteren

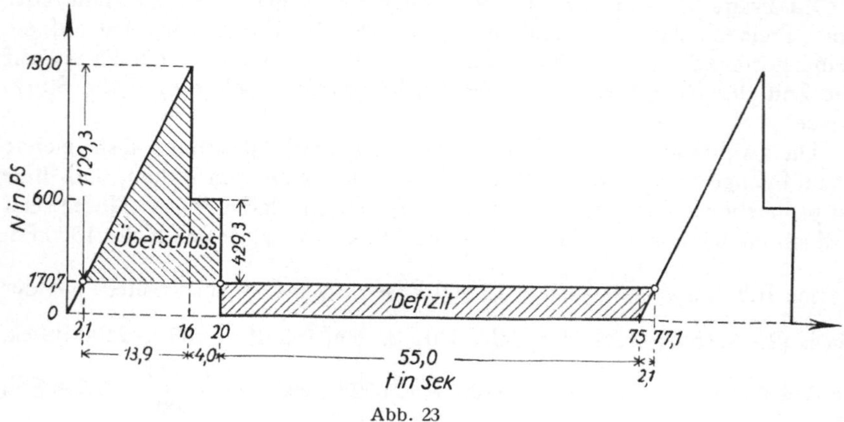

Abb. 23

Schnittpunkt können wir auch ohne Zeichnung leicht durch Rechnung ermitteln gemäß dem Ansatz $\dfrac{t}{16} = \dfrac{170,7}{1300}$; $\quad t = \dfrac{16 \cdot 170,7}{1300} = 2,10$ sek.)

Vom Zeitpunkt $t = 2,1$ bis $t = 20,0$ sek währt also der Überschußabschnitt und die Aufladung des Speichers; bei $t = 20,0$ sek beginnt der Defizitabschnitt und die Entladung, die bis $t = 2,1$ sek des nächsten Treibens bzw. bis $t = 77,1$ sek dauert.

Die beiden zwischen der Horizontalen mit der Ordinate 170,7 PS und der N-Kurve liegenden Flächen in jedem dieser beiden Abschnitte sind proportional dem Überschuß bzw. Defizit der Abdampflieferung der Fördermaschine gegenüber dem Dampfverbrauch der Turbine, den der Speicher in dem betreffenden Zeitabschnitt aufnehmen bzw. abgeben muß, und zwar bedeutet je eins der, das Gradnetz der Abb. 22, S. 124, bildenden, backsteinformigen kleinen Rechtecke 10 [sek] · 100 [PS] = 1000 PSsek oder

$$\frac{21 \ [\text{kg/PSh}] \cdot 1000 \ [\text{PSsek}]}{3600 \ [\text{sek/h}]} = 5,833 \ \text{kg Dampf.}$$

Diese beiden Flächen mussen gleich groß sein.

Die Defizitfläche von $t = 20,0$ sek bis $t = 77,1$ sek besteht gemäß Abb 23, S. 126, aus einem Rechteck mit der Basis $75 - 20,0 = 55,0$ sek, der Höhe 170,7 PS, dem Inhalt $55,0 \cdot 170,7 = 9389$ PSsek, und einem Dreieck mit der Basis 2,1 sek, der Höhe 170,7 PS, dem Inhalt $\dfrac{2,1 \cdot 170,7}{2} = 179$ PSsek und hat also insgesamt den Inhalt $9389 + 179 = 9568$ PSsek entsprechend einem Dampfgewicht von $\dfrac{21 \cdot 9568}{3600} = 55,81$ kg Dampf.

Zur Kontrolle berechnen wir auch den Diagramm-Inhalt der Überschußfläche· Sie besteht aus einem Dreieck mit der Basis $16,0 - 2,1 = 13,9$ sek, der Hohe $1300 - 170,7 = 1129,3$ PS, also dem Inhalt $\dfrac{13,9 \cdot 1129,3}{2} = 7849$ PSsek und einem Rechteck mit der Basis $20,0 - 16,0 = 4,0$ sek, der Hohe $600,0 - 170,7 = 429,3$ PS, also dem Inhalt $4,0 \cdot 429,3 = 1717$ PSsek, hat also einen Gesamtinhalt von $7849 + 1717 = 9566$ PSsek, der dem der Defizitflache genau gleicht.

Diese Dampfmenge von 55,81 kg muß der Speicher während des Defizitabschnittes abgeben, indem in ihm eine gleich große Menge seines Wassers verdampft, und gemaß den Forderungen der Aufgabe soll dabei sein Druck von 2,20 auf 2,00 ata sinken. Der Dampf im Speicher ist, da er mit einer reichlichen Wassermenge in engster Beruhrung steht, zweifellos gesattigt, so daß wir seine hier erforderlichen Zustandsgrößen einer Sattdampftabelle, z. B. der VDI-Tafel II, entnehmen können [80]. Wir notieren daraus fur die beiden genannten Druckwerte die Temperaturen und Enthalpien, wobei sich der Index ′ auf Wasser, der Index ″ auf Dampf bezieht·

$$p = 2,2 \text{ ata} \cdot \quad t = 122,65°; \quad i' = 122,9 \text{ kcal/kg}; \quad i'' = 646,8 \text{ kcal/kg};$$
$$p = 2,0 \text{ ata}: \quad t = 119,62°; \quad i' = 119,87 \text{ kcal/kg}; \quad i'' = 645,8 \text{ kcal/kg}.$$

Unter Zugrundelegung des Mittelwertes 646,3 kcal/kg aus den beiden Dampf-Wärmeinhaltswerten gibt also der Speicher während des Defizitabschnittes mit dem Dampf $646,3 \cdot 55,81 = 36\,070$ kcal ab. Um diese Wärmemenge muß also sein Wärmeinhalt am Ende kleiner sein als am Anfang, und zwar brauchen wir dabei nur den des Wassers zu berücksichtigen, da die (sehr kleine) Schwankung des Wärmeinhalts des Dampfraumes im Speicher vernachlässigt werden soll.

Wenn der Speicher bei Beginn des Defizitabschnittes x kg Wasser enthielt, an seinem Ende also $x - 55,81$ kg, so war, da (gemäß den soeben angegebenen Werten für i') je 1 kg Wasser am Anfang 122,9, am Ende 119,87 kcal enthält, der Wärmeinhalt des Speichers am Anfang $122,9 \cdot x$ kcal, am Ende $119,87 \cdot (x - 55,81)$ kcal. So ergibt sich die Gleichung:

$$122,9 \cdot x - 119,87 \cdot (x - 55,81) = 36\,070$$

und daraus.

$$3,03\,x = 36\,070 - 6690 = 29\,380; \quad x = \frac{29\,380}{3,03} = 9696 \text{ kg}.$$

Eine **Speicherwassermenge, die zwischen 9696 und** $9696 - 56$ **= 9640 kg periodisch schwankt,** ist also das unter 3. gefragte Minimum.

Zu Frage 4.:

Die v-Kurve der Abb. 22, S. 124, wäre für die Lösung der Fragen 1 bis 3 nicht erforderlich gewesen; sie sollte aber an die Ursache der außerordentlich hohen schmalen Spitze der N-Kurve der Fördermaschine erinnern, die dadurch entsteht, daß $N = \dfrac{P \cdot v}{75}$ ist, also mit v wächst, und daß P nicht nur die Nutzlast und die Reibung kompensieren, sondern auch die Beschleunigung aller bewegten Massen bewirken muß, also plötzlich da kleiner wird, wo die Beschleunigung aufhört (bei $t = 16$ sek). Aus dem geradlinigen Verlauf von v folgt, daß die Beschleunigung und die Verzögerung konstant sind [55].

Die **Beschleunigung** ist $p = \dfrac{15 \text{ [m/sek]}}{16 \text{ [sek]}} = \textbf{0,94 m/sek}^2$,

die **Verzögerung** $p' = \dfrac{15 \text{ [m/sek]}}{35 - 20 \text{ [sek]}} = \textbf{1,0 m/sek}^2.$

Auch die **Förderteufe** s läßt sich aus dem Diagramm ablesen. Gemäß der Beziehung $s = \int v \cdot d\,t$ [11] wird sie durch die Fläche des v-Diagramms dargestellt und ist folglich

$$\frac{16 \cdot 15}{2} + (20 - 16) \cdot 15 + \frac{(35 - 20) \cdot 15}{2} = 120 + 60 + 112,5 = \textbf{292,5 m.}$$

Aufgabe 39: Prüfung der Zweckmäßigkeit des Anschlusses eines Schlachthofes an ein Elektrizitätswerk

Eine Stadt besitzt ein Elektrizitätswerk und einen Schlachthof. Der Schlachthof erzeugte bisher seinen Warmwasserbedarf durch Dampf aus eigenen Kesseln und seinen „Kraftbedarf" (exakter: Bedarf an mechanischer Arbeit) von jährlich 700 000 PS_e h durch mehrere eigene Einzylinder-Auspuff- (oder: „Gegendruck-") Kolben-Dampfmaschinen von zusammen etwa 350 PS_e. Der Admissionsdruck der Maschinen beträgt 8 at Überdruck, die Dampftemperatur 200°. Der Dampf verläßt die Maschinen mit 0,2 at Überdruck und wird, außer zur Vorwärmung des Kesselspeisewassers auf 90°, nach Möglichkeit zur Anwärmung von Gebrauchswasser auf 80° verwendet. Nur soweit die Maschinenabdampfmenge den jeweiligen Dampfbedarf zur Warmwasserbereitung übersteigt, pufft der Dampf frei in die Atmosphäre aus.

Der Wirkungsgrad der Kesselanlage beträgt 70 %. Die Maschinen erfordern für die PS_i h 10 kg Dampf und haben einen mechanischen Wirkungsgrad von 0,80. Die Kohlen kosten 60 M/t frei Kesselhaus und haben einen unteren Heizwert von 7200 kcal/kg. Die Temperatur des Brunnenwassers beträgt im Mittel + 10°. Das Elektrizitätswerk verbraucht für die erzeugte kWh 0,9 kg Kohle

Frage:

Ist es für den Säckel der Stadt als der Besitzerin beider Anlagen vorteilhaft, die Dampfmaschinen des Schlachthofes stillzulegen und den Kraftbedarf des Schlachthofes aus dem Elektrizitätswerk zu entnehmen, wenn das Elektrizitätswerk so groß ist, daß es diese Mehrbelastung noch für viele Jahre ohne Vergrößerung tragen kann, so daß der Kapitaldienst des Elektrizitätswerkes durch den Anschluß des Schlachthofes nicht wächst?

Der Verlust in der Leitung vom Elektrizitätswerk zum Schlachthof ist zu 7 % und der Wirkungsgrad der im Schlachthof aufzustellenden Elektromotoren zu 90 % anzunehmen. Für die Beschaffung der elektrischen Zuleitung vom Elektrizitätswerk zum Schlachthof und für die sonstigen durch die Änderung bedingten Anschaffungen, insbesondere für die Elektromotoren als Ersatz der Dampfmaschinen des Schlachthofes, ist außer dem Erlös aus dem Verkauf der freiwerdenden Dampfmaschinen nur ein Kapital von 60 000 M aufzuwenden, weil dafür eine Anzahl alter, aber brauchbarer und passender Elektromotoren billig zur Verfügung stehen. Dies Kapital muß mit 13 % pro Jahr verzinst und getilgt werden. Außer diesem Kapitaldienst sollen nur die Kohlenkosten in Betracht gezogen werden, während alle übrigen Ausgaben (Bedienung, Unterhaltung, sowie der Kapitaldienst des Elektrizitätswerks) als in beiden Fällen gleich oder als unerheblich angesehen werden sollen.

Die Antwort wird wesentlich davon abhangen, ein wie großer Teil des Abdampfes der Schlachthofmaschinen zur Warmwasserbereitung verwendet werden kann. Es sind daher durch Formel und Kurve die gesamten Jahresausgaben der Stadt, soweit sie von der hier zur Erörterung stehenden Entscheidung abhängen, als Funktion dieser Abdampf-Ausnutzungsziffer darzustellen, die von 0 bis 100 % schwanken kann. Die Expansion des Dampfes in den Maschinen möge als adiabatisch angenommen werden.

Losung

A. Bei Beibehaltung der bisherigen Betriebsweise ergeben sich die jährlichen Ausgaben des Schlachthofes, soweit sie hier in Betracht kommen, wie folgt

Der Schlachthof braucht jahrlich an mechanischer Arbeit 700 000 PS_eh. Wenn er diese mit seinen Dampfmaschinen erzeugt, so mussen diese dafur

leisten $\cdot \dfrac{700\,000}{0,80} PS_i h$ [97, 98] und verbrauchen dazu

$$\frac{10 \cdot 700\,000}{0,80} = 8\,750\,000 \text{ kg Dampf.}$$

Dampf von 8 at Uberdruck oder etwa 9 at abs [66] und 200° hat gemäß den VDI-Wasserdampftafeln [80] (Tafel III für überhitzten Dampf) eine Enthalpie (Wärmeinhalt) von $i = 677,4$ kcal/kg.

Die *Hutte* I, S. 566 gibt an:

$$\text{fur } 5 \text{ ata und } 200° \quad \ldots i = 682,2 \text{ kcal/kg und}$$
$$\text{für } 10 \text{ ata und } 200° \quad \ldots i = 676,1 \text{ kcal/kg,}$$

woraus wir interpolieren fur 9 ata und 200°.

$$i = 676,1 + \frac{1}{5} \cdot (682,2 - 676,1) = 676,1 + 1,2 = 677,3 \text{ kcal/kg.}$$

Bei *Dubbel* I, S. 643 beginnen die Angaben fur die Enthalpie erst bei 250° und sind in dem uns hier interessierenden Druckbereich nur fur 6 ata und für 11 ata angegeben. Wir notieren aus der Zahlentafel die folgenden Werte für i (in kcal/kg):

	6 ata	11 ata
250°	706,0	701,9
270°	715,8	712,2

Daraus extrapolieren wir fur 200° die Werte:

$$i_{6\text{ ata, }200°} = 706,0 - \frac{50}{270 - 250} \cdot (715,8 - 706,0) = 706,0 - 2,5 \cdot 9,8$$
$$= 706,0 - 24,5 = 681,5;$$
$$i_{11\text{ ata, }200°} = 701,9 - 2,5 \cdot (712,2 - 701,9) = 701,9 - 2,5 \cdot 10,3$$
$$= 701,9 - 25,8 = 676,1$$

und interpolieren dazwischen nochmals fur 9 ata

$$i_{9\text{ ata, }200°} = 676,1 + 0,4 \cdot 5,4 = 676,1 + 2,2 = 678,3.$$

Das Speisewasser wird dem Kessel mit 90°, also mit 90 kcal/kg zugefuhrt, so daß (wenn wir mit $i = 677,4$ kcal/kg rechnen) bei einem Wirkungsgrad des Kessels [*91*] von 0,70 und einem Heizwert der Kohle [*58, 59*]

von 7200 kcal/kg zur Erzeugung von je 1 kg Dampf $\dfrac{677,4 - 90}{0,70 \cdot 7200} = 0,1165$ kg

Kohle erforderlich sind, im ganzen Jahre also

$$0,1165 \cdot 8\,750\,000 = 1\,019\,000 \text{ kg oder } \mathbf{1019\ t\ Kohlen,}$$

die eine **Ausgabe** von $1019 \cdot 60 = \mathbf{61\,140\ M}$ verursachen

Für diese Ausgabe erhalt aber der Schlachthof nicht nur seinen Jahresbedarf an mechanischer Arbeit, sondern außerdem noch mehr oder weniger heißes Wasser. Wieviel kcal fur diesen letzteren Zweck aus dem Abdampf der Maschinen verfugbar sind, hängt von zwei Umständen ab erstens von der schon in der Aufgabe angedeuteten Abdampf - Ausnutzungsziffer c (in %), die angibt, wieviel % des Maschinenabdampfes zur Erzeugung von Gebrauchs-Warmwasser verwendet werden konnen. Sie wird im allgemeinen nicht 100 % erreichen, weil in manchen Zeiten der Warmwasserbedarf nicht so groß sein wird, daß der gesamte Abdampf dafur verwendet werden kann, sondern daß vielmehr ein Teil desselben unverwendet in die Atmosphäre auspuffen muß. Der Wert c wird groß sein, wenn der Warmwasserbedarf absolut groß ist und wenn seine Schwankungen sich zeitlich gut mit den Schwankungen des Abdampfanfalls decken, während er im umgekehrten Fall klein ausfallen wird und theoretisch in den Grenzen von 0 bis 100 % schwanken kann.

Zweitens hängt die jahrliche Gesamtmenge der fur diesen Zweck verwendbaren Kalorien naturlich von dem Zustand des Maschinenabdampfes, nämlich von seiner Enthalpie [*80*] ab, die ihrerseits von Druck, Temperatur und Feuchtigkeit des Abdampfes bedingt wird und die wir zunächst bestimmen müssen.

Unmittelbar bekannt ist der D r u c k   d e s   A b d a m p f e s , nämlich **1,20 ata** gemaß den Angaben der Aufgabe. Um seinen Zustand genauer zu bestimmen, mussen wir darauf zuruckgreifen, daß der Dampf mit **9 ata und 200°** i n   d i e   M a s c h i n e n   e i n t r i t t und i n   i h n e n   a d i a b a t i s c h , das heißt. ohne Änderung seiner Entropie, e x p a n d i e r t .

Um diese Angabe auszuwerten, brauchen wir genaue und ausführliche Dampftabellen oder, was sowohl bequemer als übersichtlicher ist, ein genaues und in großem Maßstab gezeichnetes i-s-Diagramm [80], wie es den VDI-Wasserdampftafeln beigegeben ist. (Die in der *Hütte* gegebenen Kurven genügen dafür nicht, die Zahlentafeln der *Hütte* nur als Notbehelf.) Das gibt uns eine erwünschte Gelegenheit, uns mit dem „MOLLIER-i-s-Diagramm" für Wasserdampf, der „Entropie" und der Berechnung a d i a - b a t i s c h e r   E x p a n s i o n s v o r g ä n g e an Hand jenes Diagramms oder der Dampftafeln vertraut zu machen. Wir werden diese Kenntnisse noch oft brauchen und dann auf diese Aufgabe verweisen können.

Bei diesen Betrachtungen benutzen wir die folgenden üblichen Bezeichnungen:

i für den Wärmeinhalt (Enthalpie) in kcal/kg,

s für die Entropie in kcal/kg grad,
   und speziell i'' und s'' für gesättigten Dampf, i' und s' für Wasser von der Temperatur des gesättigten Dampfes bei dem betreffenden Druck,

$r = i'' - i'$ für die „Verdampfungswärme" in kcal/kg,

x für den dampfförmigen, $1 - x$ für den flüssigen Gewichtsbruchteil nassen Dampfes (d. h. eines Gemisches aus gesättigtem Dampf und Wasser gleicher Temperatur),

t für die Celsius- und T für die absolute Temperatur [57],
so daß die Beziehungen gelten:

$$\text{für Sattdampf} \cdot \ldots \ldots \ i'' = i' + r$$
$$\text{und} \ldots \ldots s'' = s' + r/T,$$
$$\text{für Naßdampf:} \ldots \ldots i = i' + x \cdot r$$
$$\text{und} \ldots \ldots s = s' + \frac{x \cdot r}{T}.$$

Die Dampftabellen für überhitzten Dampf sind nach p und t geordnet und geben von den genannten Größen i und s an (außerdem das spezifische Volumen v in m³/kg); die für Sattdampf sind entweder nach t oder nach p geordnet (die VDI-Tafeln und die *Hütte* geben beide) und enthalten unter anderen Größen i', i'', r, s', s''; die der *Hütte* geben auch $s'' - s' = r/T$ an.

Von den beiden genannten Hilfsmitteln wenden wir zunächst das MOLLIER-i-s-Diagramm an, das sich auf 1 kg Dampf bezieht und als Ordinaten die Wärmeinhalts- (Enthalpie-) Werte i (in kcal/kg) angibt, als Abszissen die Entropiewerte s (in Entropie-Einheiten pro kg, kcal/kg grad), und 6 Systeme von Linien enthält, nämlich:

1. horizontale gerade Linien gleicher Enthalpie, beziffert von 400 bis 850 kcal/kg, Maßstab: 1 mm ≙ 1 kcal/kg;

2. vertikale gerade Linien gleicher Entropie („Isentropen" oder „Adiabaten"), beziffert von 1,3 bis 2,1 Entropie-Einheiten, Maßstab: 1 mm $\widehat{=}$ 0,002 Entropie-Einheiten;

3. schwarze Kurven gleicher Temperatur („Isothermen"), die für größere Entropiewerte als 1,7 bis 1,8 nahezu gerade und horizontal werden, beziffert von 50° bis 550°;

4. schwarze Kurven konstanten Druckes, steigend von links unten nach rechts oben, beziffert von 0,01 ata bis 300 ata;

5. braune Kurven konstanten spezifischen Volumens (in m³/kg), steigend von links unten nach rechts oben, beziffert von 80 m³/kg bis 0,010 m³/kg ($v = 1/\gamma$; γ = spez. Gewicht in kg/m³);

6. eine einzige, doppelt gekrümmte schwarze „Grenzlinie". links beginnend bei etwa 635 kcal/kg, rechts endigend bei etwa 605 kcal/kg. Sie verbindet alle Punkte, die einen Zustand trocken gesättigten Dampfes darstellen. Alle oberhalb dieser Linie liegenden Diagrammpunkte stellen überhitzten Dampf dar, alle unterhalb derselben liegenden Punkte dagegen Naßdampf;

7. im Naßdampfgebiet schwarze Kurven gleichen Wassergehaltes von ähnlichem Verlauf wie die Grenzlinie (im allgemeinen nach rechts abfallend), beziffert von 0,64 bis 0,99. Diese Ziffern („x") bedeuten den Gehalt des Naßdampfes an trocken gesättigtem Dampf, so daß z B. ein Punkt der Linie $x = 0,95$ einen Dampf bezeichnet, der sich aus 5 Gewichtsprozenten Wasser und 95 Gewichtsprozenten trocken gesättigten Dampfes zusammensetzt. Die Grenzlinie kann auch als eine Kurve dieses Systems mit der Ziffer $x = 1,00$ betrachtet werden.

Man beachte noch, daß i m N a ß d a m p f g e b i e t jede Kurve gleichen Druckes zugleich eine Kurve gleicher Temperatur ist Die zugehörige Temperatur kann an derjenigen Kurve gleicher Temperatur des Überhitzungsgebietes abgelesen werden, die genau auf der Grenzlinie mit jener Kurve gleichen Druckes zusammentrifft (wobei nach Augenmaß interpoliert werden muß, wenn durch den Schnittpunkt von Druckkurve und Grenzkurve keine Temperaturkurve ausgezogen ist).

In dem in *Hütte* I, S 558 und 559 in kleinem Maßstabe wiedergegebenen MOLLIER-*i*-*s*-Diagramm sind die unter 5 genannten Kurven konstanten spezifischen Volumens nicht enthalten

Für unsere hier vorliegende Aufgabe suchen wir zunächst (mittels einer dünnen und spitzen Nadel) den genauen Schnittpunkt der Kurve für 9 ata mit der für 200° und markieren ihn mit weichem Blei durch einen kleinen Kreis. Dann lesen wir seinen Abszissenwert (Entropie) ab und finden dafür die Zahl 1,616 (Entropie-Einheiten pro kg, abgekürzt: „E-E/kg" = kcal/kg grad). Mit der Nadelspitze gehen wir nun von diesem Punkte aus genau senkrecht (das heißt mit konstanter Entropie, „isentropisch" oder „adiabatisch") bis zur Kurve für 1,20 ata. Wir markieren den Schnittpunkt dieser Kurve mit der soeben befahrenen (nicht ausgezogenen) Vertikalen (Adiabate) und kontrollieren zur Sicherheit, ob auch er den fur den Anfangspunkt der Expansionslinie abgelesenen Entropiewert 1,616 (Abszissenwert) hat.

Dieser Schnittpunkt gibt uns den Zustand des Maschinenabdampfes an. Wir stellen mit einem Blick fest, daß er im Naßdampfgebiet liegt und lesen fur ihn (nötigenfalls durch Interpolation nach Augenmaß) an den verschiedenen Liniensystemen (außer den bereits festgestellten Werten $p = 1,20$ ata und $s = 1,616$ E-E) ab $i = 592,0$ kcal/kg, $x = 0,910$, $t \approx 105°$ (während uns der ebenfalls ablesbare Wert $v \approx 1,33$ m³/kg hier nicht interessiert).

Demgemäß hat 1 kg des Wasser-Dampfgemisches einen Wärmeinhalt (Enthalpie) von 592,0 kcal und enthält 0,910 kg trocken gesättigten Dampfes von 1,20 ata und 0,090 kg Wasser von gleicher Temperatur.

Wenn wir ein genugend großes und genaues i-s-Diagramm nicht zur Verfügung haben, wohl aber die VDI-Dampftafeln, so finden wir in Tafel III für $p = 9$ ata, $t = 200°$ die Werte $i = 677,4$, $s = 1,6162$. Dann suchen wir in den Spalten für $p = 1,20$ ata diejenige Zeile, in der s möglichst genau denselben Wert 1,6162 hat Da finden wir so kleine Werte im Gebiete des überhitzten Dampfes (fur mehr als 104,25°) uberhaupt nicht, woraus folgt, daß in diesem Falle der Abdampf naß ist und daß sich 1 kg desselben aus x kg trockenen Sattdampfes von $p = 1,20$ ata, $t = 104,25°$, $i'' = 640,3$ kcal/kg, $r = 536,0$ kcal/kg, $s'' = 1,7440$ E-E/kg und aus $(1 - x)$ kg Wasser von $t = 104,25°$, $s' = 0,3235$ E-E/kg (Tafel II), $i' = 104,32$ kcal/kg zusammensetzt. Wenn diese beiden Bestandteile eines kg des Gemisches zusammen 1,6162 E-E haben sollen, so ergibt sich die Gleichung

$$x \cdot 1,7440 + (1 - x) \cdot 0,3235 = 1,6162,$$

woraus dann folgt·

$$(1,7440 - 0,3235) \cdot x = 1,6162 - 0,3235; \qquad 1,4205\, x = 1,2927;$$

$$x = \frac{1,2927}{1,4205} = 0,9100.$$

Die Enthalpie dieses Wasser-Dampf-Gemisches ist folglich:

$$i = x \cdot i'' + (1 - x) \cdot i' = 0,9100 \cdot 640,3 + 0,0900 \cdot 104,32$$
$$= 582,7 + 9,4 = \mathbf{592,1\ kcal/kg}$$

oder, etwas einfacher:

$$i = i' + x \cdot r = 104,32 + 0,9100 \cdot 536,0 = 592,1\ \text{kcal/kg}.$$

Wenn wir nur die Dampftabellen aus *Dubbel* zur Verfügung haben, ist diese Berechnung schwer durchzuführen, weil die dort fur überhitzten Dampf gegebene Tafel die Entropiewerte nicht enthalt (Bd. I, S. 643).

Die Dampftafel der *Hütte* I, S 566 ergibt durch Interpolation zwischen den dort fur $t = 200°$ angegebenen Werten

$$i_{5\,\text{at}} = 682,2; \quad i_{10\,\text{at}} = 676,1; \quad s_{5\,\text{at}} = 1,6886; \quad s_{10\,\text{at}} = 1,6024$$

die Interpolationswerte $i_{9\,\text{at},\ 200°} = 677,3$ und $s_{9\,\text{at},\ 200°} = 1,6196$, und die Tafel für gesattigten Dampf von 1,2 ata, Seite 562, gibt $s' = 0,3235$, $s'' = 1,7440$, $r/\Gamma = 1,4205$, $i' = 104,32$, $i'' = 640,3$, $r = 536,0$

Wenn wir daraus die Gleichung bilden·

$$s = s' + x \cdot r/T, \quad 1,6196 = 0,3235 + 1,4205\,x, \quad \text{so folgt}$$

$$x = \frac{1.6196 - 0,3235}{1,4205} = 0,9124;$$

$$i = i' + x \cdot r = 104,32 + 0,9124 \cdot 536,0 = 593,3 \ \text{kcal/kg},$$

also fast genau wie vorhin. Die kleine Abweichung liegt darin begründet, daß die Interpolation fur $s_{9\,\text{ata},\ 200°}$ aus den Werten $s_{5\,\text{ata},\ 200°}$ und $s_{10\,\text{ata},\ 200°}$ keinen genau richtigen Wert ergibt, sondern 1,6196 statt, wie richtig, 1,6162.

Wenn bei einer solchen adiabatischen Expansion die gegebenen Bedingungen derart sind, daß der Endzustand noch im Überhitzungsgebiet liegt. so macht das fur das Verfahren bei Benutzung des MOLLIER-Diagramms keinen Unterschied. Bei Benutzung der Dampftafeln kommen wir dann in den Spalten fur den Enddruck auf eine Zeile, die **u n t e r h a l b** des waagerechten Trennungsstriches liegt, der das Wassergebiet vom Dampfgebiet scheidet.

Als Beispiel sei eine adiabatische Expansion vom Anfangszustand $p_1 = 10$ ata, $t_1 = 400°$, $i_1 = 778,4$, $s_1 = 1,7831$ auf $p_2 = 2,0$ ata behandelt Dann liegt der Endzustand bei 2,0 ata im Gebiet des uberhitzten Dampfes und zwar

$$\text{zwischen} \quad t_2 = 180°, \quad i_2 = 676,0, \quad s_2 = 1,7743$$
$$\text{und} \quad t_2 = 190°, \quad i_2 = 680,7, \quad s_2 = 1,7846,$$

und die Interpolation auf den Wert $s_2 = 1,7831$ ergibt

$$i_2 = 676,0 + \frac{(680,7 - 676,0) \cdot (1,7831 - 1,7743)}{1,7846 - 1,7743} = 676,0 + \frac{4,7 \cdot 0,0088}{0,0103}$$

$$= 676,0 + 4,0 = 680,0 \ \text{kcal/kg}.$$

Vergleiche auch Aufgabe 44, Losung zu Fragen 3 und 5, und Aufgabe 37. Losung, zu Frage 2.

Von dem Wärmeinhalt des Abdampfes von 592,1 kcal/kg wird ein Teil und zwar 80 kcal/kg verbraucht, um das dem kg Dampf entsprechende kg Speisewasser von der Brunnentemperatur von 10° auf 90° anzuwärmen, so daß noch 512,1 kcal/kg für die Bereitung von heißem Gebrauchswasser verbleiben.

Bei einer Abdampf-Ausnutzungsziffer von $c = 100\,°/_0$ wurde daher der Abdampf im ganzen Jahre $512,1 \cdot 8\,750\,000$ kcal zur Erwärmung des Gebrauchswassers beitragen. Bei kleineren Werten von c wurde diese Warme-

menge allgemein $\dfrac{512,1 \cdot 8\,750\,000 \cdot c}{100}$ kcal sein.

B. Bei Anschluß des Schlachthofes an das Elektrizitätswerk und Stillegung der Dampfmaschinen des Schlachthofes entstehen an Stelle der unter A berechneten Jahreskosten von 61 140 M die
folgenden:

1. Der Schlachthof muß jetzt auch denjenigen Teil seines Heiß-
wasserbedarfes, den er gemäß A durch den Maschinenabdampf er-
wärmte, durch Frischdampf erzeugen und muß also dafür besondere Kohlen-
mengen aufwenden. Bei einem Wirkungsgrad der Kessel von $0,70$ und
einem Heizwert der Kohle von 7200 kcal/kg braucht er als Ersatz für jene

$$\frac{512,1 \cdot 8\,750\,000 \cdot c}{100} \text{ kcal im Jahre eine Kohlenmenge von } 512,1 \cdot \frac{87\,500 \cdot c}{0,70 \cdot 7200} \text{ kg}$$

oder $8,891\ c$ Tonnen Kohle, die $8,891 \cdot 60 \cdot c = \mathbf{533,46\ c\ M}$ kosten.

2. Das Elektrizitätswerk muß im Jahre für die vom Schlachthof verbrauchten 700 000 PS_e h (bei einem Wirkungsgrad der Elektromotoren

von $0,90$, der Leitungen von $0,93$) an elektrischer Arbeit $\dfrac{700\,000 \cdot 0,735}{0,90 \cdot 0,93}$

$= 614\,700$ kWh [*158, 26, 122, 17*] erzeugen und braucht dafür $\dfrac{614\,700 \cdot 0,90}{1000}$

$= 553,2$ t Kohle, die $553,2 \cdot 60 = \mathbf{33\,192\ M}$ kosten.

3. Der Kapitaldienst für die durch die Elektrifizierung des
Schlachthofes bedingten neuen Anlagekosten von 60 000 M erfordert jähr-

lich $\dfrac{60\,000 \cdot 13}{100} = \mathbf{7800\ M}$ [*3*].

Die Summierung dieser Betrage unter 1., 2., 3. ergibt die **Jahressumme**
von $533,46\ c + 33\,192 + 7800$

$$= \mathbf{533,46\ }c + \mathbf{40\,992\ M\ gegenüber\ 61\,140\ M\ unter\ A.}$$

Der Anschluß der Kraftbetriebe (Transmissionen, Kühlmaschinen, Pumpen
usw.) des Schlachthofes an das Elektrizitätswerk unter Stillegung der Dampfmaschinen des Schlachthofes ist daher bei den hier angegebenen Verhältnissen vorteilhaft, wenn $533,46\ c + 40\,992 < 61\,140$ oder $533,46\ c < 20\,148$

oder $c < \dfrac{20\,148}{533,46}$, das heißt $< 37,8\ \%$ ist, wenn also (infolge geringen Heiß-

wasserbedarfes des Schlachthofes oder ungünstigen zeitlichen Zusammen-
treffens dieses Bedarfes mit dem Anfall an Maschinenabdampf) weniger als
37 8 % dieses Abdampfes für die Gebrauchswarmwasserbereitung ausgenutzt
werden können und der Rest als Auspuffdampf ungenützt entweicht.

Bei größeren Werten von c ist die Beibehaltung der bisherigen Betriebsweise zweckmäßiger; der Anschluß an das Elektrizitätswerk würde dann
Mehrkosten verursachen.

Für jeden Wert von c ist die Größe der durch den Anschluß an das Elektrizitatswerk bedingten jährlichen Mehr- oder Minderkosten, ausgedrückt in M pro Jahr, aus der in der **Abb. 24**, S. 137, dargestellten Kurve, abzulesen, die an Hand der vorstehend berechneten Ziffern gezeichnet ist.

Schlußbemerkung. Die Verhältnisse liegen bei diesem Falle schon sehr gunstig für den Anschluß an das Elektrizitätswerk (kein Kapitaldienst fur den Strombezug; nur ein geringer für die Elektromotoren; geringer Kohlenverbrauch des Elektrizitätswerkes pro erzeugte kWh). Untei normalen Bedingungen wäre der Anschluß bei leidlicher Ausnutzung des Abdampfes der Schlachthofmaschinen (d. h. bei nicht gar zu kleinem Wert von c) völlig indiskutabel. Gegendruckdampfmaschinen mit guter Ausnutzung des Abdampfes sind hinsichtlich der Ausnutzung der Kohlen eben kaum zu uberbieten.

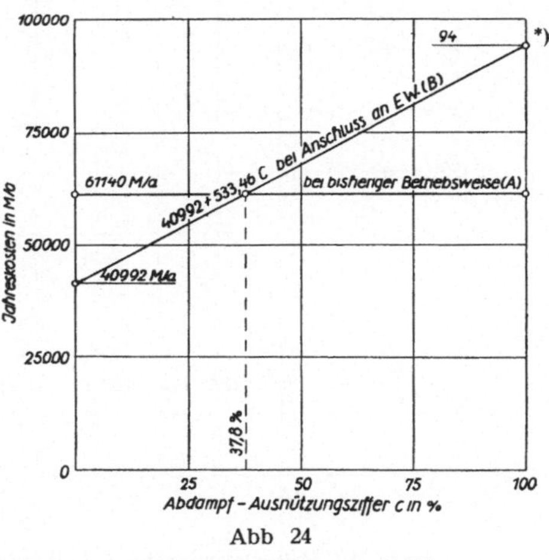

Abb 24

*) Die Ziffer muß lauten · 94 338

Aufgabe 40: Förderung und Brennstoffverbrauch eines Diesel-Löffelbaggers

Für einen Diesel-Löffelbagger mit einem Löffelinhalt von 1 m³ soll die Förderung („Baggerleistung") (in m³ je Schicht) und der erforderliche Brennstoffaufwand (in kg je Schicht, wie auch in kg je m³ Baggergut) ermittelt werden. Dabei sind folgende Verhältnisse zu Grunde zu legen·

Baggergut: Sand und Kies. Dauer einer Schicht· 6 Stunden ununterbrochenen Arbeitens des Baggers. Füllungsgrad des Löffels· 0,7. Schwenkwinkel: etwa 150° (wird für die Lösung der Aufgabe nicht benötigt). Nennleistung des Dieselmotors: 107 PS. Brennstoff: Gasöl. Wellenleistung (vom Dieselmotor abgegebene) während eines Baggerspiels· s. **Abb. 25**, S 138. Brennstoffverbrauch, bezogen auf die vom Motor abgegebene Arbeitseinheit, bei Nennleistung: 205 g/PS$_e$h (Gramm je effektive Pferdekraftstunde) [*101*].

Der auf die Zeiteinheit bezogene Brennstoffverbrauch des Motors (Brennstoff-Fluß, in kg/h) soll als eine lineare Funktion seiner Belastung (Wellenleistung) und bei Leerlauf des Motors zu einem Drittel des für Nennlast zutreffenden Wertes angenommen werden. (Beide Annahmen entsprechen den wirklichen Verhältnissen.)

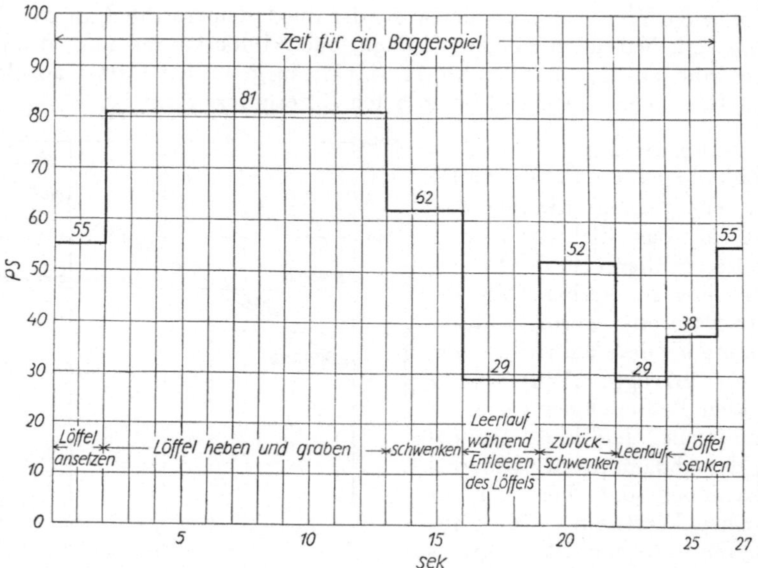

Abb 25 Wellenleistung des Dieselmotors wahrend eines Baggerspiels

Losung

Die Förderung (in m³ je Schicht) ergibt sich als Produkt aus dem Bagger-gut-Inhalt des Löffels und der Anzahl der Arbeitsspiele je Schicht. Jener Baggergut-Inhalt ist $0,7 \cdot 1 = 0,7$ m³, die Spieldauer 26 sek (aus **Abb. 25**, S. 138), die Anzahl der Löffelspiele je Schicht also $\dfrac{6 \cdot 3600}{26} = 830,8$, und die **Förderung** folglich $0,7 \cdot 830,8 = $ **581,6 m³/Schicht.**

Zwecks Ermittelung des Brennstoffverbrauchs betrachten wir die in Abb. 25, S 138. dargestellten Abschnitte konstanter Leistung einzeln und be-stimmen für jeden dieser Wellenleistungswerte den auf die Zeiteinheit be-zogenen Brennstoffverbrauch (in kg/h) aus der Kurve oder der Gleichung, die diesen Wert als Funktion der Wellenleistung des Motors angibt. Diese Kurve, die gemäß dem letzten Satz der Aufgabe eine Gerade ist, und deren Gleichung stellen wir daher zunächst fest. Als Abszissen (x-Werte) wählen wir die Wellenleistung in PS, als Ordinaten (y-Werte) den Brennstoff-Fluß in kg/h.

Für diese Gerade ergeben sich aus den Angaben der Aufgabe zwei Punkte. Denn erstens ist bei Nennleistung ($x = 107$ PS oder 107 PSh/h) die stündlich abgegebene Arbeit 107 PSh, der auf die Arbeitseinheit bezogene Verbrauch 205 g/PSh, der Brennstoff-Fluß y also 0,205 kg/PSh mal 107 PSh/h gleich $0,205 \cdot 107$ kg/h oder 21,935 kg/h, und zweitens gilt fur Leerlauf des

Motors (nicht des Baggers!) $x = 0$, $y = \dfrac{21,935}{3} = 7,312$ kg/h.   Aus der

hiernach gezeichneten **Abb. 26**, S. 139, können wir dann die zur Wellen-leistung des Motors in den einzelnen Spielabschnitten gehörenden Werte des Brennstoff-Flusses ablesen.

Wenn wir sie lieber rein rechnerisch als graphisch bestimmen wollen, so mussen wir die Gleichung jener Geraden aufstellen [7].   Da sie die y-Achse in einer Höhe b ($= 7,312$ kg/h) schneidet und mit zunehmendem x ansteigt, so hat ihre Gleichung die Form· $y = b + m\,x$. Die Konstante m finden wir durch Einsetzen der Werte fur den Nennleistungspunkt $x_1 = 107$, $y_1 = 21,935$

und den Ansatz $21,935 = 7,312 + m \cdot 107$ zu $m = \dfrac{21,935 - 7,312}{107} = 0,1367.$

Die Gleichung der Geraden lautet also $y = 7,312 + 0,1367\,x.$

Die Berechnung des Brenn-stoffverbrauches je Schicht füh-ren wir zweckmäßig in Form der Zahlentafel 9, S. 140, durch. Zu den einzelnen Spiel-abschnitten (Spalte 1) entneh-men wir aus Abb. 25, S. 138, deren Dauer und die zugehö-rige Wellenleistung des Motors und tragen erstere in Spalte 2 in sek, in Spalte 3 in h ein, letztere in Spalte 4 Die diesen Wellenleistungen entsprechen-den Werte des Brennstoff-Flus-ses entnehmen wir der Abb. 26, S. 139, oder berechnen sie aus der Gleichung der Geraden und tragen sie in Spalte 5 ein. (Beispiel „Löffel heben und graben": $N = 81$ PS $= x$; $y = 7,312 + 0,1367 \cdot 81 = 7,312 + 11,073$

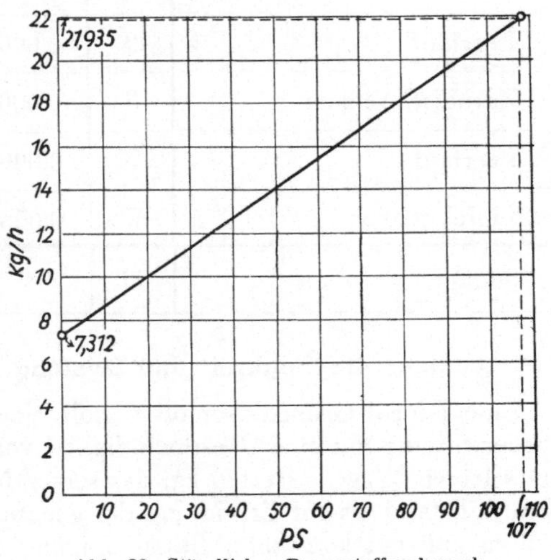

Abb. 26 Stündlicher Brennstoffverbrauch

$= 18,385$ kg/h.) In die Spalte 6 schreiben wir das Produkt aus den Spal-ten 3 und 5, das den Brennstoffverbrauch je Spielabschnitt angibt. Die Ad-dition der Einzelwerte dieser Spalte liefert den Brennstoffverbrauch je Spiel zu 0,1123 kg.

Der **Brennstoffverbrauch** je Schicht ergibt sich durch Multiplikation dieser Zahl mit der der Löffelspiele je Schicht, die anfangs bereits zu 830,8 gefunden war,

also zu $0,1123 \cdot 830,8 = $ **93,3 kg/Schicht**

und der auf je 1 m³ Fördergut bezogene Verbrauch

$$\text{zu} \quad \frac{93,3}{581,6} = 0,160 \text{ kg/m}^3.$$

Zahlentafel 9

Spalte 1	2	3	4	5	6
	sek	h	PS	kg/h	kg
Löffel ansetzen	2	0,000 556	55	14,831	0,0082
Löffel heben und graben	11	0,003 056	81	18,385	0,0562
Schwenken	3	0,000 833	62	15,787	0,0132
Leerlauf	3	0,000 833	29	11,276	0,0094
Zurückschwenken	3	0,000 833	52	14,420	0,0120
Leerlauf	2	0,000 556	29	11,276	0,0063
Löffel senken	2	0,000 556	38	12,507	0,0070
Summe	26		. . .	. . . .	0,1123

Aufgabe 41: Zugkraft und Leistung einer Grubenlokomotive

Eine Benzol-Grubenlokomotive soll einen Erzzug von 16 Wagen auf ebener Strecke mit einer Geschwindigkeit von 3 m/sek ziehen. Das Gewicht eines leeren Wagens ist 400 kg, das seiner Nutzlast 800 kg. Das Anfahren vom Stillstand bis zur Erreichung der genannten Geschwindigkeit soll 12 sek dauern und mit konstanter Beschleunigung erfolgen. Die Reibung soll mit 8 $^0/_{00}$ des Gewichtes berücksichtigt werden.

Fragen:

1. Wie groß ist die vom Zughaken der Lokomotive auf den Zug auszuübende Z u g k r a f t :

   a) beim Anfahren;

   b) beim Fahren mit gleichförmiger Geschwindigkeit?

2. Wie groß ist die L e i s t u n g der Lokomotive am Zughaken:

   a) am Ende der Anfahrperiode;

   b) während des Fahrens mit gleichförmiger Geschwindigkeit?

Losung

Zu Frage 1. a): Wahrend der Beschleunigungsperiode muß die Zugkraft P [kg] erstens die Reibung P_R [kg] decken und zweitens die Beschleunigung b [m/sek²] bewirken (P_b [kg]). Bei der Berechnung dieser beiden Teilkräfte sind nur die Erzwagen zu berücksichtigen, nicht die Lokomotive selbst, weil nach der a m Z u g h a k e n d e r L o k o m o t i v e gemessenen Kraft gefragt ist. Das Gewicht der 16 Erzwagen mit Nutzlast ist $G = 16 \cdot (400 + 800)$ $= 19\,200$ kg und ergibt also eine Reibungskraft P_R von $\dfrac{8}{1000}$ $19\,200$ $= 153,6$ kg. Die zur Erzeugung der Beschleunigung b erforderliche Kraft P_b ergibt sich gemäß den Beziehungen:

$$b \cdot \left[\frac{m}{\text{sek}^2}\right] = \frac{P_b \ [\text{kg}]}{m \left[\dfrac{\text{kg}}{\text{m/sek}^2}\right]} \ ; \quad P_b = m \cdot b;$$

$$m \left[\frac{\text{kg}}{\text{m/sek}^2}\right] = \frac{G \ [\text{kg}]}{g \ [\text{m/sek}^2]} = \frac{G}{9,81};$$

$$b \ [\text{m/sek}^2] = \frac{d\,v \ [\text{m/sek}]}{d\,t \ [\text{sek}]} \ [11, 14],$$

woraus hier folgt:

$$m = \frac{19\,200}{9,81} = 1957,2 \left[\frac{\text{kg} \cdot \text{sek}^2}{\text{m}}\right]; \quad b = \frac{3 \ [\text{m/sek}]}{12 \ [\text{sek}]} = \frac{1}{4} \ [\text{m/sek}^2];$$

$$P_b = m \cdot b = \frac{1957,2}{4} = 489,3 \ [\text{kg}];$$

$$P = P_R + P_b = 153,6 + 489,3 = \mathbf{642,9 \ kg}.$$

Zu Frage 1. b): Während der Periode der gleichförmigen Geschwindigkeit ist nur die Reibungskraft erforderlich,

$$\text{also } P = P_R = \mathbf{153,6 \ kg}.$$

Zu Frage 2. a): Die Leistung N' [mkg/sek] ist gleich der Kraft P [kg] mal der Geschwindigkeit v [m/sek] oder N [PS] $= \dfrac{P \ [\text{kg}] \cdot v \ [\text{m/sek}]}{75 \left[\dfrac{\text{mkg/sek}}{\text{PS}}\right]}$, wenn

(wie hier) P und v dieselbe Richtung haben [15]. Am Ende der Beschleunigungsperiode ist nun (gemäß den Berechnungen zu Frage 1.a) $P = 642,9$ [kg] und $v = 3$ [m/sek], so daß folgt·

$$N = \frac{642,9 \cdot 3}{75} = \mathbf{25,72 \ PS}.$$

Zu Frage 2. b): Während des Fahrens mit gleichförmiger Geschwindigkeit ist $P = 153{,}6$ [kg]; $v = 3$ [m/sek],

$$\text{also } N = \frac{153{,}6 \cdot 3}{75} = \textbf{6{,}14 PS.}$$

Aufgabe 42: Bemessung der Batterie einer Akkumulatoren-Grubenlokomotive

Der Motor einer Akkumulatoren-Grubenlokomotive hat eine Nennleistung von 18,5 PS und eine Nenn-Betriebsspannung von 160 Volt.

Es soll die erforderliche Größe der Batterie bestimmt werden unter Zugrundelegung folgender Bedingungen:

a) Die Fahrgeschwindigkeit soll stets 2,7 m/sek betragen; die Zahl der Wagen soll stets so groß sein, daß bei dieser Geschwindigkeit der Motor mit 90 % seiner Nennleistung belastet wird. Unter diesen Umständen soll eine Batterieladung für eine Fahrt von 8 km ausreichen.

b) Auch bei Überlastung des Motors um 50 % darf die Batterie keinen Schaden nehmen.

c) Der Wirkungsgrad des Motors ist zu 0,85 anzunehmen.

Fragen:

Wie groß ist·

1. die Zellenzahl,
2. die Kapazität,
3. die höchstzulässige Entlade-Stromstärke

der Batterie zu wählen?

Lösung

Zu Frage 1.: Die Spannung einer Akkumulatorenzelle sinkt während der Entladung ein wenig. Wenn wir Blei-Akkumulatoren zugrunde legen, so beträgt die Entladespannung anfangs etwa 2 Volt pro Zelle und die Entladung muß abgebrochen werden, wenn sie auf etwa 1,83 Volt pro Zelle (bei Entnahme der Nennstromstärke der Batterie) gesunken ist [175]. Damit auch gegen Ende der Entladung der Motor noch seine Nennspannung von

160 Volt erhält, müssen daher $\dfrac{091}{1{,}83} = \textbf{88 Zellen}$ vorhanden sein, die sämtlich in Reihe zu schalten sind.

Zu Frage 2.: Da der Motor eine Nennleistung von 18,5 PS hat, mit 90 % davon belastet sein soll und dabei einen Wirkungsgrad von 0,85 aufweist,

so nimmt er $\dfrac{0.90 \cdot 18{,}5 \cdot 735{,}3}{0{,}85} = 14\,400$ Watt auf [17, 158]. Bei einer

Spannung von 160 Volt entspricht das einem Strom von $\dfrac{14\,400}{160} = 90$ Amp

[*122*]. Diesen Strom muß die Batterie wahrend der ganzen Zeit hergeben, die der Zug fur eine Fahrstrecke von 8 km braucht. Bei einer Geschwindigkeit von 2,7 m/sek sind das

$$\frac{8000}{2,7} = 2963 \text{ sek oder } \frac{2963}{3600} = 0,823 \text{ h}.$$

Die erforderliche **Kapazität** der Batterie beträgt also

$$90 \ [\text{Amp}] \cdot 0,823 \ [\text{h}] = \textbf{741 Ah} \quad [\textit{175}].$$

Zu Frage 3.: Wenn der Motor bei 90 % seiner Nennlast (gemäß den Berechnungen zu 2.) 90 Amp braucht, so erfordert er bei Überlastung um 50 % (also bei Belastung mit 150 % seiner Nennleistung) $90 \text{ Amp} \cdot \dfrac{150\ \%}{90\ \%}$ = **150 Amp**, so daß also die Batterie fur diese **Höchststromstärke** bemessen werden muß.

Aufgabe 43: Förderleistung einer Akkumulatoren-Grubenlokomotive mit e i n e r Batterieladung

Fur eine Akkumulatoren-Grubenlokomotive mit Hauptstrommotor sind in **Abb. 27**, S. 143, als Funktionen der vom Motor aufgenommenen Stromstärke J [Amp] die folgenden Größen durch Kurven dargestellt.

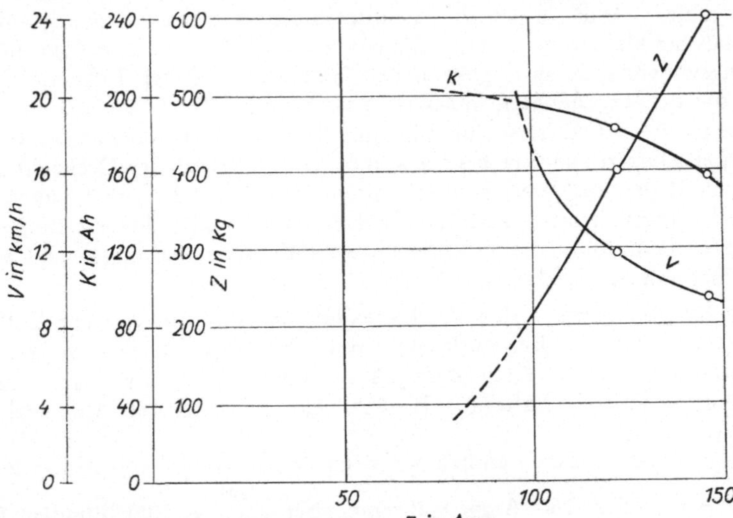

Abb. 27 Stundlicher Brennstoffverbrauch

die Zugkraft Z [kg], gemessen am Zughaken der Lokomotive,
die Zuggeschwindigkeit V [km/h];
die Kapazität der Batterie K [Amperestunden].

Das Leergewicht eines jeden Wagens beträgt 450 kg, seine Nutzlast 550 kg.

Die fur je 1 Tonne des Zuggewichtes bei ebener Strecke aufzuwendende Zugkraft beträgt 20 kg.

Frage:

Wieviel Nutz-Tonnenkilometer können auf ebener Strecke mit einer einzigen Batterieladung geleistet werden, wenn der Zug aus 20 beziehungsweise aus 30 vollbeladenen Wagen besteht?

Lösung

Vorbemerkungen. Zunächst seien einige Bemerkungen über den allgemeinen Charakter der Kennlinien der Abb. 27, S. 143, vorausgeschickt.

Für einen Gleichstrom-Hauptstrom-Motor ist charakteristisch, daß sein Drehmoment M mit wachsendem Strom sehr stark ansteigt, nämlich stärker als proportional, weil mit dem Strom J auch das Magnetfeld Φ wächst und das Drehmoment M dem Produkt aus J und Φ proportional ist [162]. Ähnlich wie M des Motorankers steigt aber auch die Zugkraft Z der Lokomotive, die dem Drehmoment M genau proportional wäre, wenn die Kraftverluste im Getriebe und durch die Reibung der Lokomotivräder gleich Null oder proportional M wären. Wenn nun auch beides nicht zutrifft, so bleibt doch ungefähr Z proportional M, woraus sich der steile Verlauf der Z-Kurve erklärt Daß sie erst bei ziemlich hohen Werten von J beginnt, besagt, daß bei kleinerem J das Drehmoment des Ankers nicht genügt, um die Reibungswiderstände des Ankers, des Getriebes und der Lokomotivräder (ohne die der angehängten Wagen) zu überwinden.

Die zweite charakteristische Eigentümlichkeit des Hauptstrommotors ist der hyperbelartige, nach rechts stark abfallende Verlauf der Drehzahl n des Motors, mit der der Wert V direkt proportional ist. Er rührt daher, daß bei wachsendem Strom J auch das Feld Φ wächst und Feldverstärkung (bei konstanter dem Motor zugeführter Spannung) stets verlangsamend wirkt. So erklärt sich der Verlauf der Kurve V [162].

Die Kurve K besagt, daß die Kapazität der Batterie von der Entladestromstärke abhängt. Bei Entladung mit 100 Amp ist sie etwa 200 Ah. bei Entladung mit 150 Amp dagegen nur etwa 150 Ah, so daß man der vollständig geladenen Batterie z. B. wahlweise entweder 100 Amp während

etwa $\dfrac{200}{100} = 2{,}00$ Stunden entnehmen kann (entsprechend 100 Amp $\cdot$ 2,00 h

$= 200$ Ah), oder 150 Amp während etwa $\dfrac{150}{150} = 1{,}00$ Stunden (ent-

sprechend 150 Amp $\cdot$ 1,00 h $= 150$ Ah) [175]. Diese Abhängigkeit der Kapazität von der Stromstärke bzw. von der Dauer der Entladung ist eine typische Eigenschaft elektrischer Batterien, die bei anderen Speichern (z. B.

Warenspeichern, Talsperren, Preßluftbehältern, hydraulischen Akkumulatoren, Schwungradern) kein vollständiges Analogon findet.

Zahlentafel 10

Zeile	Begriff	Rechenschema bzw Herkunft	Benennung	bei $w =$ Zahl der Wagen $= 20$	bei $w =$ Zahl der Wagen $= 30$	Einheiten
[1]	Gewicht des Zuges ohne Lokomotive	$w \cdot \dfrac{450 + 550}{1000} = w \cdot 1$	G	20	30	t
[2]	Erforderliche Zugkraft	$20 \cdot [1]$	$Z = 20\,G$	400	600	kg
[3]	Strombedarf des Motors	Kurve Z	J	122	146	Amp
[4]	Kapazität der Batterie bei diesem Strom	Kurve K	K	182	158	Ah
[5]	Fahrgeschwindigkeit bei diesem Strom	Kurve V	V	11,8	9,4	km/h
[6]	Entladedauer (bis zur Erschöpfung der Batterie) bei diesem Strom	$[4] : [3]$	$t = \dfrac{K}{J}$	1,49	1,08	h
[7]	Fahrstrecke in dieser Zeit	$[5] \cdot [6]$	$s = V \cdot t$	17,6	10,2	km
[8]	Nutz-Förderleistung in dieser Zeit	$0,55 \cdot w \cdot [7]$	$L = w \cdot \dfrac{550}{1000} \cdot s$	**194**	**168**	tkm

Auswertung.

Die Lösung ergibt sich für beide Wagenzahlen w (20 und 30) ohne Schwierigkeit durch einfache Rechenoperationen und Ablesungen aus den drei Kurven an Hand des in der Zahlentafel 10, S 145, angegebenen Rechenschemas.

Es würde interessant und u. U. auch von praktischer Bedeutung sein, festzustellen, bei welcher Wagenzahl w die Nutzleistung L [tkm] gemäß Zeile [8] der Zahlentafel ein Maximum erreicht. Mit der üblichen Methode der Differentialrechnung, indem man den Differentialquotienten $\dfrac{d\,L}{d\,w}$ bildet und gleich Null setzt [9], läßt sich diese Frage nur lösen, wenn es gelingt, die in Abb. 27, S. 143, gegebenen Kurven einigermaßen zutreffend durch nicht allzu komplizierte Gleichungen zu ersetzen, etwa die Z-Kurve durch eine Gerade, die K-Kurve durch eine Parabel, die V-Kurve durch eine Hyperbel. Das Aufsuchen dieser Gleichungen ist aber mühsam, und es ist deshalb einfacher, für w der Reihe nach noch andere Werte als 20 und 30 einzusetzen, jedesmal an Hand des Rechenschemas der Zahlentafel 10 den Wert L zu berechnen, die gefundenen Werte L miteinander zu vergleichen (am besten, indem man sie als Funktion von w graphisch aufträgt), und sich so probierenderweise an den Höchstwert von L heranzutasten. Vielleicht hat aber L innerhalb des praktisch zulässigen Bereiches von V gar kein eigentliches Maximum, sondern steigt mit wachsendem V (bis zu dessen zulässiger Höchstgrenze) dauernd an. Dann ergibt dieser Höchstwert von V und der zugehörige Wert von w den günstigsten Betrieb hinsichtlich der Nutztonnenkilometer pro Batterieladung.

Aufgabe 44: Zugkraft, Leistung, Dampfverbrauch und Kohlenvorrat einer Abraum-Dampflokomotive

Eine Abraum-Dampflokomotive einer Braunkohlengrube von 12 t Dienstgewicht soll 30 Wagen, die mit Nutzlast je 1,5 t wiegen, mit einer Geschwindigkeit von 20 km/h über eine Rampe mit der Steigung 1 : 200 ziehen. Der Reibungswiderstand auf den Schienen und in den Achslagern von Wagen und Lokomotive beträgt 11 kg für je 1 Tonne des Zuggewichtes; der Luftwiderstand werde vernachlässigt.

Auf der Lokomotive wird Dampf von 10 ata und 250° erzeugt; der Abdampf verläßt die Zylinder mit 1,2 ata und bläst in den Kamin. Der auf das adiabatische Wärmegefälle und auf den Radumfang bezogene Wirkungsgrad der Lokomotivmaschine (also ohne Schienen- und Achslagerreibung) beträgt 48 %, der Wirkungsgrad des Kessels, bezogen auf den unteren Heizwert H_u des Brennstoffs, 68 %. Das Speisewasser hat eine Temperatur von 15°.

Fragen:

1. Wie groß ist die fur die gleichförmige Bewegung des Zuges auf der Steigung erforderliche Zugkraft, gemessen am Umfang der Lokomotivtriebräder?

2. Wie groß ist dabei die Leistung der Lokomotivmaschine, gemessen am Umfang ihrer Triebräder?

3. Wie groß ist dabei die stundliche Dampferzeugung?

4. Wieviel kg Kohle muß der Kohlenkasten der Lokomotive fassen können, wenn Braunkohle vom unteren Heizwert $H_u = 2850$ kcal/kg verfeuert wird und der Kohlenvorrat fur 6 Betriebsstunden reichen soll? In jeder Betriebsstunde soll die Lokomotive 25 Minuten lang den oben beschriebenen Zug voll beladen bergauf ziehen, während in den übrigen 35 Minuten der auf die Zeiteinheit bezogene Kohlenverbrauch nur halb so groß ist wie bei der Bergfahrt.

5. Zur Beantwortung der Frage 3 gehort die Bestimmung des adiabatischen Wärmegefälles vom Zustand $p_1 = 10,0$ ata, $t_1 = 250°$, auf $p_2 = 1,20$ ata an Hand eines großen und genauen MOLLIER-(i-s-)Diagramms. Jetzt soll angenommen werden, daß ein solches Diagramm nicht zur Verfugung steht, wohl aber ausfuhrliche Wasserdampftafeln, etwa die VDI-Wasserdampftafeln [80], und es ist an Hand dieser Tafeln das adiabatische Wärmegefalle (kcal/kg) zu bestimmen, und zwar.

a) fur die in der Aufgabe gegebenen und vorstehend wiederholten Zustände,

b) fur $p_1 = 40,5$ ata, $t_1 = 455°$, $p_2 = 5,20$ ata (ohne Rucksicht darauf, daß dieser Druck und Gegendruck nicht zur Lokomotive passen).

Losung

Zu Frage 1.: Da nach der **Zugkraft** P [kg], g e m e s s e n a m U m f a n g d e r T r i e b r a d e r , gefragt ist (nicht nach der am Zughaken gemessenen!), so schließt P die fur die Reibung und Hebung der Lokomotive selbst erforderliche Kraft mit ein, und wir mussen folglich mit dem Gewicht G [kg] des ganzen Zuges einschließlich Lokomotive rechnen. Da P fur die g l e i c h f ö r m i g e Bewegung gesucht ist, bleibt die Beschleunigung außer Betracht. Es ist also das Gewicht $G = 12\,000 + 30 \cdot 1500 = 57\,000$ kg

und die Reibungskraft $P_R = \dfrac{11}{1000} \cdot 57\,000 = 627$ kg. Die zum Heben des

Zuges (ohne Reibung) erforderliche (parallel zu den Schienen gerichtete) Kraft P_H ist nach den Gesetzen der schiefen Ebene $P_H = G \cdot \sin \alpha$. Bei so schwacher Steigung bzw. so kleinem Neigungswinkel α ist ohne merklichen

Fehler $\sin \alpha = \operatorname{tg} \alpha = \alpha$ zu setzen, also hier $= \dfrac{1}{200}$, so daß sich ergibt

10*

$$P_{\mathrm{H}} = 57\ 000 \cdot \frac{1}{200} = 285\ \text{kg}\ \text{und}$$

$$P = P_{\mathrm{R}} + P_{\mathrm{H}} = 627 + 285 = \mathbf{912\ kg}.$$

Zu Frage 2.: Allgemein ist die **Leistung** N' [mkg/sek] = Kraft P [kg] mal Geschwindigkeit v [m/sek], wenn, wie hier, P und v in dieselbe Richtung fallen, oder N [PS] $= \dfrac{P\ [\text{kg}] \cdot v\ [\text{m/sek}]}{75 \left[\dfrac{\text{mkg/sek}}{\text{PS}}\right]}$. Hier ist $v = \dfrac{20\ 000\ [\text{m}]}{3600\ [\text{sek}]}$

$= 5{,}556$ m/sek; mit $P = 912$ kg (gemäß den Berechnungen zu Frage 1.) wird also

$$N = \frac{912 \cdot 5{,}556}{75} = \mathbf{67{,}56\ PS}.$$

Zu Frage 3.: Da die Lokomotivmaschine einen „Wirkungsgrad" in dem in der Aufgabe näher präzisierten Sinne von $\eta = 0{,}48$ hat, braucht sie so viel

Dampf wie eine „ideale" Maschine brauchen würde, die $\dfrac{67{,}56}{0{,}48} = 140{,}75$ PS

leistete Dabei ist unter einer idealen Maschine eine solche verstanden, die keine Reibungs-, Strahlungs- und Wirbelverluste hat und deren Dampf mit demselben Druck (10 ata) und mit derselben Temperatur (250°) in die Zylinder eintritt wie bei der wirklichen Maschine, auch bis auf denselben Enddruck (1,2 ata) (nicht auf dieselbe Endtemperatur!) expandiert, bei der aber die Expansion adiabatisch verläuft.

In einem i-s-Diagramm (i = Wärmeinhalt, „Enthalpie" des Dampfes für je 1 kg in kcal, s = Entropie des Dampfes für je 1 kg in kcal/grad) [80], etwa in den VDI-Wasserdampftafeln, suchen wir deswegen den Punkt, der zum Anfangsdruck 10 ata und zur Anfangstemperatur 250° gehört (Schnittpunkt der Isobare 10 ata mit der Isotherme 250°), lesen seinen Ordinatenwert $i = 702{,}7$ kcal/kg ab, gehen von ihm aus senkrecht (senkrecht besagt: ohne Änderung der Entropie, also ohne Zu- oder Abfuhr von Wärme, also adiabatisch!) herunter bis zum Schnitt mit der Isobare 1,2 ata, und lesen auch für diesen Endpunkt der idealen Expansion den Ordinatenwert, d. h. den Wärmeinhalt des abströmenden Dampfes für je 1 kg mit $i = 607{,}7$ kcal/kg ab. Daraus ergibt sich, daß je ein kg Dampf der idealen Maschine $702{,}7 - 607{,}7 = 95{,}0$ kcal mechanischer Arbeit leistet.

Für eine Leistung der Maschine von 140,75 PS sind nun

$$140{,}75\ [\text{PS}] \cdot 632{,}3\ [\text{kcal/PSh}] = 8{,}900 \cdot 10^4\ [\text{kcal/h}]$$

erforderlich [17], so daß der **stündliche Dampfverbrauch** der Maschine

$$\frac{8{,}900 \cdot 10^4\ [\text{kcal/h}]}{95{,}0\ [\text{kcal/kg Dampf}]} = \mathbf{937\ kg\ Dampf/h}\ \text{wird}.$$

Zu Frage 4.: Der Betriebsdampf (10 ata, 250°) hat, gemäß den Berechnungen zu Frage 3., 702,7 kcal/kg. Da das Speisewasser von 15° bereits 15 kcal/kg enthält, bedarf es zur Umwandlung in Betriebsdampf noch einer Zufuhr von $702,7 - 15 = 687,7$ kcal/kg Dampf. Bei einem Wirkungsgrad des Kessels (bezogen auf H_u) von 0,68 und einem Brennstoff von $H_u = 2850$ kcal/kg Brennstoff erfordert also 1 kg Dampf eine Brennstoffmenge von

$$\frac{687,7 \ [\text{kcal/kg Dampf}]}{0,68 \cdot 2850 \ [\text{kcal/kg Kohle}]} = 0,3549 \ \frac{\text{kg Kohle}}{\text{kg Dampf}} \, ,$$

oder erzeugt 1 kg Kohle $\dfrac{1}{0,3549} = 2,818$ kg Dampf („Brutto-Verdampfungsziffer") [90].

Für Bergfahrt braucht die Lokomotive in 1 h (gemäß den Berechnungen zu Frage 3.) 937 kg Dampf, also in 25 Minuten $937 \cdot \dfrac{25}{60} = 390,4$ kg Dampf. Bei den übrigen Fahrten braucht sie gemäß den Angaben der Aufgabe nur $\dfrac{937}{2} = 468,5$ kg Dampf/h, also in 35 Minuten $468,5 \cdot \dfrac{35}{60} = 273,3$ kg. In 6 Betriebsstunden beträgt demnach der Dampfverbrauch $6 \cdot (390,4 + 273,3) = 3982$ kg Dampf und folglich der **Kohlenverbrauch**

3982 [kg Dampf] $\cdot$ 0,3549 [kg Kohle/kg Dampf] = **1413 kg Kohle**.
Diese Brennstoffmenge muß demnach der Kohlenkasten fassen können.

Zu Frage 5. a): Auch ohne ein genaues MOLLIER-(i-s-)Diagramm in hinreichend großem Maßstab sind derartige Bestimmungen des **adiabatischen Wärmegefälles** zwischen einem Anfangszustand (hier $p_1 = 10,0$ ata, $t_1 = 250°$) und einem Enddruck (hier $p_2 = 1,20$ ata) des Wasserdampfes (freilich umständlicher und mühsamer) durchzuführen, wenn hinreichend umfangreiche und engmaschige Zahlentafeln für i und s zur Verfügung stehen, und zwar bei p sowohl für gesättigten als für überhitzten Dampf, etwa die VDI-Wasserdampftafeln [80]. Die Zahlentafeln *Dubbel* I, S. 640 ff. reichen hierfür nicht aus, weil sie zu weitmaschig sind und weil beim überhitzten Dampf die Werte s fehlen. Bei den Zahlentafeln *Hütte* I, S. 556 bis 568 wird der erstere Mangel in vielen Fällen ebenfalls eine genaue Bestimmung ausschließen, weil die Druckwerte p, für die die Werte i und s angegeben sind, so große Abstände voneinander haben, daß bei Zwischenwerten von p die Werte s meistens nicht hinreichend genau durch Interpolation bestimmt werden können.

Die genannten VDI-Tafeln, Berlin 1941, geben für den Anfangszustand $p_1 = 10,00$ at, $t_1 = 250°$ auf Seite 38 in Tafel III die Werte $i_1 = 702,8$ und $s = 1,6558$ (übereinstimmend mit den vorhin zu Frage 3. aus dem MOLLIER-Diagramm abgelesenen Werten).

(Wenn p_1 und t_1 in den Tafeln nicht unmittelbar angegeben sein sollten, so kann an Hand dieser Tafeln i_1 und s_1 hinreichend genau durch Interpolation bestimmt werden.) Nun suchen wir für p_2 (hier 1,20 at) f ü r d e n S ä t t i g u n g s z u s t a n d in Tafel II den Wert s'' (Entropie des trocken gesättigten Dampfes) und finden dafür (auf Seite 15) $s'' = 1,7440$ Wir stellen fest, daß dieser Wert größer ist als der vorige (1,6558) und folgern daraus, daß in diesem Einzelfall der Endzustand der Expansion im N a ß d a m p f g e b i e t liegt. (Wegen des umgekehrt liegenden Falles s Frage 5. b!). 1 kg dieses Naßdampfes besteht dann aus x kg trocken gesättigten Dampfes von 1,20 at und $(1 - x)$ kg Wasser gleicher Temperatur $(t_2 = 104,25°)$ mit $s'' = 1,7440$, $i'' = 640,3$, $s' = 0,3235$, $i' = 104,32$ (Index für Wasser, Index " für Dampf). Die Entropie für 1 kg dieses Wasser-Dampf-Gemisches ist also $1,7440\ x + 0,3235\ (1 - x)$, und wir erhalten, wenn wir diesen Ausdruck gleich $s_1 = 1,6558$ setzen, eine einfache Gleichung in x, aus der sich $x = 0,938\ 12$ und $1 - x = 0,061\ 88$ ergibt (Wenn der gegebene Wert p_2 zwischen zwei in Tafel II vorgesehenen Werten p gelegen hätte, hätten wir s'', i'', s', i' durch Interpolation bestimmen müssen) Die Enthalpie für 1 kg des Gemisches ist also $0,938\ 12 \cdot 640,3 + 0,061\ 88 \cdot 104,32 = 607,13$, was fast genau mit dem vorhin aus dem Mollier-Diagramm abgelesenen Werte übereinstimmt.

Zu Frage 5. b): Wenn gegeben ist $p_1 = 40,5$ at; $t_1 = 455°$, so finden wir in Tafel III, Seite 48, die in den Zeilen [1], [2], [3], [4] der Zahlentafel 11, S 150, eingetragenen Werte. Aus ihnen interpolieren wir die Werte in den

Zahlentafel 11

	p in at	$t°$	i in kcal/kg	s in kcal/(grad kg)
[1]	40	450	794,6	1,6573
[2]	40	460	800,1	1,6649
[3]	41	450	794,3	1,6543
[4]	41	460	799,8	1,6619
[5]	40	455	797,35	1,6611
[6]	41	455	797,05	1,6581
[7]	40,5	455	797,2	1,6596

Zeilen [5] und [6] und daraus wieder die Werte der Zeile [7], d. h. die gesuchten Werte i_1 und s_1.

Nun suchen wir für den gegebenen Wert $p_2 = 5,2$ at in Tafel II den Wert s'' für Sattdampf und finden (auf Seite 15) $s'' = 1,6265$. Jetzt ist also dieser Wert kleiner als $s_1 = 1,6596$, woraus folgt, daß diesmal der Dampf am Ende der Expansion noch uberhitzt ist. Wir suchen daher jetzt in Tafel III zu $p_2 = 5,2$ und $s_2 = 1,6596$ den zugehórigen Wert i. Auf Seite 35 finden wir Spalten fur 5,0 und 5,5 at, aber nicht für 5,2 at, so daß wii auch hier interpolieren mussen. Wir notieren in den Zeilen [1] bis [4] der Zahlentafel 12 die dort zu findenden Werte t, p, i, s, zwischen denen (gemaß den Werten s) der gesuchte Endzustand des Dampfes liegen muß, und interpolieren gleich in den Zeilen [5] und [6] die zu $p = 5,2$ at und

Zahlentafel 12

Zeile	t	p	i	s
[1]	170	5,0	666,9	1,6552
[2]	170	5,5	666,0	1,6432
[3]	180	5,0	672,2	1,6669
[4]	180	5,5	671,4	1,6552
[5]	170	5,2	666,5	1,6504
[6]	180	5,2	671,9	1,6622

$t = 170$ bzw $t = 180$ gehorigen Werte i und s, indem wir die entsprechenden Werte der Zeilen [1] bzw. [3] um $^2/_5$ der Differenzen zwischen den Zeilen [1] und [2] bzw. [3] und [4] ermäßigen.

Da der Wert s von der [5]. zur [6]. Zeile um 0,0118 wachst, aber, um den verlangten Wert 1,6596 zu erreichen, nur um 0,0092 zu steigen braucht, so liegen die gesuchten Werte t und i auf 92/118 des Weges von

Zeile [5] zu Zeile [6]. Daraus folgt $t = 170 + \dfrac{10 \cdot 92}{118} = 177,8°$ und

$i = 666,5 + \dfrac{(671,9 - 666,5) \cdot 92}{118} = 670,7$. Das **adiabatische Wärmegefälle**

ist also jetzt $\qquad 797,2 - 670,7 = \textbf{126,5 kcal/kg}$.

(Vergleiche auch Aufgabe 39, Losung, Abschnitt A, und Aufgabe 37, Lösung, zu Frage 2)

Aufgabe 45: Arbeitsbedarf und Wirkungsgrad eines elektrisch angetriebenen Turbokompressors

Ein unmittelbar mit einem Elektromotor gekuppelter Turbokompressor, der 12000 m³/h angesaugter Luft von 1 auf 7 ata (d. h. absoluter Druck) [65, 66] verdichtet, verbraucht dabei, gemessen an seiner Welle, 1400 PS, oder, gemessen an den Zuführungsleitungen des Elektromotors, 1080 kW.

Fragen:

Wie groß sind:

1. der Wirkungsgrad des Elektromotors [26, 17];

2. die bei der Kompression von 10 m³ angesaugter Luft vom Elektromotor verbrauchte elektrische Arbeit;

3. die theoretisch bei isothermischer Kompression der 12 000 m³/h von 1 auf 7 ata erforderliche Leistung [108];

4. der isothermische Wirkungsgrad des Turbokompressors, bezogen auf die ihm an seiner Welle zugeführte Leistung?

Lösung

Zu 1.: Der Wirkungsgrad des Elektromotors ist das Verhältnis der von ihm abgegebenen mechanischen Leistung zu der ihm zugeführten elektrischen, wobei jedoch beide in denselben Einheiten, also etwa in kW ausgedrückt werden müssen [26]. Hier ist also die Zahl der PS mit 0,735 zu multiplizieren [17], so daß sich **der Wirkungsgrad** ergibt zu

$$\frac{1400 \cdot 0,735}{1080} = 0,953 \text{ oder } \mathbf{95,3\ \%}.$$

Zu 2.: Der Arbeitsverbrauch von Kompressoren mit einem Enddruck von etwa 7 ata für je 10 m³ angesaugter Luft ist eine Zahl, die der Fachmann im Gedächtnis behält; er beträgt im Durchschnitt bei Turbokompressoren etwa 1 kWh, bei Kolbenkompressoren etwa 1 PSh Hier ergibt er sich zu

$$\frac{10 \cdot 1080}{12\,000} = \mathbf{0,90\ kWh/10\ m^3\ angesaugter\ Luft}.$$

Zu 3.: Isothermische Kompression erfordert weniger Arbeit als adiabatische oder polytropische [108], s. auch Aufgabe 46, S. 156, gilt daher als Idealfall, und wird bei der Beurteilung ausgeführter Kompressoren gern zu Grunde gelegt. Wird in einer verlustlosen Maschine ohne schädlichen Raum 1 m³ angesaugter Luft vom absoluten Druck p_1 auf den absoluten Druck p_2 [kg/cm²] isothermisch komprimiert, so ist die Kompressionsarbeit:

$$L_{is,\,m^3} = 10\,000\ p_1 \cdot ln\ (p_2/p_1) = 23\,030\ p_1 \cdot \log\ (p_2/p_1)\ [\text{mkg/m}^3]\ [108].$$

Siehe auch Aufgabe 46, S. 156.

Für die Verhältnisse der Aufgabe wird·

$$L_{is,\,m^3} = 23\,030 \cdot 1 \cdot \log\ (7/1) = 23\,030 \cdot 0,8451 = 19\,460\ \text{mkg/m}^3,$$

und **die erforderliche Leistung** für isothermische Kompression der 12 000 m³/h von 1 auf 7 ata:

$$N_{is} = \frac{19\,460 \cdot 12\,000}{3600 \cdot 75} = \mathbf{865\ PS}.$$

Zu 4.: Der **isothermische Wirkungsgrad** wird damit·

$$\eta_{is} = \frac{865}{1400} = \mathbf{0,618} = \mathbf{61,8\ \%}\ [108,\ 26,\ 109].$$

Aufgabe 46: Leistung eines zweistufigen Kolbenkompressors

Ein einfach wirkender zweistufiger Kompressor mit einem Stufenkolben [106] ergab bei einem Abnahmeversuch die beiden in der **Abb. 28,** S. 153, skizzierten (jedoch nicht genau maßstäblich wiedergegebenen) Indikatordiagramme. Der Durchmesser des Niederdruckzylinders beträgt 270 mm; der (ringförmige) Hochdruckzylinderraum hat einen äußeren Durchmesser von 270 mm und einen inneren Durchmesser von 230 mm. Der Hub beträgt 165 mm. Während des Versuches wurde der Barometerstand zu

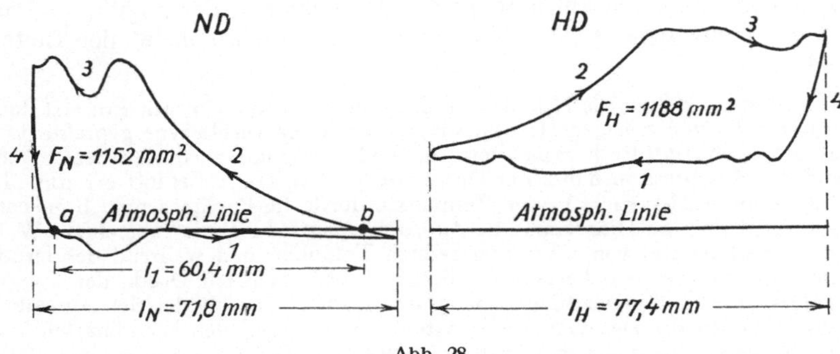

Abb 28

1. Ansaugen (bei ND aus der Atmosphäre, bei HD aus dem Zwischenbehalter)
2. Komprimieren
3. Ausschieben (bei ND in den Zwischenbehälter, bei HD in den Hochdruckbehälter)
4. Ruck-Expansion der Luft im schädlichen Raum

730 mm QS (von 0°) ermittelt; der Druck im Hochdruck-Windkessel unmittelbar hinter dem Kompressor war 7,0 atu, die Drehzahl des Kompressors 231 Umdr./min. Die verwendeten Indikatoren hatten folgende Daten:

Niederdruckseite: Federaufschrift: „10 kg; Klb. 9,06; 1 kg = 4,5 mm". Verwendeter Kolben· 14,33 mm ϕ.

A n m e r k u n g. Die unrunden Kolbendurchmesserwerte 9,06 bzw. 14,33 mm beruhen darauf, daß bei einigen alteren Indikator-Ausfuhrungen die Bemessung der Kolbenflachen als runde Teilbetrage eines Quadratzolls ublich war

$$(9{,}06^2\,\pi/4 \text{ mm}^2 = 1/10\ \square''; \quad 14{,}33^2\,\pi/4 \text{ mm}^2 = 1/4\ \square'').$$

Hochdruckseite Federaufschrift „8 kg; Klb. 20,0; 1 kg = 5 mm". Verwendeter Kolben: 20,0 mm ϕ.

Es ist zu bestimmen:

1. die angesaugte Luftstromstarke J_v [m³/min];

2. die indizierte Leistung N_i der beiden Stufen [PS],

3. der Leistungsbedarf N_{is} bei verlustloser isothermischer Kompression;

4. der isothermische, indizierte Wirkungsgrad $\eta_{is,\,i}$ (Verhältnis der Leistung gemäß 3. zur indizierten Leistung).

Lösung

Zu 1.: Die **angesaugte Luftstromstärke** J_v in m³/min ergibt sich aus demjenigen Teil des Hubvolumens des Niederdruckzylinders, der wirklich bei jeder Umdrehung mit frischer Luft vom Außendruck gefüllt wird, mal der Anzahl dieser Füllungen in der Minute, die hier (da einzylindrig und einfachwirkend) gleich der Drehzahl ist. Es ist also

$$J_v = n \cdot \lambda \cdot s \cdot D_N{}^2 \pi/4 \quad [\text{m}^3/\text{min}],$$

wobei D_N [m] den Durchmesser des Niederdruckzylinders, s [m] den Hub und n [1/min] die Drehzahl bezeichnet Der Faktor λ, der angibt, welcher Anteil des Hubvolumens [96] (bzw. von s) wirksam ist, heißt der Liefergrad [107]

Er ist deshalb kleiner als 1, weil beim Saughub das Ansaugeventil sich erst dann öffnet, wenn die vom vorigen Hub im schadlichen Raum verbliebene gepreßte Luft bis auf den Außenluftdruck expandiert ist, und eist dann wieder schließt, wenn während des Kompressionshubes der Druck wieder den der Außenluft erreicht. Im ND-Diagramm werden diese beiden Zeitpunkte durch die Punkte a bzw b gekennzeichnet, bei denen die Diagrammlinie die „atmospharische Linie" schneidet Wahrend des Saughubteiles von a bis zum rechten Totpunkt und wahrend des Druckhubteiles von diesem bis b herrscht in diesem Arbeitsraum ein Druck, der (wegen der Widerstände im Saugventil und Saugrohr) niedriger ist als der der Außenluft Demgemäß stellen die zwischen den Punkten a bzw b und den benachbarten Totpunkten liegenden horizontalen Strecken unwirksame Teile des Hubes (und damit des Hubvolumens) dar, die Strecke a b dagegen seinen wirksamen Teil, so, als wenn der Kompressor nur einen entsprechend kleineren Hub, dafur aber keinen schadlichen Raum und keinen Unterdruck wahrend des Saughubes hatte.

Das Verhaltnis l_1 l_N ist also gleich dem Liefergrad λ, und es wird hier

$$\lambda = \frac{60,4}{71,8} = 0,841 \text{ und damit}$$

$$J_v = 231 \cdot 0,841 \cdot 0,165 \cdot 0,270^2 \, \pi/4 = \mathbf{1,84 \ m^3/min}.$$

Die so berechnete Luftstromstärke ist, namentlich bei Kompressoren kleiner Leistung, etwas großer als die wirkliche Denn das bei jeder Umdrehung geforderte, der Strecke l_1 entsprechende Luftvolumen hat zwar Außendruck, aber nicht Außentemperatur, sondern eine hohere, weil die einstromende Luft sich wahrend der durch die Diagrammstrecke a b dargestellten Vorgange an den Zylinderwanden erwarmt Diese Temperaturerhohung haben wir aber bei unserer Berechnung nicht berucksichtigt Bei großen Maschinen ist diese Fehlerquelle unerheblich, bei kleinen Maschinen (wie in dieser Aufgabe) sollte man jedoch die angesaugte Luftstromstarke womoglich durch Dusenmessung im Druckrohr bestimmen.

Zu 2.: Die **indizierte Leistung** [98] N_i [PS] entfällt zum Teil auf die Nieder-, zum Teil auf die Hochdruckstufe und ergibt sich aus den beiden Indikatordiagrammen.

Die Indikatoren selbst haben ubrigens nur die dick ausgezogenen Figuren und die atmospharische Linie geschrieben; die anderen Linien sind zum Zweck der Auswertung von Hand eingezeichnet, und ebenso die Pfeile, die den Schreibsinn der Diagramme und damit die zeitliche Aufeinanderfolge der einzelnen Arbeitsabschnitte andeuten Ruckexpansion und Ansaugen, Kompression und Ausschub

Aus den in der Abb 28, S. 153, angegebenen, an den Originaldiagrammen mittels Planimeter und genauer Millimeter-Maßstäbe ermittelten Werten der Flächeninhalte F [mm²] und der (parallel zur atmospharischen Linie gemessenen) Langen l [mm] berechnen wir zunächst die „mittlere Diagrammhohe" fur den Niederdruckzylinder $h_{mN} = \dfrac{1152}{71,8} = 16,04$ mm und fur den Hochdruckzylinder $h_{mH} = \dfrac{1188}{77,4} = 15,35$ mm.

Moderne Indikatoren pflegen nicht nur mit verschiedenen Federn, sondern auch mit verschiedenen Kolben und zugehorigen Zylindern ausgerustet zu sein, die ausgewechselt und beliebig kombiniert werden konnen Uber beide mussen daher bei der Auswertung Unterlagen vorliegen. Aus den in der Aufgabe enthaltenen Angaben uber die Aufschriften bzw Durchmesser der in den Indikatoren benutzten Federn bzw Kolben ergeben sich die „Federmaßstabe", d h die Beziehungen zwischen den (in mm gemessenen) Diagramm-Ordinaten und den (in kg/cm² gemessenen) zugehorigen Druckwerten Unlogischerweise heißt es aber in den Federaufschriften oft (und auch hier) „kg", wo „kg/cm²" oder „at" gemeint ist [65] Die Aufschrift der auf der Niederdruckseite benutzten Feder bedeutet „B e i V e r w e n d u n g   d e s   K o l b e n s   v o n   9,06 mm $\emptyset$ betragt der Meßbereich des Indikators 10 at und ergibt 1 at einen Schreibstift-Ausschlag von 4,5 mm" Da nun aber wirklich ein Kolben von 14,33 mm $\emptyset$ verwendet wurde, der eine $\left(\dfrac{14,33}{9,06}\right)^2$ = 2,50 mal größere Querschnittsflache hat, so bewirkt bei der wirklich vorliegenden Kombination von Feder und Kolben 1 at einen Ausschlag von $2,50 \cdot 4,5 = 11,25$ mm (und der Meßbereich betragt nur $\dfrac{10}{2,50} = 4,0$ at, was uns hier aber nicht weiter interessiert Vergleiche auch Aufgabe 30

Der Federmaßstab ist also fur die Niederdruckseite   1 at $\hat{=}$ 11,25 mm, 1 mm $\hat{=} \dfrac{1}{11.25}$ kg/cm². Fur die HD-Seite ist die entsprechende Überlegung analog, aber einfacher, weil hier derselbe Kolben (von 20,0 mm $\emptyset$) benutzt wurde, auf den sich die Federaufschrift bezieht. Hier gilt also 1 at $\hat{=}$ 5 mm, 1 mm $\hat{=}$ 0,2 at.

Aus diesen Druckwerten fur je 1 mm und den vorhin bestimmten mittleren Diagrammhöhen ergibt sich der „mittlere indizierte Druck" im Niederdruckzylinderraum zu $p_{iN} = \dfrac{16,04}{11.25} = 1,43$ at, derjenige im Hochdruckzylinderraum zu $p_{iH} = \dfrac{15,35}{5} = 3,07$ at.

Die **indizierte Leistung** N_i [PS] folgt nun aus der mittleren Kolbenkraft [kg] (= mittlerer indizierter Druck in kg/cm² mal Kolbenflache in cm²) fur jede Stufe, und dem Hub s [m], sowie der Drehzahl je Sekunde $n/60$ [1/sek] nach folgendem Ansatz·

$$N_i = (p_{iN} \cdot F_N + p_{iH} \cdot F_H) \cdot s \cdot n/60 \cdot 1/75 \text{ [PS]} \quad [98].$$

Dabei ist F_N [cm²] die wirksame Kolbenfläche des Niederdruckkolbens, F_H [cm²] (hier ringförmig!) diejenige des Hochdruckkolbens, 1/75 der Faktor für die Umwandlung von mkg/sek in PS. Die Zahlenrechnung ergibt also

$$N_i = \frac{[1{,}43 \cdot 27^2\, \pi/4 + 3{,}07 \cdot (27^2\, \pi/4 - 23^2\, \pi/4)] \cdot 0{,}165 \cdot 231}{4500} = \mathbf{11{,}0\ PS}$$

Zu 3.:

Die Arbeit, die erforderlich ist, um mittels eines verlustlosen Kompressors ohne schädlichen Raum eine bestimmte Luftmenge von bestimmtem Anfangszustand auf einen bestimmten Enddruck zu komprimieren, ist immer noch davon abhängig, in welchem Maße die bei der Verdichtung freiwerdende Wärme abgeführt wird, ob also etwa die Kompression isothermisch, polytropisch oder adiabatisch erfolgt [108]. Wenn man solche Verdichtungsvorgänge ausschließt, bei denen die Luft eine niedrigere als die Anfangstemperatur erreicht (weil ein solcher Vorgang mangels eines hinreichend kalten Kühlmittels praktisch nicht durchführbar ist), so erfordert von den soeben angedeuteten Verdichtungsarten die isothermische den geringsten Arbeitsaufwand. Ihr sucht man den wirklichen Vorgang möglichst anzunähern, indem man erstens die Zylinderwandungen kühlt, zweitens die Kompression in mehrere Stufen zerlegt, und drittens zwischen je zwei Stufen die Temperatur der Luft möglichst wieder auf den Anfangswert herabdrückt.

Der Arbeitsbedarf eines verlustlosen, isothermisch verdichtenden Kompressors ohne schädlichen Raum bildet daher einen guten Vergleichsmaßstab für die Beurteilung der wirklichen Maschine. Er ist für je 1 m³ angesaugter Luft vom absoluten [66] Ansaugedruck P_1 [kg/m²] oder p_1 [kg/cm²] und Verdichtung auf den absoluten Druck P_2 [kg/m²] oder p_2 [kg/cm²]:

$$L_{is,\, m^3} = P_1 \cdot ln\ (P_2/P_1) = 10\,000\ p_1 \cdot ln\ (p_2/p_1) = 2{,}3030\ P_1 \cdot \log\ (P_2/P_1)$$
$$= 23\,030\ p_1 \cdot \log\ (p_2/p_1)\ mkg/m^3\ [108].$$

Der Anfangsdruck p_1 in kg/cm² ergibt sich aus dem Barometerstand durch Division mit 735,5, da 1 kg/cm² = 735,5 mm QS ist [66]; hier ist also

$$p_1 = \frac{730}{735{,}5} = 0{,}993\ kg/cm^2.$$ Der Enddruck p_2 ist hier $p_1 + 7 = 7{,}993$ kg/cm². Damit wird hier

$$L_{is,\, m^3} = 23\,030 \cdot 0{,}993 \cdot \log \frac{7{,}993}{0{,}993} = 20\,715\ mkg/m^3.$$

Der entsprechende **Leistungsbedarf** N_{is} [PS] bei isothermischer Kompression der angesaugten Luftstromstärke von 1,84 m³/min oder $\dfrac{1{,}84}{60}$ m³/sek ergibt sich dann zu:

$$N_{is} = \frac{1{,}84}{60} \cdot \frac{20\,715}{75} = \mathbf{8{,}47\ PS.}$$

Zu 4.: Der **isothermische, indizierte Wirkungsgrad** $\eta_{is,\,i}$ [109] wird:

$$\eta_{is,\,i} = \frac{N_{is}}{N_i} = \frac{8{,}47}{11{,}0} = \mathbf{0{,}770\ oder\ 77{,}0\ \%.}$$

Aufgabe 47: Ventilatormessung

Zwecks Ermittlung von Nutzleistung und Wirkungsgrad eines mittels Drehstrom-Asynchronmotors und Riemen angetriebenen Ventilators wurden an ihm folgende Messungen vorgenommen und dabei an den aufgefuhrten Instrumenten die nachstehenden Meßwerte abgelesen:

1. Elektrische Leistung: Es waren zwei Wattmeter in „Zwei-Wattmeter-Schaltung" [144] uber Strom- und Spannungswandler [143] eingebaut. Das Übersetzungsverhaltnis der Stromwandler war 25/5 Amp, das der Spannungswandler 3000/100 Volt, der Wert eines Skalenteils der Wattmeter (ohne Wandler) 3 Watt, der Zeigerausschlag am ersten Wattmeter 41° (Skalenteile), am zweiten Wattmeter 85°.

2. Luftstromstärke (Luftdurchfluß): Für deren Messung war in der Achse des zylindrischen Ansaugrohres, auf einer geraden, möglichst wirbelfieien Strecke, in einiger Entfernung vor dem Ventilator (Meßstelle mit dem Index „0") ein Staurohr [76] eingebaut. Dort betrug der an einem Mikromanometer [77] abgelesene dynamische Druck (oder „Staudruck") [75] $\varDelta P_{dy, 0, A} = 44{,}2$ mm WS, der statische Druck $P_{st, 0, A} = 219$ mm Unterdruck, die Temperatur der Luft $t_0 = 43{,}0°$.

Durch frühere Messungen war festgestellt worden, daß die mittlere Geschwindigkeit [78] im Meßquerschnitt 84 % der Geschwindigkeit in der Rohrachse beträgt.

Der lichte Durchmesser sowohl des Ansaugrohres als auch des Druckrohres betrug 550 mm.

Der Barometerstand, reduziert auf 0°, war am Versuchstage 751,1 mm QS.

3. Ventilator-Nutzleistung: An zwei mit Wasser gefullten U-Rohren [77] und an zwei Thermometern, die am (bzw. im) Saug- (Index „v") und Druckstutzen (Index „h") des Ventilators angebracht waren, wurde abgelesen. statischer Druck kurz vor dem Ventilator: $P_{st, v} = -230$ mm WS, statischer Druck kurz hinter dem Ventilator· $P_{st, h} = +110$ mm WS; Temperatur im Saugstutzen· $t_v = 43°$; Temperatur im Druckstutzen. $t_h = 45°$

Fragen:

Wie groß waren bei der Messung:

1. die zugeführte elektrische Leistung;

2. die Luft-Volumen-Stromstärke (oder der -Durchfluß) [74] vor dem Ventilator;

3. der Wirkungsgrad der Ventilatoranlage (einschließlich Motor und Riemen) [26]?

Losung

Zu Frage 1.: Für Drehstrom-Leistungsmessungen ist die Zwei-Wattmeter-Schaltung die gebräuchlichste [144]. Da bei der Messung Strom- und

Spannungswandler [143] mit den angegebenen Übersetzungsverhältnissen eingebaut waren, ist der Wert eines Skalenteils der Wattmeter: $3 \cdot \dfrac{25}{5} \cdot \dfrac{3000}{100}$ $= 450$ Watt und die dem Motor **zugeführte Leistung** folglich $450 \cdot (41 + 85)$ $= 56\,700$ Watt $= \mathbf{56{,}70\ kW}$.

Zu Frage 2.:

Das Staurohr [76] an der Meßstelle „0" in Rohrachse (Index „A"), angeströmt mit der Luftgeschwindigkeit $w_{0,\,A}$ [m/sek], gibt durch seine Stirnöffnung den Gesamtdruck $P_{g,\,0,\,A}$ [mm WS], durch seine seitliche Schlitzöffnung den statischen Druck $P_{st,\,0,\,A}$ [mm WS] [75] auf ein angeschlossenes Druckmeßgerät weiter. Ein Mikromanometer [77], an dessen beide Schenkel diese Meßöffnungen angeschlossen sind, zeigt daher den dynamischen Druck

$$\Delta P_{dy,\,0,\,A} = P_{g,\,0,A} - P_{st,\,0,\,A} = \frac{w^2_{0,\,A} \cdot \gamma_0}{2\,g} \quad [\text{mm WS} = \text{kg/m}^2],$$

wobei γ_0 das spezifische Gewicht der Luft an dieser Meßstelle in kg/m³ und $g = 9{,}81$ m/sek² die Erdbeschleunigung bedeutet. Der Anschluß der seitlichen Schlitzöffnung an einen Schenkel eines U-Rohres [77], dessen zweiter mit der Außenluft in Verbindung steht, ergibt dagegen den statischen Druck $P_{st,\,0.\,A}$ [mm WS].

Die Luft-Volumen-Stromstärke (Volumen-Durchfluß, [74]) $J_{Vol,\,0}$ in diesem Querschnitt [m³/sek] ergibt sich aus der m i t t l e r e n Geschwindigkeit [78] der Luft in diesem Querschnitt $w_{0,\,m}$ [m/sek] mal dem Rohrquerschnitt F [m²]. Aus der Staurohrmessung ist daher zunächst die Luftgeschwindigkeit in der Rohrachse zu ermitteln gemäß $w_{0,\,A} = \sqrt{\Delta P_{dy,\,0,\,A} \cdot \dfrac{2\,g}{\gamma_0}}$

Das spezifische Gewicht der Luft bei $t = 0°$ ($T = 273°$ K) und 760 mm QS ist 1,293 kg/m³ [70]. Daraus ist γ_0 an dieser Meßstelle zu errechnen für eine Temperatur von $t = 43°$, $T = 273 + 43 = 316°$ K [57] und einen absoluten Druck [66] von $751{,}1 - \dfrac{219}{13{,}6} = 735{,}0$ mm QS. (Die 219 mm WS sind im Verhältnis der spezifischen Gewichte Wasser/Quecksilber $= \dfrac{1}{13{,}6}$ [21] in mm QS umgewandelt.) Es ergibt sich·

$$\gamma_0 = 1{,}293 \cdot \frac{735}{760} \cdot \frac{273}{316} = 1{,}080 \text{ kg/m}^3 \quad [72] \text{ und damit}$$

$$w_{0,\,A} = \sqrt{44{,}2 \cdot 2 \cdot \frac{9{,}81}{1{,}080}} = 28{,}34 \text{ m/sek.}$$

Da die mittlere Geschwindigkeit [78] $w_{m,\,0}$ nur 84 % derjenigen in der Rohrachse an derselben Stelle beträgt und der Rohrdurchmesser D dort 0,55 m ist, ergibt sich der **Luft-Volumenstrom** an dieser Stelle zu

$$J_{Vol,\,0} = w_{0,\,m} \cdot F = 0{,}84 \cdot w_{0,\,A} \cdot D^2\,\pi/4$$
$$= 0{,}84 \cdot 28{,}34 \cdot 0{,}55^2\,\pi/4 = \mathbf{5{,}66\ m^3/sek.}$$

Zu Frage 3.: Die **Nutzleistung** [*105*] N [mkg/sek] ergibt sich bei Verdichtern, bei denen das Verdichtungsverhältnis $P_{g,h,abs} / P_{g,v,abs}$ nur wenig von 1 abweicht, als Produkt aus der „mittleren" Luft-Volumen-Stromstärke $J_{Vol,m}$ [m³/sek] und der „Gesamtpressung" ΔP_g [kg/m²]. Hierbei ist $J_{Vol.m}$ auf den mittleren absoluten Druck im Ventilator, also auf

$$751{,}1 + \frac{110 - 230}{2} \cdot \frac{1}{13{,}6} = 751{,}1 - 4{,}4 = 746{,}7 \text{ mm QS}$$

und auf die mittlere Temperatur $t = \dfrac{43 + 45}{2} = 44°,\ T = 273 + 44 = 317°\text{K}$

zu beziehen. Das zu diesen Werten gehörende spezifische Gewicht der Luft ist

$$\gamma_m = 1{,}239 \cdot \frac{746{,}7}{760} \cdot \frac{273}{317} = 1{,}094 \text{ kg/m}^3.$$

Da (unter der Voraussetzung, daß die Wandungen von Ventilator und Rohrleitung dicht sind) die Luft - G e w i c h t s - Stromstärke $J_{Gew} = J_{Vol} \cdot \gamma$ in den verschiedenen Querschnitten des Luftstromes gleich groß ist, die V o l u m e n - Stromstärken an den einzelnen Stellen sich also umgekehrt verhalten wie die spezifischen Gewichte, so ergibt sich hier

$$J_{Vol,m} = J_{Vol,0} \cdot \frac{\gamma_0}{\gamma_m} = \frac{5{,}66 \cdot 1{,}080}{1{,}094} = 5{,}59 \text{ m}^3/\text{sek.}$$

Die Gesamtpressung ΔP_g ist gleich dem Unterschied zwischen dem Gesamtdruck $P_{g,h}$ hinter dem Ventilator und dem Gesamtdruck $P_{g,v}$ vor ihm.

$$\Delta P_g = P_{g,h} - P_{g,v} = (\Delta P_{dy,h} + P_{st,h}) - (\Delta P_{dy,v} + P_{st,v}),$$

wobei aber für ΔP_{dy} nicht die in Rohrachse gemessenen Werte einzusetzen sind, sondern diejenigen, die sich aus der aus dem Gewichtsstrom J_{Gew} berechneten m i t t l e r e n Geschwindigkeit in dem betreffenden Querschnitt

$$w_m = \frac{J_{Gew}}{\gamma\, F} \text{ ergeben, gemäß } \Delta P_{dy} = \frac{w_m^2\, \gamma}{2\, g} \quad [105].$$

Nun ist hier (wie bei Ventilatoren fast stets) $\gamma_h \approx \gamma_v$, ferner $F_h = F_v$, folglich $w_{m,h} \approx w_{m,v}$ und daher $\Delta P_{dy,h} \approx \Delta P_{dy,v}$ (was weiter unten in der Anmerkung noch durch eine Berechnung nachgewiesen werden soll). Wir können daher näherungsweise setzen·

$$\Delta P_g = P_{st,h} - P_{st,v} = 110 - (-230) = 340 \text{ kg/m}^2,$$

und finden damit $N = J_{Vol,m} \cdot \Delta P_g = 5{,}59 \cdot 340 = 1901$ mkg/sek, oder. in PS bzw. kW,

$$\frac{1901}{75} = \textbf{25{,}35 PS} \text{ bzw. } \frac{1901}{102} = \textbf{18{,}64 kW} \ [\textit{17}].$$

Der **Wirkungsgrad der Ventilatorenanlage** ergibt sich dann, unter Berucksichtigung der Lösung zu **Frage 1.**:

$$\eta_{\text{Vent}} = \frac{18,64}{56,70} = \mathbf{0,329} = \mathbf{32,9\,\%}\ [26].$$

A n m e r k u n g   Wenn wir die oben angewendete Vernachlässigung ($\gamma_h \approx \gamma_v$) nicht machen wollen, so mussen wir fur den Saug- (Index „v") und den Druckstutzen (Index „h") einzeln das spezifische Gewicht der Luft (γ), die Volumenstromstarke (J_{Vol}), die mittlere Luftgeschwindigkeit (w_m) und daraus den dynamischen Druck (ΔP_{dy}) berechnen. So ergibt sich hier fur den Saugstutzen

Statischer absoluter Druck $\quad 751,1 - \dfrac{230}{13,6} = 734,2$ mm QS,

Absolute Temperatur $\quad 273 + 43 = 316^\circ$ K;

Spezifisches Gewicht der Luft $\quad \gamma_v = 1,293 \cdot \dfrac{734,2}{760} \cdot \dfrac{273}{316} = 1,079$ kg/m³;

Volumen-Luftstromstarke

$$J_{\text{Vol, v}} = J_{\text{Vol,0}} \cdot \frac{\gamma_0}{\gamma_v} = 5,66 \cdot \frac{1,080}{1,079} = 5,66 \cdot 1,0009 = 5,665 \text{ m}^3/\text{sek};$$

Mittlere Luftgeschwindigkeit $\quad w_{v,\,m} = \dfrac{J_{\text{Vol, v}}}{F} = \dfrac{5,665}{0,55^2 \cdot \pi/4} = 23,84$ m/sek,

Zugehoriger dynamischer Druck

$$\Delta P_{\text{dy, v}} = (w_{v,\,m})^2 \cdot \frac{\gamma_v}{2\,g} = \frac{23,84^2 \cdot 1,079}{2\ 9,81} = 31,3 \text{ mm WS};$$

Fur den Druckstutzen

Statischer absoluter Druck $\quad 751,1 + \dfrac{110}{13,6} = 759,2$ mm QS;

Absolute Temperatur $\quad 273 + 45 = 318^\circ$ K,

Spezifisches Gewicht der Luft: $\quad \gamma_h = 1,293 \cdot \dfrac{759,2}{760} \cdot \dfrac{273}{318} = 1,109$ kg/m³;

Luft-Volumenstromstarke $\quad J_{\text{Vol, h}} = J_{\text{Vol,0}} \cdot \dfrac{\gamma_0}{\gamma_h} = 5,66 \cdot \dfrac{1,080}{1,109} = 5,512$ m³/sek;

Mittlere Luftgeschwindigkeit $\quad w_{h,\,m} = \dfrac{J_{\text{Vol, h}}}{F} = \dfrac{5,512}{0,2376} = 23,20$ m/sek;

Zugehoriger dynamischer Druck·

$$\Delta P_{\text{dy, h}} = (w^2_{h,\,m}) \cdot \frac{\gamma_h}{2\,g} = \frac{23,20^2 \cdot 1,109}{2 \cdot 9,81} = 30,4 \text{ mm WS}$$

Die beiden dynamischen Drucke weichen also um $31,3 - 30,4 = 0,9$ mm WS voneinander ab. Die vorhin zu 340 mm WS berechnete Gesamtpressung wäre also um diesen Betrag zu berichtigen, und zwar zu verkleinern, da $\Delta P_{\text{dy, h}} < \Delta P_{\text{dy, v}}$.

Das ergabe fur ΔP_g und damit auch für N eine Berichtigung um $\dfrac{0,9 \cdot 100}{340} = 0,26\,\%$

Sie hätte aber wenig Sinn, weil schon die Fehler, mit denen eine derartige Messung behaftet ist, weit größer sind Die im Haupttext gemachte Vernachlassigung ist demnach durchaus zulässig.

Aufgabe 48: Druckverlust in einer Preßluftleitung

Ein im Gebirge arbeitender Kompressor saugt in der Minute 30 m³ Luft von 9,4° und 686,4 mm QS an und komprimiert sie auf 5,10 at Überdruck, wobei sie sich auf 45° erwärmt. Mit diesem Druck und dieser Temperatur strömt sie in eine 230 m lange Rohrleitung von kreisförmigem Querschnitt und 80 mm lichtem Durchmesser.

Frage:

Wieviel % des Überdruckes gehen in der Rohrleitung verloren, wenn die Temperatur konstant bleibt? [44].

Benutzt werde die von FRITZSCHE angegebene und von MOLLIER vereinfachte Formel nach *Hütte* I, S. 586:

$$\Delta P_{\mathrm{r}} = \lambda \cdot \frac{l}{D} \cdot \frac{w^2 \, \gamma}{2 \, g} \; ; \quad \lambda = 0{,}0561/(G'^{\,0{,}148}),$$

worin bedeutet:

ΔP_{r} den Druckabfall auf der Rohrstrecke von l Metern, in kg/m²,

λ die dimensionslose Widerstandszahl,

D den Rohrdurchmesser, in m,

w die mittlere Luftgeschwindigkeit im Rohr, in m/sek,

γ das spezifische Gewicht der Luft im Rohr, in kg/m³,

g die Erdbeschleunigung, in m/sek²,

G' den Luft-Gewichtsstrom im Rohr, in kg/h.

Lösung

Um die in der Aufgabe gegebene Formel anwenden zu können, brauchen wir die Zahlwerte für G', γ und w.

Der Luft-Gewichtsstrom [74] in der Rohrleitung ist (unter der Voraussetzung, daß die Wandungen von Kompressor und Rohrleitung dicht sind) überall gleich dem vom Kompressor angesaugten. Der A n s a u g e - V o l u m e n s t r o m [74] ist gegeben zu 30 m³/min oder 30·60 = 1800 m³/h bei 9,4° und 686,4 mm QS. Das spezifische Gewicht der Luft, das bei 0° und 760 mm QS 1,293 kg/m³ beträgt [70], ist bei diesen Werten von Druck und Temperatur $1{,}293 \cdot \dfrac{273}{273 + 9{,}4} \cdot \dfrac{686{,}4}{760} = 1{,}129$ kg/m³ [72].

Folglich ist der Ansaug-Gewichtsstrom und daher auch der Gewichtsstrom im Rohr

$$G' = 1{,}129 \cdot 1800 = \textbf{2032 kg/h.}$$

Das s p e z i f i s c h e G e w i c h t γ_{Rohr} d e r L u f t i m R o h r ergibt sich aus der im Rohr herrschenden Temperatur von $t = 45°$ C oder $T = 273 + 45 = 318°$ K [57] und dem dort herrschenden Druck von 5,10 atu oder $5{,}10 \cdot 735{,}5 + 686{,}4 = 4437$ mm QS [65] zu

$$\gamma_{\text{Rohr}} = 1{,}293 \cdot \frac{4437}{760} \cdot \frac{273}{318} = \textbf{6,481 kg/m}^3.$$

Der Volumenstrom im Rohr (in m³/sek) ist also

$$J_{\text{V Rohr}} = \frac{G'/3600}{\gamma_{\text{Rohr}}} = \frac{2032/3600}{6{,}481} = \textbf{0,087 09 m}^3\textbf{/sek.}$$

Bei einem Rohrquerschnitt von $F = D^2\,\pi/4 = 0{,}080^2\,\pi/4 = 0{,}005\,027$ m²
ist dann die mittlere Luftgeschwindigkeit im Rohr [78]

$$w = J_{\text{V Rohr}}\,/F = \frac{0{,}087\,09}{0{,}005\,027} = \textbf{17,32 m/sek.}$$

Mit diesen Werten wird

$$\log \lambda = \log 0{,}0561 - 0{,}148 \cdot \log 2032 = 0{,}748\,96 - 2 - 0{,}148 \cdot 3{,}307\,92$$
$$= 0{,}259\,38 - 2; \quad \lambda = 0{,}018\,17,$$

und damit $\quad \Delta P_{\text{r}} = 0{,}018\,17 \cdot \dfrac{230}{0{,}080} \cdot \dfrac{17{,}32^2 \cdot 6{,}481}{2 \cdot 9{,}81} = 5176$ kg/m² (oder

mm WS). Demnach entsteht in der Rohrleitung
ein **Druckverlust** von **5176 mm WS = 5,176 m WS = 0,5176 at** [66].
In Bruchteilen des Anfangs-Überdruckes von 5,10 at sind das

$$\frac{0{,}5176}{5{,}10} \cdot 100 = \textbf{10,15 \%.}$$

Dies ist immerhin schon ein so großer Druckverlust, daß die den For-
meln zugrunde liegende Annahme konstanter Werte von γ_{Rohr}, $J_{\text{V Rohr}}$ und
w über die ganze Rohrstrecke (und zwar derjenigen Werte, die dem Druck
am Anfang entsprechen) nur annähernd zutrifft und deswegen auch das
Resultat nur angenähert richtig ist. Es kommt auf den Einzelfall an, ob
man einen höheren Grad der Genauigkeit anstrebt, wobei man freilich bedenken muß, daß schon die gegebene Formel um einige Prozent von der
Wirklichkeit abweichen kann. Wenn genauer gerechnet werden soll, verwenden wir am einfachsten und übersichtlichsten ein schrittweises Annäherungs-
verfahren, indem wir zunächst für die ganze Strecke wieder konstante, aber
neue Werte von γ_{Rohr} und w annehmen, und zwar solche, die dem Mittelwert aus dem Druck am Anfang und dem am Ende des Rohres nach der
vorigen Berechnung entsprechen.

Da die Temperatur im ganzen Rohr unverändert bleibt (gemäß Auf-
gabe), so ändern sich γ_{Rohr}, $J_{\text{V Rohr}}$ und w nur mit p, und zwar: γ_{Rohr} proportional mit p, $J_{\text{V Rohr}}$ proportional mit $1/\gamma_{\text{Rohr}}$, also auch mit $1/p$; w (wie
$J_{\text{V Rohr}}$) proportional mit $1/p$; $w^2\,\gamma_{\text{Rohr}}$ also proportional mit $(1/p)^2 \cdot p = 1/p$.
Da alle anderen in der Formel für ΔP_{r} enthaltenen Werte (l, D, $2\,\text{g}$, G')

unverändert bleiben, so ändert sich also auch ΔP_r proportional mit $1/p$, so daß die Umrechnung auf neue Werte von p sehr einfach ist.

Als zweite Annäherung ergibt sich demnach die folgende Rechnung:
Absoluter Druck am Rohranfang: 4437 mm QS;

Druckverlust im Rohr gemäß der ersten Annäherung· 5176 mm WS $= \dfrac{5176}{13,6}$

$= 380,6$ mm QS;

Absoluter Druck am Rohrende in erster Annäherung. $4437 - 380,6 = 4056$ mm QS;

Mittelwert des absoluten Druckes im Rohr in erster Annäherung·

$$\frac{4437 + 4056}{2} = 4247 \text{ mm QS.}$$

Wenn wir jetzt $p_{\text{mittel}} = 4247$ mm QS setzen (statt vorhin 4437), so wird

in zweiter Annäherung $\Delta P_r = \dfrac{5176 \cdot 4437}{4247} =$ **5408 mm WS**

$=$ **0,5408 at** $= \dfrac{5408}{13,6} = 397,6$ mm QS oder **10,60 %** des Anfangs-Überdruckes

von 5,10 at. Der absolute Enddruck wird jetzt $4437 - 397,6 = 4039$ mm QS

und der Mittelwert von Anfangs- und Enddruck $\dfrac{4437 + 4039}{2} = 4238$ mm QS.

Dieser Wert weicht von dem zuletzt zugrunde gelegten (4247) so wenig ab (nur um etwa 0,2 %), daß die letzte Berechnung als hinreichend genau angesehen werden kann. Anderenfalls würden wir eine dritte Annäherung erzielen mit.

$$\Delta P_1 = 5176 \cdot \frac{4437}{4238} = \textbf{5419 mm WS} = \frac{5419}{13,6} = 398,5 \text{ mm QS}$$

oder **10,63 %** des Anfangs-Überdruckes von 5,10 at; Enddruck $4437 - 398,5$

$= 4038$ mm QS; mittlerer Druck $\dfrac{4437 + 4038}{2} = 4238$ mm QS, also genau

der zuletzt zugrunde gelegte. Damit ist dann die Rechnung schon viel genauer durchgeführt, als es bei der Ungenauigkeit der Unterlagen und Formeln praktischen Wert hat.

Bemerkung. Wenn der Druckverlust im Rohr sehr groß ist, zerlegt man am besten die Rohrleitung in mehrere Abschnitte von je nur mäßigem Druckabfall, berechnet zuerst den Druckabfall im Abschnitt 1 nach dem hier geübten Verfahren mit genügender Genauigkeit, und wendet sich erst dann dem Abschnitt 2 zu, indem man dessen Anfangsdruck gleich dem soeben berechneten Enddruck des Abschnittes 1 setzt und für ihn andere Werte von $\gamma_{\text{Rohr}}, \ J_{\text{V Rohr}}$ und w ermittelt als für den ersten Abschnitt. Entsprechend verfährt man dann mit den weiteren Abschnitten.

Aufgabe 49: Bestimmung der Leistung und des Wirkungsgrades eines Elektromotors mittels Seilbremse

Ein Gleichstrommotor wurde mittels·einer Seilbremse in der Anordnung der **Abb. 29**, S. 164, gebremst. Dabei wurde gemessen·

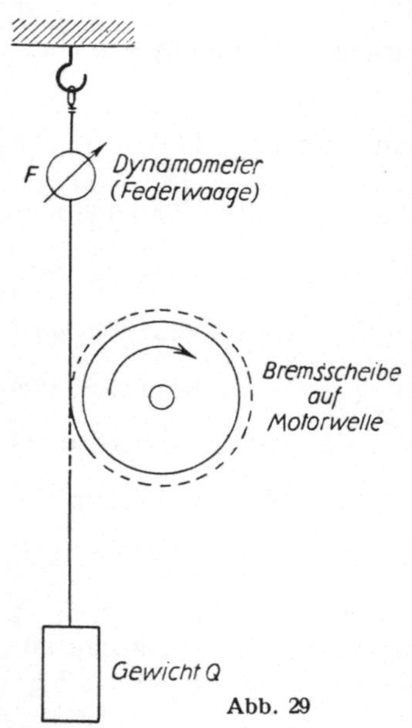

Abb. 29

$Q = 90$ kg;

F (Ablesung am Dynamometer) $= 28$ kg;

Durchmesser der Bremsscheibe $= 305$ mm;

Durchmesser des Hanfseils $= 5$ mm;

Drehzahl $= 790$/min,

Spannung am Motor $= 221$ Volt;

Strom des Motors $= 42{,}2$ Amp.

Die vertikale Linie und die punktierte Kreislinie bezeichnen die Mittellinie des Seiles, während der ausgezogene Kreis den Umfang der Bremsscheibe darstellt.

Gesucht: 1. die Leistung des Motors während der Bremsung, in PS;

2. der Wirkungsgrad des Motors bei dieser Leistung, in %.

Losung

Zu 1.: Während der Bremsung [*39*] befindet sich der Motoranker nebst Bremsscheibe im Zustand gleichförmiger Bewegung. Daraus folgt, daß alle auf ihn wirkenden Drehmomente zusammen gleich Null sein müssen, oder, anders ausgedrückt, daß die Summe der rechts drehenden Momente gleich der der links drehenden ist. Rechtsdrehend wirkt nun nur der Motor, linksdrehend nur der Unterschied der Spannung in den beiden am Scheibenumfang angreifenden Seilenden. Wenn man das Eigengewicht des Bremsseiles vernachlässigt, so ist die Spannung in dem senkrechten Seilstück zwischen Scheibe und Federwaage F kg (hier 28 kg), die Spannung in dem senkrechten Seilstück zwischen Scheibe und Gewicht dagegen Q kg (hier 90 kg). Der Unterschied beträgt $Q - F = 90 - 28 = 62$ kg und wirkt in der Mittellinie des Seiles, also an einem Hebelarm, der um die halbe Seilstärke größer ist als der Bremsscheibenradius. Dieser Hebelarm beträgt hier $305/2 + 5/2 = 310/2 = 155$ mm. Das linksdrehende (bremsende) Moment ist daher $\dfrac{155 \cdot 62}{1000}$ mkg, und genau so groß ist gemäß dem Gesagten das rechtsdrehende (treibende) Moment des Motors.

Die Leistung einer rotierenden Maschine (in mkg/sek) ist gleich Drehmoment (M in mkg) mal der Winkelgeschwindigkeit (ω in rad/sek, Radianten pro Sekunde [5]) [16]. Die Leistung in PS ist daher $N = \dfrac{M \cdot \omega}{75}$.

Zu der minutlichen Drehzahl n steht ω in der Beziehung. $\omega = \dfrac{2\,\pi\,n}{60}$ [13]

Daraus ergibt sich hier: $\omega = \dfrac{2 \cdot \pi \cdot 790}{60} = 82{,}7$; $N = \dfrac{0{,}155 \cdot 62 \cdot 82{,}7}{75}$

= **10,6 PS** („Bremsleistung").

Zu 2.: Der Motor leistet 10,6 PS oder $10{,}6 \cdot 735 = 7791$ Watt. Er verbraucht dagegen 42,2 Amp bei 221 Volt, also $42{,}2 \cdot 221 = 9326$ Watt. Der **Wirkungsgrad** η des Motors [26, 158] ist daher:

$$\eta = \frac{7791}{9326} = \mathbf{0{,}835}\ \text{oder}\ \mathbf{83{,}5\,\%}.$$

Aufgabe 50: Bremsung eines Elektromotors durch Seilbremse mit Federwaage

Ein Drehstrom-Asynchronmotor fur 5 PS wurde mit einer Seilbremse nach **Abb. 30**, S. 165, belastet. Die in der Pfeilrichtung umlaufende Scheibe a hatte einen Durchmesser von 350 mm. das Bremsseil einen Durchmesser von 10 mm. Das Bremsseil ohne Haken wog 189 g bei einer Länge von 263 cm. Links hing ein Gewicht von 35 kg, rechts eine Federwaage f, die mittels einer Kette g am Fußboden i befestigt war. Die Federwaage selbst wog 340 g, die Kette 780 g, die Haken c und d je 80 g.

An der Federwaage wurde abgelesen 19,20 kg.

Die Drehzahl des Motors wurde dadurch bestimmt, daß nach einer Stoppuhr ein Umdrehungszähler genau 3 Minuten lang gegen den Körner dei Motorwelle gedruckt wurde. Er stand vorher auf 1272, nachher auf 8299. Beobachtet wurde, daß er rückwärts lief und daß die Ziffern e i n m a l die Zahl 0000 passierten.

Die dem Motor zugeführte elektrische Leistung wurde während der Bremsung mittels zweier zuverlässiger Präzisions-Wattmeter mit Stromwandlern und Vorwiderstanden in Zwei-Wattmeter-Schaltung [144] gemessen, wobei die zwei Wattmeter und ihre Wandler und Vorwiderstände innerlich und äußerlich völlig kongruent geschaltet waren und beide einen positiven Ausschlag ergaben, nämlich das erste 83,8° (Skalenteile), das zweite 31,3°. Die In-

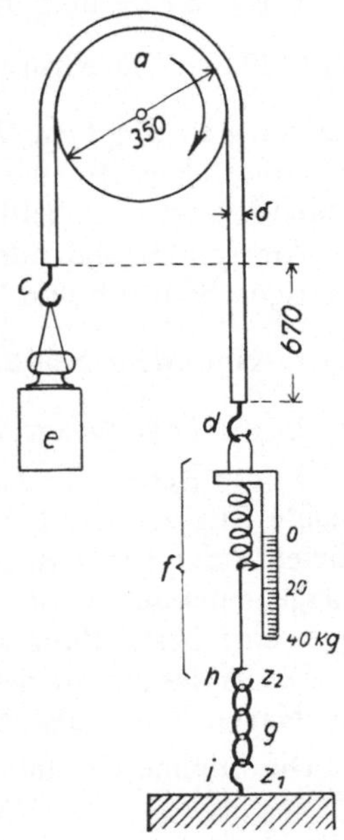

Abb. 30

strumentenkorrektur betrug beim ersten Wattmeter $+ 0,3°$, beim zweiten $- 0,1°$. Die Konstante war bei beiden (einschließlich der verwendeten Wandler und Vorwiderstände) $C = 30,0$ Watt/°.

Die Stoppuhr wurde geeicht und es ergab sich, daß sie in 20 Minuten 32,4 Sekunden verliert.

Die Federwaage wurde dadurch geeicht, daß an ihren Haken h einmal 1 kg, dann 5 kg, endlich 10 kg gehängt wurde, wobei sie eine Ablesung von 1,10 bzw. 5,30 bzw. 10,60 kg ergab.

Frage:

Wieviel PS leistete der Motor während der Bremsung und wie groß war dabei sein Wirkungsgrad?

Losung

Die F e d e r w a a g e zeigte bei der Eichung das 1,10 fache bzw 1,06-fache bzw. 1,06 fache des richtigen Wertes an. Mit Rucksicht auf die geringere relative Ablesegenauigkeit beim ersten Wert kann allgemein 1,06 als zutreffend angenommen werden. Der K o r r e k t u r f a k t o r (mit dem man die Ablesung multiplizieren muß, um den richtigen Wert zu erhalten) beträgt also $\dfrac{1}{1,06} = 0,9434$.

Die U h r verliert in 20 min $(= 1200$ sek$)$ 32,4 sek, zeigt also 1167,6 sek statt 1200 sek. Ihre Korrektur betragt daher $+ \dfrac{32,4}{1167,6} \cdot 100\,\% = + 2,78\,\%$ des a n g e z e i g t e n Wertes, ihr Korrekturfaktor 1,0278.

Am linken Bremsscheibenumfang ziehen senkrecht abwärts außer dem Seilende und dem Seilhaken noch 35 kg.

Am rechten Seilende ziehen abwärts außer dem der linken Seite gleichwertigen Seilstuck und Seilhaken

1. eine Mehr-Seillange von 67 cm; sie wiegt $\dfrac{0,189 \cdot 67}{263} = 0,048$ kg;

2. die Federwaage f; sie wiegt 0,340 kg;

3. die Kette g und der von dem festen Haken bei i auf die Kette ausgeubte Zug z_1' Die Summe von z_1 und dem Kettengewicht ergibt den am Haken h der Federwaage wirkenden Zug z_2. Da dieser aber an der Federwaage gemessen wird, geht das Kettengewicht nicht in die Rechnung ein, und seine Feststellung wäre nicht nötig gewesen.

Die Ablesung an der Federwaage ergab 19,20 kg, der wirkliche Zug z_2 am Haken h war also $0,9434 \cdot 19,20 = 18,113$ kg

Die Summe der lotrecht wirkenden Kräfte rechts war somit
$$0,048 + 0,340 + 18,113 = 18,50 \text{ kg}$$

Der Uberschuß des linken Zuges uber den rechten betrug daher·
$$35,00 - 18,50 = 16,50 \text{ kg}.$$

Diese Kraft wirkt in der Seilachse, also in bezug auf die Motor-Drehachse mit einem Hebelarm von $350/2 + \delta/2 = 175 + 5 = 180$ mm oder 0.180 m. Ihr Drehmoment M ist daher $16,50 \cdot 0,180 = 2,970$ mkg.

Der Motor machte in der Versuchsdauer $11\,272 - 8299 = 2973$ Umdrehungen und brauchte dazu nach Angabe der Stoppuhr 3 min oder 180 sek, in Wahrheit aber $2,78\,\%$ oder 5,0 sek mehr, also 185,0 sek. Seine Drehzahl war daher $n = \dfrac{2973 \cdot 60}{185,0} = 964,2$ Umdr./min und seine Winkelgeschwindigkeit

$$\omega = \frac{964,2 \cdot 2\,\pi}{60} = 100,97 \text{ rad/sek } [13],\ [5].$$

Die **Bremsleistung** war demgemäß

$$M \cdot \omega = 2,970 \cdot 100,97 = 299.9 \text{ mkg/sek oder } \frac{299,9}{75} = \textbf{3,999 PS}$$

$$\text{oder } N_{ab} = 3.999 \cdot 735 = 2939 \text{ Watt } [16,\ 17].$$

(Vergleiche Aufgabe 49)

Die dem Motor z u g e f u h r t e e l e k t r i s c h e L e i s t u n g ergibt sich aus den Angaben der Aufgabe zu $N_{zu} = (\alpha_1 + \alpha_2) \cdot C$ Watt, also hier zu $(83,8 + 0,3 + 31,3 - 0,1) \cdot 30 = 115,3\ [°] \cdot 30\ [\text{Watt}/°] = 3459$ Watt $[144]$. (Vergleiche auch Aufgabe 61, Lösung, c) Seine abgegebene Leistung betrug nur 2939 Watt, sein **Wirkungsgrad** war daher

$$\eta = \frac{N_{ab}}{N_{zu}} = \frac{2939}{3459} = 0,850 \text{ oder } \textbf{85,0 \%}\ [26]$$

Aufgabe 51: Messung einer Gleichstrom-Spannung

Die an einer Gluhlampe herrschende Gleichstrom-Spannung soll genau gemessen werden Bekannt ist, daß sie ungefähr 220 Volt beträgt

Zur Verfugung steht ein Präzisions-Voltmeter, dessen mit einem Spiegel hinterlegte Skala in 150 Skalenteile (°) geteilt und von 0 bis 150 beziffert ist. Das Instrument hat drei Klemmen, eine rechts (x), zwei links (y und z). Neben den Klemmen stehen kurze Bezeichnungen gemäß der Skizze **Abb. 31**, S. 167. Ferner steht ein Vorwiderstand zur Verfugung, auf dessen

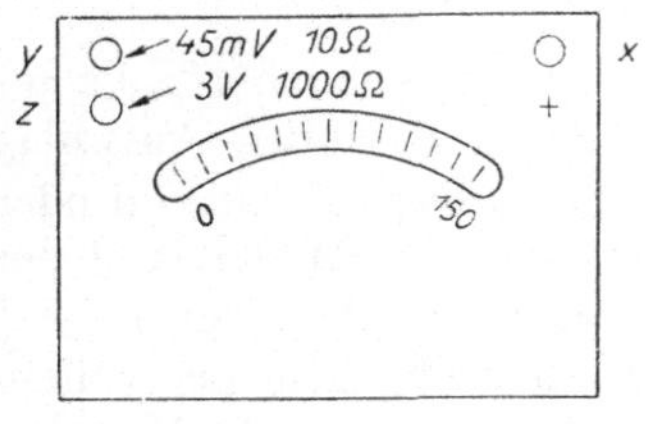

Abb 31

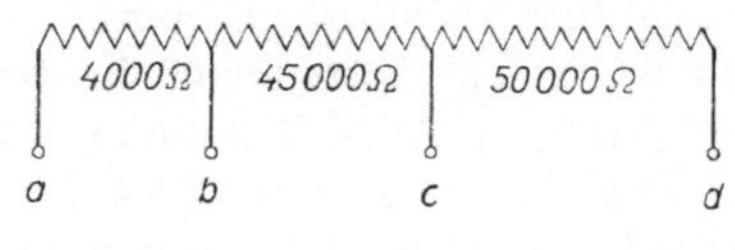

Abb 32

Gehäuse das in **Abb. 32**, S. 167, dargestellte Schema seiner inneren Schaltung abgebildet ist und der vier Klemmen trägt, die mit a, b, c, d bezeichnet sind.

Fragen:

1. Es ist ein Schaltbild für die Messung zu zeichnen unter Kennzeichnung der zu benutzenden Klemmen.

2. Bei Benutzung der zweckmäßigsten Schaltungsweise ergab das Instrument einen Ausschlag von 108,4°. Wie groß war die Spannung?

3. Welche Verbindungsweise wäre zweckmäßig zu wählen, wenn die Spannung nur etwa 18 Volt betrüge?

Lösung

Zu Frage 1.: Die Klemme x des Instrumentes wird stets benutzt und mit dem positiven Pol der Anlage verbunden. Von den Klemmen y und z wird jeweils nur eine benutzt, und zwar y insbesondere für Strommessungen, wobei das Instrument parallel zu Nebenwiderständen gelegt wird, z dagegen für Spannungsmessungen. Bei Benutzung von z reicht gemäß der Aufschrift das Instrument allein für Messungen bis zu 3 Volt aus. Bei höheren Spannungen ist ein äußerer Vorwiderstand vorzuschalten. Schaltet man den ganzen verfügbaren Widerstand vor (Klemmen a und d), mit $4000 + 45000 + 50000 = 99000\,\Omega$, gemäß **Abb. 33**, S. 168, so ist der Gesamt-

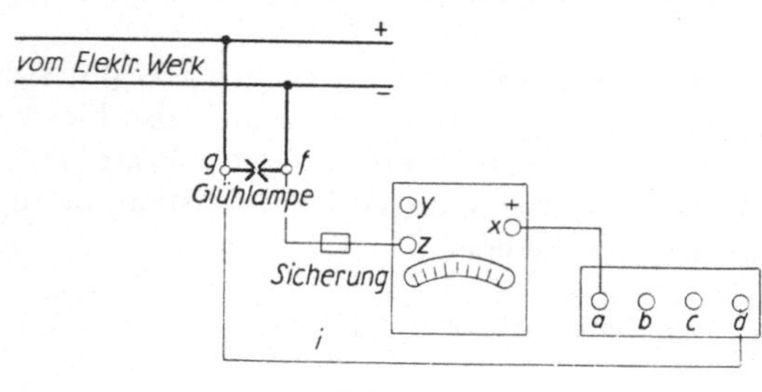

Abb 33

widerstand des Spannungspfades zwischen f und g einschließlich des Instrumentes $99\,000 + 1000 = 100\,000\,\Omega$. Da durch diesen gesamten Widerstand einschließlich des Instrumentes ein u n v e r z w e i g t e r (sehr schwacher, höchstens 3 mA!) Strom fließt, so verhält sich (gemäß dem OHMschen Gesetz [*116*] in der Form: $U = i \cdot R$, also hier: $U = c \cdot R$) die Spannung an den Enden des Gesamtwiderstandes (d. h. die Spannung zwischen f und g) zu der Spannung zwischen z und x wie der Gesamtwiderstand ($100\,000\,\Omega$) zum Instrumentenwiderstand ($1000\,\Omega$), also wie $100 : 1$.

Das Instrument zeigt immer nur die z w i s c h e n s e i n e n K l e m - m e n (z und x) herrschende Spannung an und gibt z. B. vollen Ausschlag (150°), wenn d i e s e Spannung 3 Volt ist. Die Spannung z d oder f d oder f g (diese drei Spannungen sind praktisch gleich, weil der Widerstand der Verbindungsleitungen verschwindend klein ist gegenüber dem des Instrumentes und Vorwiderstandes) ist aber 100 mal so groß, also bei vollem Ausschlag 300 Volt. Wenn die zu messende Spannung etwa 220 Volt beträgt, wird sie also auf diese Weise meßbar sein und einen „guten Ausschlag" von reichlich $^2/_3$ des vollen Skalenbereiches ergeben.

Die Wahl der Klemmen a und c (statt a und d) wurde einen Gesamtwiderstand von $4000 + 45\,000 + 1000 = 50\,000\ \Omega$ ergeben, also ein Verhältnis von $50 : 1$ und daher einen Meßbereich von $3 \cdot 50 = 150$ Volt, der zur Messung einer Spannung von etwa 220 Volt nicht ausreicht. Bei Wahl der Klemmen a und b wäre der Meßbereich noch kleiner. Die Klemmen b und d würden zwar ausreichen, aber eine unbequeme Verhaltniszahl geben (96). Die **zu wählende Schaltung** ist daher die durch die **Abb. 33**, S. 168, angegebene.

Der Einbau einer Sicherung schützt das Instrument zwar nicht vor Überlastung, bewirkt aber doch, daß bei einem Kurzschluß die Zerstörung weniger umfangreich wird.

Die Reihenfolge von Sicherung, Instrument, Vorwiderstand ist gleichgültig. Die Polaritätszeichen sind zu beachten.

Zu Frage 2.: Bei der skizzierten Schaltung entspricht gemäß den Ausfuhrungen unter 1. dem vollen Ausschlag von 150° eine **Spannung** an der Lampe von 300 Volt. 1° bedeutet daher $\dfrac{300}{150} = 2$ Volt; $108{,}4°$ bedeuten folglich $108{,}4 \cdot 2 = \mathbf{216{,}8\ Volt}$.

Zu Frage 3.: Zweckmäßig ist ein möglichst kleiner Meßbereich zu wählen, damit der Ausschlag und damit die Meßgenauigkeit möglichst groß wird. Andererseits muß der Meßbereich größer sein als der zu messende Wert, damit der Zeiger nicht uber die Skala hinausgeht, wobei die Ablesung unmöglich und das Instrument uberlastet wird.

Der Meßbereich betrug bei Benutzung der Klemmen a und d 300 Volt; bei Klemmen a und c: 150 Volt. Bei Klemmen a und b wird er $\dfrac{3 \cdot (4000 + 1000)}{1000} = \dfrac{3 \cdot 5000}{1000} = 15$ Volt. Die Schaltung mit den Klemmen a und b wurde daher **zur Messung einer Spannung von etwa 18 Volt** nicht ausreichen. Vielmehr ist dann zweckmäßig **Klemme a und c** zu wählen, wobei ein Skalenteil 150 Volt/150° = 1 Volt bedeutet.

Aufgabe 52: Indirekte Strom-Messung bei Gleichstrom

Der elektrische Strom einer an ein Gleichstromnetz angeschlossenen Metalldrahtlampe für 220 Volt, deren Lichtstrom etwa 15 000 Hlm (HEFNER-Lumen) beträgt, soll genau gemessen werden. Verfügbar ist ein Präzisions-Millivoltmeter von 10 Ω Widerstand fur 45 mV, dessen Skala 150° hat, und ein Normalwiderstand von genau 0,01 Ω, der hinsichtlich der Erwärmung sicher den Lampenstrom verträgt. Bekannt sei, daß die Lichtausbeute bei Lampen dieser Art, Spannung und Größe etwa 20 Hlm/Watt beträgt.

Fragen:

1. Das Schema der Messung ist zu skizzieren.

2. Genugt das Instrument, oder besteht die Gefahr, daß es uberlastet wird?

3. Wieviel Amp bedeutet 1° bei dieser Schaltung?

4. Wie groß wird der Ausschlag (in °) etwa werden?

Losung

Zu Frage 1.: Die Messung erfolgt in der Weise, daß das Instrument

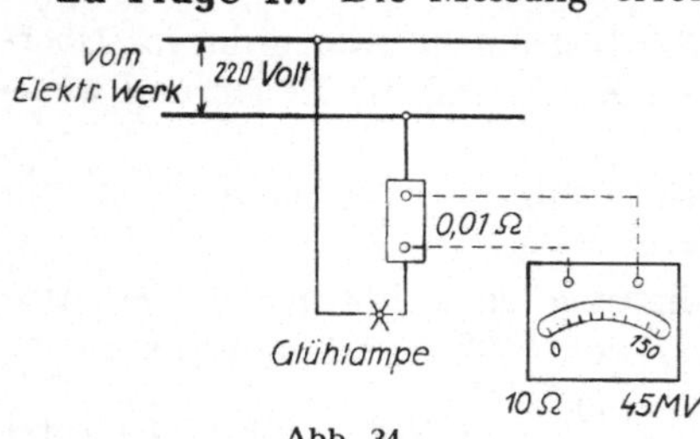

Abb. 34

parallel zum Normalwiderstand („Nebenwiderstand", „Shunt") gelegt wird und der zu messende Strom diese Kombination durchfließt, wobei sein großter Teil durch den Nebenwiderstand geht und nur ein kleiner Teil durch das Instrument. Hiernach ergibt sich **das in Abb. 34, S. 170, dargestellte Schaltbild** fur die Messung.

Zu Frage 2.: Aus den Angaben der Aufgabe uber den Lichtstrom der Lampe (15 000 Hlm) [110] und die bei solchen Lampen etwa zutreffende Lichtausbeute (20 Hlm/Watt) [111] folgt, daß diese Lampe etwa 15 000/20 ≈ 750 Watt verbraucht (was die in der *Hutte* an der zitierten Stelle gegebene Tafel 15 auch ohne Rechnung ergeben hätte). Da sie fur eine Betriebsspannung von 220 Volt hergestellt wurde, ist ihr normaler elektrischer Strom 750 [Watt] / 220 [Volt] ≈ 3,4 Amp [122]. Dies ist daher der ungefähre Betrag des zu messenden Stromes

Das Instrument schlägt, wie seine Aufschrift besagt, dann voll aus, wenn zwischen seinen Klemmen eine Spannung von 45 mV herrscht. Durch das Instrument fließt dann ein Strom von 0,045 Volt/10 Ω = 0,0045 Amp oder 4 5 mA [116]. (Diesen, dem vollen Ausschlag seines Zeigers entsprechenden Strom kann das Instrument naturlich ohne Gefahr der Überhitzung vertragen, wenn es von einem gewissenhaften Fabrikanten stammt) Da die Spannung zwischen den Instrumentenklemmen zugleich die Spannung zwischen den beiden Klemmen des Normalwiderstandes ist, so fließen bei vollem Instrumentenausschlag (das ist bei höchster zulässiger Beanspruchung des Instrumentes) durch den Normalwiderstand 0,045 [Volt] / 0,01 [Ω] = 4,5 Amp [116]. Da nun der Strom der Gluhlampe geringer ist (namlich, wie vorhin berechnet, etwa 3,4 Amp), **so genügt das Instrument** zur Messung des Lampenstromes.

Zu Frage 3.: Bei einem Ausschlag des Instrumentes von 150° gehen, wie unter 2. gezeigt wurde, durch das Instrument 0,0045 Amp, durch den Nor-

malwiderstand 4,5 Amp, zusammen 4,5045 Amp Je **ein Skalenteil** des Aus-
schlages bedeutet daher bei dieser Kombination eine Stromstärke in der

Gluhlampe von $\dfrac{4,5045}{150}$ = **0,030 03 Amp**. (Setzt man $1° \triangleq 0,03$ Amp, in-

dem man den Strom im Instrument vernachlässigt bzw. den Widerstand des
Instrumentes als unendlich groß gegenuber dem des Normalwiderstandes
annimmt, so macht man in diesem Falle einen Fehler von $1\,°/_{00}$, der zulässig sein mag. In manchen ähnlichen Fällen wurde die entsprechende Vernachlässigung jedoch unzulässig große Fehler ergeben)

Normalwiderstande sind meistens auf r u n d e O h m w e r t e genau
abgeglichen und ergeben daher in dieser Schaltung keine runde „Konstante“
(Amp/°) fur die Strommessung. Wenn darauf Wert gelegt und der Nebenwiderstand speziell fur dies Instrument hergestellt wird, muß man ihm
einen bestimmten u n r u n d e n Ohm-Wert geben. Wenn z B die Konstante
genau 0,03 Amp/° sein soll, muß der Gesamtwiderstand der Kombination
von Instrument und Nebenwiderstand zusammen genau 0,01 Ω oder die
Summe der beiden Leitwerte [*118, 121*] genau 100 Siemens betragen Unter
Verwendung der Bezeichnungen R_J fur den Instrumentenwiderstand (10 Ω)
und R_{NW} fur den Ohmwert des Nebenwiderstandes muß also dann gelten·

$$1/R_J + 1/R_{NW} = 1/0,01; \qquad 0,1 + 1/R_{NW} = 100; \qquad 1/R_{NW} = 99,9;$$
$$R_{NW} = 1/99,9 = 0,010\,010\ \Omega.$$

Zu Frage 4.: Da der zu messende Strom gemäß 2. etwa 3,4 Amp betragt und da 1° gemäß 3 etwa 0,03 Amp bedeutet, so wird sich

ein Ausschlag von etwa $\dfrac{3,4}{0,03} \approx$ **113°** ergeben, also ein „guter Ausschlag“

Aufgabe 53: Messung der Temperaturerhöhung einer Spule

Der Widerstand der aus Kupferdrähten bestehenden Schenkelspulen-
wicklung einer Gleichstrom-Nebenschlußmaschine ist vor und nach der Be-
triebszeit gemessen Die Schaltung bei der Messung entsprach dem Schaltbild der **Abb. 35**, S. 172 Die Ablesungen der Instrumente waren

	Amperemeter	Voltmeter
vor dem Betrieb, bei $+ 5,5°$	12,04 Amp	112,4 Volt
nach dem Betrieb	10,85 Amp	111,3 Volt

Frage:
Um wieviel hat sich die Spule im Mittel infolge des Betriebes erwarmt?

Lösung

Aus den Strom- und Spannungsmessungen ergibt sich der Widerstand der Spule vor und nach
dem Betrieb durch die Beziehung $R = U/J$ [140].
Der Widerstand der kalten Spule war demnach:

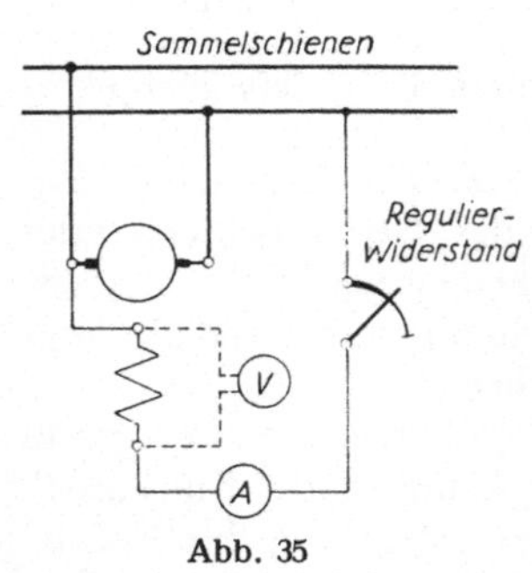

Abb. 35

$R_1 = 112,4$ [Volt] / 12,04 [Amp] $= 9,348\,\Omega$,
der der warmen dagegen:

$R_2 = 111,3$ [Volt] / 10,85 [Amp] $= 10,258\,\Omega$.

Die Widerstandszunahme betrug somit

$$10,258' - 9,348 = 0,910\,\Omega \text{ oder } \frac{0,910}{9,348} \cdot 100\,\% $$

$= 9,74\,\%$ von R_1. Je nach der verlangten Genauigkeit können wir nun für den weiteren Gang
der Rechnung zwei etwas voneinander abweichende Wege einschlagen.

A. Rohere Berechnung: Wenn t_1 die geringere, t_2 die höhere Temperatur, R_1 bzw. R_2 die entsprechenden Widerstandswerte, und α den „Tem-
peraturkoeffizienten" des Leitungsmetalls bedeuten [142], so ist

$$R_2 = R_1 \cdot [1 + \alpha\,(t_2 - t_1)] \text{ oder}$$
$$(R_2/R_1) - 1 = \alpha\,(t_2 - t_1) \text{ oder}$$
$$(t_2 - t_1) = \frac{(R_2/R_1) - 1}{\alpha}.$$

Wenn wir darin für α den in den Handbüchern für Kupfer und für die
übliche Raumtemperatur ($+ 20°$) angegebenen Wert von etwa 0,0040 (oder
genauer 0,003 92) einsetzen und für den Quotienten (R_2/R_1) den soeben gefundenen Wert 1,0974, so folgt

für die **Temperaturzunahme** $(t_2 - t_1) = \dfrac{0,0974}{0,003\ 92} = \mathbf{24,9°}$

und für die **Endtemperatur** $t_2 = 24,9 + 5,5 = \mathbf{30,4°}$.

B. Genauere Berechnung: Wenn wir genauer rechnen wollen, müssen
wir beachten, daß der Wert α von der Anfangstemperatur t_1 abhängt. Wir
rechnen daher gemäß *Hütte* und *Kosack* [142] bei $t_1 = 5,5°$ mit

$$\alpha = \frac{1}{235 + 5,5} = \frac{1}{240,5} = 0,004\ 16 \text{ und finden damit}$$

die **Temperaturzunahme** $(t_2 - t_1) = 0,0974 \cdot 240,5 = \mathbf{23,4°}$

und die **Endtemperatur** $t_2 = 23,4 + 5,5 = \mathbf{28,9°}$.

Dubbel [142] gibt eine Formel für t_2, die in unserer Bezeichnungsweise
lautet:

$$t_2 = (R_2/R_1) \cdot (\tau + t_1) - \tau,$$

worin gemäß der zugehörigen Tabelle für τ bei Kupfer der Wert 235° einzusetzen ist. Diese Formel ergibt sich aus der vorhin für $(t_2 - t_1)$ an-

gegebenen, wenn man sie nach t_2 auflost, und fuhrt daher genau zum gleichen Ergebnis

$$t_2 = (1{,}0974) \cdot (240{,}5) - 235 = 263{,}9 - 235 = 28{,}9^\circ \text{ und}$$

$$t_2 - t_1 = 28{,}9 - 5{,}5 = 23{,}4^\circ.$$

Wenn wir die zuletzt benützten Formeln nicht blind anwenden, sondern etwas tiefer verstehen und im Kopf behalten wollen, so merken wir sie uns nach einem graphischen Bilde: Wie das Volumen eines vollkommenen Gases (bei konstantem Druck) l i n e a r mit der Temperatur t, aber p r o p o r t i o n a l mit der absoluten Temperatur T wächst [72], wobei der Nullpunkt für T um 273° unter dem fur t liegt, so ändert sich der Widerstand der Metalle (innerhalb ziemlich weiter Temperaturgrenzen ziemlich genau) l i n e a r mit t, aber p r o p o r t i o n a l mit ihrer von einem bestimmten, bei $-\tau^\circ$ liegenden Nullpunkt aus gemessenen Temperatur, die also gleich $(t + \tau)$ ist. Freilich hat τ nicht den Wert 273°, ist auch nicht fur alle Metalle gleich, sondern für jedes Metall anders, und nur für Kupfer gleich 235°.

Mit dieser Anschauungsweise folgern wir mühelos aus dem Kopf die Proportion·

$$\frac{R_2}{R_1} = \frac{t_2 + 235}{t_1 + 235} \text{ und daraus·}$$

$$(t_2 + 235) = (R_2/R_1) \cdot (t_1 + 235) \text{ oder}$$

$$t_2 = (R_2/R_1) \cdot (t_1 + 235) - 235 \text{ wie bei } \textit{Dubbel.}$$

Oder wir bilden aus der ersten Proportion eine neue:

$$\frac{R_2 - R_1}{R_1} = \frac{t_2 - t_1}{t_1 + 235}, \text{ also:}$$

$$t_2 - t_1 = \frac{R_2 - R_1}{R_1} \cdot (235 + t_1) \text{ wie in } \textit{Hütte.}$$

Schlußbemerkung zu A und B. Diese Art der Temperaturmessung ist, besonders bei elektrischen Maschinen, sehr üblich. Sie ist besser als die Messung mit Thermometer, weil sie die m i t t l e r e Temperatur der ganzen Spule ergibt, während mittels Thermometer meistens nur die Temperatur an der Spulen O b e r f l ä c h e gemessen werden kann. Die Temperatur im Spuleninnern pflegt aber größer zu sein als die an der Oberfläche. Außerdem ergeben Quecksilberthermometer, besonders bei Wechselstrommaschinen und Transformatoren, leicht dadurch zu hohe Werte der Temperatur, daß die schwankenden magnetischen Felder im Quecksilber Wirbelströme und daher Wärme erzeugen.

Aufgabe 54: Kosten der elektrischen Warmwasserbereitung

Welche Stromkosten entstehen beim Erwärmen von 1,5 Liter Wasser in einem elektrischen Kochgefäß von 20° bis zum Kochen?

Strompreis 9 Pfg/kWh; Wirkungsgrad des Kochgefäßes 0,85; 427 mkg = 1 kcal; 1 PS = 735 Watt.

B e m e r k u n g : Es wird angenommen, daß man weitere Ziffern uber das Verhältnis von elektrischen und thermischen Einheiten als die soeben angegebenen weder im Kopf hat noch nachschlagen kann

Losung

Dem W a s s e r sind zuzufuhren· $1,5 \cdot (100 - 20) = 120$ kcal. Dem K o c h g e f ä ß ist daher eine elektrische Arbeit zuzufuhren, die aquivalent ist einer Wärmemenge von $\dfrac{120}{0,85} \approx 141$ kcal. Diese Wärmemenge ist dann in kWh umzurechnen. Bekannt sind folgende Beziehungen:

a) 1 kcal $= 427$ mkg;

b) 75 mkg/sek $= 1$ PS; aus b) folgt:

c) 1 mkg $= 1/75$ PS-sek;

d) 1 PS $= 735$ Watt; aus d) folgt:

e) 1 PS-sek $= 735$ Watt-sek $= \dfrac{735}{1000 \cdot 3600}$ kWh

Aus a), c) und e) folgt dann:

$$1 \text{ kcal} = 427 \text{ [mkg]} \cdot (1/75) \text{ [PS-sek/mkg]} \cdot \frac{735}{1000 \cdot 3600} \text{ [kWh/PS-sek]}$$
$$= 1,16 \cdot 10^{-3} \text{ kWh}$$

Etwas einfacher ware diese Rechnung gewesen, wenn man gewußt hätte, daß 1 Wattsek [Ws] oder Joule $= 0{,}000\,239$ kcal oder daß 1 mkg $= 9,804$ Wattsek ist [17])

Die erforderliche **zuzuführende Arbeit** beträgt demnach

$$141 \cdot 1,16 \cdot 10^{-3} = 0,164 \text{ kWh und kostet } 0,164 \cdot 9 \approx \textbf{1,5 Pfg}.$$

Aufgabe 55: Anschluß eines elektrischen Wasserkochers an eine niedrigere als seine Nennspannung

Eine Familie zieht aus einer Stadt, deren Elektrizitätswerk Wechselstrom von 127 Volt liefert, in eine Stadt, deren Netz Gleichstrom von 110 Volt führt. Sie bringt einen elektrischen Wasserkocher von 1,5 Liter Inhalt mit, der die Inschrift tragt „127 Volt, 6 Amp".

Fragen:

1. Kann der Kocher in dem neuen Wohnort ohne Bedenken angeschlossen werden?

2. Wieviel Zeit wird der Kocher im alten und wieviel im neuen Wohnort erfordern, um 1,5 Liter Wasser von 10° bis zum Sieden zu bringen, wenn angenommen wird, daß er stets 90 % der in ihn hineingesteckten elektrischen Arbeit zur Erwärmung des Wassers ausnutzt?

Lösung

Die Aufgabe hat Ähnlichkeit mit Aufgabe 54, S. 174; diese sowie ihre Lösung lese man daher zuvor durch.

Zu Frage 1.: Da die in Kochtöpfen verwendeten Heizplatten oder Heizdrähte praktisch induktionsfrei sind, so ist ihre Stromaufnahme und ihre Heizwirkung von der S t r o m a r t unabhängig und der Kocher kann daher bei gleicher Spannung ebenso gut mit Gleichstrom wie mit Wechselstrom betrieben werden. Was die S p a n n u n g anlangt, so wird bei Anschluß an 110 Volt der Strom und folglich auch die Temperatur der Heizwiderstände im Kocher kleiner sein als bei 127 Volt. Eine Gefahr der Beschädigung liegt daher nicht vor und der **Anschluß** ist somit **unbedenklich**.

Zu Frage 2.: Um dem Wasser 1,5 [Liter] · (100 — 10) [°] = 135 kcal zuzuführen, erfordert der Kocher an elektrischer Arbeit $\dfrac{135}{0,9}$ kcal oder, da (gemäß Lösung der Aufgabe 54) 1 kcal = 0,00116 kWh ist [*17*], $\dfrac{135}{0,9} \cdot 0,00116$

= 0,174 kWh. Bei Anschluß an 127 Volt nimmt er laut Aufschrift 6 Amp und folglich 127 · 6 = 762 Watt = 0,762 kW auf. Er braucht dann also, um 0,174 kWh oder 60 · 0,174 = 10,44 kW-min aufzunehmen,

$\dfrac{10,44}{0,762}$ = **13,7 Minuten**.

Bei Anschluß an 110 Volt ist, wenn wir annehmen, daß der Widerstand der Heizkörper trotz der Temperaturschwankung unverändert bleibt (was bei den für sie üblichen Werkstoffen annähernd zutreffen durfte), der Strom nur das $\dfrac{110}{127}$fache des bei 127 Volt auftretenden, folglich die elektrische Leistung nur das $\left(\dfrac{110}{127}\right)^2$fache oder das 0,750fache desjenigen bei 127 Volt. Umgekehrt proportional damit ändert sich natürlich die erforderliche Zeit, so daß sie sich ergibt zu $\dfrac{13,7}{0,750}$ = **18,3 Minuten**.

Aufgabe 56: Eichung eines Gleichstrom-Wattstundenzählers (Motortype)

Ich belaste den Zähler mit einem konstanten Strom und messe diesen und die Spannung mit zuverlässigen Instrumenten. Durch das Schauloch beobachte ich den Fleck an der Bremsscheibe des Zählers und messe mit der

Stoppuhr die Zeit, die die Scheibe fur genau 160 Umdrehungen braucht.
Auf dem Zähler steht geschrieben· „35 Amp, 110 Volt, 900 Umdr. p. kWh.“

Abgelesen sei· am Strommesser   20,4 Amp;

am Spannungsmesser   112,5 Volt;

an der Stoppuhr   4 min 5,6 sek.

Frage:

Welchen prozentualen Fehler hat der Zähler bei dieser Belastung?

Lösung

Das Zifferblatt jedes Wattstundenzählers zeigt (evtl. nach Multiplikation mit einer auf dem Zifferblatt angegebenen Konstanten) Kilowattstunden an [*146*]. Der Zähler b e h a u p t e t, daß seit seiner letzten Ablesung bis jetzt so viele kWh durch ihn hindurchgeflossen sind, als dem
Unterschied zwischen den Angaben des Zifferblattes von damals und jetzt
entspricht. Diese Behauptung kann falsch sein. Zweck der Eichung ist es,
festzustellen, um wieviel diese angebliche Arbeitsmenge von der wirklich
durchgeflossenen und durch zuverlässige Instrumente (Strommesser, Spannungsmesser, Uhr) gemessenen abweicht.

Da bei einem guten Zähler diese Abweichung (in der Nähe der vollen
Belastung) nur einige Prozente beträgt, und gerade diese A b w e i c h u n g
festgestellt werden soll, so muß die Messung sehr genau ausgeführt werden.
Alle in das Endergebnis eingehenden Meßwerte dürfen höchstens um $1/_2$ %
ungenau sein. Bezüglich der Werte für Strom, Spannung und Zeit macht
das keine große Schwierigkeit. Wollte man aber den Fortgang des Zähl-
werkes während der Eichung nur durch Ablesungen an den sehr langsam
fortschreitenden Ziffern oder Zeigern des Zifferblattes feststellen, so würde
dazu behufs Erzielung der geforderten Genauigkeit eine sehr große Zahl
von kWh erforderlich sein, so daß die Eichung sehr langwierig und (wegen
des großen Stromverbrauches) auch sehr teuer werden würde.

Deswegen benutzt man bei der Eichung aller Motorzähler (fur Gleich-,
Wechsel- oder Drehstrom) zur Feststellung des Zählerfortschrittes meistens
nicht das Zifferblatt, sondern beobachtet durch ein Fensterchen einen an der
Bremsscheibe oder am rotierenden Anker angebrachten Fleck und zählt danach die Umdrehungen der Zähler-Ankerachse. Jetzt genügt es (bezüglich
der Feststellung des Zählerfortschrittes), die Eichung so lange auszudehnen,
bis die Zahl der Umdrehungen so groß ist, daß sie mit der verlangten Genauigkeit festgestellt werden kann. Die dazu erforderliche Zeit ist sehr viel
kürzer als die bei Benutzung des Zifferblattes nötige und beträgt meistens
nur wenige Minuten. So lange muß die Eichung freilich mindestens dauern,
daß auch die Z e i t d a u e r mit der verlangten Genauigkeit gemessen
werden kann.

Die durch die Eichung auf ihre Richtigkeit nachzuprüfende Behauptung des Zählers: „Eine w i r k l i c h d u r c h g e f l o s s e n e kWh verursacht einen Fortschritt meines Zifferblattes um eine (a n g e z e i g t e) kWh" läßt sich in zwei Staffeln zerlegen: erstens: „eine w i r k l i c h d u r c h g e - f l o s s e n e kWh verursacht a Umdrehungen der Zählerankerwelle"; zweitens: „a Umdrehungen der Zählerankerwelle verursachen einen Fortschritt des Ziffern- oder Zeigerwerkes um eine (a n g e z e i g t e) kWh". (Die Zahl a ist auf fast jedem Motorzähler angegeben; im vorliegenden Falle ist sie 900.)

Von diesen beiden Behauptungen braucht die z w e i t e im allgemeinen nicht nachgeprüft zu werden, weil sie n u r von den Zähnezahlen der Zahn- räder und ihrem richtigen Eingriff abhängt, und kaum anzunehmen ist, daß sich daran seit der Fertigstellung des Zählers etwas geändert haben könnte oder daß diese Angabe schon bei Ausgang des Zählers aus der Fabrik falsch war. Nachzuprüfen ist daher nur die e r s t e Behauptung (hier· daß je eine durchfließende kWh 900 Umdrehungen veranlaßt); diese kann nämlich sehr leicht falsch sein oder falsch werden, wenn z. B. die Lager oder der Kollek- tor verschmutzen, der Bremsmagnet seinen Magnetismus ändert oder ver- schoben wird, oder wenn am Vorwiderstand oder Nebenschluß etwas ge- ändert ist usw.

Die Eichung besteht daher darin, daß einerseits die wirklich durchgeflos- sene Arbeit in kWh oder bequemer in Wattsek [Ws] oder in kWs festgestellt wird, andererseits die dadurch verursachten Umdrehungen und der diesen Umdrehungen entsprechende ·Fortschritt der Zählwerksangaben in kWh oder Ws, und daß dann die beiden Zahlen miteinander verglichen werden.

Danach ergibt sich der folgende Rechnungsgang:

Wirklich durchgeflossene Arbeit: 20,4 [Amp] · 112,5 [Volt] · 245,6 [sek] = 563700 Ws oder 563,7 kWs.

Der Zähler hat dabei genau 160 Umdrehungen gemacht; sein Zeiger- werk ist also (wenn man es so genau ablesen könnte) um $\dfrac{160}{900}$ angezeigte kWh oder $\dfrac{160 \cdot 3600}{900} = 640$ angezeigte kWs vorgeschritten.

Wirklich durchgeflossene Arbeit   564 kWs;

Vom Zähler angezeigte Arbeit·   640 kWs.

Der Zähler zeigte also (bei der Belastung mit etwa 20 Amp) **zu viel**[1] um 76 auf wirkliche 564 oder auf angezeigte 640,

also um $\dfrac{76 \cdot 100}{564} =$ **13,5 % des richtigen Betrages** (oder „Sollwertes")

---

[1] In dem im Vorwort als Vorlaufer dieses Buches erwahnten Buch von 1924 ist auf Seite 160, Losung zu Aufgabe 86, Zeile 13 von unten, ein Versehen unter- laufen. Statt „zu wenig" muß es dort heißen. „zu viel".

$$\text{oder um } \frac{76 \cdot 100}{640} = \textbf{11,9 \%} \text{ des angezeigten Betrages.}$$

Bemerkung · Bei Angabe des Fehlers darf nicht vergessen werden, s e h r
d e u t l i c h zu sagen, in welcher Richtung der Fehler liegt Nicht deutlich sind
Ausdrucke wie „der Fehler beträgt + 3,8 %", deutlich ist dagegen außer der oben
gewählten Ausdrucksweise auch: „der Zähler zeigt falsch zugunsten des Stromabnehmers (oder zugunsten des Stromverkaufers) um 5,6 %". Ferner muß gesagt
werden, ob bei der Prozentangabe der richtige Wert oder der vom Zähler angezeigte Wert gleich 100 % gesetzt ist. Wenngleich dies bei kleinen Fehlern, nahezu auf dasselbe hinausläuft, so macht es bei großen Fehlern einen großen Unterschied Beispielsweise besagt „zu wenig um 50 % des richtigen Wertes" genau dasselbe wie „zu wenig um 100 % des angezeigten Wertes" Die erstere Ausdrucksweise klingt weniger schlimm und wird deswegen meistens bevorzugt; die zweite ist
bequemer, wenn spater an Hand des Eichberichtes die weiteren Zahlerangaben auf
die richtigen Werte umgerechnet werden sollen

Endlich ist anzugeben, bei welcher Belastung (in Amp oder in % der
Nennleistung) die Eichung erfolgte.

Hier würde daher etwa anzugeben sein: „bei 59,5 % der Nennleistung",
$$\text{da } \frac{20,4 \cdot 112,5 \cdot 100}{35 \cdot 110} = 59,5 \text{ ist.}$$

Diese Angabe ist nötig, weil bei fast jedem Zähler bei verschiedenen
Belastungen der prozentuale Fehler verschieden groß ist und weil auch die
durch Reichsverordnung fur Elektrizitätszähler festgesetzten zulässigen
„Verkehrsfehlergrenzen" und „Beglaubigungsfehlergrenzen" bei kleiner
Belastung eines Zahlers (verglichen mit der Nennleistung) viel höher liegen
als bei Vollast.

Aufgabe 57: Drehstrom-Leistungsmessung mit Strom- und Spannungs-wandlern

Von einer Beleuchtungsanlage, die nur aus Gluhlampen besteht und aus
einem Drehstromnetz gespeist wird, sei bekannt, daß alle Phasen gleich belastet sind. Der Ver-
brauch der Anlage soll
gemessen werden. Ver-
wendet ist dazu ein
Stromwandler mit der
Aufschrift „100/5 A",
ein Strommesser mit der
Skala 0 bis 10 Amp

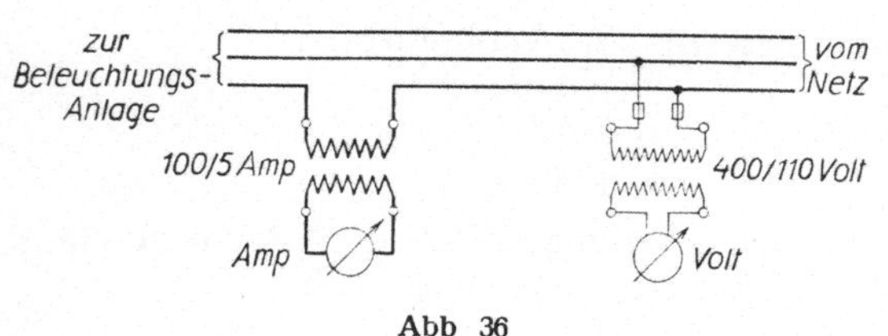

Abb 36

(weil einer mit 0 bis 5 Amp nicht vorhanden war), ein Spannungswandler
für 400/110 Volt und ein Spannungsmesser mit Skala bis 150 Volt (vgl. das
Schaltbild **Abb. 36**, S. 178). Abgelesen wurde am Strommesser 3,8 Amp.
am Spannungsmesser 101 Volt.

Frage:

Wieviel kW verbrauchte die Anlage wahrend der Messung?

Losung

Bei symmetrischem und in allen drei Phasen gleich belastetem Drehstrom ist die Leistung $N = U \cdot J \cdot \sqrt{3} \cdot \cos \varphi$ [Watt], wenn U die Spannung zwischen zwei Phasen in Volt, J die Stromstarke einer Phase in Amp und φ die Phasenverschiebung bedeutet [136]. Bei reiner Gluhlampenbelastung, wie sie hier vorliegt, ist nahezu $\varphi = 0$, $\cos \varphi = 1$. Es genugt daher, U und J zu bestimmen.

Im Strommesser und daher auch in der Sekundarspule des Stromwandlers [143] fließt ein Strom von 3,8 Amp. Die Aufschrift des Stromwandlers „100/5 A" besagt erstens, daß er primär bis zu 100 Amp vertragen kann, ohne übermäßig warm zu werden oder falsche Meßergebnisse zu verursachen, und zweitens, daß, w e n n der Strom g e n a u 100 Amp betragt, in dem (etwa durch einen Stromzeiger) kurzgeschlossenen Sekundarkreise ein Strom von g e n a u 5 Amp fließt Aus dem letzteren folgt auch, daß bei jeder anderen, unter 100 Amp liegenden Primärstromstärke die beiden Ströme (der primare und der sekundare) sich zueinander verhalten wie 100 · 5. Im vorliegenden Falle ist daher der Primarstrom (und das ist zugleich der

Strom in einer Phasenleitung) $J = 3,8 \cdot \dfrac{100}{5} \doteq 76$ Amp.

Daß der Strommesser nicht fur maximal 5 Amp (wie die Sekundärspule des Stromwandlers) bemessen ist, hat auf die Messung weiter keinen Einfluß. Zweckmaßiger wäre es freilich, ein Instrument zu verwenden, dessen Zeiger bei 5 Amp das Ende der Skala erreicht, weil dann sowohl Stromwandler als Stromzeiger voll ausgenutzt werden konnen und daher die Messung etwas genauer sein wurde.

Der Spannungszeiger zeigt eine Spannung von 101 Volt. Dies ist also die sekundäre Klemmenspannung des Spannungswandlers. Dessen Aufschrift „400/110 V" besagt erstens, daß an die Primärklemmen höchstens eine Wechselspannung von 400 Volt gelegt werden darf, und zweitens, daß, w e n n zwischen den Primarklemmen g e n a u 400 Volt herrschen, an den Sekundarklemmen g e n a u 110 Volt erzeugt werden Daraus folgt auch, daß bei Primärspannungen unter 400 Volt die beiden Spannungen (primäre und sekundäre) sich zueinander verhalten wie 400 110. Im vorliegenden Falle ist daher die Primärspannung des Wandlers (und damit die Span-

nung zwischen zwei Phasen des Drehstromnetzes) $U = 101 \cdot \dfrac{400}{110} = 367$ Volt.

Daß der Spannungsmesser nicht (wie die Sekundarseite des Spannungswandlers) fur maximal 110 Volt gebaut ist, stort die Messung nicht, obwohl es aus denselben Gründen wie beim Strommesser zweckmäßiger gewesen wäre.

Aus U und J folgt die aus dem Netz in die Beleuchtungsanlage fließende Leistung

$$N = U \cdot J \cdot \sqrt{3} = 367 \cdot 76 \cdot \sqrt{3} = 48\,500 \text{ Watt oder } \mathbf{48,5\ kW}.$$

Aufgabe 58: Messung der Phasenverschiebung einer Drehstromanlage

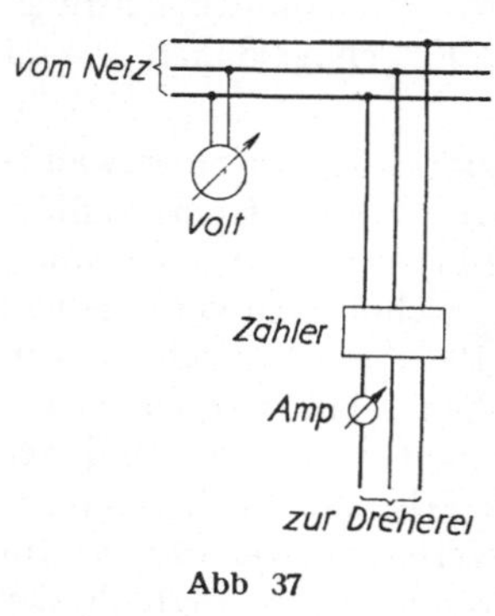

Abb 37

In die von der Zentrale zu einem Werksteil (Dreherei) fuhrende elektrische Drehstromleitung ist ein Stromzeiger und ein Zähler eingebaut gemäß **Abb. 37**, S. 180. (Die Ströme in den drei Leitungen sind als gleich groß anzunehmen.) Während einer Beobachtungszeit von 3 h 28 min zeigte der Spannungsmesser dauernd (oder im Mittel) 508 Volt, der Stromzeiger dauernd (oder im Mittel) 123 Amp.

Der Zähler stand zu Anfang auf 278 549, am Schluß der Beobachtungszeit auf 279 035. Auf dem Zählerschild steht· „Eine Einheit am letzten Zifferblatt gleich 0,5 kWh"

Frage:

Wie war der Leistungsfaktor (cos φ) der Dreherei während der Beobachtungszeit (im Mittel)?

Losung

Bezeichnet J [Amp] den in die Dreherei (in einer Phase) fließenden Strom, U [Volt] die Betriebsspannung in der Dreherei (zwischen zwei Pha·sen), φ den für den Verbrauch in der Dreherei zutreffenden Phasenverschiebungswinkel zwischen Strom und Spannung, und N [Watt] den Verbrauch in der Dreherei, so ist $N = U \cdot J \cdot \sqrt{3} \cdot \cos \varphi$ [*136*].

Von diesen Größen ist nun J zu 123 Amp und U zu 508 Volt gemessen. Daher kann cos φ leicht bestimmt werden, wenn auch noch N bekannt ist [*145*]. Der Wert der Leistung N [Watt] folgt aber aus dem durch die Zählerablesung festgestellten Arbeitsverbrauch (in Wattstunden) und der dazu erforderten Zeit (in Stunden). Somit ergibt sich der folgende Rechnungsgang:

Zahlerstand am Ende der Beobachtungszeit: 279 035;

Zählerstand am Anfang der Beobachtungszeit· 278 549;

Fortschritt des Zählers innerhalb der Beobachtungszeit: . ·486 Einheiten des letzten Zifferblattes;

Bedeutung einer Einheit des letzten Zifferblattes . . . 0,5 kWh.

Der Arbeitsverbrauch in der Beobachtungszeit ist daher $486 \cdot 0{,}5$ $= 243$ kWh oder $243\,000$ Wh.

Die Dauer der Beobachtungszeit betrug, da 28 min $= 28/60 = 0{,}467$ h sind, $3{,}467$ h.

Die Leistung war daher $N = 243\,000$ [Wh]$/3{,}467$ [h] $= 70\,100$ Watt.

Daraus folgt dann:

$$\cos \varphi = \frac{N}{J \cdot U \cdot \sqrt{3}} = \frac{70\,100}{123 \cdot 508 \cdot \sqrt{3}} \approx \mathbf{0{,}65}.$$

Aufgabe 59: Bestimmung der Phasenverschiebung, der Induktivität und des Ohmschen Widerstandes einer Drosselspule

Durch eine aus Kupferdraht gewickelte Drosselspule wird unter Einschaltung eines Strommessers, eines Spannungsmessers, eines Frequenzmessers und eines Leistungsmessers Wechselstrom von $8{,}00$ Amp und $50{,}0$ Hertz geschickt. Dabei wird die von ihr aufgenommene Leistung zu 400 Watt, die zwischen ihren beiden Endklemmen herrschende Spannung zu $120{,}0$ Volt und die Temperatur zu $+ 20°$ gemessen.

Fragen:

1. Wie groß ist der Leistungsfaktor $\cos \varphi$ der Drosselspule?

2. Wie groß ist ihr (Wirk-) Widerstand und ihre Induktivität?

3. Welche Spannung ist nötig, um einen Strom von $8{,}00$ Amp durch die Drosselspule zu treiben, wenn ihre Temperatur auf $50°$ gestiegen ist?

Lösung

Zu Frage 1.: Aus $N = 400$ Watt, $J = 8{,}00$ Amp, $U = 120{,}0$ Volt ergibt sich gemäß der Beziehung $N = U \cdot J \cdot \cos \varphi$ [*134*] der Leistungsfaktor

$$\cos \varphi = \frac{N}{U \cdot J} = \frac{400}{120{,}0 \cdot 8{,}00} = \mathbf{0{,}4167}.$$

Zu Frage 2.: Gemäß der Beziehung $J = \dfrac{U}{Z}$ ist der Scheinwiderstand [*131*] $Z = \dfrac{U}{J} = \dfrac{120{,}0}{8{,}00} = 15{,}00 \ \Omega$. Entsprechend der zur Lösung der Aufgabe 72, S. 216, gehörenden Abb. 48, S. 218, ist nun Z die Hypotenuse des rechtwinkligen Dreiecks mit den Katheten R und X, wobei $X = \omega L = 2 \pi f L$ den Blindwiderstand, L die Induktivität [*128*] und R den Wirkwiderstand (auch kurzweg „Widerstand" oder auch wohl „Ohmscher Widerstand" genannt) der Spule bedeuten.

Somit ist $R = Z \cdot \cos \varphi = 15{,}00 \cdot 0{,}4167 = \mathbf{6{,}25 \ \Omega}$.

Statt dessen hatten wir R auch aus dem JOULEschen Gesetz [123] $N = J^2 R$ bestimmen konnen, das auch bei Wechselstrom gilt

$$R = \frac{N}{J^2} = \frac{400}{8{,}00^2} = \mathbf{6{,}25}\ \Omega.$$

Aus Z und R folgt dann weiter·

$$X = \sqrt{Z^2 - R^2} = \sqrt{15{,}00^2 - 6{,}25^2} = \sqrt{225{,}0 - 39{,}1} = \sqrt{185{,}9}$$

$= 13{,}64\ \Omega$; oder

$$\cos \varphi = 0{,}4167; \qquad \varphi = 65{,}37°; \qquad \sin \varphi = 0{,}9090;$$

$$X = Z \cdot \sin \varphi = 15{,}00 \cdot 0{,}9090 = 13{,}64\ \Omega$$

Mit $f = 50$, $\omega = 2\pi f = 314{,}16$ wird also $L = \dfrac{13{,}64}{314{,}16} = \mathbf{0{,}0434\ Henry.}$

Zu Frage 3.: Da der Temperaturkoeffizient [119] des Kupfers 0,4 % für je 1° ist, so wächst bei der Erwärmung um $50 - 20 = 30°$ der Wirkwiderstand R um $30 \cdot 0{,}4\,\% = 12\,\%$, also auf $1{,}12 \cdot 6{,}25 = 7{,}00\ \Omega$. Da X unverändert (13,64 Ω) bleibt, weil die Temperaturänderung ohne Einfluß auf die Induktivität L und somit auch auf den Blindwiderstand X ist, so wird jetzt $Z = \sqrt{7{,}00^2 + 13{,}64^2} = \sqrt{49{,}0 + 185{,}9} = \sqrt{234{,}9} = 15{,}32\ \Omega$, und es ergibt sich die bei $J = 8{,}00$ Amp erforderliche Spannung zu

$$U = 8{,}00 \cdot 15{,}32 = \mathbf{122{,}6\ Volt}\ [129].$$

Aufgabe 60: Messung des Verbrauches eines Einphasen-Wechselstrommotors

An einem etwa mit Nennleistung laufenden Einphasen-Wechselstrommotor wird Strom, Spannung und aufgenommene Leistung mittels der in **Abb. 38**, S. 182, dargestellten Schaltung gemessen.

Die benutzten Instrumente haben folgende D a t e n :

Stromwandler. 20/5 Amp;

Strommesser· Meßbereich 5 Amp, 100 Skalenteile;

Spannungsmesser Meßbereich 130 Volt, 130 Skalenteile. 2000 Ohm;

Leistungsmesser· Stromspule für 5 Amp;

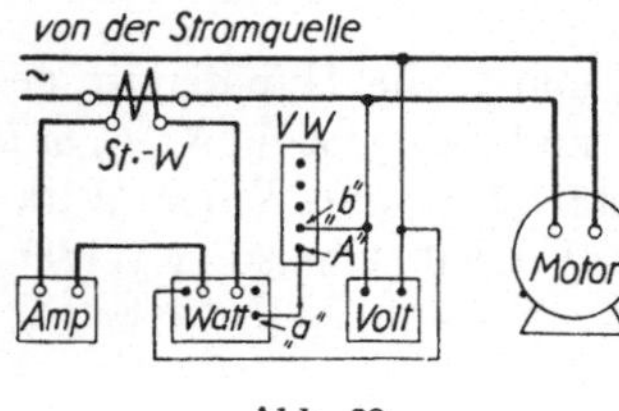

Abb. 38

Beischrift bei der benutzten Spannungsklemme „a": „1000 Ohm, $C = 1$";

Beischrift bei der benutzten Klemme „b" des benutzten und zum benutzten Wattmeter gehörenden Vorwiderstandes des Wattmeters: „120 Volt, $C = 4$";

Widerstand zwischen den Klemmen „A" und „b" . . . . . 3000 Ohm.

Die A b l e s u n g der Instrumente ergab

$$\text{Strommesser:} \ldots \ldots 85°,$$
$$\text{Spannungsmesser} \ldots 108°,$$
$$\text{Leistungsmesser} \cdot \ldots 86°.$$

Frage:

Wie groß ergeben sich

        a) die vom Motor aufgenommene Leistung,

        b) der Leistungsfaktor $\cos \varphi$,

wenn man den Eigenverbrauch der Instrumente vernachlässigt?

Losung

Zu Frage a): Da der benutzte Wattmeter-Vorwiderstand wirklich zum benutzten Wattmeter gehört (nicht z. B. etwa von einer anderen Firma stammt), so können wir uns darauf verlassen, daß die bei der benutzten Vorwiderstandsklemme „b" stehende Angabe uber die Wattmeter-Konstante „$C = 4$" für die benutzte Kombination von Wattmeter und VW (jedoch ohne Strom- und Spannungswandler!) zutrifft. Sie besagt, daß je 1 Skalenteil des Zeigerausschlages 4 Watt bedeutet.

Wenn das Wattmeter mit VW verwendet wird, so ist am Instrument selbst stets die Klemme „a" zu benutzen, am VW stets die Klemme „A". Insofern ist die Schaltung also richtig. Überzählig sind die Angaben an der Klemme „a": „1000 Ohm, $C = 1$" und an der Klemme „b"· „3000 Ohm" (zwischen A und b). Sie gestatten aber eine erwünschte Kontrolle der oben bereits angegebenen Konstanten $C = 4$ Watt/°. Wenn nämlich bei Benutzung des Wattmeters ohne VW, und zwar der Klemme „a", der Spannungspfad des Wattmeters 1000 Ohm hat, so wird er durch Vorschaltung des VW unter Benutzung der Klemmen „A" und „b" auf $1000 + 3000 = 4000$ Ohm gebracht, also vervierfacht [139]. Bei unveränderter Spannung, Stromstärke und Leistung des Motors wird also dadurch der Strom im Spannungspfad und folglich auch der Ausschlag des Wattmeters auf ein Viertel des vorigen Wertes ermäßigt. Folglich muß jetzt jeder Skalenteil das Vierfache bedeuten wie vorhin, d. h. die Konstante wird 4 mal so groß. Die Angaben bei den Klemmen „a" und „b" betreffs der Konstanten ($C = 1$ Watt/° bzw. $C = 4$ Watt/°) stimmen also mit den Widerstandsangaben überein.

Nun ist dem Wattmeter (und dem Amperemeter) ein Stromwandler [143] vorgeschaltet, der den Strom des Motors im Verhältnis 20/5, das ist auf ein Viertel herabsetzt. Dadurch wird der Ausschlag nochmals gevierteilt und folglich die Bedeutung von 1° (das ist die Konstante) nochmals vervierfacht. So ergibt sich die Wattmeterkonstante unter Berücksichtigung von VW und Stromwandler zu

$$C_N = 1 \text{ [Watt/°]} \cdot \frac{4000 \text{ [Ohm]}}{1000 \text{ [Ohm]}} \cdot \frac{20 \text{ [Amp]}}{5 \text{ [Amp]}} = 16 \text{ Watt/°}.$$

Die vom Motor aufgenommene Leistung ist daher, wenn α_N den Ausschlag des Leistungsmessers in Skalenteilen bedeutet:

$$N \text{ [Watt]} = \alpha_N \text{ [°]} \cdot C_N \text{ [Watt/°]} = 86 \cdot 16 = \textbf{1376 Watt.}$$

Zu Frage b): Aus der allgemein für Einphasen-Wechselstrom geltenden Beziehung N [Watt] $= J$ [Amp] $\cdot U$ [Volt] $\cdot \cos \varphi$ [134] folgt

$$\cos \varphi = \frac{N}{J \cdot U} \qquad\qquad [145].$$

Der Spannungsmesser ist ohne VW benutzt, hat die Daten 130 Volt, 130°, woraus seine Konstante folgt zu $C_U = 1$ [Volt/°], und zeigte den Ausschlag $\alpha_U = 108°$. Die Spannung war also 108 [°] $\cdot$ 1 [Volt/°] $= 108$ Volt.

Der Strommesser ohne Nebenapparate hat gemäß seinen Aufschriften (5 Amp, 100°) die Konstante $C = \dfrac{5}{100}$ Amp/°. Durch den Stromwandler wird sie jedoch (ebenso wie beim Leistungsmesser) im Verhältnis 20/5 erhöht, so daß die Konstante fur Strommesser und Stromwandler zusammen wird:

$$C_J = \frac{5}{100} \cdot \frac{20}{5} = \frac{20}{100} = 0,2 \text{ Amp/°}.$$

Man beachte, daß sich diese Konstante besonders einfach dann ergibt, wenn, wie ublich, der Stromwandler bei Nennbelastung auf der Primärseite (hier 20 Amp) sekundär 5 Amp gibt und der Strommesser bei 5 Amp vollen Ausschlag zeigt. Dann ist nämlich $C_J =$ Primär-Nennstrom des Wandlers durch Gesamtzahl der Skalenteile des Instrumentes.

Bei $\alpha_J = 85°$ war demnach im vorliegenden Falle $J = 85 \cdot 0,2 = 17,0$ Amp. Aus den bisher gefundenen Werten $J = 17,0$ Amp, $U = 108$ Volt, $N = 1376$ Watt ergibt sich gemäß der oben angezogenen Beziehung

$$\cos \varphi = \frac{N}{J \cdot U} = \frac{1376}{17,0 \cdot 108} = \frac{1376}{1836} = \textbf{0,749.}$$

Aufgabe 61: Bestimmung des Leistungsfaktors eines Drehstrommotors

An einem im Betrieb befindlichen Drehstrommotor ist mit Präzisionsinstrumenten gemessen sowohl der Strom in einer Zuleitung, als auch die Spannung zwischen zwei Zuleitungen, als auch die zugeführte Leistung. Es mag angenommen werden, daß die Stromstärke in allen drei Phasen gleich groß ist, und daß alle drei Phasen dieselbe Spannung gegeneinander haben. Gesucht wird der Leistungsfaktor des Motors bei der vorliegenden Belastung.

Die Stromstärke ist gemessen mittels eines Präzisions-Strommessers mit 100 Skalenteilen (°) und der Aufschrift „5 A" unter Zwischenschaltung eines Stromwandlers mit der Aufschrift: „400/5 A". Abgelesen wurde· 62,4°.

Die Spannung ist gemessen mittels eines Präzisions-Spannungsmessers mit 130° und der Aufschrift: „130 V" unter Einschaltung eines Spannungswandlers mit der Aufschrift: „2000/110 V". Abgelesen wurde: 112,3°.

Die Leistung wurde gemessen mittels zweier Präzisions-Leistungsmesser nach der „Zwei-Wattmeter-Methode" („Aron-Schaltung"). Die Wattmeter hatten 150° und trugen die Aufschrift: „5 A".

Die Stromspule jedes Wattmeters war mit der betreffenden Drehstromleitung durch einen Stromwandler von 400/5 Amp verbunden.

Für den Spannungspfad der Wattmeter wurden die Klemmen benutzt mit der Aufschrift: „30 V, 1000 Ω, 1° = 1 W". Vorgeschaltet war dem Spannungskreise jedes Wattmeters ein Vorwiderstand, dessen benutzte Klemme die Aufschrift trug· „120 V, 3000 Ω, C = 4". An die Drehstromleitungen war der Spannungskreis jedes Wattmeters nebst Vorwiderstand angeschlossen unter Vermittlung je eines Einphasen-Spannungswandlers für 2000/110 Volt.

Abgelesen wurde an dem einen Wattmeter 79,1°, am anderen Wattmeter 6,7°. Beide Wattmeter waren völlig kongruent geschaltet und auch innerlich kongruent. An beiden Instrumenten schlug der Zeiger nach rechts aus. (Die Wattmeter besaßen keine eingebauten Umschalter für den Spannungspfad. Anderenfalls müßte hier noch angegeben sein, daß auch diese Umschalter bei den beiden Instrumenten in derselben Lage standen.)

Die Angaben der Instrumente mögen ohne Korrektur als richtig angenommen werden.

Lösung

Aus den Angaben uber die abgelesenen Ausschläge und uber die Art und Schaltung der benutzten Instrumente und Apparate sind zunächst die Werte von Strom J [Amp] (in einer Phase), Spannung U [Volt] (zwischen zwei Phasen), und Gesamtleistung N [Watt] zu ermitteln. Dann folgt der gesuchte Wert von cos φ aus $N = J \cdot U \cdot \cos \varphi \cdot \sqrt{3}$ [136]. Hiernach ergibt sich der folgende Rechnungsgang:

a) S t r o m s t ä r k e :

Meßbereich des Strommessers ohne Stromwandler: 5 Amp;
Meßbereich des Strommessers mit Stromwandler (für 400/5 Amp): 400 Amp [143];
Anzahl der Skalenteile des Strommessers: 100°;

Bedeutung eines Skalenteils daher: $1° \,\hat{=}\, \dfrac{400}{100} = 4$ Amp;

Ablesung 62,4°;

Stromstärke daher $J = 62.4 \cdot 4 = 249{,}6$ Amp

  b) **S p a n n u n g** :

Meßbereich des Spannungsmessers ohne Vorwiderstand und ohne Spannungswandler 130 Volt;

Anzahl der Skalenteile: 130°;

Bedeutung eines Skalenteils ohne Vorwiderstand und ohne Spannungswandler·

$$1° \triangleq \frac{130}{130} = 1 \text{ Volt,}$$

Verwendeter Spannungswandler. 2000/110 Volt [143];

Ein Vorwiderstand ist nicht verwendet! [139];

Bedeutung eines Skalenteils bei der benutzten Anordnung daher:

$$1° \triangleq 1 \cdot \frac{2000}{110} \text{ Volt;}$$

Ablesung 112,3°;

Spannung demnach $U = 112{,}3 \cdot \dfrac{2000}{110} = 2042$ Volt.

  c) **L e i s t u n g** ·

Bedeutung eines Skalenteils eines Leistungsmessers bei Benutzung der wirklich benutzten Spannungsklemme (30 Volt, 1000 Ω), aber ohne Vorwiderstand und ohne Strom- und Spannungswandler $1° \triangleq 1$ Watt (oder $C = 1$). Der Wert von C wird durch den verwendeten Vorwiderstand, der den Gesamtwiderstand des Spannungspfades auf das Vierfache erhöht (von 1000 Ω auf 1000 + 3000 Ω) (und der daher auch eine vierfache Spannung anzulegen gestattet, nämlich 120 Volt statt 30 Volt), vervierfacht. Für das Instrument mit dieser Instrumentenklemme und diesem Vorwiderstand, aber ohne Strom- und Spannungswandler, wurde daher 1 Skalenteil 4 Watt bedeuten ($C = 4$).

Durch den Stromwandler mit dem Übersetzungsverhältnis 400/5 Amp wird dieser Wert von C nochmals verachtzigfacht ($C = 320$; $1° \triangleq 320$ Watt) [143].

Durch den Spannungswandler mit dem Übersetzungsverhältnis $\dfrac{2000}{110}$ Volt wird dieser Wert von C nochmals im Verhältnis $\dfrac{2000}{110}$ vergrößert [143].

Insgesamt hat daher die Konstante der Leistungsmesser den Wert

$$C = 1 \text{ [Watt/°]} \cdot \frac{4000 \text{ [}\Omega\text{]}}{1000 \text{ [}\Omega\text{]}} \cdot \frac{400 \text{ [Amp]}}{5 \text{ [Amp]}} \cdot \frac{2000 \text{ [Volt]}}{110 \text{ [Volt]}} = 5818 \text{ Watt/°.}$$

Da beide Instrumente bei genau kongruenter Schaltung im gleichen Sinne ausschlugen, nämlich beide nach rechts, zeigen beide eine Leistung gleichen

Vorzeichens an, so daß ihre Angaben zu a d d i e r e n sind [144] (Wären — bei gleichgerichteten Ausschlägen — bei einem Wattmeter die Stromklemmen oder die Spannungsklemmen umgekehrt geschaltet wie beim anderen, oder ständen die etwa vorhandenen in den Instrumenten eingebauten oder äußeren Umschalter bei beiden Instrumenten verschieden, so wäre der kleinere Wert vom größeren zu s u b t r a h i e r e n.)

Da beide Instrumente dieselbe Konstante haben (weil sie gleich sind und bei beiden gleiche Vorwiderstände und Wandler benutzt wurden), kann man schon die A u s s c h l ä g e a d d i e r e n und dann die Summe mit der gemeinsamen Konstanten multiplizieren. Die gesamte Leistung ist daher

$$N = (79{,}1 + 6{,}7) \cdot 5818 = 85{,}8 \cdot 5818 = 499\,200 \text{ Watt oder } \mathbf{499{,}2 \ kW}.$$

d) L e i s t u n g s f a k t o r [145]

Aus $N = J \cdot U \cdot \sqrt{3} \cdot \cos \varphi$ [136] folgt

$$\mathbf{\cos \varphi} = \frac{N}{J \cdot U \cdot \sqrt{3}} = \frac{499\,200}{249{,}6 \cdot 2042 \cdot \sqrt{3}} = \mathbf{0{,}565}.$$

Wenn die hier in der Aufgabe gemachte Voraussetzung betreffs der Gleichheit der drei Ströme bzw. Spannungen nicht zutrifft, muß man drei Strommesser und drei Spannungsmesser einbauen und für J und U die Mittelwerte aus den betreffenden drei Ablesungen einsetzen. Diese Methode der Messung und Berechnung von $\cos \varphi$ aus N, J und U ist bei Drehstrom die übliche und genaueste.

Begnügen wir uns aber mit einem Näherungswert für $\cos \varphi$, so können wir ihn auch allein aus den beiden Wattmeter-Ausschlägen α_1 und α_2 ermitteln, ohne J und U überhaupt zu messen. Wir können nämlich die Beziehung benutzen·

$$\text{tg } \varphi = \sqrt{3} \cdot \frac{1 - \alpha_2/\alpha_1}{1 + \alpha_2/\alpha_1} \qquad (\textit{Hutte} \text{ II, S. 1136}),$$

worin α_1 den absolut größeren, α_2 den absolut kleineren Ausschlag bedeutet. Wir müssen uns jedoch klar darüber sein, daß diese Formel genau nur für idealen Drehstrom gilt (reine Sinus-Kurven, die drei Stromvektoren einander gleich und gegeneinander um genau 120° versetzt, und ebenso die drei Spannungsvektoren).

Bei Benutzung der Formel ist α_1 stets als positiv zu rechnen. Um über das Vorzeichen von α_2 entscheiden zu können, müssen die inneren Schaltungen sowie die Klemmenbenennungen und Konstanten der beiden Stromwandler kongruent sein, ebenso die der beiden Spannungswandler und die der beiden Wattmeter, ferner auch die Schaltungs- und Verbindungsweise aller äußeren Klemmen der Wandler und Instrumente und etwaiger Spannungspfad-Umschalter. Wenn unter dieser Voraussetzung b e i d e Instrumente (bei denen wir, wie üblich, den Nullpunkt der Skala an ihrem linken

Ende annehmen) b e i g l e i c h e r S t e l l u n g d e r S p a n n u n g s -
p f a d - U m s c h a l t e r o d e r o h n e s o l c h e U m s c h a l t e r nach
rechts (d. h. in die Skala hinein) ausschlagen, also einen „ablesbaren" Ausschlag ergeben, so ist auch α_2 als positiv einzusetzen. Dagegen ist α_2 als
negativ anzusehen, wenn unter diesen Bedingungen nur das eine der beiden
Instrumente einen ablesbaren Ausschlag ergibt, der Zeiger des anderen dagegen nach links ausschlägt und erst durch Umlegen seines Umschalters oder
Vertauschen von zwei Klemmen (etwa der Spannungspfadklemmen am Instrument) ablesbar gemacht werden muß.

Wenn $\alpha_2 = \alpha_1$ ist, d. h. wenn beide Ausschläge gleich groß sind und
beide Umschalter gleich stehen, so ist $\alpha_2/\alpha_1 = 1$ und tg $\varphi = 0$, also
cos $\varphi = 1$, $\varphi = 0$, die Belastung induktionsfrei.

Wenn $\alpha_2 = 0$ ist, so wird tg $\varphi = \sqrt{3}$, cos $\varphi = \dfrac{1}{\sqrt{1 + \text{tg}^2\,\varphi}} = 0{,}5.$

Bei negativem Wert von α_2 würde tg $\varphi = \sqrt{3} \cdot \dfrac{1 + (|\alpha_2|\,/\,|\alpha_1|)}{1 - (|\alpha_2|\,/\,|\alpha_1|)}$, also
$> \sqrt{3}$, folglich cos $\varphi < 0{,}5$.

Bei g l e i c h e m ablesbaren Ausschlag beider Instrumente, aber ver-
schiedener Stellung jener Umschalter, also $|\alpha_2| = |\alpha_1|$, aber $\alpha_2 = -\alpha_1$,
wird tg $\varphi = \sqrt{3} \cdot \dfrac{2}{0} = \infty$, also cos $\varphi = 0$, $\varphi = 90°$ und somit die Leistung
$N = 0$, was auf eine rein induktive oder rein kapazitive Belastung schlie-
ßen ließe.

H i e r ergibt sich aus den Angaben der Aufgabe, daß α_2 positiv zu rechnen ist, und es folgt schon hieraus und aus der großen Verschiedenheit von
α_1 (= 79,1°) und α_2 (= 6,7°), daß cos φ etwas, aber nicht viel größer sein
wird als 0,5. Die Rechnung ergibt:

$$\alpha_2/\alpha_1 = 6{,}7/79{,}1 = 0{,}08470; \quad \text{tg } \varphi = \sqrt{3} \cdot \frac{1 - 0{,}08470}{1 + 0{,}08470} = \sqrt{3} \cdot \frac{0{,}91530}{1{,}08470}.$$

Wenn wir mittels der Logarithmentafel rechnen, finden wir

log tg $\varphi = 1/2 \cdot \log 3 + \log 0{,}91530 - \log 1{,}08470 = 0{,}16481.$

Diesen Wert suchen wir dann in der Tafel der Logarithmen der trigono-
metrischen Funktionen unter „log tg" und lesen dann gleich daneben, ohne
den Winkel φ selbst zu bestimmen, ab: log cos $\varphi = 0{,}75181 - 1$, woraus
dann folgt:

$$\textbf{cos } \varphi = \textbf{0{,}565.}$$

In unserem Fall stimmt also dieser Wert mit dem aus Wirk- und
Scheinleistung errechneten Wert von cos φ genau überein. Wir schließen
daraus, daß wir gleichmäßige Belastung der drei Phasen und sehr angenähert sinusförmigen Wechselstrom hatten.

Aufgabe 62: Betriebskurven einer Glühlampe

Eine große für den Betrieb mit 220 Volt bestimmte gasgefüllte Metall-faden-Glühlampe wurde im Laboratorium bei Betrieb mit verschiedenen Spannungen U durch elektrische und photometrische Messungen auf ihren Stromverbrauch i und auf den von ihr ausgesandten Lichtstrom Φ [110] untersucht. Dabei ergaben sich die folgenden Werte:

Messung	I	II	III	IV	V	Einheit
U	50,0	100,0	150,0	200,0	250,0	Volt
i	0,94	1,42	1,82	2,16	2,48	Amp
Φ_0	50	600	2300	6400	13500	Lumen

Aufgabe:

Es sind in Kurvenform als Funktionen der an der Lampe herrschenden Spannung U anzugeben

1. der Strom i der Lampe [Amp];

2. der Verbrauch N der Lampe [Watt];

3. der Lichtstrom Φ [Lumen];

4. die Lichtausbeute $\dfrac{\Phi}{N}$ [Lumen/Watt] [111];

5. die Stromkosten K für je 1000 Lumenstunden bei einem Strompreis von 10 Pfg/kWh [Pfg/1000 lmh].

Lösung

Vorbemerkungen. Die Helligkeit einer Lampe wurde früher meistens durch ihre in Hefnerkerzen (HK) zu messende „Lichtstärke" [110] J bezeichnet, oder, da dieser Wert meistens in den verschiedenen Richtungen verschieden groß ist, durch seinen Mittelwert, wobei noch weiter der horizontale oder der sphärische oder der hemisphärische Mittelwert unterschieden wurde Jetzt verwendet man dafür lieber den Begriff des in Lumen[1]) zu messenden „Lichtstromes" [110] $\Phi = \int J \cdot d\omega$, wobei $d\omega$ kleine Raumwinkel mit der Lampe als Scheitelpunkt bedeutet und die Integration entweder über die ganze Kugel (Φ_0) oder nur über die untere Halbkugel (Φ_O) ausgedehnt wird.

---

[1]) Unter lm (Lumen) und lx (Lux) wurden in Deutschland bis vor kurzem stets H e f n e r lumen und H e f n e r lux (Hlm und Hlx) verstanden, die von den entsprechenden „internationalen Einheiten" und „neuen Einheiten" um mehr als 10 % abweichen Wir lassen im Folgenden das „H" fort [110]. (Siehe *Hütte* II, S. 1056 f)

Wenn J nach allen Richtungen gleich groß wäre, was aber selten zutrifft, so wurde offenbar $\Phi_0 = 4\pi J$ sein, weil der ganze Raum durch den Raumwinkel 4π erfaßt wird (Ein Raumwinkel wird gemessen durch den Quotienten, der sich ergibt, wenn man mit seinem Scheitel als Mittelpunkt eine Kugel konstruiert und die Flache, die der Raumwinkel aus der Oberfläche dieser Kugel herausschneidet, durch das Quadrat des Radius dividiert. Siehe *Hutte* II, S. 1055, Anm 1.)

Wenn die an der Lampe herrschende Spannung schwankt, so schwanken auch Strom, Leistungsverbrauch und Lichtstrom der Lampe Aber diese Werte ändern sich dann keineswegs proportional; vielmehr ändert sich dabei ihr Verhältnis zueinander, und es ist daher interessant, durch Versuche festzustellen, wie der Quotient $\dfrac{\Phi}{N}$, Lichtstrom pro Einheit der verbrauchten Leistung, die „Lichtausbeute" (zu messen in Lumen/Watt), von der Spannung abhängt [111]

Zahlentafel 13

[1]	2	3	4	5	6	7	8	9
[2]	Be- nennung	Zeichen und Einheit	Rechen- schema oder Herkunft	I	II	III	IV	V
[3]	Spannung	U [V]	Aufgabe	50,0	100,0	150,0	200,0	250,0
[4]	Stromstarke	i [A]	Aufgabe	0,940	1,42	1,82	2,16	2,48
[5]	Lichtstrom	Φ [lm]	Aufgabe	50	600	2300	6400	13 500
[6]	Leistungs- verbrauch	N [W] $= U \cdot i$	[3] · [4]	47	142	273	432	620
[7]	Licht- ausbeute	Φ/N [lm/W]	[5]/[6]	1,06	4,23	8,42	14,81	21,77
[8]	Strom- kosten fur je 1000 lmh	$K = \dfrac{10}{\Phi/N}$ Pfg 1000 lmh	10/[7]	9,43	2,36	1,19	0,68	0,46

Auswertung.

Die erforderlichen Berechnungen erfolgen zweckmäßig in Form der Zahlentafel 13, S. 190. Die Zeilen [3], [4], [5] wiederholen die in der Aufgabe gegebenen Meßergebnisse für U [Volt], i [Amp], Φ [Lumen]. Zeile [6] berechnet den Leistungsverbrauch N der Lampe [Watt] aus $U \cdot i$, Zeile [7] die Lichtausbeute $\dfrac{\Phi}{N}$ in Lumen/Watt aus [5] und [6]. Die gemäß Unteraufgabe 5 gesuchten Stromkosten für je 1000 Lumenstunden beim Strompreis von 10 Pfg/kWh ergeben sich wie folgt Die Zahlen der Zeile [7] geben den Wert $\dfrac{\Phi}{N}$ in Lumen/Watt an; $\dfrac{\Phi}{N}$ Lumen erfordern 1 Watt. Dann erfordern $1000 \dfrac{\Phi}{N}$ Lumen**stunden** $1000 \cdot 1$ Watt**stunden** oder 1 kWh und kosten also 10 Pfg. Demnach kosten 1000 Lumenstunden $\dfrac{10}{\Phi/N}$ Pfg. Dementsprechend ist in Zeile [8] die Zahl 10 durch die Ziffern der Zeile [7] dividiert.

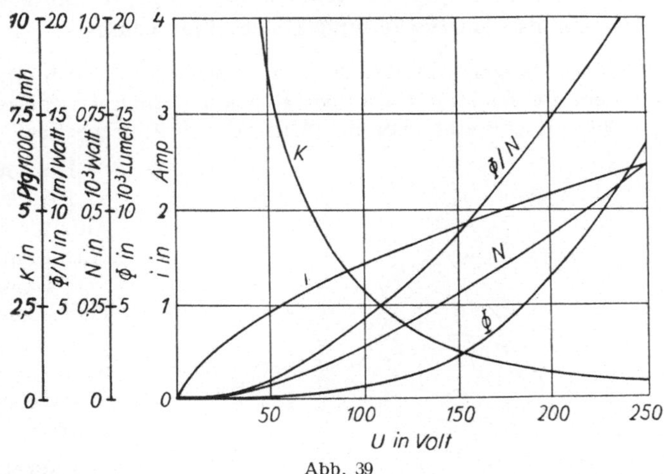

Abb. 39

In **Abb. 39**, S. 191, sind über U als Abszisse die Werte i, N, Φ, Φ/N, K als Ordinaten aufgetragen, nachdem für jeden von ihnen ein passender Maßstab gewählt und neben der Ordinatenachse gezeichnet wurde. (Die Krümmung der i-Kurve erklärt sich daraus, daß bei steigender Spannung und damit auch steigendem Strom die Temperatur des Fadens steigt [119] und damit auch sein Widerstand. Bei Kohlefadenlampen ist die i-Kurve umgekehrt gekrümmt, weil Kohle einen negativen Temperatur-Koeffizienten hat.)

Wie man sieht, steigt mit wachsendem U der Lichtstrom Φ viel schneller als der Leistungsverbrauch N; daher wächst die Lichtausbeute Φ/N und sinken die relativen Kosten K. Wenn man nur nach diesen Kurven urteilte, würde man es für ratsam halten, die Spannung noch weit höher als 250 Volt zu treiben, um ein möglichst billiges Licht zu erzielen. Aber ein in diesen Messungen und Kurven nicht ausgedrückter Gesichtspunkt steht dem entgegen: die Rücksicht auf die Lebensdauer der Lampe. Diese sinkt nämlich nach Überschreitung einer bestimmten Spannung (und damit auch einer bestimmten Temperatur des Leuchtdrahtes) sehr rasch; man kann ihre Abhängigkeit von U ebenfalls durch Versuche (freilich nur durch sehr zahlreiche und lang dauernde) ermitteln und durch Kurven festlegen und könnte daran denken, diejenige Spannung zu berechnen, bei der die Gesamtkosten für Strom und Lampenersatz zusammen für je 1000 lmh ein Minimum werden. Freilich sprechen dabei außer wirtschaftlichen Gesichtspunkten auch psychologische mit: das Publikum lehnt nämlich Lampen von sehr niedriger Lebensdauer ab, auch wenn ihre Verwendung wirtschaftlich berechtigt wäre.

Aufgabe 63: Berechnung der Beleuchtung eines Schreibtisches aus der Lichtverteilungskurve einer Lampe

Ein etwa 90 cm langer Schreibtisch wird ausschließlich durch eine Glühlampe mit einem zweckmäßig geformten Reflektor beleuchtet, deren Lichtpunkt genau 36 cm senkrecht über der Mitte der Tischfläche liegt.

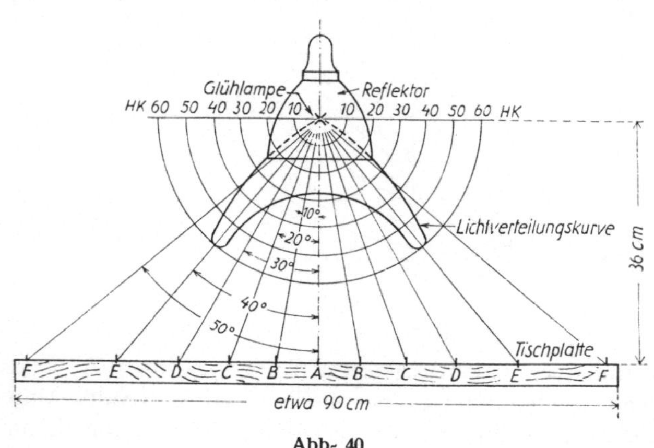

Abb- 40

Die **Abb. 40**, S. 192, zeigt im Aufriß maßstäblich die Anordnung von Lampe und Tisch, sowie die Lichtverteilungskurve der Lampe einschließlich Reflektor.

Fragen:

1. Wie groß ist die „Beleuchtung" eines an den Stellen A bis F der Tisch-Mittellinie waagerecht auf dem Tisch liegenden Papierblattes in Lux? [*110*]

2. Die gemäß Frage 1. berechneten Werte der Beleuchtung sind als Ordinaten über den zugehörigen Tischpunkten aufzutragen und zu einer Beleuchtungskurve zu verbinden.

Losung

Über Licht-Einheiten vergleiche man auch die Aufgabe und Lösung 62, S. 189. Die Lichtverteilungskurve der Abb. 40, S. 192, gibt für sechs verschiedene Richtungen, die um den $\sphericalangle \alpha = 0, 10, 20, 30, 40, 50°$ von der Lotrechten abweichen, die Lichtstärke J der Lampe in HK an [110].

Für die Beleuchtungsstärke E [lx] einer kleinen ebenen Fläche, die durch eine einzige, r Meter von ihr entfernte Lichtquelle von der Lichtstärke J [HK] (in der Richtung Lichtquelle—Fläche) beleuchtet wird, gelten die folgenden Gesetze: Wenn die Fläche von den Lichtstrahlen senkrecht getroffen wird, ist $E = J/r^2$. Wenn sie jedoch nicht in dieser für die Beleuchtung günstigsten Lage liegt, sondern mit derselben einen Winkel bildet, so verhält sich ihre Beleuchtungsstärke zu der einer an derselben Stelle, aber senkrecht zu den Strahlen liegenden Fläche wie der Inhalt ihrer Projektion auf jene Fläche zu ihrem eigenen Inhalt [113]

Wenn also an einer Stelle der Schreibtischplatte, die r Meter von der Lampe entfernt ist und deren Verbindungslinie zur Lampe mit der Lotrechten den Winkel α bildet, ein sehr kleines ebenes Papierblatt von f cm² soweit aufgerichtet wird, daß es senkrecht zu den von der Lampe kommenden Strahlen liegt, so erhält es die Beleuchtungsstärke $E = \dfrac{J_\alpha}{r^2}$ [lx]. Dies Blatt bildet dann mit der Tischplatte denselben Winkel α wie jene Lichtstrahlen mit der Lotrechten. Es wirft also auf die Tischplatte einen Schatten von der Größe $\dfrac{f}{\cos \alpha}$, der größer als f ist.

Ein Papierblatt von der Größe dieses Schattens, das an derselben Stelle, jedoch waagerecht, liegt, erhält also den gleichen Lichtstrom Φ [lm] wie das kleinere aufgerichtete Blatt und folglich eine entsprechend geringere Beleuchtungsstärke E [lx]. Diese ist daher $E = \dfrac{J_\alpha}{r^2} \cdot \cos \alpha$ [lx]. Dabei bedeutet J_α die Lichtstärke der Lampe in der durch den Winkel α gekennzeichneten Richtung [113].

Zu demselben Ergebnis führt die Anwendung des vorhin angegebenen Satzes, der von der Projektion einer Fläche auf eine andere spricht·

Wenn die horizontale, vom aufgerichteten Papierblatt beschattete Fläche F und die Fläche des aufgerichteten Papiers f heißt, so ist f die Projektion von F auf die Ebene von f. Es verhält sich also $E_F : E_f$ wie $f \cdot F$,

woraus folgt: $E_F = E_f \cdot \dfrac{f}{F} = E_f \cdot \cos \alpha = \dfrac{J_\alpha}{r^2} \cdot \cos \alpha$.

Nun ist der Abstand r gleich dem senkrechten Abstand der Lampe vom Tisch (0,36 m) dividiert durch $\cos \alpha$, so daß folgt·

$$E \; [\mathrm{lx}] = \frac{J_\alpha \; [\mathrm{HK}] \cdot \cos \alpha}{(0{,}36 \; [\mathrm{m}]/\cos \alpha)^2} = \frac{J_\alpha \cdot \cos^3 \alpha}{0{,}36^2} \; .$$

In der Zahlentafel 14, S. 194, enthält demgemäß die Zeile [2] die in Abb. 40, S. 192, hervorgehobenen Richtungswinkel α, Zeile [3] ihre cos-Werte, Zeile [4] deren Kubus, Zeile [5] den Quotienten $\cos^3 \alpha/0{,}1296 = 7{,}7160 \cos^3 \alpha$. In Zeile [6] sind die aus Abb. 40, S. 192, an Hand des HK-Maßstabes abzugreifenden Werte J_α für die betreffenden Richtungen (in HK) eingetragen, in Zeile [7] ihr Produkt mit Zeile [5], also die Werte E_α.

Zahlentafel 14

[1]	2	3	4	5	6	7	8
[2]	Richtungs-winkel α [°]	0	10	20	30	40	50
[3]	$\cos \alpha$	1,000	0,985	0,940	0,866	0,766	0,643
[4]	$\cos^3 \alpha$	1,000	0,956	0,831	0,649	0,449	0,266
[5]	$7{,}716 \cos^3 \alpha$	7,72	7,38	6,41	5,01	3,46	2,05
[6]	Lichtstärke J_α [HK] (gemäß Abb. 40)	28	28,5	31,5	38	60	35
[7]	Beleuchtungs-stärke E_α [lx] = [6] · [5]	216	210	202	190	208	72
[8]	Tischpunkte	A	B	C	D	E	F

In **Abb. 41**, S. 195, sind über der Abszissenlinie F−A−F, die denselben Maßstab wie in Abb. 40, S. 192, erhalten hat, die Werte E_α aus Zeile [7] nach einem passend gewählten und beigefügten Lux-Maßstab als Ordinaten aufgetragen und zu einer Kurve der Beleuchtungsstärke der Tischplattenfläche (auf der Tisch-Mittellinie) verbunden. Wie man sieht, verläuft die Kurve von E bis E, also fast über die ganze Breite des Tisches annähernd horizontal; der größte Teil der Tischfläche ist also sehr gleichmäßig beleuchtet.

Offenbar hat der Hersteller mit Sorgfalt den Reflektor so geformt und in eine solche Lage zur Lampe gebracht, daß er die eigenartige *J*-Kurve der Abb. 40 ergibt, deren Sinn und Zweck erst durch die E-Kurve der Abb. 41 erkennbar wird.

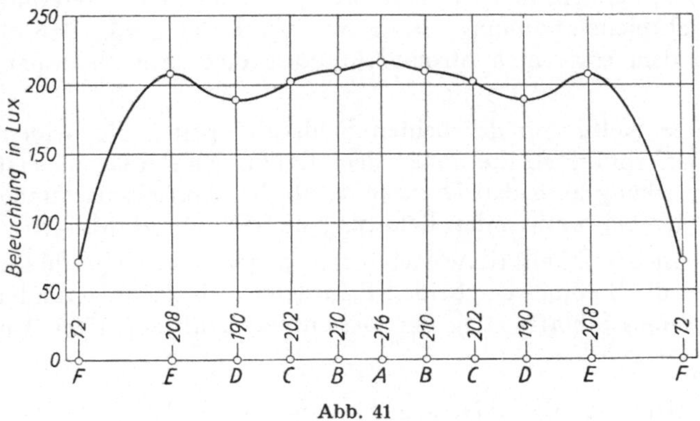

Abb. 41

Aufgabe 64: Verteilung der Belastung auf zwei parallel geschaltete Gleichstromgeneratoren

In einer Gleichstrom-Zentrale für etwa 220 Volt arbeiten auf das Netz nur die zueinander parallel geschalteten Generatoren I und II, deren Nennstromstärke je 1000 Amp beträgt.

Die Abb. 42, S. 195, stellt maßstäblich die „Außenkennlinien" [156] der beiden Generatoren dar und zwar ist die des Generators I ausgezogen, die des Generators II strichpunktiert. Beide Kurven sind als gerade Linien anzunehmen. Als Ordinate ist die Klemmenspannung aufgetragen (wobei zu beachten ist, daß zwecks Papier-Ersparnis bzw. Erzielung eines größeren Volt-Maßstabes die Spannungsskala erst mit 213 Volt beginnt), als Abszisse die Belastung der betreffenden Maschine in Amp.

Die beiden Geraden sollen noch genauer, als es durch die Zeichnung möglich ist, dadurch definiert sein, daß die in der Zeichnung eingekrei-

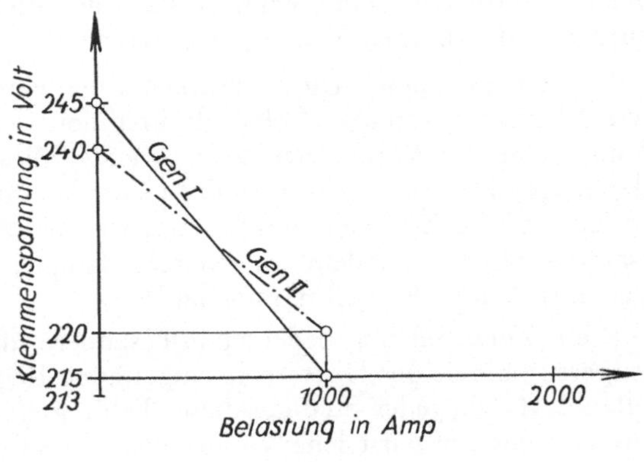

Abb. 42

13*

sten Punkte der Geraden genau die folgenden Werte haben 245 Volt, Null Amp; 240 Volt, Null Amp, 220 Volt, 1000 Amp; 215 Volt, 1000 Amp.

Der Schalttafelwärter hatte die Feldregler der beiden Generatoren so eingestellt, daß erstens beide Generatoren gleich belastet waren und zweitens die Sammelschienenspannung richtig war (d. h. so groß, daß die Glühlampen in dem entfernten Stromverbrauchsgebiet ihre Nennspannung erhielten).

Für diese Stellungen der beiden Feldregler gelten die beiden gezeichneten Außenkennlinien, die außer dem Einfluß von Ankerwiderstand und Ankerrückwirkung auch den Drehzahlabfall der Antriebsmaschinen (Dieselmotoren), der bei wachsender Belastung eintritt, berücksichtigen.

Darauf ist der Schalttafelwärter fortgegangen oder eingeschlafen, so daß von nun an die Stellung der beiden Feldregler nicht mehr verändert wurde. Während seines Schlafes stieg der Gesamtverbrauch auf 1700 Amp.

Fragen:

1. Wie groß war die Belastung (in Amp) jedes der beiden Generatoren vor dem Einschlafen?

2. Wie hoch war zu diesem Zeitpunkt die Klemmenspannung der Generatoren (also die Sammelschienenspannung)?

3. Wie groß war die Belastung (in Amp) des Generators I bzw. des Generators II, als während des Schlafes die Gesamtbelastung auf 1700 Amp gestiegen war?

4. Wie hat sich also das Verhältnis der beiden Belastungen, das vor dem Einschlafen 1 · 1 war, geändert?

5. Wie groß war zu diesem Zeitpunkt die Sammelschienenspannung?

Anleitung. Die Fragen können entweder durch Rechnung oder (bequemer) durch Zeichnung, nämlich durch unmittelbares Zeichnen in der gegebenen maßstäblichen Skizze, gelöst werden.

Vorbemerkungen. Die Außenkennlinie eines Generators [156] zeigt seine Klemmenspannung (Volt) als Funktion seines abgegebenen Stromes (Amp) unter der Voraussetzung, daß außer dieser Änderung des Stromes alle übrigen Betriebsverhältnisse des Generators unverändert bleiben. (Man beachte, daß die Änderung des Stromes von den Benutzern des Stromes verursacht wird, etwa indem sie weitere Lampen einschalten, und daß der Maschinist keinen Einfluß darauf hat.)

Diese Voraussetzung bedeutet insbesondere, daß der Maschinist den im Erregerstromkreis des Generators eingefügten Regulierwiderstand nicht verstellen darf. Zu jeder Stellung dieses Feldreglers gehört eine andere Kennlinie. Im übrigen wird jene Voraussetzung meistens so aufgefaßt, daß auch die Drehzahl des Generators über den ganzen Verlauf der Kennlinie konstant sein soll. Diese letztere Annahme mag berechtigt sein, wenn man sich nur für den Generator allein interessiert, nicht auch für seine Antriebsmaschine (Dieselmotor). Sie trifft aber in Wirklichkeit nicht zu, wenn der Maschinist nicht eingreift; denn mit wachsendem Strom steigt die Leistung des Dieselmotors, fällt daher seine Drehzahl und somit auch die des Generators. Die Annahme konstanter Drehzahl würde daher voraussetzen, daß der Maschinist sie durch Verstellen am Regler des Dieselmotors immer wieder auf denselben Wert bringt, also nicht schläft.

Da die Aufgabe aber gerade die Frage bearbeiten soll, wie die Generatoren sich benehmen, wenn der Maschinist gar nicht eingreift, sondern, wie es oft vorkommt, die ganze Anlage eine Zeit lang sich selbst überläßt, und wenn in dieser Zeit die Stromverbraucher weitere Lampen und Motoren einschalten, so sind hier die Kennlinien so zugrunde gelegt, wie sie sich ohne Maschinisten ergeben, also bei dem durch die Eigenart der Dieselmotoren bedingten Abfall der Drehzahl. Sie charakterisieren also nicht allein die Generatoren, sondern die aus Generator und Dieselmotor gebildeten Aggregate, und haben daher für den praktischen Betrieb viel mehr Wert als die Kennlinien der Generatoren allein.

Die Außenkennlinien sind in Wirklichkeit nur annähernd gerade Linien. Daß sie hier als Gerade angenommen wurden, geschah zwecks Erleichterung der zeichnerischen oder rechnerischen Behandlung.

Lösung

Durch Zeichnung.

Zu Frage 1. und 2.: Wenn zwei Generatoren parallel zueinander auf die Sammelschienen arbeiten, also fast widerstandslos miteinander verbunden sind, so haben sie unbedingt gleiche Klemmenspannung, auch wenn sie hinsichtlich Größe, Drehzahl, Erregung, Belastung, Kennlinie sehr verschieden sind [157].

Da nun die beiden gezeichneten Kennlinien zu denjenigen Stellungen der Feldregler gehören, bei denen der Maschinist eingeschlafen ist, so ergeben die Schnittpunkte einer beliebigen horizontalen Linie mit den beiden Kennlinien diejenigen beiden Stromwerte (Amp), die die beiden Generatoren liefern würden, wenn die Spannung den dieser Horizontalen zukom-

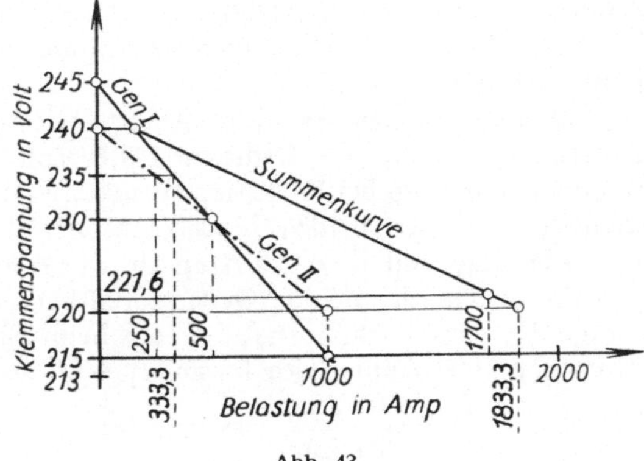

Abb. 43

menden Wert hat. Beispielsweise wurde gemäß **Abb. 43**, S 197, die Horizontale durch $U = 235$ Volt die beiden Schnittpunkte mit den Abszissen $J_1 = 333{,}3$ Amp und $J_2 = 250$ Amp ergeben.

Wenn nun, wie in der Aufgabe angegeben ist, beim Einschlafen die beiden Generatoren gleich belastet waren, $J_1 = J_2$, so muß die damals zutreffende Horizontale durch den Schnittpunkt der beiden Kennlinien gehen. Da dieser Schnittpunkt gemäß Abb. 43, S. 197, die Ordinate 230 hat, war also die **Spannung** damals **230 Volt**. Die **Stromstärke** war gleich der Abszisse des Schnittpunktes, also gemäß Abb. 43, S. 197, $J_1 = J_2 = $ **500 Amp**.

Zu Frage 3., 4., 5.: Aus der Überlegung, daß bei zwei parallel arbeitenden Gleichstrom-Generatoren die Spannung beider unbedingt gleich ist, der Gesamtstrom dagegen gleich der Summe ihrer Einzelströme, ergibt sich die Konstruktion einer „Außenkennlinie von beiden Generatoren zusammen" oder der „Summenkennlinie". Man ziehe eine beliebige Horizontale. messe die Abszissen ihrer Schnittpunkte mit den beiden Kennlinien, addiere diese beiden Stromwerte und markiere auf dieser Horizontalen den Punkt, der diese Summe als Abszisse hat. Der so gefundene Punkt ist dann ein Punkt der Summenkennlinie. Durch Wiederholung dieses Verfahrens mit anderen Horizontalen findet man beliebig viele Punkte und somit leicht die ganze Summenkennlinie, und zwar auch dann, wenn die beiden gegebenen Kennlinien beliebige Kurven waren.

Wenn, wie hier, die beiden Kennlinien der Generatoren I und II gerade sind, wird offenbar auch die Summenkennlinie (I + II) eine Gerade und es genügt also, zwei beliebige ihrer Punkte zu bestimmen. Wir wählen in Abb. 43, S. 197, als erste Horizontale etwa die für $U = 240$ Volt, die die Kennlinie II bei $J_2 = $ Null Amp schneidet, die Kennlinie I dagegen bei $J_1 = 166{,}7$ Amp, woraus folgt, daß ein Punkt der Summenkennlinie bei $U = 240$ Volt, $J = 0 + 166{,}7 = 166{,}7$ Amp liegt (vgl. Abb. 43, S. 197). Als zweite wählen wir etwa die Horizontale $U = 220$ Volt und erhalten $J_1 = 833{,}3$ Amp, $J_2 = 1000$ Amp, woraus ein zweiter Punkt der Summenkennlinie mit den Koordinaten $U = 220$ Volt, $J = 833{,}3 + 1000 = 1833{,}3$ Amp folgt. Die Summenkennlinie ist somit die durch diese beiden Punkte gezogene Gerade.

Auf dieser Summenkennlinie gehört, wie die Abb. 43, S. 197, zeigt, zur Abszisse 1700 Amp die Ordinate **221,6 Volt**. Dies war also die **Sammelschienenspannung** bei 1700 Amp (Frage 5.). Die Horizontale $U = 221{,}6$ Volt schneidet auf den beiden Einzelkennlinien I und II die Abszissenwerte $J_1 = $ **780 Amp** und $J_2 = $ **920 Amp** ab, wie Abb. 43, S. 197, zeigt. Dies sind also die Ströme der beiden Generatoren beim Gesamtstrom von 1700 Amp (Frage 3.). Das Verhältnis $J_1 : J_2$, das beim Einschlafen und beim Gesamtstrom von 1000 Amp gleich 1 war ($J_1 = J_2 = 500$ Amp), hat sich also geändert auf $\dfrac{J_1}{J_2} = \dfrac{780 \text{ Amp}}{920 \text{ Amp}} \approx$ **0,85** (Frage 4.) .

Durch Rechnung (genauer als durch Zeichnen)

Die Kennlinien I und II sind definiert durch die folgenden Punkte:

Kennlinie I durch den Punkt $U = 245$ Volt, $J =$ 0 Amp

             und den Punkt $U = 215$ Volt, $J = 1000$ Amp;

Kennlinie II durch den Punkt $U = 240$ Volt, $J =$ 0 Amp

             und den Punkt $U = 220$ Volt, $J = 1000$ Amp.

Die Gleichung der Kennlinie I ist also [7]:

$$J = \frac{1000 - 0}{245 - 215}\,(245 - U) = \frac{1000}{30}\,(245 - U) = 8167 - 33{,}33\ U \text{ Amp;}$$

die Gleichung der Kennlinie II dagegen:

$$J = \frac{1000 - 0}{240 - 220}\,(240 - U) = \frac{1000}{20}\,(240 - U) = 12\,000 - 50\ U \text{ Amp.}$$

Die Ordinate des Schnittpunktes der beiden Kennlinien I und II ergibt sich aus der Gleichsetzung der beiden Ausdrücke für J:

$$8167 - 33{,}33\ U = 12\,000 - 50\ U;$$

$$16{,}67\ U = 3833.$$

$$U = \frac{3833}{16{,}67} = \textbf{230{,}0 Volt} \text{ (Frage 2.).}$$

Die zu diesem Schnittpunkt gehörende Abszisse ergibt sich durch Einsetzen dieses Wertes 230,0 für U in eine der beiden Gleichungen, z. B. in die der Kennlinie I:

$$J = 8167 - 33{,}33 \cdot 230 = 8167 - 7667 = \textbf{500 Amp} \text{ (Frage 1.).}$$

Die Gleichung der Summenkennlinie ergibt sich aus den Gleichungen der Einzelkennlinien durch Addition der Werte J bei gleichem U:

$$J = 8167 - 33{,}33\ U + 12\,000 - 50\ U$$

$$J = 20\,167 - 83{,}33\ U \text{ Amp.}$$

Die Ordinate ihres Schnittpunktes mit der Vertikalen $J = 1700$ Amp folgt aus dem Ansatz·

$$1700 \quad = 20\,167 - 83{,}33\ U;$$

$$18\,467 = 83{,}33\ U;$$

$$U = \frac{18\,467}{83{,}33} = \textbf{221{,}6 Volt} \text{ (Frage 5.).}$$

Die Abszisse des Schnittpunktes der Horizontalen $U = 221{,}6$ mit der Kennlinie I folgt aus dem Ansatz:

$$J = 8167 - 33{,}33 \cdot 221{,}6 = 8167 - 7387 = \textbf{780 Amp,}$$

die Abszisse ihres Schnittpunktes mit der Kennlinie II dagegen aus:

$$J = 12\,000 - 50 \cdot 221{,}6 = 12\,000 - 11\,080 = \textbf{920 Amp.}$$

Damit ist auch Frage 3. beantwortet. (Als Kontrolle auf Rechenfehler stellen wir noch fest, daß beide Ströme zusammen die Gesamtbelastung ergeben: $780 + 920 = 1700$ Amp.) Das in Frage 4. definierte Verhältnis ist

also $\dfrac{780}{920} = \mathbf{0{,}848}$.

Bemerkung zu Frage 3. und 4. Besonders die Zeichnung läßt leicht erkennen, daß mit wachsender Gesamtbelastung, also sinkender Spannung, das Verhältnis $J_1 : J_2$ stetig kleiner wird; Änderungen der Gesamtbelastung $J_1 + J_2$ verteilen sich ungleichmäßig auf die beiden Maschinen; Generator II nimmt an ihnen mehr teil als Generator I, und zwar deswegen, weil seine Kennlinie flacher verläuft. Wäre sie horizontal, die des Generators I dagegen geneigt, so wurde J_1 konstant bleiben, J_2 dagegen sich in gleichem Maße wie der Gesamtstrom ändern. Generator II wäre dann eine ideale Puffermaschine, die alle Spitzen und Stöße der Belastung aufnimmt, während die Grundbelastung ganz oder zum Teil vom Generator I getragen würde. Nur wenn sich beide Kennlinien I und II genau decken, verteilt sich die Gesamtlast stets auf beide Maschinen zu gleichen Teilen.

Aufgabe 65: Verluste in einer Gleichstromleitung

Eine Fabrik sei mit dem Elektrizitätswerk durch eine Gleichstromleitung gemäß dem Schaltbild der **Abb. 44**, S. 200, verbunden. An den beiden Meßinstrumenten seien die folgenden Werte abgelesen·

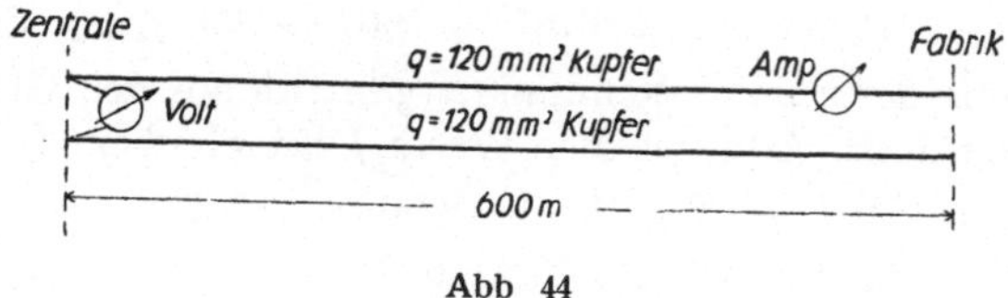

Abb 44

am Spannungsmesser: . . . . 512 Volt·
am Strommesser: . . . . 321 Amp.

Fragen:

1. Wieviel Spannungsverlust entsteht in der Leitung, in Volt und in %?

2. Wie hoch ist die Spannung in der Fabrik?

3. Wieviel % der aus der Zentrale in die Leitung fließenden Arbeit gehen in der Leitung verloren?

4. Wieviel Watt?

5. Wie groß ist der Wirkungsgrad der Leitung?

6. Wieviel kW bekommt die Fabrik?

Losung

Zu Frage 1.: Der Spannungsverlust U_v [Volt] in der Leitung, und zwar in Hin- und Rückleitung zusammen, ist $J \cdot R$, wenn J [Amp] den Strom und R [Ω] den Widerstand von Hin- und Ruckleitung zusammen bedeuten [*148*].

R ist nun wieder gleich $\dfrac{\varrho \cdot l}{q}$, wenn ϱ [$\Omega \cdot \text{mm}^2/\text{m}$] den spezifischen Wider-stand des Leitungsmetalles (oder den Widerstand eines Drahtes von 1 m Länge und 1 mm² Querschnitt in Ohm) bedeutet (der fur Kupfer etwa 1/57 ist), l [m] die g a n z e Länge der Leitung (Hin- und Ruckleitung zusam-men!), q [mm²] den Querschnitt eines Poles (+ oder —) der Leitung [*117*].

$$\text{Hier ist daher } R = \frac{(1/57) \cdot (2 \cdot 600)}{120} \; \Omega \quad \text{und} \quad U_v = \frac{321 \cdot (1/57) \cdot (2 \cdot 600)}{120}$$

= 56,3 Volt,

oder, in $\%$ der Anfangsspannung. $(56{,}3/512) \cdot 100 = \mathbf{11{,}0\ \%}$.

Zu Frage 2.: Wenn von der Anfangsspannung bei der Zentrale (von 512 Volt) in der Leitung 56,3 Volt verloren gehen, so bleibt bei der Fabrik nur noch eine **Spannung** von 512 — 56,3 = **455,7 Volt** ubrig.

Zu Frage 3.: In die Leitung fließen von der Zentrale $512 \cdot J$ Watt [*122*]. Verloren gehen in der Leitung $56{,}3 \cdot J$ Watt Der **prozentuale Wattverlust** ist daher ebenso groß wie der prozentuale Spannungsverlust, also in diesem Falle gemäß der Berechnung zu 1. ebenfalls **11,0 %.**

Zu Frage 4.: Gemäß dem Vorstehenden gehen in der Leitung $56{,}3 \cdot J$ = $56{,}3 \cdot 321 = \mathbf{18\,072\ Watt}$ verloren.

Zu Frage 5.: Da gemäß der Berechnung zu 3. in der Leitung 11 $\%$ der Anfangsleistung verloren gehen, so kommen nur noch 100 — 11,0 = 89,0 $\%$ der Anfangsleistung am Ende an. Da man unter dem Wirkungsgrad η einer Einrichtung das Verhältnis der abgegebenen Leistung zur aufgenommenen versteht [*26*], ist hier fur die Leitung allein $\eta = \mathbf{0{,}89}$.

Zu Frage 6.: Die in der Fabrik ankommende Leistung ergibt sich aus der Stromstärke von 321 Amp und der an der Fabrik herrschenden Span-nung. Letztere beträgt (gemäß der Berechnung zu 2.) 455,7 Volt, so daß sich die **gesuchte Leistung** zu $321 \cdot 455{,}7 = 146\,280$ Watt oder etwa **146,3 kW** ergibt.

Aufgabe 66: Berechnung einer Gleichstromleitung auf Erwärmung und Spannungsabfall bei gegebener Zentralenspannung, Länge und übertragener Leistung

Die Stromzuleitung zu einem Gleichstrommotor von 150 PS ist zu be-rechnen, d. h. es ist ihr erforderlicher Mindestquerschnitt zu bestimmen, und zwar soll die Bemessung sowohl nach dem Gesichtspunkt der Erwarmung erfolgen als nach dem des Spannungsabfalls, und uberdies fur jeden der beiden nachstehend näher präzisierten Fälle A und B:

Fall A. Die Leitung bestehe aus Einleiter-Papierbleikabeln mit Aluminiumleiter, im Erdboden verlegt; die Spannung in der Zentrale betrage 500 Volt, die Entfernung Zentrale bis Motor 400 m, der Wirkungsgrad des Motors 0,92; die Spannung am Motor soll nicht geringer sein als 475 Volt.

Fall B. Die Leitung bestehe aus Kupfer mit Gummi-Isolation und sei in Rohr verlegt; die Spannung am Motor soll mindestens 425 Volt betragen; alle übrigen Bedingungen bleiben wie bei A.

Als weitere Unterlagen fur beide Fälle A und B seien gegeben: der spezifische Widerstand des Aluminiums: 1/30 [Ohm · mm²/m], der des Kupfers: 1/56 [Ohm · mm²/m]; ferner Zahlentafel 15, die die im Hinblick auf die zulässige Erwärmung höchstzulässigen (empirisch gefundenen) Stromstärken fur die beiden Fälle A und B und für die Normquerschnitte von 50 bis 300 mm² (nach *Dubbel*) angibt [*154, 149*].

Zahlentafel 15

Querschnitt	50	70	95	120	150	185	240	300	mm²
Fall A [1])	250	305	370	430	490	550	640	730	Amp
Fall B [2])	140	175	215	255	295	340	400	470	Amp

[*148, 147, 149, 154, 158, 122, 117*].

Losung

Zu Fall A.: 1. Berechnung auf Spannungsabfall (ohne Rücksicht auf Erwärmung). Es bezeichne U die Spannung in der Zentrale in Volt (500 Volt), u den in der Leitung (und zwar in Hin- und Rückleitung zusammen) entstehenden Spannungsabfall in Volt, ε den Quotienten u/U ($= u/500$), R den Widerstand der ganzen (!) Leitung in Ohm, l die Länge der ganzen (!) Leitung (Hin- und Rückleitung zusammen) in Metern ($= 800$), q den Querschnitt e i n e r Leitung (also z. B. aller Drahte oder Seile, die die Hinleitung oder die positive Leitung bilden) in mm², ϱ den spezifischen Widerstand des Leitungsmetalls in Ohm · mm²/m (hier $= 1/30$), J den Strom in Hin- oder Rückleitung in Amp, N die vom Motor aufgenommene Leistung in Watt.

Bei einem Motor-Wirkungsgrad $\eta = 1$ würde der Motor eine zugeführte elektrische Leistung von $150 \cdot 735$ Watt erfordern [*17*], bei $\eta = 0,92$ braucht er

$$N = \frac{150 \cdot 735}{0,92} = 120\,000 \text{ Watt, gemessen an seinen Klemmen } [158].$$

---

[1]) Al-Papierbleikabel in Erde.

[2]) Cu-Gummileitung in Rohr.

Daraus ergibt sich $J = \dfrac{N}{U - u}\,[122] = \dfrac{N}{U \cdot (1 - \varepsilon)}$. Ferner ist $u = \varepsilon \cdot U$

$= J \cdot R\,[116] = \dfrac{J \cdot l \cdot \varrho}{q}\,[117]$. Setzen wir darin den für J gefundenen

Ausdruck ein, so folgt

$$\varepsilon \cdot U = \frac{N \cdot l \cdot \varrho}{q \cdot U \cdot (1 - \varepsilon)}\,; \quad \varepsilon = \frac{N \cdot l \cdot \varrho}{q \cdot U^2 \cdot (1 - \varepsilon)}\,; \quad q = \frac{N \cdot l \cdot \varrho}{U^2 \cdot (\varepsilon - \varepsilon^2)}$$

und, nach Einsetzen der gegebenen Zahlenwerte $q = \dfrac{120\,000 \cdot 800}{30 \cdot 500^2 \cdot (\varepsilon - \varepsilon^2)}$

$= \dfrac{12{,}80}{\varepsilon - \varepsilon^2}$, wobei ε von 0 bis 1 variieren kann

Um eine klare Anschauung zu gewinnen, berechnen wir für die Werte $\varepsilon = 0{,}1$, 0,2, 0,3   1,0 die Werte ε^2, $(\varepsilon - \varepsilon^2)$ und $1/(\varepsilon - \varepsilon^2)$

Zahlentafel 16

ε	0	0,1	0,2	0,3	0,4	0,5	0,6	0,7	0,8	0,9	1,0
ε^2	0	0,01	0 04	0,09	0,16	0,25	0,36	0,49	0,64	0,81	1,0
$\varepsilon - \varepsilon^2$	0	0,09	0,16	0,21	0,24	0,25	0,24	0,21	0,16	0,09	0
$1/(\varepsilon - \varepsilon^2)$	∞	11,1	6,25	4,762	4,167	4,00	4,167	4,762	6,25	11,1	∞

Demnach sinkt q bei wachsendem ε bis zu $\varepsilon = 0{,}5$, steigt aber dann bei weiterem Anwachsen von ε wieder an. (Es ist höchst lehrreich, diese Werte und außerdem noch die zugehörigen Werte von u, $(U - u)$, J und $(1 - \varepsilon)$ auf Millimeterpapier als Ordinaten über ε als Abszisse aufzutragen, wobei ε eine in Null beginnende, nach rechts ansteigende Gerade durch Null und durch $x = 1$, $y = 1$ ergibt, ε^2 eine in Null beginnende, nach rechts ansteigende Parabel durch Null und durch $x = 1$, $y = 1$; $(\varepsilon - \varepsilon^2)$ eine in Null beginnende, nach unten offene Parabel durch Null und durch $x = 1$, $y = 0$ mit vertikaler Achse und mit dem Scheitel bei $x = 0{,}5$, $y = 0{,}25$; endlich $1/(\varepsilon - \varepsilon^2)$ eine nach oben offene hyperbelartige Kurve höherer Ordnung mit einem Minimum bei $x = 0{,}5$, $y = 4{,}00$). Theoretisch kann man also sagen, daß jedem Wert von q und damit auch von $1/(\varepsilon - \varepsilon^2)$ zwei verschiedene Werte ε entsprechen, die symmetrisch zu $\varepsilon = 0{,}5$ liegen (z B dem Wert $1/(\varepsilon - \varepsilon^2) = 6{,}25$ die Werte $\varepsilon = 0{,}2$ und $\varepsilon = 0{,}8$). Aber praktisch kommt nur die erste Hälfte, also der a b s t e i g e n d e Ast der Kurve in Betracht, weil der Wert ε zugleich den r e l a t i v e n L e i s t u n g s v e r l u s t in der Leitung bezeichnet, also $(1 - \varepsilon)$ zugleich den W i r k u n g s g r a d d e r L e i t u n g (vergleiche Aufgabe 65, S 201), und weil ein Verlust von mehr als 50 % (bzw ein Wirkungsgrad der Leitung von weniger als 50 %) in praxi kaum jemals wird zugelassen werden Bei dieser Aufgabe sind solche Werte auch ganz ausdrücklich durch die Vorschrift ausgeschlossen, daß die Spannung am Motor nicht niedriger als 475 Volt, der Spannungsverlust also nicht größer als 25 Volt und folglich ε nicht größer als $25/500 = 0{,}05$ sein soll, so daß der gesuchte Wert für q sicher zu einem Punkt auf dem a b s t e i g e n d e n Ast der Kurve für $1/(\varepsilon - \varepsilon^2)$ gehört Bei Beschränkung auf diesen Ast wird aber q um so kleiner, je größer ε und damit u gewählt wird Wir erhalten also den in Hinsicht auf Spannungsabfall (ohne jede Rucksicht auf die Erwarmung!) mindestens erforderlichen Querschnitt, wenn wir fur u den **h o c h s t e n** zugelassenen Wert einsetzen.

Mit $U - u = 475$ Volt, also $u = 500 - 475 = 25$ Volt folgt

$$J = \frac{120\,000\ [\text{Watt}]}{475\ [\text{Volt}]} = 253\ \text{Amp und}\quad \varepsilon = \frac{25}{500} = 0{,}05,\ \text{somit}\ q = \frac{12{,}80}{0{,}05 - 0{,}05^2}$$

$$= \frac{12{,}80}{0{,}05 - 0{,}0025} = \frac{12{,}80}{0{,}0475} = 269{,}5\ \text{mm}^2,\ \text{was auf den nächsthöheren \textbf{Norm-}}$$

querschnitt von **300 mm²** aufzurunden ist [147].

2. Kontrolle hinsichtlich Erwärmung. Die in der Aufgabe als Unterlage gegebene Zahlentafel [149, 154] zeigt, daß hinsichtlich der zulässigen Erwarmung (ohne jede Rucksicht auf Spannungsabfall) unter den Verhältnissen des Falles A ein Strom von 253 Amp nur einen Querschnitt von **70 mm²** erfordert hätte. Da der wirklich zu wählende Querschnitt **b e i d e** Bedingungen erfüllen, nämlich sowohl den Spannungsabfall innerhalb der in der Aufgabe vorgeschriebenen Grenze als auch die Erwarmung innerhalb des durch Erfahrung bedingten Bereiches halten soll, so ist endgultig der **g r ö ß e r e** der beiden aus diesen zwei Bedingungen einzeln ermittelten Werte zu wählen, so daß hier $q =$ **300 mm²** der **endgültige** Wert ist.

Zu Fall B.: 1. Berechnung auf Spannungsabfall. Jetzt ist $\varrho = 1/56$ und $(U - u) = 425$ Volt, wahrend alle ubrigen in der Aufgabe gegebenen Werte bleiben wie im Fall A. Es wird also jetzt $u = 500 - 425 = 75$ Volt, folglich

$$\varepsilon = \frac{75}{500} = 0{,}15\quad \text{und somit}\quad q = \frac{N \cdot l \cdot \varrho}{U^2 \cdot (\varepsilon - \varepsilon^2)} = \frac{120\,000 \cdot 800}{56 \cdot 500^2 \cdot (\varepsilon - \varepsilon^2)}$$

$$= \frac{6{,}857}{\varepsilon - \varepsilon^2} = \frac{6{,}857}{0{,}15 - 0{,}0225} = \frac{6{,}857}{0{,}1275} = 53{,}78\ \text{mm}^2,\ \text{aufzurunden auf \textbf{70 mm²}}.$$

2. Kontrolle auf Erwärmung. Der Strom wird jetzt $J = \dfrac{120\,000}{425}$

$= 282$ Amp. Ein Blick auf die in der Aufgabe gegebene Zahlentafel (Zeile fur Fall B) zeigt, daß dafür ein Querschnitt von 70 mm² nicht genügt, sondern ein Querschnitt von mindestens **150 mm²** erforderlich ist. Jetzt ist also die Temperaturfrage, nicht die Frage des Spannungsverlustes ausschlaggebend für die Querschnittswahl. Ehe wir aber den Querschnitt endgültig auf 150 mm² festsetzen, überlegen wir uns, daß bei dieser erheblichen Erhöhung von q (150 mm² statt 53,8 mm²) u erheblich unter dem zugrundegelegten Wert (75 Volt) bleiben, daher $(U - u)$ über 425 Volt steigen und J unter 282 Amp sinken wurde, so daß möglicherweise schon ein etwas kleinerer Querschnitt als 150 mm² ausreichen könnte. Wir machen daher voreist noch eine Probe mit $q = 120$ mm². Aus der vorhin abgeleiteten Gleichung $\varepsilon = \dfrac{N \cdot l \cdot \varrho}{q \cdot U^2 \cdot (1 - \varepsilon)}$ folgt $(\varepsilon - \varepsilon^2) = \dfrac{N \cdot l \cdot \varrho}{q \cdot U^2}$ oder, nach Einsetzung der gegebenen Zahlenwerte $(\varepsilon - \varepsilon^2) = \dfrac{120\,000 \cdot 800}{56 \cdot 120 \cdot 500^2} = 0{,}057\,14;$

$(\varepsilon^2 - \varepsilon) = -\,0{,}057\,14;$ $\varepsilon = 0{,}5 \pm \sqrt{0{,}25 - 0{,}0571} = 0{,}5 \pm \sqrt{0{,}1929}$ $= 0{,}5 \pm 0{,}439$ oder, da $\varepsilon > 0{,}5$ nicht in Frage kommt, $\varepsilon = 0{,}5 - 0{,}439$ $= 0{,}061.$ Daraus folgt dann $u = 500 \cdot 0{,}061 = 30{,}5$ Volt; $(U - u)$

$= 500 - 30{,}5 = 469{,}5$ Volt; $J = \dfrac{120\,000}{469{,}5} = 256$ Amp. Dafur reicht prak-

tisch der Querschnitt **120 mm²** gerade aus, da die Zahlentafel 15 fur ihn und Fall B 255 Amp zuläßt. Demnach genugt dieser **Querschnitt**, während andererseits der nachstniedrigere (95 mm²) sicher zu klein ist, so daß nunmehr **endgültig 120 mm²** gewählt werden kann.

Aufgabe 67: Belastungsfähigkeit einer elektrischen isolierten Leitung

Von einer elektrischen Gleichstromzentrale führt eine isolierte Aluminiumleitung zu einem Elektromotor fur 220 Volt, dessen Entfernung von der Zentralenschalttafel $l = 400$ m beträgt. Der Querschnitt des verwendeten Aluminiumseiles ist $q = 95$ mm². Festzustellen ist, wieviel PS der Motor, dessen Wirkungsgrad $\eta = 0{,}89$ beträgt, höchstens leisten darf, ohne daß **a)** die Erwärmung der Leitung oder **b)** der Spannungsverlust in der Leitung die zulässigen Grenzen uberschreitet Zugelassen sei ein Spannungsabfall U_v [Volt] von 15 % der Zentralenspannung U_1. Die Spannung am Motor soll $U_2 = 220$ Volt betragen; die Zentralenspannung soll so eingestellt werden, daß bei der hochstzulässigen Belastung des Motors diese Bedingung erfüllt ist.

Losung

Zu a): Fur isolierte Leitung in Rohr, Aluminium, 95 mm², ist mit Rucksicht auf E r w ä r m u n g laut Tabelle des Verbandes Deutscher Elektrotfchniker höchstens eine **Belastung** mit **175 Amp** gestattet [*149*].

Zu b): Der zugelassene Spannungsverlust U_v [Volt] betragt 15 % der Zentralenspannung. Am Motor sind daher noch 85 % der Zentralenspannung U_1 vorhanden. Da am Motor eine Spannung $U_2 = 220$ Volt herrscht, ist also die Zentralenspannung 220/0,85 Volt und der Spannungsverlust $U_v = 0{,}15 \cdot 220/0{,}85 = 38{,}8$ Volt.

Der spezifische Widerstand [*117*] ϱ des Aluminiums ist etwa $0{,}031\ \Omega \cdot$ mm²/m, sein spezifischer Leitwert [*118*] also etwa $1/0{,}031 \approx 32$ (Kupfer 57) m/$(\Omega \cdot$ mm²).

Der Widerstand der Leitung beträgt daher

$$R = \frac{2 \cdot l \cdot \varrho}{q} = \frac{2 \cdot 400}{32 \cdot 95} = 0{,}263\ \Omega$$

Da $J = U_v/R$ ist, so folgt $J = 38,8/0,263 = \mathbf{147,5\ Amp}$ als die höchste mit Rücksicht auf den S p a n n u n g s a b f a l l zulässige Stromstärke.

Von den beiden unter a) und b) berechneten Werten der **zulässigen Stromstärke** gilt natürlich der kleinere, also **147,5 Amp**. Mit diesem Strom leistet der Motor [*158, 17*]

$$\frac{J \cdot U_2 \cdot \eta}{735}\ \mathrm{PS} = \frac{147,5 \cdot 220 \cdot 0,89}{735} = \mathbf{39,3\ PS}.$$

Aufgabe 68: Konkurrenz zwischen Kupfer und Aluminium

Wie muß sich der Kilopreis des Aluminiums zu dem des Kupfers verhalten, damit eine Aluminiumleitung und eine Kupferleitung bei gleicher Länge und gleichem Widerstand gleich teuer sind?

Gegeben seien die folgenden Ziffern:

	Cu	Al
Spez. Widerstand in $\Omega \cdot$ mm²/m	0,0175	0,030
Spez. Gewicht in kg/dm³	8,9	2,6

Lösung

Da Al schlechter leitet als Cu, und zwar im Verhältnis 1/0,030 zu 1/0,0175 oder im Verhältnis 0,0175 zu 0,030, so muß, damit beide Leitungen bei gleicher Länge denselben Widerstand haben, der Querschnitt der Al-Leitung und damit auch ihr Gesamtvolumen 0,030/0,0175 mal so groß sein wie der Querschnitt bzw. das Volumen der Cu-Leitung: $V_{Al} = V_{Cu} \cdot \dfrac{30}{17,5}$ [*117*].

Ist V [Liter] das Volumen der Leitung und G [kg] ihr Gewicht, so folgt aus dem Vorstehenden:

$$G_{Cu} = V_{Cu} \cdot 8,9; \quad G_{Al} = V_{Al} \cdot 2,6 = V_{Cu} \cdot \frac{30}{17,5} \cdot 2,6 = 4,5\ V_{Cu}$$

und daraus: $G_{Al} = 4,5 \cdot \dfrac{G_{Cu}}{8,9} \approx 0,5\ G_{Cu}$.

Bezeichnet weiter p den Preis für 1 kg in M und P den Preis des ganzen Leitungsmetalles in M (ohne Masten, Isolatoren, Montage usw.), so ist

$$P_{Cu} = \cdots \cdots \cdots \ p_{Cu} \cdot G_{Cu};$$
$$P_{Al} = p_{Al} \cdot G_{Al} \approx 0,5\ p_{Al} \cdot G_{Cu}.$$

Diese beiden Gesamtpreise P_{Cu} und P_{Al} sollen gleich groß sein. Dann muß gelten: $p_{Cu} = 0,5\ p_{Al}$; oder in Worten: **Al darf pro kg höchstens doppelt so teuer sein wie Cu,** wenn es in der hier betrachteten Hinsicht mit ihm konkurrieren soll.

Bemerkung. Bei der Aufgabe ist nur an den S p a n n u n g s a b f a l l oder an den L e i s t u n g s v e r l u s t gedacht. In der Praxis können aber auch noch viele andere Gesichtspunkte mit in die Waagschale fallen· Der größere Querschnitt der Al-Leitung ergibt eine größere Oberfläche, damit eine bessere Abkühlung, und erlaubt daher i m H i n b l i c k a u f E r - w ä r m u n g eine g r ö ß e r e S t r o m s t ä r k e. Andererseits verursacht die größere Oberfläche eine größere Belastung durch Winddruck und Rauhreif. Das Eigengewicht ist wieder bei Cu größer. Alle diese Belastungen und die Materialfestigkeit beeinflussen (bei gleichem Durchhang) den Mastenabstand und damit die Kosten für Masten, Isolatoren und Montage. Die Haltbarkeit gegenüber mechanischen und chemischen Einflüssen ist bei Cu größer, ebenso der bei späterem Abbau verbleibende Altwert. Auch Fracht- und u. U. Zollkosten sind zu berücksichtigen sowie vielleicht der Liefertermin.

Aufgabe 69: Spannungsabfall in einer von beiden Seiten gespeisten Fahrdrahtleitung

Die 1000 m lange Fahrstrecke A B einer mit Gleichstrom betriebenen Grubenbahn wird gemäß **Abb. 45**, S. 207, bei A und B durch je eine Speiseleitung von 400 bzw. 800 m Länge von der Zentrale Z gespeist. Die Speiseleitungen und der Fahrdraht bilden nur den einen Pol („Pluspol") der Leitung, während die Rückleitung des Stromes von der Lokomotive zur Zentrale durch die Schienen erfolgt. Die Speiseleitungen und der Fahrdraht bestehen aus Kupfer und haben einen Querschnitt von

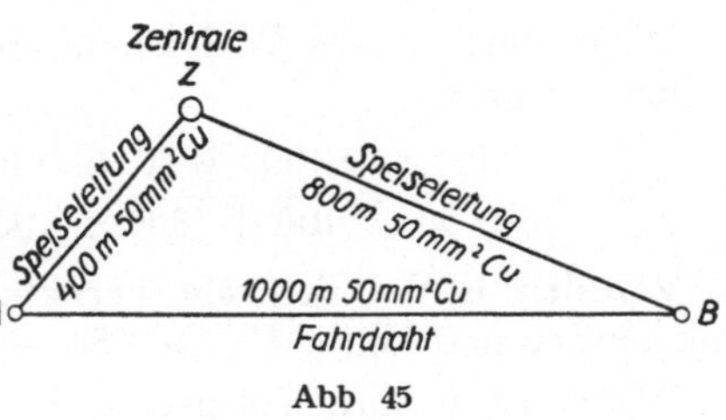

Abb 45

50 mm². Der Widerstand der Schienen-Rückleitung soll als verschwindend klein betrachtet werden.

Die Spannung in der Zentrale sei dauernd genau 250 Volt; der Stromverbrauch der Lokomotive betrage dauernd 100 Amp.

Fragen:

1. Wie groß ist die Spannung an der Lokomotive, wenn sie sich bei A befindet?

2. Wie groß, wenn sie sich bei B befindet?

3. Die Spannung an der Lokomotive ist als Funktion der Entfernung der Lokomotive von A anzugeben.

4. An welchem Ort der Strecke AB fährt die Lokomotive mit kleinster Spannung und mit welcher? ·

Lösung

Zu Frage 1.: Wenn die Lokomotive sich bei A befindet, fließt ihr der Strom von Z auf den beiden zueinander parallel geschalteten Wegen Z A und Z B A zu. Der Widerstand des Weges Z A ist $\dfrac{\varrho \cdot 400}{50}$ $[\Omega]$, der des Weges Z B A dagegen $\dfrac{\varrho \cdot (800 + 1000)}{50}$ $[\Omega]$, wenn ϱ den spezifischen Widerstand $[\Omega\ \text{mm}^2/\text{m}]$ bedeutet, der für Leitungskupfer bei 20° C gemäß den Kupfernormen mit rund $\dfrac{1}{56}$ anzusetzen ist [117]. Die beiden entsprechenden L e i t w e r t e [118] sind also

$$50 \cdot 56 \cdot \frac{1}{400} \quad \text{bzw.} \quad 50 \cdot 56 \cdot \frac{1}{800 + 1000} \quad [\text{Siemens}],$$

der Leitwert ihrer Kombination folglich $50 \cdot 56 \cdot \left(\dfrac{1}{400} + \dfrac{1}{800 + 1000}\right)$

$$= 50 \cdot 56 \cdot \frac{400 + (800 + 1000)}{400 \cdot (800 + 1000)} \text{ Siemens, ihr Widerstand}$$

$$\frac{1}{50 \cdot 56} \cdot \frac{400 \cdot (800 + 1000)}{400 + (800 + 1000)} \ [\Omega].$$

Wenn durch diesen Widerstand ein Strom von 100 Amp fließt, so gehen in ihm verloren

$$100 \ \frac{1}{50 \cdot 56} \cdot \frac{400 \cdot (800 + 1000)}{400 + (800 + 1000)} = \frac{100 \cdot 400 \cdot 1800}{50 \cdot 56 \cdot 2200} = 11{,}7 \text{ Volt.}$$

Von den in der Zentrale herrschenden 250 Volt bleiben daher an der Lokomotive noch übrig $U_\mathrm{A} = 250 - 11{,}7 = \mathbf{238{,}3\ Volt}$.

(Dabei ist freilich entsprechend der in der Aufgabe enthaltenen Bemerkung der in den Fahrschienen auftretende Spannungsabfall vernachlässigt; dieser ist aber, wie eine Nachrechnung ergeben würde, bei schwerem Profil und guten Stoßverbindungen infolge des großen Querschnittes der Fahrschienen in der Tat sehr klein gegenüber dem Abfall in Speiseleitungen und Fahrdraht.)

Zu Frage 2.: Wenn die Lokomotive sich bei B befindet, ergibt sich dieselbe Ableitung wie zu 1. mit dem einzigen Unterschied, daß nun die Strecken Z—B und Z—A und somit die Ziffern 800 m und 400 m ihre Rollen miteinander vertauschen.

Der Spannungsverlust wird daher jetzt

$$100 \cdot \frac{1}{50 \cdot 56} \cdot \frac{800 \cdot (400 + 1000)}{800 + (400 + 1000)} = \frac{100 \cdot 800 \cdot 1400}{50 \cdot 56 \cdot 2200} = 18{,}2 \text{ Volt}$$

und die Spannung an der Lokomotive $U_\mathrm{B} = 250 - 18{,}2 = \mathbf{231{,}8\ Volt}$.

Zu Frage 3.: Wenn die Entfernung der Lokomotive von A mit x [Meter] bezeichnet wird, so hat der Weg von Z uber A bis zur Lokomotive die Länge $(400 + x)$ [m], der von Z uber B bis zur Lokomotive die Länge $800 + (1000 - x) = (1800 - x)$ [m]

Entsprechend den Ableitungen zu 1 und 2 wird also jetzt der Spannungsverlust von Z bis zur Lokomotive

$$100 \cdot \frac{1}{50 \cdot 56} \cdot \frac{(400 + x) \cdot (1800 - x)}{(400 + x) + (1800 - x)} = \frac{2}{56} \cdot \frac{720\,000 + 1400\,x - x^2}{2200}$$

$$= 1{,}623 \cdot 10^{-5} \, (720\,000 + 1400\,x - x^2) \; \text{[Volt]}$$

und die Spannung an der Lokomotive:

$$U_x = 250 - 1{,}623 \cdot 10^{-5} \cdot (720\,000 + 1400\,x - x^2)$$
$$= 250 - 11{,}69 - 0{,}02272\,x + 1{,}623 \cdot 10^{-5} \cdot x^2$$
$$= 238{,}31 - 0{,}02272\,x + 1{,}623 \cdot 10^{-5} \cdot x^2 \; \text{[Volt]}$$

Die Gleichung stellt eine Parabel mit senkrechter Achse dar, die bei $x = 0$ die Oidinate 238,31 Volt hat und deren Scheitelpunkt nicht im Koordinaten-Ursprung liegt.

Zwecks Kontrolle auf Rechenfehler und sonstige Irrtümer berechnen wir nach dieser Formel die Spannungen in A und B durch Einsetzen von $x = 0$ bzw. $x = 1000$ und finden

$$U_A = 238{,}3 \; \text{Volt,}$$
$$U_B = 238{,}31 - 0{,}02272 \cdot 1000 + 1{,}623 \cdot 10^{-5} \cdot 10^6$$
$$= 238{,}31 - 22{,}72 + 16{,}23 = 231{,}8 \; \text{Volt,}$$

also dieselben Werte wie bei der Behandlung der Fragen 1. und 2.

Zu Frage 4.: Um denjenigen Wert x_1 zu finden, bei dem U_x ein Minimum ist, bilden wir aus der zu Frage 3. gefundenen Beziehung

$$U_x = 250 - 1{,}623 \cdot 10^{-5} \cdot (720\,000 + 1400\,x - x^2)$$

den Differential - Quotienten $\dfrac{d\,U_x}{d\,x} = -1{,}623 \cdot 10^{-5} \, (1400 - 2\,x)$ und setzen ihn gleich Null, so daß folgt:

$$1400 = 2\,x_1; \quad x_1 = \textbf{700 Meter} \; [9]$$

Wenn wir noch im Zweifel daruber sein sollten, ob U an dieser Stelle ein Maximum oder ein Minimum ist, so differenzieren wir nochmals und finden $\dfrac{d^2\,U_x}{d\,x^2} = 2 \cdot 1{,}623 \cdot 10^{-5}$ Die zweite Ableitung hat also für alle Werte von x denselben p o s i t i v e n Wert. Hier kommt es uns nur darauf an, daß sie fur $x = 700$ positiv ist; denn daraus folgt, daß bei diesem Wert von x ein M i n i m u m für U vorliegt, nicht etwa ein Maximum. Sein Wert ergibt sich durch Einsetzen von $x = 700$ in die zu Frage 3. abgeleitete Gleichung fur U_x zu:

$$U_{700} = 238{,}31 - 0{,}02272 \cdot 700 + 1{,}623 \cdot 10^{-5} \cdot 700^2$$
$$= 238{,}31 - 15{,}90 + 7{,}95 = \textbf{230,4 Volt.}$$

Noch etwas einfacher (und sogar im Kopf) kann der Ort der niedrigsten Spannung etwa durch folgende Überlegung gefunden werden: Die Spannung wird ein Minimum, wenn der Spannungsabfall ein Maximum erreicht; dies tut er, wenn der Widerstand des Weges von Z zur Lokomotive ein Maximum ist. Dieser Widerstand ist kombiniert aus den beiden Widerständen R_1 des Weges Z—A—Lok und R_2 des Weges Z—B—Lok. Der aus zwei parallel geschalteten Einzelwiderständen R_1 und R_2 kombinierte Widerstand ist $\dfrac{R_1 \cdot R_2}{R_1 + R_2}$. Dieser Ausdruck soll also ein Maximum werden. Da alle Leitungsstrecken aus demselben Material bestehen (Cu) und gleichen Querschnitt haben (50 mm²), so sind alle Widerstände ihrer Länge proportional; der gesuchte Punkt liegt also da, wo der Ausdruck $\dfrac{l_1 \cdot l_2}{l_1 + l_2}$ ein Maximum wird. Da der Nenner $l_1 + l_2 = 400 + 1000 + 800 = 2200$, also konstant und vom Standpunkt der Lokomotive unabhängig ist, muß an dem gesuchten Punkt der Zähler $l_1 \cdot l_2$ ein Maximum sein. Die Aufgabe besteht also jetzt darin, eine Zahl a (hier 2200 m) so in zwei Summanden x_1 und $(a - x_1)$ zu zerlegen, daß deren Produkt ein Maximum wird. Wenn wir nicht auswendig wissen sollten, daß dies dann zutrifft, wenn jeder Summand $a/2$ ist, so können wir dies leicht (und zwar auch im Kopf) ableiten:

$$x_1 \cdot (a - x_1) = \text{Max}; \quad a x_1 - x_1{}^2 = \text{Max};$$
$$\frac{d\,(a x_1 - x_1{}^2)}{d\,x_1} = a - 2 x_1 = 0; \quad x_1 = a/2.$$

Der gesuchte Punkt liegt also da, wo beide Wege Z—A—Lok und Z—B—Lok gleich lang sind, nämlich je 1100 m; er ist also von A um $1100 - 400 = 700$ m entfernt.

Aufgabe 70: Verstärkung einer Freileitung

Ein Sägewerk bezieht von einem 500 m entfernten Elektrizitätswerk Gleichstrom durch eine Freileitung von 50 mm² Kupferquerschnitt pro Pol. Der Verbrauch beträgt an 300 Tagen des Jahres täglich 8 Stunden lang konstant 35 kW; die Spannung im Sägewerk wird stets auf 220 Volt gehalten.

Wegen der erheblichen Verluste in der Freileitung beabsichtigt das Elektrizitätswerk, die Kupferseile von 50 mm² durch solche von 95 mm² zu ersetzen. Die Rentabilität dieses Planes soll geprüft werden.

Fragen:

1. Wieviel kWh gehen bisher jährlich in der Leitung verloren?

2. Wieviel Mark Jahresaufwand verursacht dieser Verlust, wenn die Selbstkosten je einer kWh hierbei mit 5 Pfg angesetzt werden?

3. und **4.** Wie werden die den Fragen 1. und 2. entsprechenden Ziffern nach der Leitungsverstärkung werden?

5. Wie groß wird die durch die Leitungsverstärkung erzielte jährliche Ersparnis an Geld sein, wenn die Anlagekosten der Verstärkung fur je 1 kg Kupferseil (fertig verlegt) mit 8,00 Mark und die Jahresquote fur Abschreibung und Verzinsung mit 8 % angesetzt wird? [28].

6. Bei Wahl welches Querschnittes wurden die gesamten Jahresausgaben ein Minimum werden?

Losung

Zu Frage 1.: Aus der Spannung an den Motoren (220 Volt) und ihrem Leistungsverbrauch (35 kW) ergibt sich ihr Strom zu $J = \dfrac{35\,000}{220}$ = 159,1 Amp [122]. Wenn der spezifische Widerstand der Leitung gemäß den Kupfernormen[1]) fur Leitungskupfer bei 20° zu $\varrho = 0,01784 \approx \dfrac{1}{56}\left[\dfrac{\Omega\,\mathrm{mm^2}}{\mathrm{m}}\right]$ angesetzt wird, so ergibt sich

der Widerstand der Leitung zu $R = \dfrac{2 \cdot 500\ [\mathrm{m}]}{56\ [\mathrm{m}/\Omega\,\mathrm{mm^2}] \cdot 50\ [\mathrm{mm^2}]}$ $[\Omega]$ [117],

der Leistungsverlust in ihr zu $J^2 \cdot R = \dfrac{159,1^2 \cdot 2 \cdot 500}{56 \cdot 50}$ [Watt] [123],

der **jährliche Arbeitsverlust** in ihr zu

$$300\ [\mathrm{Tage}] \cdot 8\ [\mathrm{h/Tag}] \cdot \frac{159,1^2 \cdot 2 \cdot 500}{56 \cdot 50}\ [\mathrm{Watt}]/1000\ \left[\frac{\mathrm{Wh}}{\mathrm{kWh}}\right]$$

$$= 2400 \cdot \frac{25\,313}{2800} = 2400 \cdot 9,04 = \mathbf{21\,700\ kWh.}$$

Zu Frage 2.: Die in der Leitung jährlich verlorenen 21 700 kWh entsprechen bei 0,05 M/kWh einem **Geldaufwand** von $21\,700 \cdot 0,05 = \mathbf{1085\ M.}$ Man beachte in der Frage das Wort „hierbei". Es soll andeuten, daß bei solchen Berechnungen uber die Wirtschaftlichkeit eines Querschnittes meistens nur ein Teil der Stromselbstkosten zu berucksichtigen ist, nämlich der „bewegliche" Teil, das ist der Anteil, der wirklich proportional mit der erzeugten elektrischen Arbeit wächst. Das gilt annähernd z. B. von den Kohlenkosten. Andere erhebliche Jahresausgaben des Elektrizitätswerkes dagegen, z. B. die fur Löhne, Gehälter, Geschäftsunkosten, Zinsen, Abschreibung, werden im allgemeinen nicht dadurch beeinflußt werden, ob der Verlust in der Leitung etwas größer oder kleiner ist, es sei denn, daß die Anlagen des Werkes gerade bis zur Grenze ihrer Leistungsfähigkeit belastet

---

[1]) Die neuesten Kupfernormalien schreiben fur „Leitungskupfer" vor, daß bei 20° ϱ hochstens den Wert 0,01784 [Ω mm²/m] (bzw. 17,84 [Ω mm²/km]) haben darf, der etwa dem echten Bruch 1/56 gleichkommt.

14*

sind, so daß eine Vermehrung des Verlustes in der Leitung zu einer Erweiterung des Werkes zwingt oder eine Verringerung dieses Verlustes eine sonst nötige Werkserweiterung zu unterlassen oder doch wenigstens hinauszuschieben gestattet. Die hier eingesetzten 5 Pfg/kWh entsprechen offenbar nur den beweglichen Kosten.

Zu Frage 3.: Da der Widerstand R einer Leitung (bei gleichen Werten von l und ϱ) sich umgekehrt proportional dem Querschnitt ändert, der Leistungsverlust in ihr (bei gleichen Werten von J) aber proportional mit R [123], so ändert sich der **jährliche Arbeitsverlust** von 21700 kWh bei Ersatz des Querschnittes von 50 mm² gegen einen solchen von 95 mm² in $21\,700 \cdot \dfrac{50}{95}$

= 11 420 kWh.

Zu Frage 4.: Die **Jahres-Stromkosten** für diesen Verlust werden dann $11\,420 \cdot 0{,}05 =$ **571 M.**

Zu Frage 5.: Da ein Prisma von 1 mm² Querschnitt und 1 km Länge ein Volumen von 1 dm³ hat und also γ kg wiegt, wenn γ das spezifische Gewicht in kg/dm³ bedeutet, das bei Kupfer etwa 8,9 ist [21], so hat die Kupferleitung von 95 mm² bei $2 \cdot 0{,}5$ km Länge gegenuber der Leitung von 50 mm² ein Mehrgewicht von $2 \cdot 0{,}5$ [km] $\cdot (95 - 50)$ [mm²] $\cdot 8{,}9$ [kg/dm³] $= 400{,}5$ kg. Die fur die Verstärkung einmalig aufzuwendenden Anlagekosten (einschließlich Montage und aller Nebenausgaben) betragen also $400{,}5 \cdot 8{,}00 = 3204$ M.

Dieser e i n m a l i g e n Ausgabe steht eine durch die Leitungsverstärkung verursachte j ä h r l i c h e Ersparnis an Stromkosten gegenuber, die gemäß den Ausfuhrungen zu den Fragen 2. und 4. gleich $1085 - 571 = 514$ M ist Um die beiden Beträge miteinander vergleichen zu können, mussen wir entweder den zweiten „kapitalisieren" oder den ersten in eine Jahresrente umrechnen [28] (vergleiche die Vorbemerkungen zur Lösung der Aufgabe 87, S. 274, sowie die Lösung der Aufgabe 88, S. 279). Fur diese letztere Umrechnung gibt die Aufgabe ansfatt Zinsfuß, Lebensdauer und Altwert sogleich die Jahresquote fur den Kapitaldienst mit 8 % an, so daß dem einmaligen Aufwand von 3204 M ein Jahresaufwand von $0{,}08 \cdot 3204 = 256$ M entspricht. Die durch die Leitungsverstärkung insgesamt erzielte **jährliche Ersparnis** ist somit $514 - 256 =$ **258 M.**

Zu Frage 6.: Wenn wir den Querschnitt eines Poles der Leitung mit q [mm²] bezeichnen, so sind

ihr Kupfergewicht $2 \cdot 0{,}5 \cdot q \cdot 8{,}9 = 8{,}9 \cdot q$ kg,

ihre Anlagekosten $8{,}9 \cdot q \cdot 8{,}00 = 71{,}20\, q$ M,

ihr jährlicher Kapitaldienst $0{,}08 \cdot 71{,}20\, q = 5{,}696\, q$ M,

die jahrlichen Stromselbstkosten für den in ihr entstehenden Verlust, die bei 50 mm² (gemäß den Ausfuhrungen zu Frage 2) 1085 M be-

$$\text{trugen, } 1085 \cdot \frac{50}{q} = \frac{54\,250}{q} \text{ M,}$$

die Gesamt-Jahreskosten K fur Kapitaldienst und Leitungsverluste zusammen also

$$K = (5{,}696\,q + \frac{54\,250}{q})\ \text{M.}$$

Um denjenigen Wert q_1 zu finden, bei dem K ein Minimum wird, bilden wir den Differential-Quotienten $\dfrac{d\,K}{d\,q} = 5{,}696 - \dfrac{54250}{q^2}$ und setzen ihn gleich Null, so daß sich ergibt

$$5{,}696 = \frac{54\,250}{q_1^2}\,; \quad q_1^2 = \frac{54\,250}{5{,}696} = 9524\,; \quad q_1 = \sqrt{9524} = \textbf{97,6 mm}^2\ [9].$$

Die nachsten Normquerschnitte sind [147] (gemaß *Hutte* II, S. 1305) 95 mm² und 120 mm², von denen man also einen wahlen wird, wenn man die Gesamt-Jahreskosten möglichst senken will Bei 95 mm² werden sie

$$K_{95} = 5{,}696 \cdot 95 + \frac{54\,250}{95} = 541{,}1 + 571{,}1 = 1112\ \text{M,}$$

bei 120 mm² dagegen

$$K_{120} = 5{,}696 \cdot 120 + \frac{54\,250}{120} = 683{,}5 + 452{,}1 = 1136\ \text{M.}$$

Da bei beiden Querschnitten die Gesamt-Jahresausgaben nahezu gleich groß sind, so wird man den kleineren von ihnen (**95 mm²**) wahlen, weil er geringere Anlagekosten verursacht. Der gemäß den Angaben der Aufgabe vom Elektrizitatswerk fur die Verstarkung gewählte Querschnitt von 95 mm² war demnach nicht nur zweckmaßig, weil kostenverringernd, sondern sogar der beste uberhaupt mogliche

Aufgabe 71: Berechnung eines Drehstromkabels auf Spannungsabfall bei gegebener Länge und übertragener Leistung

Ein Nebenbetrieb eines Huttenwerkes soll vom Hauptwerk aus mit Energie versorgt werden, und zwar mit Drehstrom von 2000 Volt, gemessen im Hauptwerk.

Die Entfernung der beiden Werke voneinander betragt 4,3 km.

Der Energiebedarf des Nebenbetriebes sei 800 kW.

Die Phasenverschiebung cos φ am Verbrauchsorte werde angenommen zu 0,75.

Frage:

Wie groß ist der erforderliche Querschnitt des Drehstromkabels (Kupferleiter, Papierbleikabel, im Erdboden verlegt), wenn der zugelassene Spannungsverlust 5 % beträgt? Dabei ist anzunehmen, daß die Leitung frei von Selbstinduktion und Kapazität ist.

Lösung

Aus der Spannung im Hauptwerk $U_1 = 2000$ Volt und dem Spannungsabfall von 5 % ergibt sich die Spannung im Nebenbetriebe zu $0,95 \cdot 2000 = 1900$ Volt. Aus der Formel für die Leistung des Drehstroms [*136*]

$$N \text{ [Watt]} = U \text{ [Volt]} \cdot J \text{ [Amp]} \cdot \cos \varphi \cdot \sqrt{3}$$

folgt durch Einsetzen der gegebenen Werte der Betrag der Stromstärke in einer Phase zu

$$J = \frac{N}{U_2 \cdot \cos \varphi \cdot \sqrt{3}} = \frac{800\,000}{1900 \cdot 0,75 \cdot \sqrt{3}} = 324 \text{ Amp.}$$

Die Berechnung des Querschnitts erfolgt, wenn man keine fertige Formel zur Hand hat, am sichersten unter Betrachtung einer einzigen Phase der Leitung und Annahme von Sternschaltung [*135*]. (Das Ergebnis stimmt dann auch für Dreieckschaltung.) Die Spannung von 2000 bzw. 1900 Volt herrscht zwischen zwei Phasen; die Spannung zwischen einer Phasenleitung und dem Nullpunkt (Sternpunkt) ist dagegen im Hauptwerk $2000/\sqrt{3}$ Volt, im Nebenwerk $1900/\sqrt{3}$ Volt, sinkt also in der Leitung um $100/\sqrt{3}$ Volt. Bezeichnet in der **Abb. 46**, S. 214 [*130*], die Strecke $\overline{OA}$ die Richtung und Größe dieser Endspannung von $(1900/\sqrt{3})$ Volt zwischen einer bestimmten Phase und Null, und $\overline{OJ}$ die Richtung des Vektors des Stromes J in dieser Phasenleitung, ferner R den Widerstand e i n e r Phase der Leitung (also in dem häufigsten Falle, daß die Leitung aus drei Seilen, jede Phase aus einem Seil besteht, den Widerstand eines Seiles), so ist zum Durchtreiben des Stromes J durch den Leitungswiderstand R, da Freileitungen und Kabel bei mäßigen Längen im allgemeinen nur geringe Selbstinduktion und Kapazität besitzen, eine Spannung von $J \cdot R$ Volt erforderlich, die in derselben Richtung wie J liegt [*127*]. Um die-

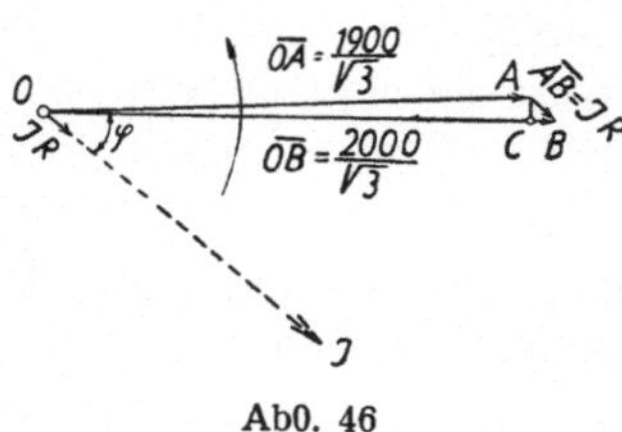

Abb. 46

sen Betrag muß daher die Anfangsspannung größer sein als die Endspannung; die Anfangsspannung $\overline{OB}$ entsteht daher, wenn man an $\overline{OA}$ in A eine Strecke $\overline{AB} = J \cdot R$ in der Richtung von J anfügt. Von der Spannung $\overline{OB}$ ist ihr Zahlenwert $2000/\sqrt{3}$ bereits gegeben.

Bei Anlagen mit gutem Wirkungsgrad ist stets $\overline{AB}$ klein gegen $\overline{OA}$ und $\overline{OB}$, so daß die Vektoren $\overline{OA}$ und $\overline{OB}$ nur einen sehr kleinen Winkel miteinander bilden. Der gegebene Leistungsfaktor 0,75, der eigentlich den cos des Winkels φ zwischen J und $\overline{OA}$ bedeutet, ist daher nahezu auch gleich dem cos $\sphericalangle$ A B O. Fällt man von A das Lot $\overline{AC}$ auf $\overline{OB}$, so wird nahezu

$\overline{CO} = \overline{OA}$ und $\overline{BC} = \overline{OB} - \overline{OA}$, das ist gleich dem Spannungsabfall in der einen Phase, dessen Betrag bereits zu $(100/\sqrt{3})$ Volt ermittelt war. Andererseits ist $\overline{BC} = \overline{AB} \cdot \cos \sphericalangle ABC = J \cdot R \cdot \cos \varphi$, so daß die Beziehung folgt:

$$J \cdot R \cdot \cos \varphi = 100/\sqrt{3}$$

und nach Einsetzen der bekannten Größen:

$$324 \cdot R \cdot 0{,}75 = \frac{100}{\sqrt{3}} \; ; \quad R = \frac{100}{\sqrt{3} \cdot 324 \cdot 0{,}75} \; \Omega.$$

Daraus und aus $R = \dfrac{\varrho \cdot l}{q}$ [117] folgt dann

$$\frac{100}{\sqrt{3} \cdot 324 \cdot 0{,}75} = \frac{4300 \; [\text{m!}]}{57 \cdot q}$$

und daraus

$$q = \frac{4300 \cdot \sqrt{3} \cdot 324 \cdot 0{,}75}{57 \cdot 100} = \mathbf{317{,}5 \; mm^2}.$$

Der Querschnitt ist auf den nächsthöheren Normquerschnitt von 400 mm² aufzurunden, bei dem gemäß den empirisch gefundenen Tabellen des VERBANDES DEUTSCHER ELEKTROTECHNIKER mit Rücksicht auf Erwärmung eine Stromstärke von 660 Amp in jeder Phase zulässig ist [147, 154] und der also auch hinsichtlich Erwärmung genügt. Da dies Kabel schon sehr dick und steif wird, könnte man es auch etwa in zwei parallel zu schaltende Kabel von je 185 mm² Kupferquerschnitt pro Phase zerlegen. Im letzteren Falle wären etwa zu bestellen: „8,6 km verseiltes, eisenbandarmiertes, asphaltiertes Dreileiterpapierbleikabel von 3 × 185 mm² Kupferquerschnitt, 2 kV."

Wird die Aufgabe ganz in Buchstaben durchgeführt, wobei p den Spannungsverlust in % der Anfangsspannung U_1 und l die Trassenlänge in m bedeutet (in der Aufgabe war also $p = 5$, $U_1 = 2000$, $l = 4300$), so wird

$$J = \frac{N \cdot 100}{U_1 \cdot (100 - p) \cdot \cos \varphi \cdot \sqrt{3}} \; \text{Amp;}$$

$$R = \frac{U_1 \cdot p/100}{\sqrt{3} \cdot J \cdot \cos \varphi} = \frac{U_1 \cdot p \cdot U_1 \cdot (100 - p) \cdot \cos \varphi \cdot \sqrt{3}}{\sqrt{3} \cdot 100 \cdot N \cdot 100 \cdot \cos \varphi}$$

$$= \frac{U_1^2 \cdot p \cdot (100 - p)}{N \cdot 100 \cdot 100} \; \Omega;$$

$$q = \frac{\varrho \cdot l}{R} = \frac{\varrho \cdot l \cdot N \cdot 10\,000}{U_1^2 \cdot p \cdot (100 - p)} \; \text{mm}^2,$$

woraus sich ergibt, daß der Querschnitt unabhängig von $\cos \varphi$ ist, wenn Länge und Metall der Leitung, Spannung und Spannungsverlust sowie die zu übertragende Leistung vorgeschrieben sind und die Leitung nur auf Spannungsverlust berechnet werden soll.

Oft werden Drehstromleitungen nicht auf Spannungsabfall, sondern auf Leistungsverlust berechnet, auf den hier keine Rucksicht genommen ist

Aufgabe 72: Spannungsverlust in einer Drehstrom-Freileitung mit Rücksicht auf ihren Wirk- und Blindwiderstand

.Eine Fabrik will von einem 17 km entfernten Kraftwerk uber eine aus drei Kupferseilen von je 25 mm² bestehende Freileitung Drehstrom von 50 Hertz beziehen. Zur Zeit des höchsten Verbrauches wird die Fabrik 1341,3 kW entnehmen bei einem Leistungsfaktor dieser Gesamtentnahme von 0.8 Der spezifische Widerstand der Kupferseile ist mit $\varrho = 1/57$ [Ω mm²/m] anzunehmen [117].

Frage:

Wie groß muß die Spannung U_A der Freileitung beim Austritt aus dem Kraftwerk sein, wenn sie an der Fabrik bei der angegebenen Höchstentnahme genau 15000 Volt betragen soll? Dabei ist anzunehmen, daß die drei Seile der Fernleitung in Form eines gleichseitigen Dreiecks mit einer Seitenlänge von 1 m angeordnet sind und daß der Blindwiderstand X eines Seiles (in Ohm) gegeben ist durch die Beziehung.

$$X = 2\,\pi\,f \cdot (4{,}6052 \log \frac{a}{r} + 0{,}5) \cdot l \cdot 10^{-7}\ \Omega,$$

worin bedeutet:

f die Frequenz in Hertz,
a den Abstand der Seile voneinander in cm,
r den Radius eines Seiles in cm,
l die Länge eines Seiles in m.

Losung

Gefragt ist nach der Spannung U_A am Anfang der Freileitung (das ist bei ihrem Austritt aus dem Kraftwerk), wenn an ihrem Ende (das ist bei ihrem Eintritt in die Fabrik) eine Spannung $U_E = 15\,000$ Volt herrscht und wenn im ubrigen die folgenden Daten zutreffen

Stromart Drehstrom,
Frequenz 50 Hertz,
Verbrauch der Fabrik 1341,3 kW,
Leistungsfaktor der Fabrik $\cos \varphi = 0{,}8$,
Länge eines jeden der drei Seile der Drehstrom-Freileitung· 17 km,
Querschnitt eines jeden der drei Seile der Drehstrom-Freileitung 25 mm²,
Material Kupfer, $\varrho = 1/57\ \Omega$ mm²/m,
Anordnung der drei Seile in einem gleichseitigen Dreieck mit einer Seitenlänge von 1 Meter.

Die letzte Angabe ist deshalb erforderlich, weil bei Wechselstrom- und Drehstrom-Freileitungen neben dem „Wirkwiderstand" R jedes Seiles auch sein induktiver Widerstand („Blindwiderstand") [131] X beachtet werden muß, der hier wegen des erheblichen Abstandes der drei Seile voneinander nicht mehr vernachlassigbar klein ist, obwohl die Seile gerade gestreckt sind und weder Spulen bilden noch Eisen enthalten Genau genommen, mußte auch noch die Kapazität der Leitungen gegeneinander und gegen Erde berucksichtigt werden. Indessen macht sich deren Einfluß erst bei sehr langen Freileitungen bemerkbar und kann hier vernachlassigt werden.

Um die Betrachtung möglichst anschaulich zu gestalten, nehmen wir fur den Drehstrom eine bestimmte Schaltung an, und zwar Sternschaltung [135] gemäß **Abb. 47**, S. 217. (Die End-Ergebnisse sind bei Dreieckschaltung genau dieselben.) In jedem Seil fließt ein Wechselstrom von J Amp. Die Sternspannungen seien. bei der Fabrik (am „Ende" der Leitung) U_E^* [Volt] (gesprochen „U-E-Stern"), beim Kraftwerk (am „Anfang" der Leitung) U_A^* [Volt], die entsprechenden verketteten Spannungen sind dann

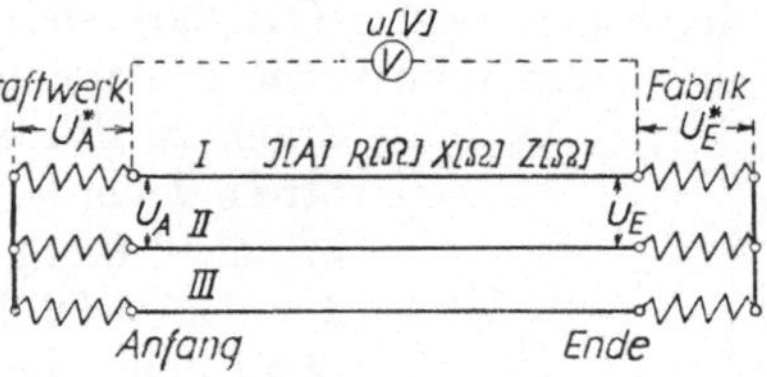

Abb 47

Wirk - Widerstand eines Seiles . $R\ [\Omega]$

Blind - Widerstand eines Seiles . $X = \omega L\ [\Omega]$

Schein-Widerstand eines Seiles $Z = \sqrt{R^2 + X^2}\ [\Omega]$

$$U_A = U_A^* \cdot \sqrt{3}\ [V]$$
$$U_E = U_E^* \cdot \sqrt{3}\ [V]$$

$$U_E = U_E^* \cdot \sqrt{3} \text{ und } U_A = U_A^* \cdot \sqrt{3}$$

Die Spannung zwischen Anfang und Ende desselben Leiters, die man mittels eines in Abb. 47, S 217, angedeuteten Spannungsmessers und der gestrichelt dargestellten Meßleitung messen könnte, sei u [Volt].

Gesucht ist U_A , bekannt $U_E = 15\,000$ Volt Statt dieser verketteten Spannungen betrachten wir die entsprechenden Sternspannungen und suchen $U_A^* = U_A/\sqrt{3}$ aus $U_E^* = 15\,000/\sqrt{3}$ zu bestimmen.

Von der Anfangsspannung U_A^* wird ein Teil, nämlich u, dazu verwendet, den Strom J durch das Seil I zu treiben, wahrend am Ende noch U_E^* Volt ubrigbleiben. Wenn es sich um Gleichstrom handelte, wurden wir daraus an Hand der Abb. 47, S. 217, auf die Beziehung schließen· $U_A^* = U_E^* + u$. Auch bei Wechselstrom bleibt diese Gleichung gultig, wenn wir nur bedenken, daß hier das Pluszeichen eine geometrische, nicht eine arithmetische Addition bedeutet Denn hier sind im allgemeinen diese drei Spannungen in der Phase gegeneinander verschoben und werden also durch drei verschieden gerichtete Vektoren dargestellt, so daß der gesuchte

Absolutbetrag $|U_A{}^*|$ nicht einfach gleich $|U_E{}^*| + |u|$ ist. Das mussen wir später berücksichtigen; jedenfalls brauchen wir aber zur Bestimmung von $|U_A{}^*|$ den Wert von u nach Betrag und Richtung und wollen daher diesen zunächst ermitteln.

In **Abb. 48**, S. 218, bedeutet der horizontal nach rechts gerichtete Pfeil J die Richtung des Stromvektors [130]. Dann ist, um den Strom von J [Amp] durch einen induktionsfreien Widerstand („Wirkwiderstand") von R [Ω] zu drücken, eine Spannung von $J \cdot R$ [Volt] erforderlich, deren Vektor in die Richtung von J fällt und die (in einem passend gewählten Volt-Maßstabe) durch den Vektor $\overline{OA}$ dargestellt sein mag [127]. Um den Strom J durch einen rein induktiven Widerstand (Spule aus sehr dickem Kupfer

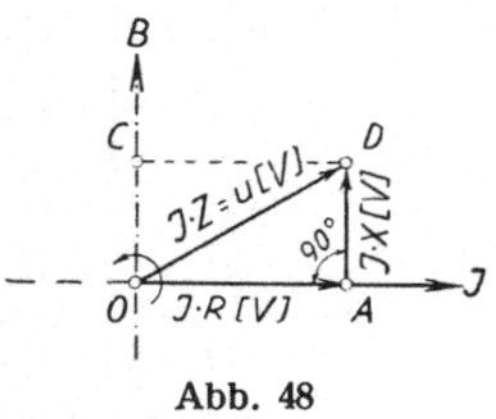

Abb. 48

draht) zu drücken, ist eine Spannung nötig, die dem Strom J um 90° vorauseilt und deren Vektor daher in die Richtung von $\overline{OB}$ fällt [129]. Ihre Größe ist $2\pi f \cdot L \cdot J$ [Volt], wobei f die Frequenz in Hertz ist ($2\pi f$ heißt die „Kreisfrequenz" und wird mit dem Buchstaben ω bezeichnet) [165], L die Induktivität der Leitung (oder Spule) in Henry [128]. Wenn wir an Stelle von $\omega L = 2\pi f L$ das Wort „Blindwiderstand" und den Buchstaben X einführen [131, 152], so ergibt sich die zum Durchtreiben eines Stromes von J [Amp] durch einen Blindwiderstand von X [Ω] erforderliche „Blindspannung" zu $J \cdot X$ [Volt]. Sie möge (nach dem auch für $\overline{OA}$ benutzten Volt-Maßstab) dargestellt werden durch die Strecke $\overline{OC}$. (Man beachte aber, daß der Blindwiderstand X nicht in gleicher Weise wie der Wirkwiderstand R ein unveränderlicher Eigenwert der Leitung oder Spule ist, sondern auch von ω bzw. von f abhängt. Solange f konstant ist, was im praktischen Betriebe stets mit hinreichender Genauigkeit zutreffen dürfte, kann freilich auch X als eine Konstante der Leitung angesehen werden.)

Wenn nun der Strom J durch eine Leitung gedrückt werden soll, die sowohl einen Wirkwiderstand von R [Ω] als auch einen induktiven Blindwiderstand von X [Ω] hat, so denken wir uns diese beiden Arten von Widerstand (etwa einen dünnen geraden Draht, und eine aus sehr dickem Draht gebildete Spule) miteinander in Reihe geschaltet. Dann ist offenbar zum Durchtreiben von J durch beide eine Spannung nötig, die sich aus der Wirkspannung $\overline{OA}$ und der Blindspannung $\overline{OC} = \overline{AD}$ geometrisch zusammensetzt, also die Gesamtspannung $\overline{OD}$, die gleich $J \cdot \sqrt{R^2 + X^2}$ oder gleich $J \cdot Z$ [Volt] ist und gegenüber J um einen Winkel DOA voreilt, der zwischen 0 und 90° liegt. Sie entspricht der in Abb. 47, S. 217, mit u bezeichneten Spannung. Z [Ω] heißt der „Scheinwiderstand" der Leitung [131].

Nachdem wir so vom Spannungsvektor u sowohl Betrag als Richtung (letztere relativ zum Strom J) gefunden haben, können wir ihn vektoriell zu

$U_E{}^*$ addieren und erhalten dann die Spannung $U_A{}^*$, die durch Multiplikation mit $\sqrt{3}$ schließlich die gesuchte Spannung U_A ergibt.

Die zeichnerische Lösung dieser Teilaufgabe zeigt **Abb. 49**, S. 219. In ihr bedeutet die nach rechts gerichtete Horizontale die Richtung des Vektors $U_E{}^*$ der Phase I. In einem passend gewählten Maßstab stelle $\overline{O'O}$ diese Spannung $U_E{}^* = U_E/\sqrt{3}$ auch maßstäblich dar. Die Richtung des Vektors des Stromes J im Seil I ergibt sich aus dem Phasenverschiebungswinkel φ der Fabrik, um den dieser Strom J der Spannung $U_E{}^*$ nacheilt. Damit ist auch die Lage von u gegenüber $U_E{}^*$ bestimmt. Man braucht nämlich nur im Endpunkt O des Spannungsvektors $U_E{}^*$ das in Abb. 48, S. 218, bereits gefundene Spannungsdreieck O A D so anzusetzen, daß die Wirkspannung $J \cdot R$ pa-

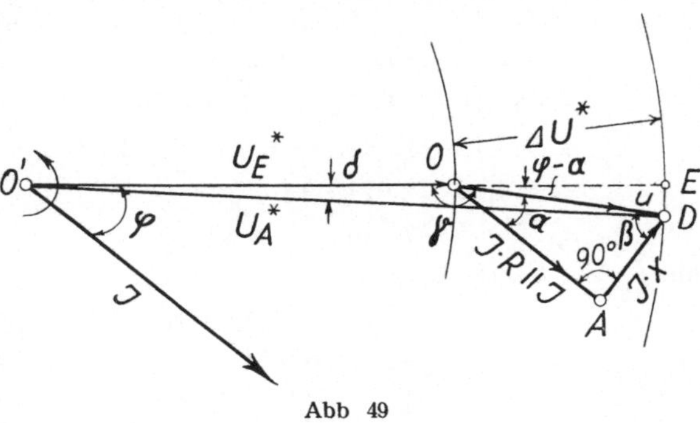

Abb 49

rallel zum Vektor J liegt. Die Verbindungslinie O′ D stellt dann die vektorielle Summe aus $U_E{}^*$ und u dar, also $U_A{}^*$.

Zur **m a ß s t ä b l i c h e n** Durchführung dieser Konstruktion brauchen wir die Absolutwerte der Vektoren $U_E{}^*$, $J \cdot R$ und $J \cdot X$, die wir nun berechnen wollen:

$$U_E{}^* = U_E/\sqrt{3} = \frac{15\,000}{1{,}732} = 8660 \text{ Volt.}$$

Der Strom J [in Amp] in einem Leiter ergibt sich aus

$$N = 3 \cdot U_E{}^* \cdot J \cdot \cos \varphi \quad [136]$$

mit $N = 1\,341\,300$ [W], $U_E{}^* = 8660$ [V], $\cos \varphi = 0{,}8$ zu

$$J = \frac{N}{3 \cdot U_E{}^* \cdot \cos \varphi} = \frac{1\,341\,300}{3 \cdot 8660 \cdot 0{,}8} = 64{,}53 \text{ Amp.}$$

Der Wirkwiderstand eines Seiles ist
$R = \varrho \cdot l/q$ und, mit $\varrho = 1/57$ [Ω mm²/m], $l = 17\,000$ [m], $q = 25$ [mm²] ·
$$R = 17\,000 : (57 \cdot 25) = 11{,}93 \ \Omega .$$

Mit diesen Werten für J und R wird:
$$J \cdot R = 64{,}53 \cdot 11{,}93 = 769{,}8 \text{ Volt.}$$

Der Blindwiderstand X eines Seiles errechnet sich aus der im Aufgabentext S. 216 dafur gegebenen Formel, die aus der in *Hutte* II, S. 1305, gegebenen abgeleitet ist Der Seilradius ist fur unseren Fall mit $r = 0{,}315$ cm

einzusetzen, da die *Hutte* II, S 1305, für ein Freileitungsseil von 25 mm²
Querschnitt einen Durchmesser von 6,3 mm angibt. Die anderen in der Formel vorkommenden Größen haben in unserem Fall die Werte:

$f = 50$ Hertz, also $2\,\pi\,f = 314{,}16$;

$a = 100$ cm, gemaß Angabe;

$l = 17\,000$ m.

Damit wird also

$$X = 314{,}16 \cdot (4{,}6052 \cdot \log\,[100/0{,}315] + 0{,}5) \cdot 17\,000 \cdot 10^{-7}$$
$$= 314{,}16 \cdot (4{,}6052 \cdot [2 - 0{,}49831 + 1] + 0{,}5) \cdot 17 \cdot 10^{-4}$$
$$= 314{,}16 \cdot (4{,}6052 \cdot 2{,}50169 + 0{,}5) \cdot 17 \cdot 10^{-4}$$
$$= 314{,}16 \cdot (11{,}521 + 0{,}5) \cdot 17 \cdot 10^{-4}$$
$$= 314{,}16 \cdot 12{,}021 \cdot 17 \cdot 10^{-4}$$
$$= 3776{,}5 \cdot 17 \cdot 10^{-4} = 6{,}42\ \Omega$$

und $J \cdot X = 64{,}53 \cdot 6{,}42 = 414{,}3$ Volt.

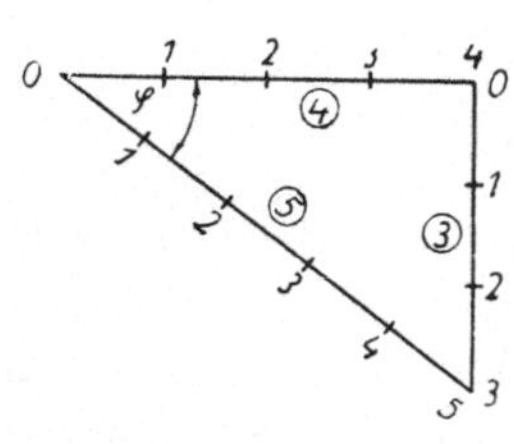

Abb 50

cos $\varphi = 4/5 = 0{,}8$
sin $\varphi = 3/5 = 0{,}6$
tg $\varphi = 3/4 = 0{,}75$

Der ferner fur die Zeichnung erforderliche
Winkel φ ergibt sich aus der Angabe, daß an
der Fabrik cos $\varphi = 0{,}8$ ist. Die **Abb. 50**, S 220,
erinnert uns daran, daß zu diesem Cosinuswert
$0{,}8 = 4/5$ ein pythagoräisches Dreieck mit den
Seiten 3, 4, 5 gehort und daß dann tg $\varphi = 3/4$
und sin $\varphi = 3/5$ ist, so daß der Winkel φ ohne
Zuhilfenahme eines Winkelmessers genau an-
getragen werden kann.

Die **Abb. 51**, S. 220, gibt die maßstabliche
Zeichnung zur Ermittelung von U_A^* verkleinert
wieder Wir tragen auf einer Waagerechten in
einem passenden Maßstab (in der Originalzeichnung etwa 1 mm $\triangleq$ 20 Volt)
die Strecke $O'O = U_E^* = 8660$ Volt ab Dann zeichnen wir die Richtung von
J durch Antragen des Winkels φ an $O'O$ im Punkt O' nach unten (4 Einheiten waagerecht, 3 Einheiten senkrecht). Hierauf wird auf der Parallelen
zu J durch O die Strecke $O\,A = J \cdot R = 770$ Volt und auf dem darauf in
A errichteten Lot die Strecke $A\,D = J \cdot X$
$= 414$ Volt abgetragen. Die Verbindungslinie
$O'D$ ergibt dann den Wert U_A^* zu 9530 Volt.
Der gesuchte Wert

U_A ist daher $9530 \cdot \sqrt{3} = $ **16 506 Volt.**

Da, wie die etwa maßstabliche Abb. 51
S 220, erkennen läßt. die Vektoren O A und
A D meistens sehr klein sind gegenuber U_E^*,
ergibt die Zeichnung nur dann den Wert U_A^*

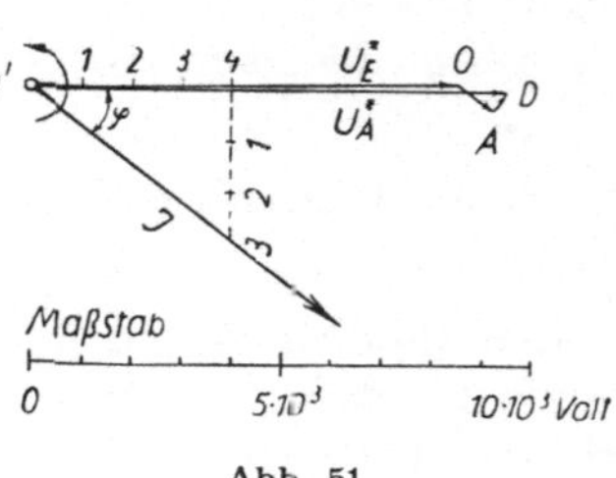

Abb. 51

und besonders die Differenz $|U_A{}^*| - |U_E{}^*|$ mit der erwünschten Genauigkeit, wenn man einen sehr großen Maßstab anwendet, was dann eine erhebliche Größe der ganzen Zeichnung bedingt Deswegen benutzt man meistens das folgende Verfahren, das trotz einiger Vernachlässigungen auch schon bei mäßiger Größe der Zeichnung eine gute Genauigkeit erzielt

Gemäß Abb. 49, S. 219, wird $|\varDelta U^*|$, das ist die Differenz der Absolutbeträge von $U_A{}^*$ und $U_E{}^*$, dargestellt durch die Strecke O E, wobei E der Schnittpunkt des um O' mit O' D als Radius geschlagenen Kreises mit der Verlängerung des Vektors $U_E{}^*$ ist. Wenn wir nun den Punkt D auf die Verlängerung von $U_E{}^*$, statt durch den Kreisbogen D E, durch eine V e r t i k a l e projizieren, so bekommen wir an Stelle von E einen Punkt E', der aber so nahe an E liegt (ein wenig links davon), daß man ihn bei dem Maßstab dieser Zeichnung gar nicht von E unterscheiden könnte. (Wenn wir den Winkel zwischen $U_E{}^*$ und $U_A{}^*$ mit δ bezeichnen, so ist O E' = O' D · cos δ = O' E · cos δ. Da nun δ stets sehr klein ist (wegen O D sehr klein gegen O' O), so ist cos δ stets nahezu 1, also O' E' nahezu gleich O' E) Auf Grund dieser Überlegung konstruieren wir nun $|\varDelta U^*|$ gemäß **Abb. 52**, S. 221, die von Abb 49, S. 219, und Abb 51, S. 220, nur die Dreiecke O A D und O D E' darstellt

Wir ziehen eine Waagerechte (Richtung von $U_E{}^*$) und markieren auf ihr den Punkt O Dann tragen wir den Winkel φ nach unten an (tg $\varphi = 3/4$) und auf seinem freien Schenkel in einem passenden Maßstab (hier in der Originalzeichnung etwa 1 mm $\triangleq$ 10 Volt) $J \cdot R = 769{,}8$ Volt ab (Punkt A). In A ziehen wir A D senkrecht zu O A und machen A D $= J \cdot X = 414{,}3$ Volt. Das Lot D E' von D auf die (horizontale) Richtung von $U_E{}^*$ ergibt OE' $= |\varDelta U^*|$. Seinen Betrag lesen wir am Maßstab ab zu 864 Volt.

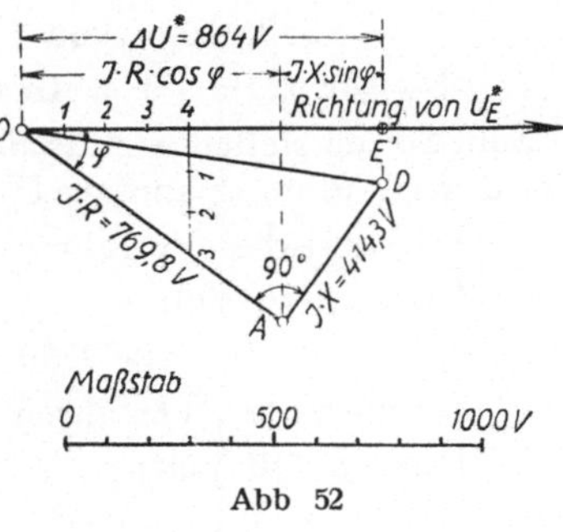

Abb 52

Daraus folgt dann

$$| U_A{}^* | = | U_E{}^* | + | \varDelta U^* | = 8660 + 864 = 9524 \text{ Volt;}$$
$$U_A = 9524 \cdot \sqrt{3} \qquad = \mathbf{16\ 496\ Volt.}$$

Statt durch zeichnerische Verfahren können wir $U_A{}^*$ auch rechnerisch ermitteln und wenden dabei am besten dieselbe Näherungsmethode an wie zuletzt bei der Zeichnung nach Abb. 52, S. 221. Die dort eingezeichnete Projektions-Vertikale durch A läßt die Beziehung erkennen·

$$\overline{\text{OE'}} = \overline{\text{OA}} \cdot \cos \varphi + \text{A D} \cdot \sin \varphi \text{ oder } |\varDelta U^*| = J \cdot R \cdot \cos \varphi + J \cdot X \cdot \sin \varphi,$$

woraus hier durch Einsetzen der Zahlenwerte für J, R, X, φ folgt.

$$| \varDelta U^* | = 769{,}8 \cdot 0{,}8 + 414{,}3 \cdot 0{,}6 = 615{,}8 + 248{,}6 = 864{,}4 \text{ Volt;}$$
$$| U_A{}^* | = 8660 + 864{,}4 = 9524{,}4 \text{ Volt;}$$
$$U_A = 9524{,}4 \cdot \sqrt{3} = \mathbf{16\ 497\ Volt.}$$

Diese Berechnungsweise ergibt fast stets eine ausreichende Genauigkeit. Nur um dies auch noch zahlenmäßig zu belegen, wollen wir den Wert U_A^* genau aus dem schiefwinkligen Dreieck $O'\,O\,D$ der Abb. 49, S. 219, berechnen und zwar aus den beiden Seiten $O'\,O$ und $O\,D$ und dem von ihnen eingeschlossenen Winkel γ. Dabei ist

$$O'\,O = U_E^* = 8660 \text{ Volt};$$

$$O\,D = u = \sqrt{(J \cdot R)^2 + (J \cdot X)^2} = \sqrt{769{,}8^2 + 414{,}3^2}$$

$$= \sqrt{764\,237} = 874{,}2 \text{ Volt};$$

$$\gamma = 180° - (\varphi - \alpha).$$

Nun war $\cos \varphi$ gegeben zu 0,8, woraus folgt $\varphi = 36{,}87°$. Für α ergibt

die Abbildung. $\operatorname{tg} \alpha = \dfrac{J \cdot X}{J \cdot R} = \dfrac{X}{R} = \dfrac{6{,}42}{11{,}93} = 0{,}53814$; $\alpha = 28{,}29°$. Dar-

aus folgt: $\gamma = 180° - 8{,}58°$. Mit diesen Werten ergibt der Cosinussatz:

$$U_A^* = \sqrt{8660^2 + 874{,}2^2 - 2 \cdot 8660 \cdot 874{,}2 \cdot \cos\,(180° - 8{,}58°)}$$

$$= \sqrt{74\,995\,600 + 764\,200 + 2 \cdot 8660 \cdot 874{,}2 \cdot 0{,}9888}$$

$$= \sqrt{74\,995\,600 + 764\,200 + 14\,972\,000} = \sqrt{90\,731\,800}$$

$$= 9525 \text{ Volt, und}$$

$$U_A = 9525 \cdot \sqrt{3} = \mathbf{16\,498\ Volt.}$$

Zum Schluß stellen wir die nach den verschiedenen Verfahren ermittelten Werte der Anfangsspannung U_A zusammen:

Zeichnerisches Verfahren nach Abb. 51, S. 220, mit dem Maßstab 1 mm $\triangleq$ 20 Volt·

$$U_A^* = 9530 \text{ Volt}; \quad U_A = 16\,506 \text{ Volt};$$

Zeichnerisches Verfahren nach Abb. 52, S. 221, mit dem Maßstab 1 mm $\triangleq$ 10 Volt:

$$U_A^* = 9524 \text{ Volt}; \quad U_A = 16\,496 \text{ Volt};$$

Rechnerisches Näherungsverfahren:

$$U_A^* = 9524{,}4 \text{ Volt}; \quad U_A = 16\,497 \text{ Volt};$$

Rechnerisches genaues Verfahren:

$$U_A^* = 9525 \text{ Volt}; \quad U_A = 16\,498 \text{ Volt}.$$

Statt der Sternspannungen U_E^*, $\varDelta U^*$. U_A^*, die nur im Interesse der größeren Anschaulichkeit eingeführt wurden, kann man sowohl bei den zeichnerischen als bei den rechnerischen Verfahren von vornherein die verketteten Spannungen einführen bzw. abtragen. Dann ist zu setzen·

statt $U_E^* \ldots U_E = 15\,000$ Volt;   statt $|\varDelta U^*| \ldots |\varDelta U| = |U_A| - |U_E|$;

statt $J \cdot R \ldots J \cdot R \cdot \sqrt{3}$;   statt $\quad U_A^* \ldots U_A$;

statt $J \cdot X \ldots J \cdot X \cdot \sqrt{3}$;   statt $\quad u \ldots u \cdot \sqrt{3}.$

Aufgabe 73: Umrechnung einer auf relativen Spannungsverlust berechneten elektrischen Leitung bei Änderung des relativen Spannungsverlustes und der Betriebsspannung

Die Berechnung eines Kabels auf Spannungsverlust habe 600 mm² ergeben, wenn 5 % Spannungsverlust zugelassen war und die Betriebsspannung in der Zentrale 2000 Volt (Drehstrom) beträgt.

Frage:

Welcher Querschnitt würde bei im übrigen gleichen Verhältnissen, insbesondere bei gleicher i n d i e L e i t u n g g e s c h i c k t e r Leistung nötig sein, wenn 10 % Spannungsverlust zugelassen werden und die Betriebsspannung auf 6000 Volt erhöht wird?

Losung

Wenn die Spannung U auf den dreifachen Betrag steigt (6000 Volt gegen 2000 Volt) und dabei die Leistung N sowie $\cos \varphi$ (dessen Wert von der Art der Motoren usw., nicht von der Spannung abhängt) unverändert bleibt, so sinkt der Strom J in jeder Phase der Leitung auf ein Drittel seines vorigen Wertes, weil $N = U \cdot J \cdot \cos \varphi \cdot \sqrt{3}$ ist [136].

Der zugelassene S p a n n u n g s a b f a l l $U_v = |U_1| - |U_2|$ ist seinem relativen Betrage nach verdoppelt (ε [%] $= 10\%$ statt 5%), seinem absoluten Betrage nach aber v e r s e c h s f a c h t, weil auch die Gesamtspannung U_1 verdreifacht wurde ($U_v = 0{,}10 \cdot 6000$ Volt statt $0{,}05 \cdot 2000$ Volt). Der lediglich mit Rücksicht auf Spannungsabfall erforderliche Leitungsquerschnitt ist aber bei jeder Stromart bei konstanter Lange, gegebenem Leistungsfaktor $\cos \varphi$ und gegebenem Leitungsmetall proportional der Stromstärke J und umgekehrt proportional dem zugelassenen absoluten Spannungsabfall U_v (in Volt, nicht in %!), also dem Ausdruck J/U_v [148]. Dieser Ausdruck ist aber, da sein Zähler dreimal kleiner, sein Nenner sechsmal größer wurde, auf 1/18 seines vorigen Wertes gesunken. Folglich ist jetzt auch nur ein **Querschnitt** von $(1/18) \cdot 600 = 33{,}3$ mm² oder, aufgerundet, **35 mm²** erforderlich [147].

Übrigens würde bei Voraussetzung einer induktions- und kapazitätsfreien Leitung das Ergebnis sich auch dann noch kaum ändern, wenn bei der neuen Spannung sich ein neuer Wert $\cos \varphi$ einstellen sollte. Denn bei gegebener Leistung, Leitung und Spannung, aber veränderlichem Leistungsfaktor würde bei einem neuen (z B kleineren) Wert $\cos \varphi_2$ statt $\cos \varphi_1$ zwar der Strom J einen entsprechend anderen (z. B. größeren) Wert J_2 annehmen als der Wert J_1 war, den er bei unverandertem φ_1 hatte, und zwar wäre

$$J_2 = J_1 \cdot \frac{\cos \varphi_1}{\cos \varphi_2}$$ [136]. Damit wurde dann auch der Wert $J \cdot R$ (wobei

R den Widerstand der Leitung bedeutet) ein anderer, und zwar wäre

$$J_2 \cdot R = J_1 \cdot R \cdot \frac{\cos \varphi_1}{\cos \varphi_2}$$ Der absolute Betrag von U_v [Volt] ist aber mit großer Annäherung nur gleich der P r o j e k t i o n des Vektors $J \cdot R$ (der in Phase mit J liegt) auf den Vektor U, also gleich $J \cdot R \cdot \cos \varphi$ [130], s. auch Aufgabe 71, S. 215. Es ist daher

$$U_{v1} \approx J_1 \cdot R \cdot \cos \varphi_1 \text{ und } U_{v2} \approx J_2 \cdot R \cdot \cos \varphi_2 \approx \frac{J_1 \cdot R \cdot \cos \varphi_1 \cdot \cos \varphi_2}{\cos \varphi_2} \approx U_{v1}$$

Demnach ist der Wert von φ (bei gegebener Leitung, Leistung und Spannung) fast ohne Einfluß auf die Größe von U_v .

Besonders zu prüfen wäre noch, ob der gefundene Querschnitt von 35 mm² mit Rücksicht auf E r w ä r m u n g genügt; doch sind die dazu erforderlichen Unterlagen nicht gegeben [154].

Aufgabe 74: Ermittlung der Betriebsgrößen eines Asynchron-Drehstrommotors aus dem von ihm geleisteten Drehmoment und aus seinen Betriebskennlinien

Der für den Betrieb mit 380 Volt und 50 Hertz bestimmte und für eine Nennleistung von 12 kW bemessene vierpolige Drehstrom-Asynchronmotor, dessen Betriebskurven bei dieser Spannung und Frequenz durch die **Abb. 53**. S. 225, gegeben sind, treibt einen Aufzug, wobei er einschließlich aller Reibungswiderstände ein Drehmoment von 7,20 mkg liefern muß.

Frage:

Wie groß ist dabei und unter der Annahme, daß die Spannung an den Motorklemmen und die Frequenz wirklich die angegebenen Werte haben, die abgegebene Leistung N_2 [kW], die aufgenommene Leistung N_1 [Watt], die Drehzahl n [Umdr./min], die Schlupfung s [%], die Stromstärke J [Amp]. der Wirkungsgrad η und der Leistungsfaktor $\cos \varphi$ des Motors?

Bemerkungen. 1. Man beachte, daß bei $N_2 = 0$ die Kurve für η durch Null geht, nicht jedoch die Kurven für N_1, J und $\cos \varphi$, und mache sich den Grund für dies verschiedene Verhalten der vier Größen klar.

2. Die Kurve für n ist eine Gerade durch die beiden Punkte mit den Koordinaten $N_2 = 0$, $n = $ fast genau 1500,   und $N_2 = 16,0$, $n = 1400$.

3. Die Kurve für N_1 ist ein wenig gekrümmt.

4. Die Kurven für η und $\cos \varphi$ verlaufen bei guten Motoren und guter Belastung (von etwa $^1/_3$ der Nennlast bis etwa $^4/_3$ der Nennlast) in der Gegend von etwa 0,7 bis 0,9. Daß sie hier bei $N_2 = 16$ kW fast genau zusammenlaufen, ist Zufall Oft differieren sie bei Nennlast um mehrere Prozent [167].

Lösung

Mit der Lösung der ersten Frage, nämlich der Ermittelung der vom Motor abgegebenen Leistung N_2, sind auch die übrigen Fragen schon fast be-

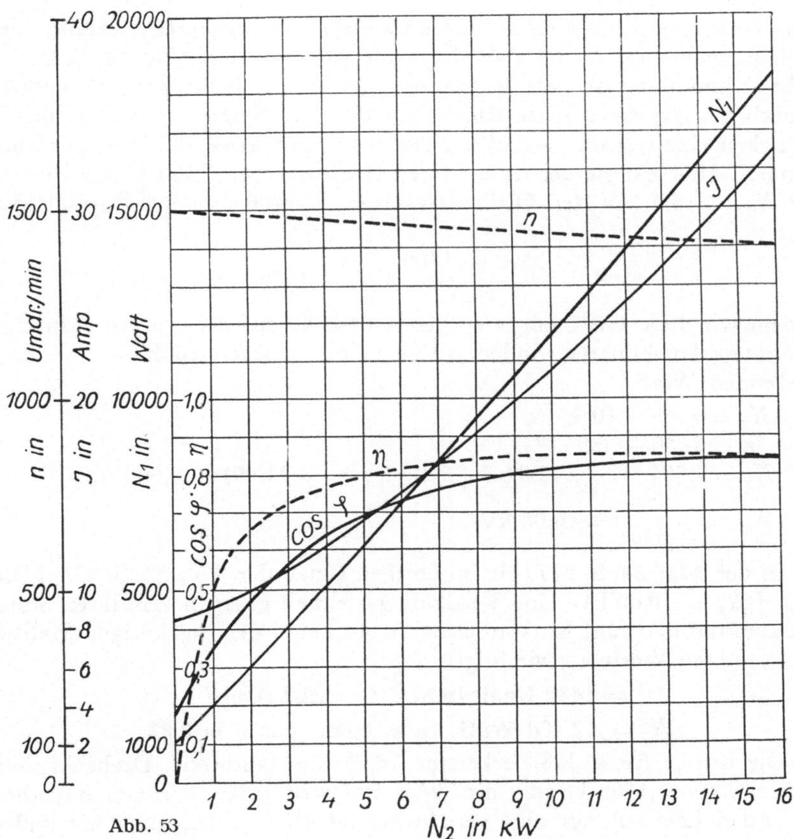

Abb. 53

antwortet. da wir dann nur noch in der Abb. 53, S. 225, bei dem gefundenen Abszissenwert N_2 die Ordinatenwerte für N_1, n, J, η, cos φ abzulesen brauchen.

Wenn die Drehzahl n konstant wäre, d. h. unabhängig von der Belastung, so könnten wir aus dem vom Motor geleisteten Drehmoment $M = 7{,}20$ mkg sehr einfach die abgegebene Leistung N' in PS oder N_2 in kW berechnen gemäß den folgenden Beziehungen:

$$N' \ [\text{PS}] = \frac{M \ [\text{mkg}] \cdot \omega \ [\text{sek}^{-1}]}{75 \left[\dfrac{\text{mkg/sek}}{\text{PS}}\right]} = \frac{M \cdot 2\pi n}{60 \cdot 75} = \frac{M \cdot n}{716{,}2} \quad [16, 13]\,,$$

$$N_2 \ [\text{kW}] = 0{,}7353 \cdot N' \ [\text{PS}] = \frac{M \cdot n \cdot 0{,}7353}{716{,}2} = \frac{1{,}027}{1000} M \cdot n$$

$$= \frac{1{,}027 \cdot 7{,}20}{1000} \cdot n = \frac{7{,}394}{1000} \cdot n \quad [17].$$

Nun ist aber n nicht konstant und auch nicht von vornherein bekannt. Seine Abhängigkeit von N_2 ist aber durch die n-Kurve der Abb. 53, S. 225, gegeben, und zwar ist, wie in der Aufgabe unter „Bemerkung 2" auch ausdrücklich angegeben, diese Kurve bei Motoren dieser Art mit großer Genauigkeit eine Gerade, so daß wir sie leicht durch eine Gleichung ausdrücken können. Hier hat sie bei $N_2 = 0$ den Ordinatenwert 1500 Umdr./min und bei $N_2 = 16,0$ kW den Ordinatenwert $n = 1400$, so daß ihre Gleichung lautet:

$$n = 1500 - \frac{1500 - 1400}{16,0} \cdot N_2 = 1500 - 6,25\,N_2 \qquad [7].$$

Indem wir diese Gleichung zwischen n und N_2 mit der vorhin gefundenen Gleichung kombinieren, finden wir den im vorliegenden Falle für N_2 zutreffenden Wert:

$$N_2 = 7,394 \cdot 10^{-3} \cdot n;$$
$$n = 1500 - 6,25\,N_2;$$
$$N_2 = 7,394 \cdot 1,5 - 7,394 \cdot 6,25 \cdot 10^{-3} \cdot N_2 = 11,091 - 0,046\,N_2\,;$$
$$N_2 = \frac{11,091}{1,046} = \mathbf{10{,}60\ kW}.$$

In der **Abb. 54**, S. 227, die im übrigen genau der Abb. 53, S. 225, gleicht, ist bei $N_2 = 10,60$ kW eine Vertikale gestrichelt gezogen. An ihren Schnittpunkten mit den fünf Kurven lesen wir an Hand der zugehörigen Maßstäbe die gesuchten Werte ab wie folgt:

$$n = \mathbf{1430\ Umdr./min};\quad J = \mathbf{22{,}7\ Amp};$$
$$N_1 = \mathbf{12\,400\ Watt};\quad \eta = \mathbf{0{,}86};\quad \cos\varphi = \mathbf{0{,}83}.$$

Die Kurve für n läßt erkennen, daß die synchrone Drehzahl dieses Motors $n_{\mathrm{sy}} = 1500$ Umdr./min [165] ist, weil jeder normale Asynchronmotor bei Leerlauf nur eine verschwindend kleine Schlüpfung hat und die n-Kurve bei $N_2 = 0$ praktisch genau den Ordinatenwert 1500 aufweist. Dies hätte man übrigens auch aus dem Text der Aufgabe entnehmen können, nämlich aus den Angaben „vierpolig" und „50 Hertz", und aus der Beziehung $n_{\mathrm{sy}} = 60\,f/p$, in der f die Frequenz [Hz] und p die Zahl der Polpaare bedeutet, so daß sich hier ergibt: $n_{\mathrm{sy}} = 60 \cdot 50/2 = 1500$ Umdr./min. Die Schlüpfung beträgt daher bei dieser Belastung $1500 - 1430 = 70$ Umdr./min oder es gilt die Proportion $s : 100 = 70 : 1500 = 0,0467$, woraus folgt $s = 7000/1500 = \mathbf{4{,}67\,\%}$ oder $s = 0,0467 \cdot 100 = \mathbf{4{,}67\,\%}$ [165].

Den Wert für n aus der Kurve können wir auch rechnerisch nachprüfen, da die für diese Kurve geltende Gleichung bekannt ist. Wir setzen in $n = 1500 - 6,25\,N_2$ für N_2 den Wert 10,60 kW ein und finden so:

$$n = 1500 - 6,25 \cdot 10,60 = 1500 - 66,2 = 1433,8\ \text{Umdr./min},$$

was mit dem aus der Kurve abgelesenen Wert (1430) hinreichend genau übereinstimmt. Solche doppelten Bestimmungen derselben Größe bieten eine

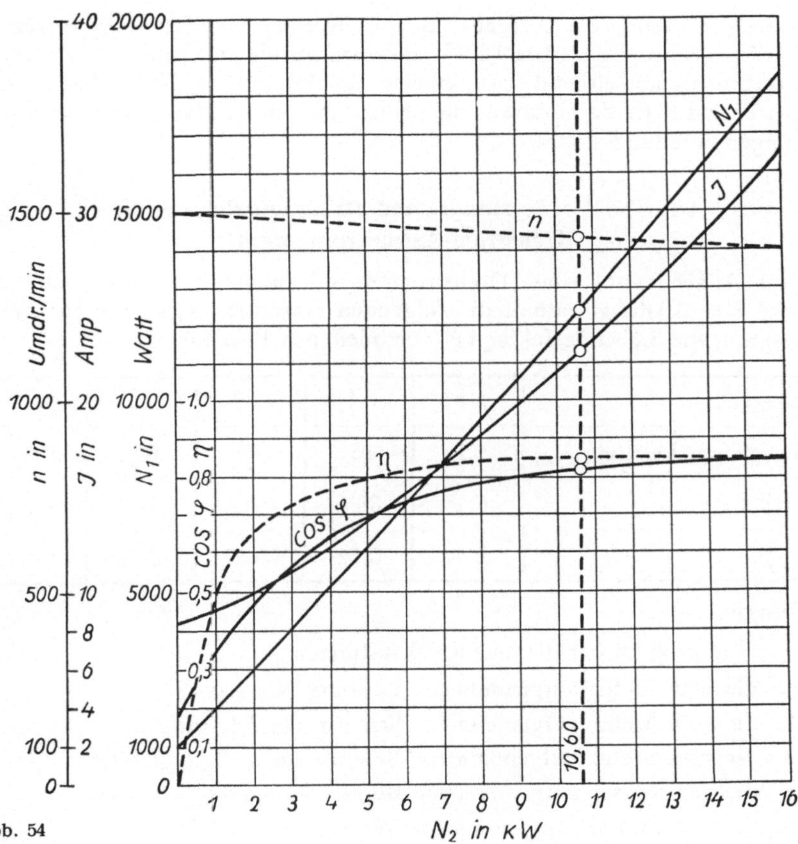

Abb. 54

nützliche Kontrolle auf Rechenfehler, Ungenauigkeit der Zeichnung und andere Irrtümer und sollten daher, wo sie möglich sind, nie versäumt werden.

Man beachte, daß die vier gegebenen Kurven für J, $\cos \varphi$, N_1, η über N_2 als Abszisse bereits eine Überbestimmung insofern enthalten, als man (mit e i n e r Ausnahme) auch schon aus z w e i beliebigen derselben die beiden anderen würde berechnen können an Hand der Beziehungen.

$$N_1 = 380 \cdot J \cdot \sqrt{3} \cdot \cos \varphi \; [136] \text{ und}$$
$$\eta = 1000 \cdot N_2/N_1 \text{ (Zähler und Nenner b e i d e in Watt!) } [26].$$

Dazu würde nämlich von den sechs möglichen Kombinationen dieser vier Kurven zu je zweien (1. J, $\cos \varphi$; 2. J, N_1; 3. J, η; 4. $\cos \varphi$, N_1; 5. $\cos \varphi$, η; 6. N_1, η) jede mit Ausnahme der zuletzt genannten Nr. 6. ausreichen.

Es wäre daher für den Leser eine nützliche Übung, festzustellen, ob diese vier gegebenen Kurven miteinander harmonieren und sich nicht etwa teilweise widersprechen, was die Aufgabe unlösbar machen würde. Auch hätte

15*

man bei der Lösung der Aufgabe aus den Kurven von den vier Werten J, cos φ, N_1, η uber $N_2 = 10{,}60$ kW nur zwei abzulesen brauchen, die einer der vorhin als ausreichend bezeichneten Kombinationen Nr. 1. bis 5. entsprechen, und hätte dann daraus die beiden ubrigen an Hand der obigen Beziehungen berechnen können.

Aufgabe 75: Leistungs- und Stromaufnahme eines Drehstrom-Asynchronmotors

Das Angebot auf einen Drehstrom-Asynchronmotor für 380 Volt und 60 kW Nennleistung enthält die folgenden Garantie-Angaben uber Wirkungsgrad und Leistungsfaktor bei verschiedenen Belastungen

Belastung	1/12	1/4	1/2	1/1	—
Abgegebene Leistung N_{ab}	5	15	30	60	kW
Wirkungsgrad η	62,5	83,5	91,0	91,0	%
cos φ	0,42	0,72	0,87	0,89	—

Fragen:

Wie groß ist bei diesen vier Belastungen

1. die vom Motor aufgenommene Leistung N_{Wirk} [kW],
2. die vom Motor aufgenommene Stromstärke J [Amp],
3. die vom Motor aufgenommene Scheinleistung N_{Schein} [kVA],
4. die vom Motor aufgenommene Blindleistung N_{Blind} [kVA],
5. der vom Motor aufgenommene Wirkstrom J_{Wirk} [Amp],
6. der vom Motor aufgenommene Blindstrom J_{Blind} [Amp]?

Losung

Vorbemerkungen. Die Nennleistung des Motors ist in kW angegeben, nicht in PS. Das entspricht dem jetzt in weiten Kreisen herrschenden Bestreben, die Leistungseinheit PS abzuschaffen zugunsten des kW. Man mache sich frei von der falschen Vorstellung, als könne man nur elektrische Leistungen in kW messen und z. B. nicht die Leistung einer Dampflokomobile, und als musse man in bezug auf einen Elektromotor bei einer Leistungsangabe in kW unbedingt an die aufgenommene Leistung denken, bei Angabe in PS dagegen an die abgegebene. Jedenfalls ist hier mit der Nennleistung die abgegebene gemeint. Denn diese ist es (nicht die aufgenommene), die dem Motor den Namen gibt und auf seinem Leistungsschild angegeben ist, früher meistens in PS, jetzt meistens in kW. In der Tat ist die Verwendung zweier Leistungseinheiten, PS und kW, nebeneinander so überflüssig wie etwa die von Meter und Fuß. Andererseits erscheint es zweifelhaft, ob die Verdrängung der PS gelingt; jedenfalls muß noch für Jahrzehnte hinaus jeder Ingenieur mit beiden Einheiten und ihrer Umrechnung vertraut sein [17].

Zu Frage 1.: Die aufgenommene Leistung N_{Wirk} [kW] ergibt sich aus der abgegebenen, wenn beide in derselben Einheit [kW] gemessen werden, besonders einfach, nämlich mittels Division durch η. Die Ausrechnung erfolgt, ebenso wie für die weiteren Fragen, am Schluß in Form der Zahlentafel 17, S. 231, Zeile 1 bis 4 [26].

Zu Frage 2.: Die Stromstärke J [Amp] folgt aus der zugeführten Leistung N_{Wirk} [kW], der Spannung U [Volt] und dem Leistungsfaktor $\cos \varphi$ gemäß der für Drehstrom allgemein geltenden Beziehung

$$N_{\text{Wirk}} = \frac{J \cdot U \cdot \sqrt{3} \cdot \cos \varphi}{1000} \quad [136]; \quad J = \frac{1000 \, N_{\text{Wirk}}}{U \cdot \sqrt{3} \cdot \cos \varphi}$$

oder, nach Einsetzen von $U = 380$ [Volt] und $\sqrt{3} = 1{,}732\,05$:

$$J = \frac{1000 \, N_{\text{Wirk}}}{380 \cdot 1{,}73205 \cdot \cos \varphi} = \frac{N_{\text{Wirk}}}{0{,}65818 \cdot \cos \varphi}$$

(vgl. die Zahlentafel 17, S. 231, Zeile [5] bis [7]).

Zu Frage 3.: Die Scheinleistung [137] ist bei Drehstrom allgemein

$$N_{\text{Schein}} \text{ [kVA]} = \frac{J \cdot U \cdot \sqrt{3}}{1000} \quad \text{oder}$$

$$N_{\text{Schein}} \text{ [kVA]} = \frac{N_{\text{Wirk}}}{\cos \varphi}.$$

Wir können also entweder die zu Frage 2. gefundenen Werte J benutzen und sie mit $\dfrac{380 \cdot 1{,}732\,05}{1000} = 0{,}65818$ multiplizieren, oder wir dividieren die zu Frage 1. gefundenen Werte N_{Wirk} [kW] durch die zugehörigen in der Aufgabe angegebenen Werte $\cos \varphi$. In der Zahlentafel 17, S. 231, ist (in Zeile [8]) der letztere Weg gewählt worden.

Zu Frage 4.: Gemäß der zur Lösung der Aufgabe 90, S. 284, gehörenden Abb. 73, S. 286, ist die (aufgenommene) Blindleistung gleich der (aufgenommenen) Wirkleistung mal $\operatorname{tg} \varphi$ oder gleich der Scheinleistung mal $\sin \varphi$ oder gleich $\sqrt{N_{\text{Schein}}{}^2 - N_{\text{Wirk}}{}^2}$.

Zur Berechnung wählen wir die erste dieser drei Beziehungen (Zeile [12] der Zahlentafel 17, S. 231), so daß wir also zunächst die Werte $\operatorname{tg} \varphi$ brauchen. Dazu stehen wieder zwei Wege zur Verfügung· die Kreisfunktionstafel oder die Beziehung $\operatorname{tg} \alpha = \dfrac{\sqrt{1 - \cos^2 \alpha}}{\cos \alpha}$ [6], von denen wir hier den ersteren wählen wollen (Zeile [9] und [10]).

Zu Frage 5.: Gemäß der schon zu Frage 4. zitierten Abb. 73, S. 286, ist $J_{\text{Wirk}} = J \cos \varphi$. Nach dieser Beziehung wollen wir diese Werte berechnen (Zeile [13]). Wir hätten statt dessen auch die Beziehung benutzen können

$$N_{\text{Wirk}} [\text{kW}] = \frac{J_{\text{Wirk}} \cdot U \cdot \sqrt{3}}{1000} = J_{\text{Wirk}} \cdot 0{,}65818; \qquad J_{\text{Wirk}} = \frac{N_{\text{Wirk}}}{0{,}65818}.$$

Zu Frage 6.: Wie Abb. 73, S. 286, zeigt, ist $J_{\text{Blind}} = J \sin \varphi$ oder $J_{\text{Blind}} = J_{\text{Wirk}} \, \text{tg} \, \varphi$, wovon wir die erstere Beziehung benutzen wollen (Zeile [11] und [14]). Wir hatten auch benutzen können, daß

$$N_{\text{Blind}} [\text{kVA}] = \frac{J_{\text{Blind}} \cdot U \cdot \sqrt{3}}{1000} = J_{\text{Blind}} \cdot 0{,}65818$$

und folglich $J_{\text{Blind}} = \dfrac{N_{\text{Blind}}}{0{,}65818}$ ist.

Die Auswertung für alle Fragen 1. bis 6. erfolgt zweckmäßig in Form einer Zahlentafel, und zwar entwerfen wir diese (und insbesondere das Rechenschema in Spalte 2 sowie die Benennungen in Spalte 3) so, daß wir bei der Durchführung der Rechnung keine Ziffern auf ein besonderes Blatt zu schreiben brauchen, sondern die Ablesungen aus Tabellen, Rechenmaschine oder Rechenschieber sofort in das dafür vorgesehene Fach der Zahlentafel eintragen können. Auf diese Weise erfolgt das Rechnen fast mechanisch, Irrtümer werden möglichst vermieden, und die Rechnung kann leicht nachgeprüft werden. Es lohnt sich, auf den sorgfältigen und zweckmäßigen Entwurf eines derartigen Rechenschemas, bei dem auch die Reihenfolge der Operationen wohl zu überlegen ist, einige Zeit zu verwenden.

Die Ausrechnung erfolgte auf mehr Dezimalstellen, als es dem praktischen Bedürfnis entsprechen würde, damit der Leser die Möglichkeit hat, seine eigenen Ergebnisse zu kontrollieren.

Hinsichtlich der Einheiten für Blind- und Scheinleistungen bestehen verschiedenartige Gewohnheiten. Viele Ingenieure scheuen sich, diese Größen in kW auszudrücken, möchten das kW für die Wirkleistungen reserviert wissen, und schreiben bei Schein- und Blindleistungen die Einheit kVA („Kilo-Volt-Ampere“). Andere schreiben BkW („Blind-Kilowatt“) bzw. WkW („Wirk-Kilowatt“) und vielleicht auch einmal SkW („Schein-Kilowatt“). Diese Andeutung der Lage des Vektors der betreffenden Leistungskomponente relativ zum Vektor der Spannung durch Zusätze zur Einheitsbezeichnung ist oft angenehm, wie man ja auch oft bei Angabe der indizierten Leistung einer Dampfmaschine schreibt „75 PSi“ anstatt „$N_i = 75$ PS“. Sie ist aber keineswegs nötig und es ist durchaus berechtigt, auch die Blind- und Scheinleistung in kW anzugeben, z. B. „$N_{\text{Blind}} = 30$ kW; $N_{\text{Wirk}} = 40$ kW; $N_{\text{Schein}} = 50$ kW“. Gebräuchlicher ist allerdings für die Blind- und Scheinleistung die Einheitsbezeichnung „kVA“.

Zahlentafel 17

1	2	3	4	5	6	7	8
	Quelle oder Rechen-schema	Bezeich-nung					Ein-heit
[1]	Aufgabe	Last	1/12	1/4	1/2	1/1	Nenn-leistg.
[2]	Aufgabe	N_{ab}	5	15	30	60	kW
[3]	Aufgabe	η	0,625	0,835	0,910	0,910	—
[4]	[2]/[3]	N_{Wirk}	8,0000	17,9641	32,9670	65,9340	kW
[5]	Aufgabe	$\cos \varphi$	0,42	0,72	0,87	0,89	—
[6]	0,65818 · [5]	0,65818 · $\cos \varphi$	0,27644	0,47389	0,57262	0,58578	—
[7]	[4]/[6]	J	28,939	37,908	57,572	112,558	Amp
[8]	[4]/[5]	N_{Schein}	19,048	24,950	37,893	74,083	kVA
[9]	Tafel	φ	65,17°	43,95°	29,54°	27,13°	—
[10]	Tafel	$\operatorname{tg} \varphi$	2,16123	0,96400	0,56669	0,51239	—
[11]	Tafel	$\sin \varphi$	0,90756	0,69403	0,49303	0,45601	—
[12]	[4] · [10]	N_{Blind}	17,290	17,317	18,682	33,784	kVA
[13]	[7] · [5]	J_{Wirk}	12,154	27,294	50,088	100,177	Amp
[14]	[7] · [11]	J_{Blind}	26,264	26,309	28,385	51,328	Amp

Aufgabe 76: Bestimmung der Bestell-Daten eines Drehstrom-Transformators für einen Asynchronmotor

An ein Drehstrom-Überlandnetz mit einer Spannung von 15 000 Volt und einer Frequenz von 50 Hertz soll ein Drehstrom-Asynchronmotor für 120 PS angeschlossen werden, der für eine Spannung von 380 Volt gebaut ist und bei Nennbelastung den Leistungsfaktor $\cos \varphi = 0,8$ und den Wirkungsgrad $\eta = 88 \%$ hat.

Hierfür ist ein Transformator zu bestellen.

Fragen:

1. Wieviel Amp nimmt der Motor bei Nennbelastung auf?

2. Wie groß muß der Transformator sein und wieviel Amp nimmt er auf der Hochspannungsseite auf? (Seine Eigenverluste sind dabei zu vernachlässigen.)

3. Die Bestellung auf den Transformator ist im Telegrammstil aufzusetzen.

4. Wie groß müßte der Transformator sein, wenn statt des Asynchronmotors ein kompensierter Motor gleicher Leistung verwendet würde mit $\cos \varphi = 1$ und $\eta = 86\,\%$?

Lösung

Zu Frage 1.: Aus der Leistungsabgabe des Motors von 120 PS und seinem Wirkungsgrad $\eta = 0,88$ folgt seine elektrische Leistungsaufnahme

$$N_{\text{Mot}} = \frac{120 \cdot 735,3}{0,88} = 100\,270 \text{ Watt.}$$

Gemäß der Beziehung $N = J \cdot U \cdot \sqrt{3} \cdot \cos \varphi$ [136] ergibt sich daraus mit $U = 380$ Volt und $\cos \varphi = 0,8$

$$J_{\text{Mot}} = \frac{100\,270}{380 \cdot \sqrt{3} \cdot 0,8} = \mathbf{190,4 \text{ Amp.}}$$

Zu Frage 2.: Wenn der Transformator bei Nennbelastung des Motors sekundär 190,4 Amp bei 380 Volt liefert, so ist seine Scheinleistung [137] gleich $J_{\text{Mot}} \cdot U \cdot \sqrt{3} = 190,4 \cdot 380 \cdot \sqrt{3} = 125\,300$ VA oder gleich

$$\frac{N_{\text{Mot}}}{\cos \varphi} = \frac{100\,270}{0,8} = 125\,300 \text{ VA.}$$

Da Transformatoren nach der in ihnen auftretenden Erwärmung bemessen werden mussen und diese letztere vom Strom abhängig ist, aber nicht vom $\cos \varphi$, so werden sie nach ihrer höchstzulässigen **Dauer-Scheinleistung** benannt. Bestellt werden muß also ein Transformator für mindestens **125 kVA**.

Wenn ein Transformator verlustfrei arbeitet, so ist nicht nur die von ihm abgegebene Wirkleistung gleich der von ihm aufgenommenen, sondern dasselbe gilt auch von den beiderseitigen Scheinleistungen. Bei gleicher Scheinleistung $J \cdot U \cdot \sqrt{3}$ verhalten sich aber die beiderseitigen Ströme umgekehrt wie die Spannungen, woraus folgt:

$$J_{\text{Trafo, primar}} = J_{\text{Mot}} \cdot \frac{380 \text{ [Volt]}}{15\,000 \text{ [Volt]}} = \frac{190,4 \cdot 380}{15\,000} = \mathbf{4,823 \text{ Amp.}}$$

Zu Frage 3.: „Liefert schleunigst Drehstrom-Öl-Transformator, 15 000 auf 380 Volt, 125 Kavaua, 50 Hertz. Schaltgruppe beliebig, Spannungsabfall und Kurzschlußspannung normal. Parallelbetrieb nicht beabsichtigt."

Die letzten Zusätze sind ratsam, um Ruckfragen und Zeitverlust zu vermeiden. weil bei geplantem Parallelbetrieb mit bereits vorhandenen Trafo's der Lieferant auch deren Schaltgruppe, Ohmschen Spannungsabfall und Kurzschlußspannung kennen müßte [*173, 172*].

Die Größe ist durch die Angabe „125 Kavaua" hinreichend gekennzeichnet, da „kVA" darauf hinweist, daß die S c h e i n l e i s t u n g gemeint ist. Man hätte auch drahten können· „Scheinleistung 125 Kilowatt" oder „Leistung hundert Kilowatt beim Leistungsfaktor 0,8", während die Angabe „Leistung hundert Kilowatt" (ohne Angabe des $\cos \varphi$) irrefuhrend wäre. Man vergleiche dazu den letzten Abschnitt der Lösung von Aufgabe 75, S. 230.

Zu Frage 4.: Wenn $\cos \varphi = 1$ und $\eta_{\text{Mot}} = 0{,}86$ ist, anstatt (wie vorhin) $\cos \varphi = 0{,}8$ und $\eta_{\text{Mot}} = 0{,}88$, so tritt an die Stelle des fruheren Ansatzes für die erforderliche **Nennleistung des Transformators** von $\dfrac{120 \cdot 735{,}3}{0{,}88 \cdot 0{,}8}$ der Ansatz $\dfrac{120 \cdot 735{,}3}{0{,}86 \cdot 1}$. Das Ergebnis wird also dann $\dfrac{0{,}88 \cdot 0{,}8}{0{,}86}$ mal so groß als vorhin, also jetzt $\dfrac{0{,}88 \cdot 0{,}8}{0{,}86} \cdot 125{,}3 \text{ kVA} = \textbf{102,6 kVA}$.

Aufgabe 77: Antriebsleistung eines Drehstromgenerators

Ein Drehstromgenerator von 120 kVA und 750 Umdr./min soll von einer Kolbendampfmaschine mittels Riemen angetrieben werden und die folgenden Stromverbraucher speisen·

a) so viele Wolframdraht - Gasfüllungslampen von je 100 Watt, 220 Volt, wie erforderlich sind, um in mäßig hohen, freien Fabrikräumen mit einer Gesamt-Bodenfläche von 4984 m² und mit hellen Decken- und Wandflächen mittels Leuchten fur halbindirektes Licht (*Hütte* II, S. 1082 f; *Kosack*, S. 259) [*112, 115*] auf den Tischen eine mittlere Beleuchtungsstärke von 50 Hlx zu bewirken (dabei ist anzunehmen, daß die Raumbreite 2,5 mal so groß ist wie der Vertikalabstand von den Lampen bis zu den Tischflächen) [*110*];

b) zwei Motoren von 15 bzw 50 kW und $n = 1500$ bzw. 1000 Umdr./min, die aber nur mit 5 bzw. 60 PS belastet werden.

Für alle Verluste sind passende Werte anzunehmen. Bezuglich der Spannungen und des Leitungsverlustes ist so zu rechnen, als ob alle Stromverbraucher (Lampen wie Motoren) am gleichen Punkte an die unverzweigte induktions- und kapazitätsfreie Drehstromleitung angeschlossen wären und eine Sternspannung von genau $U_2{}^* = 220$ Volt bekämen und als ob jede Phase der gemeinsamen Zuleitung vom Generator bis zu den Stromverbrauchern einen Widerstand von $R = 0{,}08\ \Omega$ hätte.

Über die Abnahme von η und $\cos\varphi$ von Asynchronmotoren bei geringer Belastung enthielt die 26. Auflage der *Hütte* II auf Seite 1034 die Tafeln 19 und 20, die in der 27. Auflage fehlen. Man nehme an, daß

$$\text{bei} \qquad \tfrac{3}{4} \quad \text{bzw.} \quad \tfrac{1}{2} \text{. bzw.} \quad \tfrac{1}{4} \text{ der Nennlast}$$

η um   0   bzw. 0,01 bzw. 0,08 und

$\cos\varphi$ um 0,02 bzw. 0,09 bzw. 0,27 gegenüber ihrem Wert bei Nennlast abnehmen.

Fragen:

1. Kann der Generator die unter a) und b) geforderte Leistung dauernd abgeben?

2. Wie groß muß die Spannung am Generator sein?

3. Wieviel $\mathrm{PS_e}$ muß die Dampfmaschine leisten?

Lösung

Zu Frage 1. und 2.: Lampen der bezeichneten Art von 220 Volt und 100 Watt ergeben einen Lichtstrom von je 1600 Hlm [*110, 111*] (*Hütte* II, S. 1072, Tafel 14). Von diesem Lichtstrom gelangt aber nur ein Bruchteil (entsprechend dem „Wirkungsgrad der Beleuchtung" oder „Raumfaktor" η) [*115*] (*Hutte* II, S. 1083, Tafel 25; *Kosack* S. 254) auf die horizontale Fläche in Tischhöhe. Für das angegebene Verhältnis von Raumbreite zu Lampenhöhe und fur helle Decken und Wände gibt die *Hutte* den Wert η zu 35 %/₀ an, so daß von jeder Lampe nur etwa $0,35 \cdot 1600 = 560$ Hlm auf die Tischebene kommen. Dort können sie, da je 1 lm eine Fläche von 1 m² mit einer Beleuchtungsstärke von 1 lx beleuchten kann [*110*], eine Fläche von 560 m² im Mittel mit 1 lx oder $\dfrac{560}{50} = 11,20$ m² im Mittel mit der verlangten Beleuchtungsstärke von 50 lx beleuchten. Für die Fläche von 4984 m² sind daher $\dfrac{4984}{11,20} = 445$ Lampen nötig, die zusammen $445 \cdot 100 = \mathbf{44\,500}$ **Watt** verbrauchen.

Bei den M o t o r e n müssen wir, um zu prüfen, ob der Generator ausreicht, und um seinen Wirkungsgrad bei der hier vorliegenden Belastung abzuschätzen, sowohl die von ihnen aufgenommenen Wirkleistungen als auch die zugehörigen Scheinleistungen [*137*] bestimmen, weil diese für die Erwärmung des Generators und somit für seine Belastungsgrenze ausschlaggebend sind. Auch brauchen wir die letzteren, um die Leitungsverluste zu berechnen, deren Einfluß sowohl auf die Wirk- als auf die Scheinleistung des Generators wir berücksichtigen wollen.

Gemäß *Hutte* II, S. 1190, Tafel 18, können wir beim großen Motor (50 kW, $n = 1000$) bei Nennlast (50 kW) mit $\eta = 0,90$ und $\cos\varphi = 0,88$ rechnen. Da die wirkliche Belastung nur $60\ \mathrm{PS} = 60 \cdot 0,735 = 44,1$ kW beträgt [*17*], so ist er nur mit $\dfrac{44,1}{50} \cdot 100 \approx 88\,\%$ seiner Nennleistung be-

lastet. Gemäß den Angaben der Aufgabe sinkt infolgedessen η noch nicht merklich, $\cos \varphi$ dagegen von 0,88 auf 0,87 [*167*].

Dieselben Unterlagen ergeben für den kleinen Motor von 15 kW und 1500 Umdr./min bei Nennlast etwa $\eta = 0{,}875$ und $\cos \varphi = 0{,}87$. Die wirkliche Belastung ist 5 PS $= 5 \cdot 0{,}735 = 3{,}67$ kW oder $\dfrac{3{,}67}{15} \cdot 100 = 24{,}5\,\%$ der Nennlast, und dadurch sinkt der Wirkungsgrad etwa auf $\eta = 0{,}795$ und der Leistungsfaktor etwa auf 0,60.[1])

Aus der Angabe, daß die Glühlampen für 220 Volt bemessen sind, und aus dem Wort „Sternspannung" in der Aufgabe folgt, daß die Drehstromleitungen in Sternschaltung mit Null-Leiter [*135*] angeordnet und die Motoren für $220 \cdot \sqrt{3} \approx 380$ Volt bemessen sind und daß wir im Folgenden mit einer Sternspannung am Verbraucherende der Leitung U_2^* von 220 Volt zu rechnen haben.

Auf Grund dieser Unterlagen ergibt sich beim großen Motor die aufgenommene Wirkleistung N_W zu $\dfrac{60 \cdot 0{,}735}{0{,}90} = 49{,}00$ kW [*158, 17, 26*], die aufgenommene Scheinleistung N_S zu $\dfrac{N_W}{\cos \varphi} = \dfrac{49{,}00}{0{,}87} = 56{,}32$ kVA,[2]) der Strom zu $J = \dfrac{1000 \cdot N_S}{220 \cdot 3} = 85{,}33$ Amp [*137*].

Entsprechend ist beim kleinen Motor $N_w = \dfrac{5 \cdot 0{,}735}{0{,}795} = 4{,}623$ kW,

$$N_S = \dfrac{4{,}623}{0{,}600} = 7{,}705 \text{ kVA}, \quad J = \dfrac{1000 \cdot 7{,}705}{220 \cdot 3} = 11{,}67 \text{ Amp.}$$

Die drei Stromverbraucher zusammen erfordern also eine Wirkleistung von $N_{W\,gesamt} = 44{,}500 + 49{,}000 + 4{,}623 \approx 98{,}1$ kW (gemessen am Verbraucherende der Leitung, also ohne die Leitungsverluste).

Der Vollständigkeit halber stellen wir noch die Beziehungen zwischen N_W, N_S, N_B. J_W, J, J_B zusammen und vereinigen dann alle diese Werte nebst den Wirkungsgraden η und den Winkelfunktionen der φ-Werte in der Zahlentafel 18 (N-Werte in kW bzw. kVA, J-Werte in Amp)·

---

1) Man beachte, daß der Wert $\cos \varphi = 0{,}60$ auf ein pythagoräisches Dreieck mit dem Verhältnis der Seitenlangen $3 \cdot 4 \cdot 5$ hinweist, nämlich mit $\cos \varphi = 3 \cdot 5$, $\sin \varphi = 4 \cdot 5$, $\operatorname{tg} \varphi = 4 \cdot 3$. (Vgl. Abb 50, S 220, nur daß jetzt φ der andere spitze Winkel ist.)

2) Hinsichtlich der Benennung der Einheiten für Wirk-, Blind- und Scheinleistungen vergleiche man die Bemerkungen am Schluß der Losung von Aufgabe 75, S 230

$$N_W = N_S \cdot \cos \varphi; \qquad\qquad N_S = N_W / \cos \varphi;$$

$$N_B = N_S \cdot \sin \varphi = N_W \cdot \operatorname{tg} \varphi.$$

$$J_W = \frac{1000 \cdot N_W}{220 \cdot 3} \quad [136];$$

$$J = J_W / \cos \varphi = \frac{1000 \cdot N_S}{220 \cdot 3};$$

$$J_B = J \cdot \sin \varphi = J_W \cdot \operatorname{tg} \varphi = \frac{1000 \cdot N_B}{220 \cdot 3};$$

$$N_{B\,\text{Lampen}} = 0;$$

$$N_{B\,\text{großer Motor}} = 56{,}320 \cdot 0{,}4930 = 49{,}000 \cdot 0{,}5666 = 27{,}77 \text{ kVA};$$

$$N_{B\,\text{kleiner Motor}} = 7{,}705 \cdot 0{,}8000 = 4{,}623 \cdot 1{,}333 = 6{,}164 \text{ kVA};$$

$$J_{\text{Lampen}} = J_{W\,\text{Lampen}} = \frac{1000 \cdot 49{,}000}{660} = 67{,}44 \text{ Amp};$$

$$J_{B\,\text{Lampen}} = 0;$$

$$J_{W\,\text{großer Motor}} = \frac{1000 \cdot 49{,}000}{660} = 74{,}24 \text{ Amp};$$

$$J_{\text{großer Motor}} = \frac{74{,}24}{0{,}870} = \frac{1000 \cdot 56{,}320}{660} = 85{,}33 \text{ Amp};$$

$$J_{B\,\text{großer Motor}} = 85{,}33 \cdot 0{,}4930 = 74{,}24 \cdot 0{,}5666 = \frac{1000 \cdot 27{,}77}{660}$$

$$= 42{,}07 \text{ Amp};$$

Zahlentafel 18

	Lampen	großer Motor	kleiner Motor
η	—	0,900	0,795
$\cos \varphi$	1,00	0,8700	0,6000
$\sin \varphi$	0	0,4930	0,8000
$\operatorname{tg} \varphi$	0	0,5666	1,333
N_W [kW]	44,500	49,000	4,623
N_S [kVA]	44,500	56,320	7,705
N_B [kVA]	0	27,77	6,164
J_W [Amp]	67,44	74,24	7,005
J [Amp]	67,44	85,33	11,67
J_B [Amp]	0	42,07	9,34

$$J_{\text{W kleiner Motor}} = \frac{1000 \cdot 4,623}{660} = 7,005 \text{ Amp};$$

$$J_{\text{kleiner Motor}} = \frac{7,005}{0,6000} = \frac{1000 \cdot 7,705}{660} = 11.67 \text{ Amp};$$

$$J_{\text{B kleiner Motor}} = 11,67 \cdot 0,8000 = 7,005 \cdot 1,333 = \frac{1000 \cdot 6,164}{660}$$

$$= 9,336 \text{ Amp}.$$

Die Zusammensetzung der drei g e o m e t r i s c h zu addierenden Scheinleistungen kann rechnerisch oder graphisch erfolgen, und zwar in beiden Fällen ebensowohl unter Benutzung der drei N_S-Werte als der drei J-Werte, weil im Vektordiagramm N_W und J_W, N_S und J, N_B und J_B dieselbe Richtung haben und weil bei jedem dieser drei Paare der N-Wert aus dem zugehörigen J-Wert durch Multiplikation mit demselben konstanten Faktor $(220 \cdot 3/1000)$ entstanden ist.

Bei rechnerischer Zusammensetzung addieren wir die drei Wirk-Werte und ebenso die drei Blind-Werte und finden so:

$$N_{\text{W gesamt}} = 44,500 + 49,000 + 4,623 \approx 98,1 \text{ kW};$$

$$N_{\text{B gesamt}} = 0 + 27,77 + 6,16 \approx 33,9 \text{ kVA};$$

$$N_{\text{S gesamt}} = \sqrt{N_{\text{W gesamt}}^2 + N_{\text{B gesamt}}^2} = \sqrt{98,1^2 + 33,9^2}$$

$$= \sqrt{9624 + 1149} = \sqrt{10\,773} = 103,8 \text{ kVA};$$

oder:

$$J_{\text{W gesamt}} = 67,4 + 74,2 + 7,0 = 148,6 \text{ Amp};$$

$$J_{\text{B gesamt}} = 0 + 42,1 + 9,3 = 51,4 \text{ Amp};$$

$$J_{\text{gesamt}} = \sqrt{J_{\text{W gesamt}}^2 + J_{\text{B gesamt}}^2} = \sqrt{148,6^2 + 51,4^2}$$

$$= \sqrt{22\,082 + 2642} = \sqrt{24\,724} = 157,2 \text{ Amp}.$$

Dabei sind alle N-Werte auf die Spannung $U_2^* = 220$ Volt, $U_2 = 380$ V bezogen und die Spannungs- und Leistungsverluste in der Zuleitung noch nicht berücksichtigt.

Wenn wir das Hauptergebnis dieser Berechnungen, nämlich die Gesamt-Scheinleistung $N_{\text{S gesamt}}$, freilich weniger genau (indessen für die meisten Zwecke genau genug), dafür aber weit anschaulicher, g r a p h i s c h , und zwar mit möglichst wenig Rechnung gewinnen wollen, so benutzen wir von den vorhin bestimmten Werten nur die drei für $\cos \varphi$ und die drei für N_W und tragen nicht Ströme, sondern gleich die entsprechenden Leistungen N_S vektoriell auf, wie es in der **Abb. 55**, S. 238, geschehen ist [130].

Wir wählen einen passenden Kilowatt-Maßstab (in der Originalzeichnung vielleicht: 1 kW oder kVA $\triangleq$ 2 mm; die hier gedruckte Wiedergabe der Zeichnung ist stark verkleinert). Die Ordinaten und die senkrecht nach oben gerichteten Vektoren bedeuten Wirk-kW, die Abszissen und die

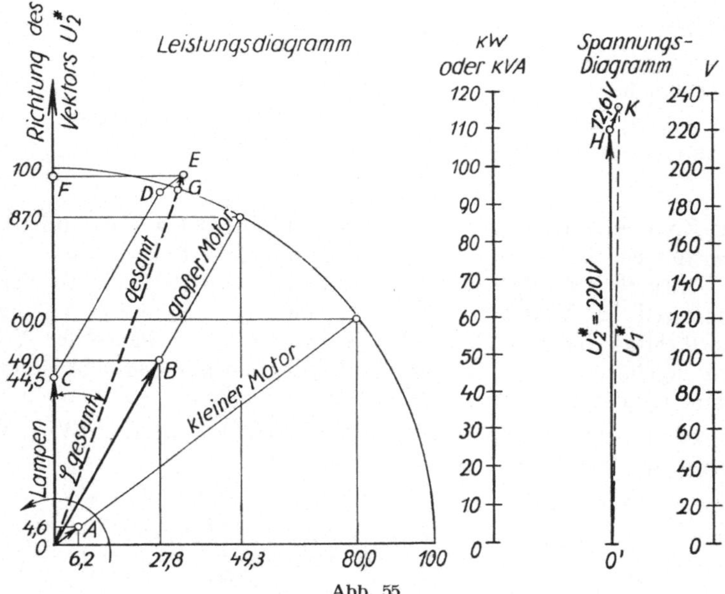

Abb. 55

waagerecht nach rechts gerichteten Vektoren dagegen (induktive) Blind-kW.

Dann schlagen wir um O einen Viertelkreis mit 100 Maßstab-Einheiten als Radius und ziehen bei den Ordinaten 60,0 und 87,0 (entsprechend den Werten $\cos \varphi$ der beiden Motoren) zwei horizontale Linien bis zum Schnitt mit dem Kreis. Die Strahlen von O durch diese beiden Schnittpunkte geben die Richtung der Vektoren der Ströme J [Amp] oder Scheinleistungen N_S [kVA] $\left(= \dfrac{J \cdot 220 \cdot 3}{1000} \right)$ an. Bei den Ordinatenwerten 4,623 [kW] und 49,0 [kW] ziehen wir zwei weitere horizontale Hilfslinien. Deren Schnittpunkte A und B mit den soeben gezogenen entsprechenden beiden Strahlen durch O bilden die Endpunkte der beiden Vektoren O A und O B der Scheinleistung der beiden Motoren, während O C mit der Länge 44,5 die von den Lampen aufgenommene Leistung darstellt. Darauf summieren wir die drei Vektoren O C, O B und O A, indem wir C D gleich und parallel O B machen und D E gleich und parallel O A [18].

Dann ist O E die gesuchte Gesamt-Scheinleistung, deren mittels des zugrunde gelegten Maßstabes in kVA gemessene Länge um so genauer mit dem vorhin rein rechnerisch bestimmten Wert 103,8 kVA übereinstimmen wird, je größer der Maßstab gewählt und je genauer gezeichnet wurde. O F ist die gesamte Wirkleistung, F E die gesamte Blindleistung. Der Ordinatenwert von ·G (dem Schnittpunkt von O E mit dem Kreis) gibt den Gesamt-Leistungsfaktor an, der zugleich der cos des $\sphericalangle \varphi_{\text{gesamt}}$ ist ($\sphericalangle$ E O F).

Der Gesamt-Leistungsverlust in der Leitung ist $3 \cdot J_{\text{gesamt}}^2 \cdot R$ [*122, 123*] und ergibt sich mit $J_{\text{gesamt}} = 157{,}2$ Amp und $R = 0{,}08$ zu $3 \cdot 157{,}2^2 \cdot 0{,}08 = 5931$ Watt $\approx 5{,}9$ kW.

Die vom **Generator abzugebende gesamte Wirkleistung** einschließlich des Leitungsverlustes ist also $98{,}1 + 5{,}9 = $ **104,0 kW**.[1])

Wenn auch bei der Bestimmung der vom Generator verlangten S c h e i n l e i s t u n g die kleine durch den Verlust in der Leitung bedingte Korrektur an dem bisher gefundenen Wert (103,8 kVA) g e n a u berücksichtigt werden soll (was meistens wenig Wert haben wird), so zeichnen wir neben das Vektordiagramm der Leistungen noch ein Vektordiagramm der Spannungen nach einem zweiten, passend gewählten Spannungsmaßstab (etwa: 1 Volt $\triangleq$ 1 mm). Darin bedeutet O' H = 220 Volt die Sternspannung $U_2{}^*$ bei den Verbrauchern. Der Vektor H K, parallel mit O E und vom Betrage $J_{\text{gesamt}} \cdot R = 157{,}2$ [Amp] $\cdot 0{,}08$ [Ω] $= 12{,}6$ Volt, bedeutet den Spannungsabfall der Sternspannung in der Leitung, so daß der Vektor O' K die Sternspannung $U_1{}^*$ am Generator ergibt. Wenn wir seine Länge mit dem Spannungsmaßstab messen, finden wir für $U_1{}^*$ ungefähr den Wert **232 Volt**, der also um etwa 5,5 % größer ist als $U_2{}^*$. Um ebensoviel % wird die v o m G e n e r a t o r z u l i e f e r n d e S c h e i n l e i s t u n g durch den Leitungsverlust vergrößert und ergibt sich daher endgültig zu etwa $1{,}055 \cdot 103{,}8 = 109{,}5 \approx 110$ kVA

Ohne genaue Zeichnung, rein rechnerisch, hätten wir dies Ergebnis etwa folgendermaßen finden können: Wenn wir den Winkel, den ˙O E oder H K mit der Vertikalen bilden, mit φ_{gesamt} bezeichnen, so ist der Längenunterschied zwischen O' K und O' H nahezu gleich der Länge H K mal $\cos \varphi_{\text{gesamt}}$.

Da nun $\cos \varphi_{\text{gesamt}} = \dfrac{N_{\text{W gesamt}}}{N_{\text{S gesamt}}}$ ist und diese beiden Werte vorhin gefunden sind zu 98,1 kW bzw. 103,8 kVA, und da $H K = J_{\text{gesamt}} \cdot R$, also hier gleich $157{,}2 \cdot 0{,}08$ Volt ist, so folgt $U_1{}^* \approx 220 + (157{,}2 \cdot 0{,}08) \cdot \dfrac{98{,}1}{103{,}8}$

$= 220 + 12{,}6 \cdot 0{,}95 = $ **232,0 Volt**, also etwa um 5,5 % größer als $U_2{}^*$, woraus dann für die gesamte vom Generator zu liefernde Scheinleistung der

Betrag von $1{,}055 \cdot 103{,}8 = 109{,}5 \approx 110$ kVA folgt (oder $\dfrac{3 \cdot U_1{}^* \cdot J_{\text{gesamt}}}{1000}$

$= \dfrac{3 \cdot 232{,}0 \cdot 157{,}2}{1000} = 109{,}4$ kVA).

---

[1]) Daß die Gesamt - W i r k leistung e i n s c h l i e ß l i c h Leitungsverlust (104,0 kW) fast genau denselben Zahlwert hat wie die Gesamt - S c h e i n leistung o h n e Leitungsverlust (103,8 kVA), ist Zufall.

Diese gesamte vom Generator zu liefernde S c h e i n l e i s t u n g interessiert nur insofern, als wir sicher sein wollen, daß er nicht zu heiß wird. Diese Sicherheit ist bei dem gefundenen Wert von 110 kVA völlig gewährleistet, da der Generator für 120 kVA gebaut ist. Vielleicht ist der Leser, und zwar mit Recht, der Ansicht, daß wir hier der genauen graphischen oder rechnerischen Bestimmung des Einflusses des Leitungsverlustes auf die Gesamt - S c h e i n leistung mehr Zeit und Mühe geopfert haben als der praktischen Bedeutung entspricht, und daß wir uns dabei auch mit einer Schätzung oder Überschlagsrechnung hätten begnügen können. Er wird aber wahrscheinlich später noch oft Gelegenheit haben, die bei diesen Untersuchungen erworbenen Kenntnisse und Fähigkeiten auch bei anderen Fällen, wo solche genaueren Berechnungen nötig sind, anzuwenden.

Zu Frage 3.: Hinsichtlich der von der Dampfmaschine zu liefernden Leistung interessiert nur die vom Generator abzugebende Wirkleistung von 104,0 kW und der Wirkungsgrad des Generators. Bei der Abschätzung des letzteren ist zu beachten, daß der Generator hinsichtlich der Wirkleistung

mit $\dfrac{104,0}{120} \cdot 100 \approx 86,5\,\%$, hinsichtlich des Stromes (oder der Scheinleistung)

mit $\dfrac{110}{120} \cdot 100 \approx 92\,\%$ seiner Nennleistung belastet ist. Die Tafel 9

der *Hütte* II, S. 1168 gibt für Generatoren von 100 kVA und 750 Umdr./min bei $\cos\varphi = 0,8$ und voller Strombelastung (also für 100 % Strombelastung und 80 % Leistungsbelastung) $\eta = 0,905$ an, für 200 kVA unter denselben Bedingungen $\eta = 0,92$. Da hier die Strombelastung kleiner (92 % gegen 100 %), die Wirkleistungsbelastung höher (86,5 % gegen 80 %) ist als in der Tafel angenommen, was beides günstig auf den Wirkungsgrad wirkt, und da die Maschinengröße zwischen 100 und 200 kVA liegt, so kann hier mit $\eta = 0,91$ gerechnet werden [*163*].

Der Abgabe von 104,0 kW entspricht dann eine Leistungsaufnahme von $\dfrac{104,0}{0,91} = 114,3$ kW [*26*], so daß die **Dampfmaschine**, wenn noch ein Riemenschlupfverlust [*31*] von 2 % angenommen wird, $\dfrac{114,3}{0,98} \approx 1,02 \cdot 114,3 =$

$$116,6 \text{ kW oder } 116,6 \cdot 1,360 = \textbf{159 PS } [\textit{17}]$$

an den Generator abgeben muß. Diese Effektiv-Leistung muß sie demgemäß, auch wenn sie keine weiteren Maschinen zu treiben hat, mindestens aufweisen. (Die von ihr verlangte i n d i z i e r t e Leistung ist größer) [*97, 98*]

Aufgabe 78: Stromstärken und Bestellung eines Drehstrom-Transformators für Glühlampen, Heizkörper und Asynchronmotoren

Ein neu zu beschaffender Transformator soll an ein vorhandenes Hochspannungs-Drehstromnetz von 6000 Volt und 100 Polwechsel/sek angeschlossen werden und die folgenden Stromverbraucher speisen:

a) 735 Wolframdrahtgluhlampen mit Doppelwendel und Gasfüllung (Argon-Stickstoff-Gemisch), 220 Volt, innen mattiert, fur je 860 Hlm (HEFNER-Lumen),

b) 64 Wolframdrahtglühlampen mit Einfachwendel und Gasfüllung (Argon-Stickstoff-Gemisch), 220 Volt, Klarglaskolben, für je 10 100 Hlm,

c) je ein Plätteisen, Kochgefäß und kleinen Zimmerofen, mit den Aufschriften: 600 bzw. 900 bzw. 1500 Watt (alle für 220 Volt),

d) 4 Heizgeräte (Brotröster, Leimsieder u. dgl.) mit den Aufschriften· „8 A" bzw. „10 A" bzw. „12 A" bzw. „20 A" (alle für 220 Volt),

e) 4 Drehstrom-Asynchronmotoren für 220 Volt, von 10 bzw. 20 bzw. 50 bzw. 75 PS.

Alle diese Stromverbraucher (und zwar die Motoren mit voller Belastung) soll der neue Trafo a l l e i n zugleich und dauernd zu speisen vermögen. Zeitweilig soll er aber auch mit anderen bereits vorhandenen parallel arbeiten; diese tragen auf ihren Leistungsschildern u a. die Vermerke: „Schaltgiuppe A 2, Kurzschlußspannung 3,5 %".

Fragen:

1. Wie groß ist der Sekundarstrom des neuen Trafo's bei Betrieb aller genannten Stromverbraucher?

2. Wie groß ist dann sein Primärstrom?

3. Es ist ein Bestell-Telegramm fur ihn aufzusetzen.

Losung

Gemäß *Hütte* II, S. 1072, Tafel 14 und 15 [111, 110] verbrauchen die unter a) genannten Lampen je 60 Watt, die unter b) genannten je 500 Watt. Alle Lampen zusammen erfordern daher $735 \cdot 60 + 64 \cdot 500 = 44\,100 + 32\,000 = 76\,100$ Watt. Die unter c) genannten Heizkörper verbrauchen zusammen $600 + 900 + 1500 = 3000$ Watt, die unter d) genannten $(8 + 10 + 12 + 20)$ [Amp] $\cdot 220$ [Volt] $= 50 \cdot 220 = 11\,000$ Watt. Diese vier Gruppen von Stromverbrauchern sind induktionsfrei, verursachen keine Phasenverschiebung, und können daher als e i n e Gruppe behandelt werden, die zusammen $76\,100 + 3000 + 11\,000 = 90\,100$ Watt oder **90,1 kW** verbraucht [*128*].

Die unter e) genannten Motoren von zusammen $10 + 20 + 50 + 75 = 155$ PS werden gemäß *Hutte* II, S. 1190, Tafel 18 im Mittel bei Voll-Last etwa mit $\eta \approx 0{,}90$ und $\cos \varphi \approx 0{,}88$ arbeiten [167]. Sie erfordern also zusammen etwa $\dfrac{155 \cdot 735}{0{,}90}$ Watt [158, 17] oder $\dfrac{155 \cdot 735}{0{,}90 \cdot 0{,}88} = 143\,800$ VA

$= \mathbf{143{,}8 \ kVA}$ [137].

Im ganzen muß der Trafo demnach etwa leisten· $90{,}1 + 143{,}8 = \mathbf{233{,}9 \ kVA}$.

Hierbei ist nun freilich im Interesse der Vereinfachung eine kleine Vernachlässigung gemacht, indem die beiden Scheinleistungen einfach a l g e b r a i s c h addiert wurden, während ihre g e o m e t r i s c h e Summierung erforderlich gewesen wäre, weil die Ströme der Motoren gegenüber denen der Lampen und Heizkörper (ebenso wie gegenüber der Spannung) um den ⊰ φ verschoben sind [166]. Die n ä c h s t b e s s e r e A n n ä h e r u n g an den genauen Wert der **Gesamt-Scheinleistung** ist:

$$90{,}1 \cdot \cos \varphi + 143{,}8 = 90{,}1 \cdot 0{,}88 + 143{,}8 = 79{,}3 + 143{,}8 = \mathbf{223{,}1 \ kVA}.$$

Der g e n a u e , nach dem allgemeinen pythagoräischen Lehrsatz ermittelte W e r t ist: $\sqrt{90{,}1^2 + 143{,}8^2 + 2 \cdot 90{,}1 \cdot 143{,}8 \cdot 0{,}88}$

$= \sqrt{8118 + 20\,678 + 22\,803} = \sqrt{51\,599} = \mathbf{227{,}2 \ kVA}.$

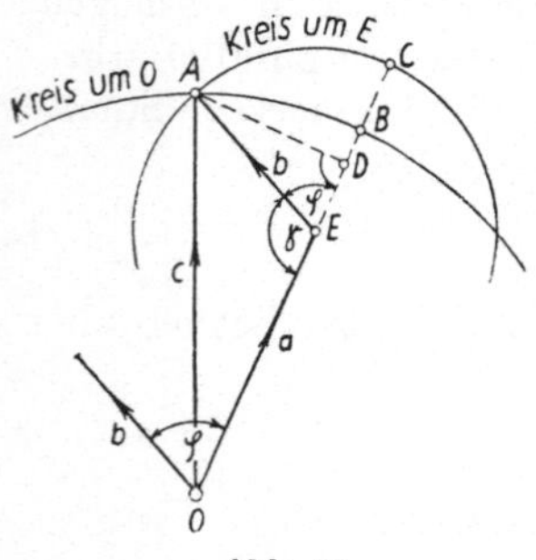

Abb 56

Die angegebene Näherungsformel $(a + b \cdot \cos \varphi)$ trifft noch besser zu, wenn der eine der beiden Ströme (oder Scheinleistungen) klein ist gegen den anderen; und zwar ist stets der kleine auf den größeren zu projizieren, also mit $\cos \varphi$ zu multiplizieren, nicht umgekehrt. In der **Abb. 56.** S. 242 (deren Maße nicht den Ziffern der Aufgabe entsprechen), bezeichnen $a = $ O E und $b = $ E A die beiden Ströme oder Scheinleistungen (hier 143,8 und 90,1), $c = $ O A $= $ O B ihre g e o m e t r i s c h e Summe, also den richtigen Wert (hier 227,2), O C ihre a l g e b r a i s c h e Summe, also einen zu großen Wert (hier 233,9), O D die Summe aus der größeren Scheinleistung a und der Projektion der kleineren auf die größere (E D), also einen zu kleinen Wert (hier 223,1). Dieser letztere Wert liegt aber sehr nahe beim richtigen, wenn, b klein gegen a ist und φ, d. h. die Phasenverschiebung, nicht einen sehr großen Wert hat [130].

Zu Frage 1.: Die s e k u n d ä r e S t r o m s t ä r k e ergibt sich aus der sekundären Scheinleistung (227 200 VA) und der Sekundärspannung (220 Volt) zu

$$J_2 = \frac{227\,200}{220 \cdot \sqrt{3}} = \mathbf{596 \ Amp} \ [136, 137].$$

Zu Frage 2.: Bei der Berechnung des Primärstromes mussen wir auch den Wirkungsgrad η des Trafo's berucksichtigen, den wir bei einem guten Trafo dieser Große und bei voller Belastung zu etwa 0,97 annehmen können [171, 26]. Damit finden wir

$$J_1 \approx \frac{227\,200}{6000 \cdot \sqrt{3} \cdot 0,97} = \textbf{22,5 Amp.}$$

Zu Frage 3.: Da der neue Trafo zeitweise mit den bereits vorhandenen parallel arbeiten (d. h. sowohl primär als auch sekundär mit ihnen verbunden werden) soll, so muß er (seiner inneren Schaltung nach) zur selben Schaltgruppe (also hier zur Gruppe A) gehören (wobei aber noch die freie Wahl bleibt zwischen A_1, A_2 oder A_3) und (wenigstens ungefähr) dieselbe Kurzschlußspannung haben [173, 172]. Das **Bestell-Telegramm** muß also etwa lauten: „Liefert eiligst Drehstrom-Öl-Trafo 230 Kavaua oder nächstgrößere gängige Type, 6000 auf 220 Volt, 50 Hertz [165], Schaltgruppe A, Kurzschlußspannung 3,5 %. Ol mitzuliefern!"

Aufgabe 79: Ermittlung des Gesamtstromes und des Gesamt-Leistungsfaktors einer Drehstromzentrale aus den entsprechenden Belastungsangaben für ihre einzelnen Maschinen

Für eine Drehstromzentrale, die zwei Generatoren enthält, zeigt die **Abb. 57**, S. 244, das Schaltbild.[1]

In einem bestimmten Betriebszeitpunkt treffen für diese Zentrale die folgenden Ablesungen der Instrumente zu

Die drei Wechselstrom-Amperemeter des linken Drehstromgenerators zeigen ubereinstimmend 270 Amp, die drei des rechten dagegen übereinstimmend 420 Amp. Das Wattmeter des linken Generators zeigt 160 kW, das des rechten 110 kW. Die beiden Wechselstrom-Voltmeter zeigen bei allen Stellungen ihrer Spannungsumschalter stets 380 Volt.

Fragen:

Wie groß ist in diesem Betriebszeitpunkt

1. der Leistungsfaktor ($\cos \varphi$) jedes einzelnen Generators?

2. der in das Netz fließende Gesamtstrom der Zentrale? (Anzunehmen ist dabei, daß jeder Generator nacheilenden Strom liefert.)

3. der Leistungsfaktor der gesamten Zentralenbelastung?

Losung

Zu Frage 1.: Für den linken Generator I, dessen Werte den Index 1 erhalten mögen, ergeben die Instrumente·

$$J_1 = 270 \text{ Amp}, \quad U_1 = 380 \text{ Volt}, \quad N_1 = 160\,000 \text{ Watt}.$$

---

[1] Die Abbildung ist dem Buche EMIL KOSACK „*Elektrische Starkstromanlagen*" entnommen.

16*

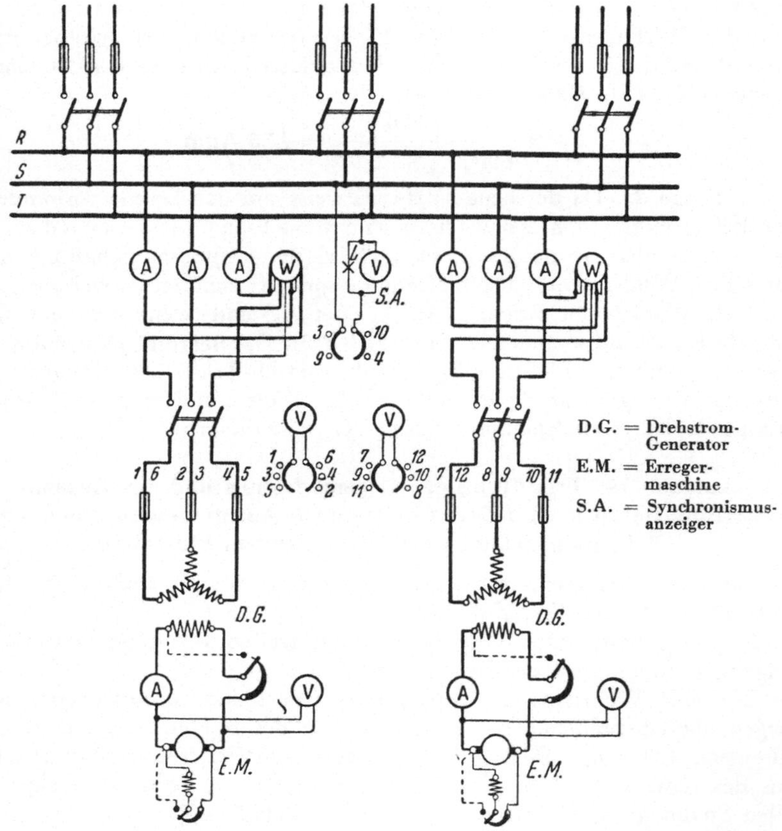

Abb 57 Schaltbild einer Drehstromzentrale mit 2 Betriebsmaschinen

Gemäß der allgemein für Drehstrom geltenden Beziehung:

$$N = J \cdot U \cdot \sqrt{3} \cdot \cos\varphi \;\; [136] \;\; \text{oder} \;\; \cos\varphi = \frac{N}{J \cdot U \cdot \sqrt{3}} \;\; \text{folgt daraus:}$$

$$\cos\varphi_1 = \frac{160\,000}{270 \cdot 380 \cdot \sqrt{3}} = 0{,}9004.$$

Entsprechend folgt für den rechten Generator II mit den Werten:

$$J_2 = 420 \text{ Amp}, \quad U_2 = 380 \text{ Volt}, \quad N_2 = 110\,000 \text{ Watt}:$$

$$\cos\varphi_2 = \frac{110\,000}{420 \cdot 380 \cdot \sqrt{3}} = 0{,}3979.$$

Zu Frage 2. und 3.: Die beiden Ströme $J_1 = 270$ Amp und $J_2 = 420$ Amp setzen sich zum Gesamtstrom J_Σ der Zentrale zusammen, der in das Netz fließt. Diese Summierung erfolgt jedoch nicht, wie bei Gleichstrom, algebraisch, so daß sie $270 + 420 = 690$ Amp ergeben würde, sondern geometrisch unter Berücksichtigung der Phasenverschiebung zwischen J_1 und J_2, also so, wie auch bei anderen vektoriellen Größen, z. B. Kräften, Geschwindigkeiten, Bewegungen, Feldern usw. [*130, 18*] Die Summierung kann durch Zeichnung oder durch Rechnung ausgefuhrt werden.

Durch Zeichnung erfolgt sie entsprechend der **Abb. 58**, S. 245, etwa gemäß der nachstehenden Anleitung.

Der Strahl O A (waagerecht nach rechts gerichtet) möge den Vektor der Spannung U darstellen und der um O gezeichnete Drehpfeil den Drehsinn der Vektoren (gegen den Uhrzeigersinn). Diese beiden Richtungen mussen zunächst festgelegt, hätten aber auch beliebig anders gewahlt werden können. Der Vektor J_1 soll gegen U den Winkel φ_1 bilden, dessen cosinus 0,9004 ist und der

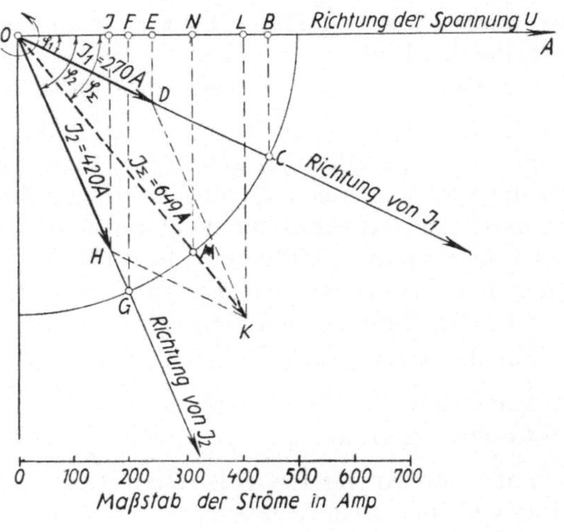

Abb 58

h i n t e r U her eilt („nacheilender Strom"). Um die Richtung von J_1 zu finden, schlagen wir mit einem Radius, dessen in mm gemessene Länge einen runden Zahlenwert ergibt, einen Kreisbogen um O, und zwar wurde im Original der Abb 58, S. 245, ein Radius von 100 mm gewählt. Auf der Strecke O A tragen wir dann von O aus die Strecke O B von solcher Länge ab, daß sie sich zu diesem Radius r verhält wie $\cos\varphi_1$ zu 1, bei $r = 100$ mm wird also $O B = 0,900 \cdot 100 = 90,0$ mm. Das Lot in B ergibt mit dem Kreisbogen den Schnittpunkt C. Der Strahl O C stellt dann die Richtung des Vektors J_1 dar; denn es ist leicht einzusehen, daß fur den Winkel φ_1, den er mit dem Spannungsvektor O A bildet, die Beziehung gilt $\cos\varphi_1 = 0,900$.

Wir wählen jetzt einen Maßstab für die Ströme, an sich beliebig, aber zweckmäßig so, daß die hier in Betracht kommenden Ströme ($J_1 = 270$ Amp, $J_2 = 420$ Amp und J_Σ, von dem wir nur wissen, daß er höchstens 690 Amp sein kann, wahrscheinlich aber kleiner ist) weder gar zu kleine, noch gar zu große Strecken ergeben. Im Original der Abb. 58, S. 245, ist gewählt worden: 1 Amp $\triangleq$ 0,2 mm, und der Maßstab ist unter die Figur gezeichnet.

Nach diesem Maßstab wird der Wert $J_1 = 270$ Amp auf der soeben ge-fundenen Richtung von J_1 als Strecke O D abgetragen, so daß der stark aus-gezogene Vektor O D den Strom J_1 nach Größe, Richtung und Sinn dar-stellt, d h. nach Stromstärke und Phase. Er läßt sich zerlegen in eine hori-zontale Komponente O E, die seinen Wirkstrom $J_1 \cdot \cos \varphi_1$ darstellt, und in eine vertikale Komponente E D, die seinen nacheilenden Blindstrom $J_1 \cdot \sin \varphi_1$ bedeutet [137, 130].

In entsprechender Weise erfolgt die Konstruktion von J_2 mit O F $= 39,8$ mm (im Original), entsprechend $\cos \varphi_2 = 0,3979$. (Der durch O H dargestellte Strom J_2 läßt sich zerlegen in den Wirkstrom O J und in den nacheilenden Blindstrom J H.)

Der **Gesamtstrom** J_{Σ} ergibt sich durch geometrische Addition, indem wir die Strecke D K parallel und gleich O H (das ist J_2) machen oder die Strecke H K parallel und gleich J_1. (Man mache sich bei der Zusammen-setzung von Vektoren frei von der schwerfälligen Methode des „Parallelo-giamms" und setze nur die Vektoren unter Beachtung von Richtung, Sinn und Größe sämtlich hintereinander. Die Verbindung des Ausgangspunktes des ersten Vektors mit dem Endpunkt des letzten ist dann die „Resultante" nach Größe, Richtung und Sinn.)

Fur den stark gestrichelt ausgezogenen Strom J_{Σ} (O K) ergibt sich dann an Hand des Maßstabes eine Stromstärke von **649 Amp. Sein Phasen-verschiebungswinkel** φ_{Σ} gegenuber U wird am einfachsten dadurch be-stimmt, daß wir das Lot K L fällen und die Länge O L, die seinen Wirk-strom bedeutet, nach dem Amperemaßstab messen und sie durch die Länge J_{Σ} (ebenfalls nach dem Amperemaßstab gemessen) dividieren. Dann er-halten wir den Wert $\cos \varphi_{\Sigma}$. Die Zeichnung ergibt für O L die Länge 410 Amp. Da fur J_{Σ} vorhin bereits der Wert 649 Amp gefunden war, so folgt $\cos \varphi_{\Sigma} = \dfrac{410}{649} = 0,632$. Statt dessen hätten wir auch vom Schnitt-punkt M des Vektors J_{Σ} mit dem Kreisbogen das Lot M N fallen, O N in mm messen und diesen Wert durch den in mm gemessenen Radius des Kreises dividieren können. Das Original der Abb. 58, S. 245, hätte ergeben

$$O N = 63,2 \text{ mm}; \quad \cos \varphi_{\Sigma} = \frac{63,2 \text{ mm}}{100 \text{ mm}} = 0,632.$$

Man beachte, daß $|J_{\Sigma}|$ nur dann gleich $|J_1| + |J_2|$ ist, wenn J_1 und J_2 „phasengleich" sind, d. h. dieselbe Phasenverschiebung gegenuber U haben, wenn also $\varphi_1 = \varphi_2$ ist. In diesem Falle ist auch $\varphi_{\Sigma} = \varphi_1 = \varphi_2$. In allen anderen Fällen ist $|J_{\Sigma}| < |J_1| + |J_2|$ und liegt J_{Σ} der Phase nach zwischen J_1 und J_2 (wie in Abb 58, S 245), φ_Σ also zwischen φ_1 und φ_2, $\cos \varphi_\Sigma$ zwischen $\cos \varphi_1$ und $\cos \varphi_2$

Durch Rechnung kann man die gesuchten Werte noch genauer finden als durch Zeichnung, obwohl man beachten soll, daß das übermäßig genaue Rechnen keinen Wert hat, wenn die Unterlagen, hier also die Ablesungen der Instrumente, kaum eine größere Genauigkeit als 1 % beanspruchen konnen. Der Gang der Rechnung ergibt sich aus der Betrachtung der Abb. 58, S. 245, wenn man beachtet, daß $LK = ED + JH$ und $OL = OE + OJ$ ist, daß also die Blindkomponente von J_Σ gleich der Summe der Blindkomponenten von J_1 und J_2 ist und ebenso die Wirkkomponente von J_Σ gleich der Summe der Wirkkomponenten von J_1 und J_2 oder:

$$J_{\text{Blind }\Sigma} = J_{\text{Blind }1} + J_{\text{Blind }2} ; \qquad J_{\text{Wirk }\Sigma} = J_{\text{Wirk }1} + J_{\text{Wirk }2}.$$

Um die Blindkomponenten von J_1 und J_2 zu bestimmen, brauchen wir die Werte $\sin \varphi_1$ und $\sin \varphi_2$ und ermitteln daher diese zunächst aus den in der Lösung zu Frage 1. gefundenen Werten von $\cos \varphi_1$ und $\cos \varphi_2$.

Aus $\cos \varphi_1 = 0{,}9004$ folgt entweder unter Benutzung einer Tafel der Kreisfunktionen·

$$\varphi_1 = 25{,}79°, \quad \sin \varphi_1 = 0{,}4351$$

oder gemäß der Beziehung $\sin \alpha = \sqrt{1 - \cos^2 \alpha}$:

$$0{,}9004^2 = 0{,}8107; \quad 1 - 0{,}8107 = 0{,}1893; \quad \sin \varphi_1 = \sqrt{0{,}1893} = 0{,}435.$$

Entsprechend folgt aus $\cos \varphi_2 = 0{,}3979$:

$$\varphi_2 = 66{,}55°, \quad \sin \varphi_2 = 0{,}9174$$

oder. $0{,}3979^2 = 0{,}1583; \quad 1 - 0{,}1583 = 0{,}8417; \quad \sin \varphi_2 = \sqrt{0{,}8417} = 0{,}9174.$
Dann ergibt sich

$$J_{\text{Blind }1} = J_1 \cdot \sin \varphi_1 = 270 \cdot 0{,}4351 = 117{,}5 \text{ Amp};$$
$$J_{\text{Blind }2} = J_2 \cdot \sin \varphi_2 = 420 \cdot 0{,}9174 = 385{,}3 \text{ Amp};$$
$$J_{\text{Blind }\Sigma} = J_{\text{Blind }1} + J_{\text{Blind }2} = 117{,}5 + 385{,}3 = 502{,}8 \text{ Amp};$$
$$J_{\text{Wirk }1} = J_1 \cdot \cos \varphi_1 = 270 \cdot 0{,}9004 = 243{,}1 \text{ Amp};$$
$$J_{\text{Wirk }2} = J_2 \cdot \cos \varphi_2 = 420 \cdot 0{,}3979 = 167{,}1 \text{ Amp},$$
$$J_{\text{Wirk }\Sigma} = J_{\text{Wirk }1} + J_{\text{Wirk }2} = 243{,}1 + 167{,}1 = 410{,}2 \text{ Amp}.$$

Daraus folgt dann:

$$J_\Sigma = \sqrt{J_{\text{Blind}\Sigma}^2 + J_{\text{Wirk}\Sigma}^2} = \sqrt{502{,}8^2 + 410{,}2^2}$$
$$= \sqrt{252\,808 + 168\,264} = \sqrt{421\,072} = \textbf{648,9 Amp};$$

$$\boldsymbol{\cos \varphi_\Sigma} = \frac{J_{\text{Wirk}\Sigma}}{J_\Sigma} = \frac{410{,}2}{648{,}9} = \textbf{0,632}.$$

Aufgabe 80: Jahres-Wirkungsgrad von Transformatoren

Eine Anzahl von Transformatoren möge eine Gesamt-Nennleistung von 900 kVA haben. Ihr Wirkungsgrad bei voller Belastung mit 900 kVA und $\cos \varphi = 0{,}80$ sei 97,5 %. Ihr Leerlaufsverlust betrage 1,3 % ihrer Höchstleistungsfähigkeit bei $\cos \varphi = 1$. Die Trafo's stehen Tag und Nacht unter Spannung. Der Nutzverbrauch auf der Sekundärseite betrage während der Dauer eines Jahres:

$$500 \text{ Stunden lang } 550 \text{ kW bei } \cos \varphi = 0{,}65,$$
$$200 \text{ Stunden lang } 500 \text{ kW bei } \cos \varphi = 0{,}70,$$
$$400 \text{ Stunden lang } 300 \text{ kW bei } \cos \varphi = 0{,}90,$$
$$900 \text{ Stunden lang } 100 \text{ kW bei } \cos \varphi = 0{,}80,$$
$$\underline{6760 \text{ Stunden lang } \quad 0 \text{ kW,}}$$

zusammen 8760 Stunden $(= 365 \cdot 24)$.

Gesucht: Der Jahresverlust (in kWh) und der Jahres-Wirkungsgrad der gesamten Transformatoren.

Lösung

Der **Eisenverlust** (L e e r l a u f s v e r l u s t) beträgt 1,3 % der Höchstleistungsfähigkeit aller Trafo's bei $\cos \varphi = 1$, also 1,3 % von 900 kW, das ist 11,7 kW. Er findet mit diesem vollen Betrage zu allen Zeiten statt, in denen die Trafo's überhaupt unter Spannung stehen (unabhängig von der Höhe ihrer Belastung), in diesem Falle also während der sämtlichen 8760 h des Jahres, und beträgt daher im ganzen Jahre für alle Trafo's zusammen $11{,}7 \cdot 8760 \approx$ **103 000 kWh** [*171*].

Der K u p f e r v e r l u s t ergibt sich für eine bestimmte Belastung aus dem für diese Belastung gegebenen Gesamtverlust durch Abzug des Eisenverlustes. Gegeben ist nun, daß bei einer Belastung von 900 kVA mit $\cos \varphi = 0{,}80$, also bei einer Leistung von $900 \cdot 0{,}80 = 720$ kW, der Wirkungsgrad 97,5 % beträgt, der Gesamtverlust also 2,5 % oder $0{,}025 \cdot 720 = 18$ kW. Davon entfallen, wie vorhin entwickelt ist, auf den Eisenverlust 11,7 kW, so daß für den Kupferverlust bei dieser Belastung (mit 900 kVA bei $\cos \varphi = 0{,}80$, also 720 kW) noch $18 - 11{,}7 = 6{,}3$ kW übrig bleiben. Der Kupferverlust ist· nun nach dem JOULEschen Gesetz $(J^2 \cdot R)$ stark von der Belastung abhängig, und zwar ist sein in kW ausgedrückter Betrag proportional dem Quadrat der jeweilig herrschenden S t r o m s t ä r k e [*123*].

Da die Spannung nahezu konstant bleibt, ist die Stromstärke nahezu der Belastung in kVA proportional, jedoch nicht der Belastung in kW (wegen des wechselnden Wertes von $\cos \varphi$).[1]) Bezeichnet man die Belastung in

---

[1]) Unter Belastung versteht man zuweilen die Leistung (in kW), zuweilen die Scheinleistung (in kVA), zuweilen die Stromstärke (in Amp).

kVA mit B_{kVA}, so ist daher der jeweilige, in kW ausgedrückte Kupferverlust aller Trafo's:

$$\frac{6{,}3 \cdot (B_{kVA})^2}{900^2} \approx 7{,}8 \cdot 10^{-6} \cdot B_{kVA}{}^2 \ \text{kW.}$$

Der jeweilige Wert von B_{kVA} ergibt sich aus den gegebenen Werten der Belastung in kW durch Division von B_{kW} mit dem zugehörigen Wert von $\cos \varphi$. (Bei Einphasenwechselstrom ist $B_{kW} = \dfrac{U \cdot J \cdot \cos \varphi}{1000}$, wenn U in Volt und J in Amp eingesetzt werden [134]; dagegen $B_{kVA} = \dfrac{U \cdot J}{1000}$ [136],

[137] Bei Drehstrom ist $B_{kW} = \dfrac{U \cdot J \cdot \sqrt{3} \cdot \cos \varphi}{1000}$

$$B_{kVA} = \frac{U \cdot J \cdot \sqrt{3}}{1000}.$$

In beiden Fällen ist also $B_{kVA} = \dfrac{B_{kW}}{\cos \varphi}$.)

Zur Berechnung der Kupferverluste sind in der Zahlentafel 19, S. 250, fur die einzelnen Zeitabschnitte gleicher Belastung die folgenden Werte zusammengestellt:

1. die Zeitdauer in Stunden (t);
2. die Belastung in kW (B_{kW});
3. der Leistungsfaktor $(\cos \varphi)$;
4. die Nutzarbeit in diesem Zeitabschnitt in kWh $(t \cdot B_{kW})$;
5. die Belastung in kVA $(B_{kVA} = B_{kW} / \cos \varphi)$;
6. der Kupferverlust während dieses Zeitabschnittes in kW
   $(7{,}8 \cdot 10^{-6} \cdot B_{kVA}{}^2)$;
7. der Kupferverlust in diesem Zeitabschnitt in kWh (Spalte 6 mal Spalte 1).

Danach beträgt der gesamte **Kupferverlust** im Jahre **nur 4056 kWh**. (Bei einiger Übung hätte man, da er mit J^2 sinkt, voraussehen können, daß sein Gesamtbetrag nur sehr klein wird, und hätte dann die ganze Berechnung gemäß der Tabelle durch eine Schätzung ersetzen können.)

Aus dem Kupferverlust und dem vorhin berechneten Eisenverlust folgt der **gesamte Jahresverlust** zu $4056 + 103\,000 \approx$ **107 000 kWh**.

Aus dem Jahresverlust und der Jahres-Nutzarbeit von $585\,000$ kWh (Spalte 4 der Zahlentafel 19) folgt die den Trafo's im Jahre zugefuhrte Arbeit zu $107\,000 + 585\,000 = 692\,000$ kWh.

Nutzarbeit und zugeführte Arbeit ergeben den **Jahreswirkungsgrad** zu

$$\frac{585\,000 \ \text{kWh}}{692\,000 \ \text{kWh}} = \textbf{0,85} \ [171,\ 26].$$

Zahlentafel 19

Die Spalten 4 (Nutzarbeit in kWh) und 7 (Kupferverlust in kWh) sind
aufsummiert.

Spalte	2	3	4	5	6	7
Dauer t in Stunden	Belastung B_{kW} in kW	Leistungsfaktor $\cos \varphi$	Nutzarbeit $t \cdot B_{kW}$ in kWh	Belastung B_{kVA} in kVA	Kupferverlust in kW	Kupferverlust in kWh
500	550	0,65	275 000	846	5,6	2800
200	500	0,70	100 000	714	4,0	800
400	300	0,90	120 000	333	0,87	348
900	100	0,80	90 000	125	0,12	108
6760	0	—	0	0	0	0
zus. 8760			585 000			4056

(Die Rechnung wird, besonders beim Gebrauch des Rechenschiebers,
genauer, wenn man zunächst den relativen Verlust bestimmt, $\dfrac{107\,000}{692\,000}$
$= 0,155$, und dann erst daraus den **Wirkungsgrad** zu $1 - 0,155 = \mathbf{0,845}$)

Bemerkung Man beachte, daß hier der Jahres-Wirkungsgrad mit 84,5 %
weit schlechter ist als der für Voll-Last garantierte und in den Preislisten angegebene Wirkungsgrad. Oft wird er noch viel schlechter, wenn nämlich der Eisenverlust größer ist als hier (1,3 %), und wenn die mittlere Belastung noch geringer
ist als hier angenommen wurde. Zuweilen liegt er unterhalb von 50 %.

Aufgabe 81: Wahl zwischen zwei Strom-Tarifen (einem reinen Kilowattstunden-Tarif und einem Grundgebühren-Tarif)

Einem Fabrikanten, der seinen Strombedarf von einem Elektrizitätswerk
beziehen will, werden die beiden folgenden Tarife a) und b) zur Auswahl
angeboten:

Tarif a)· Jede entnommene kWh kostet 9 Pfg.

Tarif b): Der Stromabnehmer zahlt

  1)· 100 Mark pro Jahr für jedes kW seiner Höchstbelastung, und
     außerdem

  2): 4 Pfg für jede entnommene kWh.

Der Fabrikant weiß, daß der zeitliche Verlauf seines Verbrauches an allen
Sommerwerktagen (150 Tage) der in **Abb. 59**, S. 251, gegebenen Sommer-

tags-Betriebskurve entsprechen wird, an allen 150 Winterwerktagen dagegen der ın **Abb. 60**, S. 251, gegebenen Wintertags-Betriebskurve, und daß der Verbrauch an den Festtagen verschwindend klein ist.

Fragen:

1. Wieviel wurde der Fabrikant jährlıch zu zahlen haben nach Tarif a)?

2. Wieviel nach Tarif b), und zwar

α) im ganzen,

β) im Durchschnitt fur je 1 kWh?

3. Unter welchen Umständen sind die Tarife a) und b) gleich gunstig?

4. Wie läßt sich durch Formel und Kurve der Jahresdurchschnitts-kWh-Preis gemaß Tarif b) als Funktion der Betriebsverhältnisse des Stromabnehmers darstellen?

5. Unter welchen Bedingungen ist der Tarif a), unter welchen der Tarif b) für den Stromabnehmer gunstiger, und zwar

α) bei den in der Aufgabe genannten Preisen,

β) allgemeın, d. h auch bei anderen Preisen, aber gleicher Tarifart?

Vorbemerkungen. Elektrische Arbeit ist keine Ware, insbesondere ist sie nicht oder doch nur mit großen Kosten und Verlusten speicherbar, wahrend andererseits die Nachfrage je nach der Tages- und Jahreszeit sehr stark schwankt. Deswegen kann sie vernunftigerweise nicht nach den bei speicherbaren Waren ublichen Preisbildungsgrundsätzen verkauft werden, nämlich zu einem festen Stück-, Liter-, Kilo- oder kWh-Preıs. Von den Waren entsprechen ihr noch am besten die leicht verderblichen mıt stark schwankender Nachfrage, bei denen ebenfalls starke Preisschwankungen ublich und berechtigt sind.

Der Stromlieferungsvertrag hat nun noch eine weitere Besonderheit· der Abnehmer kann (innerhalb gewisser Grenzen) ganz nach seinem Belieben und ohne vorherige Benachrichtigung des Elektrizitätswerkes

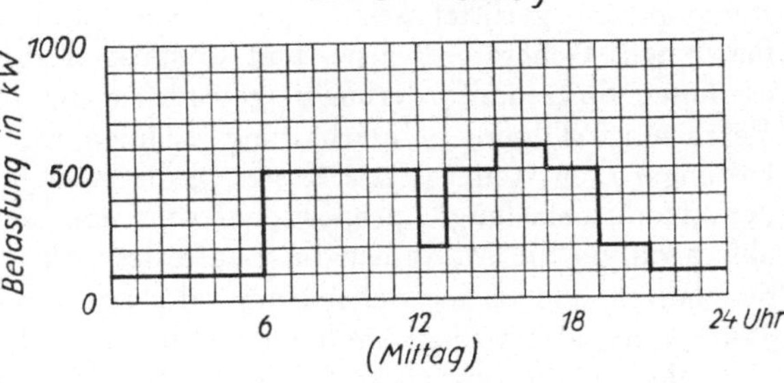

Abb 59

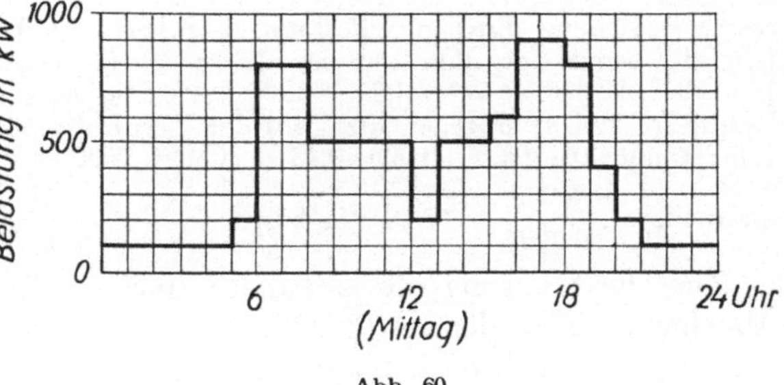

Abb. 60

plötzlich eine große Leistung [kW oder PS] beanspruchen, ohne daß das Elektrizitätswerk das bei jedem Warenlieferanten selbstverständliche Recht hätte, sich für ausverkauft zu erklären und die Anforderung abzulehnen oder zu beschränken. Das Werk muß daher jederzeit auf die zu erwartenden Leistungsspitzen gerüstet sein, d. h. so viele und so große Kessel, Dampfmaschinen, Generatoren usw. und so starke Kabel b e r e i t h a l t e n , daß es diesen Spitzenanforderungen gewachsen ist. Dadurch entstehen ihm an Verzinsung, Tilgung, Unterhaltung, Löhnen usw. große jährliche „Bereithaltungskosten" (oder „feste Kosten"), die etwa jener Spitzenleistung [kW], der „Höchstbelastung", proportional sind und wenig oder gar nicht davon abhängen, ob die Maschinen im Laufe des Jahres viele oder wenige Stunden laufen und ob sie dabei stark oder schwach belastet sind, ob also im Jahre viele oder wenige kWh erzeugt werden. Diese Umstände beeinflussen vielmehr nur die Betriebskosten (oder „beweglichen Kosten"), die etwa proportional mit der Anzahl der erzeugten kWh wachsen.

Entsprechend dieser Zusammensetzung der Stromselbstkosten des Elektrizitätswerkes ist es daher vernünftig, zweckmäßig und gerecht, auch den Stromverkaufspreis aus zwei Teilen bestehen zu lassen, nämlich aus einem Betrag, der nur von der von dem betreffenden Abnehmer im Laufe des Jahres entnommenen H ö c h s t l e i s t u n g (in kW!) abhängt (und der bei unserem Beispiel 100 M für ein Jahr und für je 1 kW des Höchstverbrauches des betreffenden Abnehmers ist, „Leistungsgebühr"), und aus einem nur von der entnommenen A r b e i t (in kWh!) abhängenden Betrag (der hier 4 Pfg für jede entnommene kWh beträgt, „Arbeitsgebühr").

Eine anschauliche Parallele bietet der Fernsprech-Gebührentarif der Bundespost, deren Selbstkosten ebenfalls aus großen Beträgen für die B e r e i t h a l t u n g der Apparate und Leitungen und aus kleinen Beträgen für die Herstellung der Gesprächsverbindungen besteht, so daß ihr ein Teilnehmer mit jährlich nur 3 Gesprächen fast dieselben Jahreskosten verursacht wie einer mit 100 Gesprächen Sie fordert daher beispielsweise den Tarif

1. eine „Anschlußgebühr" oder „Bereithaltungsgebühr" von 108 M für ein Jahr und einen Anschluß, und

2 außerdem eine „Gesprächsgebühr" von 15 Pfg für jedes Gespräch.

Ein großes Hotel, das, um seinen zahlreichen Gästen mit Zimmerfernsprechern eine rasche Bedienung durch das Postamt zu sichern, 10 Anschlüsse hat, bezahlt daher jährlich, wenn von ihm aus im Jahre 10 000 Gespräche angemeldet werden, $10 \cdot 108 + 10\,000 \cdot 0{,}15 = 1080 + 1500 = 2580$ M oder im Mittel 25,8 Pfg für jedes Gespräch Würde dagegen die Zahl der Gespräche 50 000 betragen, so würde die Jahressumme $10 \cdot 108 + 50\,000 \cdot 0{,}15 = 1080 + 7500 = 8580$ M sein und das Gespräch nur $\dfrac{858\,000}{50\,000} = 17{,}16$ Pfg kosten

Zur Durchführung dieses Tarifes muß das Elektrizitätswerk bei jedem Abnehmer außer dem A r b e i t s z ä h l e r , der die entnommenen k W h zählt, noch einen H ö c h s t v e r b r a u c h s m e s s e r aufstellen, der die seit der letzten Ablesung aufgetretene **Höchstleistung** (in kW) angibt und am Ende des Jahres abgelesen wird. (Meistens wird er monatlich abgelesen und es gilt zwecks Milderung von Härten und Ausschaltung von Zufälligkeiten für die Preisberechnung als Höchstleistung des Jahres nicht die höchste Monatsspitze, sondern etwa der Mittelwert aus den drei höchsten Monatsspitzen)

Die Notwendigkeit dieses zweiten Apparates und die Umständlichkeit der Preisberechnung sind die Gründe dafür, daß diese Tarifart meistens nur bei großen Stromabnehmern durchgeführt wird, wo diese Erschwerungen und die dadurch bedingten Kosten belanglos sind im Vergleich mit den großen jährlichen Geldbeträgen der Stromrechnung. Bei kleinen Stromabnehmern läßt dieser Tarif sich schlecht durchführen, obwohl er dort ebenso berechtigt wäre; oft verwenden daher die Elektrizitätswerke bei Kleinabnehmern andere Tarifarten, die mit geringeren Unkosten für besondere Zähler und mit geringerer Mühe für die Buchhaltung eine Annäherung an jenen aus den Stromselbstkosten abgeleiteten Tarif anstreben.

Lösung

Zu Frage 1.: Die Betriebskurve der Abb. 59, S. 251, für einen Sommerwerktag grenzt eine Fläche ab, die der an einem solchen Tage entnommenen Arbeit entspricht. Ihre Größe läßt sich leicht bestimmen, da sie sich aus lauter gleichen Quadraten zusammensetzt. Die Auszählung dieser Quadrate ergibt ihre Anzahl zu $1 \cdot 6 + 5 \cdot 6 + 2 + 5 \cdot 2 + 6 \cdot 2 + 5 \cdot 2 + 2 \cdot 2 + 1 \cdot 3 = 6 + 30 + 2 + 10 + 12 + 10 + 4 + 3 = 77$. In jedem kleinen Quadrat bedeutet die vertikale Seitenlänge 100 kW, die horizontale Seitenlänge 1 Stunde, die Fläche also 100 kW mal 1 h = 100 kWh, so daß der Verbrauch an einem solchen Tage $77 \cdot 100 = 7700$ kWh und im ganzen Sommer $150 \cdot 7700$ kWh beträgt.

Für den Winter ergibt entsprechend die Abb. 60, S. 251, eine Anzahl der kleinen Quadrate von $1 \cdot 5 + 2 + 8 \cdot 2 + 5 \cdot 4 + 2 + 5 \cdot 2 + 6 + 9 \cdot 2 + 8 + 4 + 2 + 1 \cdot 3 = 5 + 2 + 16 + 20 + 2 + 10 + 6 + 18 + 8 + 4 + 2 + 3 = 96$, also eine Tagesarbeit von 9600 kWh und eine Halbjahrsarbeit von $150 \cdot 9600$ kWh.

Die Arbeit des ganzen Jahres ist somit

$$150 \, (7700 + 9600) = 150 \cdot 17\,300 = 2\,595\,000 \text{ kWh,}$$

und der dafür nach Tarif a) zu **zahlende Geldbetrag:**

$$\frac{2\,595\,000 \cdot 9}{100} = \textbf{233\,550 M.}$$

Zu Frage 2.: Die Höchstbelastung des Jahres tritt gemäß Abb. 60, S. 251, an den Winterwerktagen von 16 bis 18 Uhr auf und beträgt 900 kW. Dafür ist also nach Tarif b) jährlich eine Leistungsgebühr von $900 \cdot 100 = 90\,000$ M zu zahlen.

Dazu kommt die Arbeitsgebuhr für die zu Frage 1. berechneten

$$2\,595\,000 \text{ kWh mit je 4 Pfg, was} \frac{2\,595\,000 \cdot 4}{100} = 103\,800 \text{ M ergibt.}$$

Im ganzen sind daher **jährlich zu zahlen·**

$$90\,000 + 103\,800 = \textbf{193 800 M} \text{ (Frage 2}\alpha\text{),}$$

oder im Durchschnitt fur **je eine entnommene kWh:**

$$\frac{19\,380\,000}{2\,595\,000} = \textbf{7,468 Pfg/kWh} \text{ (Frage 2}\beta\text{).}$$

Zu Frage 3.: Wenn die Jahreshochstleistung des Abnehmers N [kW] und sein Jahresverbrauch A [kWh] betragt, so hat er zu zahlen.

$$\text{nach Tarif a): } (9\,A) \text{ Pfg,}$$
$$\text{nach Tarif b): } (10\,000\,N + 4\,A) \text{ Pfg.}$$

Beide Tarife sind also genau gleich gunstig, wenn gilt

$$9\,A = 10\,000\,N + 4\,A \quad \text{oder}$$

$$(9 - 4)\,A = 5\,A = 10\,000\,N; \qquad \frac{A\,[\text{kWh}]}{N\,[\text{kW}]} = \frac{10\,000}{5} = 2000 \text{ Stunden.}$$

Die Tarife a) und b) sind also gleich gunstig, **wenn der Quotient aus dem Jahres-Verbrauch des Abnehmers (in kWh) durch die von ihm beanspruchte Höchstleistung (in kW) 2000 Stunden beträgt.**

Zu Frage 4.: Wenn gemäß den vorstehenden Ausfuhrungen zu Frage 3. bei einer Jahreshöchstleistung von N kW und einem Jahresverbrauch von A kWh nach Tarif b) im ganzen $(10\,000\,N + 4\,A)$ Pfg zu zahlen sind, so

ist das im Durchschnitt fur jede kWh $\dfrac{(10\,000\,N + 4\,A)}{A} = 10\,000\,\dfrac{N}{A} + 4$

$= (4 + \dfrac{10\,000}{A/N})\,$Pfg. Wenn man nun fur den Begriff (A/N) den Ausdruck „Jahresbenutzungsdauer (in Stunden) der (in kW gemessenen) Jahreshöchstleistung" einfuhrt, also diejenige (in Stunden gemessene) Zeit, die die Höchstleistung hätte andauern mussen, um allein den Jahresverbrauch zu ergeben, und diesen Wert mit B (Stunden) bezeichnet, so wird der Jahres-

durchschnittspreis D der kWh nach Tarif b): $D = (4 + \dfrac{10\,000}{B})$ Pfg/kWh.

Er ergibt sich also beispielsweise

bei $B =$	500	1000	2000	4000	6000	8000	Stunden
zu $D =$	24	14	9	6,5	5,67	5,25	Pfg/kWh

und kann als Funktion von B dargestellt werden durch eine gleichseitige Hyperbel mit den beiden Asymptoten $B = 0$ Std und $D = 4$ Pfg/kWh gemäß **Abb. 61**, S. 255.

Aus dieser Tabelle und aus der Kurve der Abb. 61, S. 255, läßt sich die Beantwortung der Frage 3. ohne weiteres entnehmen; insbesondere zeigt die Kurve sehr deutlich, daß der Durchschnittspreis nach Tarif b) dem nach Tarif a) gleich wird, wenn $B = 2000$ Std. ist.

Zu Frage 5.: Die zu Frage 4. abgeleitete Tabelle und die Kurve dei Abb. 61, S. 255, zeigen, daß bei Tarif b) der kWh-Durchschnittspreis uber dem nach Tarif a) (9 Pfg/kWh) liegt,

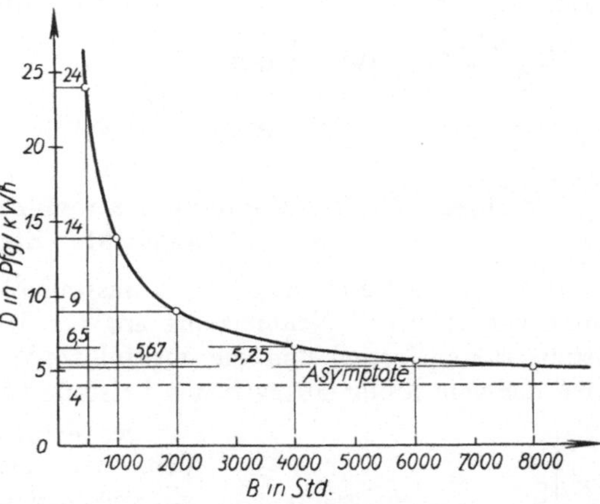

Abb 61 Jahres-Durchschnitts-Kilowattstunden-Preis D als Funktion der Jahres-Benutzungsdauer B der Jahres-Hochstleistung

wenn $B < 2000$ Std. ist, dagegen unter dem nach Tarif a) fur $B > 2000$ Std. Es ist also fur einen Abnehmer mit einer höheren durchschnittlichen Jahresbenutzungsdauer seiner Jahreshöchstleistung als 2000 Std der Tarif b) gunstiger, fur einen Abnehmer mit einem geringeren Wert von B dagegen der Tarif a) (Frage 5. α).

Dieser Grenzwert von 2000 Stunden für $B = A/N$ hat sich gemäß den Ausführungen zu Frage 3. ergeben aus der Beziehung

$$(9 - 4)\, A = 10\,000\, N; \qquad B = \frac{A}{N} = \frac{10\,000}{9 - 4} = 2000.$$

Die darin enthaltenen Ziffern (9; 10 000; 4) entsprechen den drei in den Tarifen enthaltenen Ziffern (Tarif a)· 9 Pfg/kWh; Tarif b): 100 M/kW und 4 Pfg/kWh). Wenn wir, um die Betrachtung zu verallgemeinern, die Ziffern durch Buchstaben ersetzen und die Tarife schreiben wie folgt

Tarif nach Art von a) . . . . c Pfg/kWh,

Tarif nach Art von b) . . . . d Mark/kW + e Pfg/kWh,

so wird jener Grenzwert fur B, bei dem beide Tarife dieselbe Geldsumme ergeben, eintreten bei:

$$B_{\text{Grenzwert}} = \frac{100\, d}{c - e} \text{ Stunden.}$$

Bei größeren Werten der Benutzungsdauer $B = A/N$ ist der Tarif nach Art von b) fur den Abnehmer günstiger, bei kleineren Werten von B dagegen der Tarif nach Art von a).

Der zu Frage 4. berechnete Durchschnittspreis nach Tarif b) von

$$(4 + \frac{10\,000}{B}) \text{ Pfg/kWh wird dann:}$$

$$(e + \frac{100\,d}{B}) \text{ Pfg/kWh}$$

Aufgabe 82: Berechnung der Stromkosten bei einem Tarif mit Leistungsfaktor-Klausel

Ein Fabrikant treibt seine Fabrik ausschließlich mittels eines Asynchronmotors von 1000 kW Nennleistung an, für den die **Abb. 62**, S. 256, den Leistungsfaktor ($\cos \varphi$) und die zugeführte Wirkleistung (N_{zu}) als Funktionen der vom Motor abgegebenen Leistung (N_{ab}) angibt.

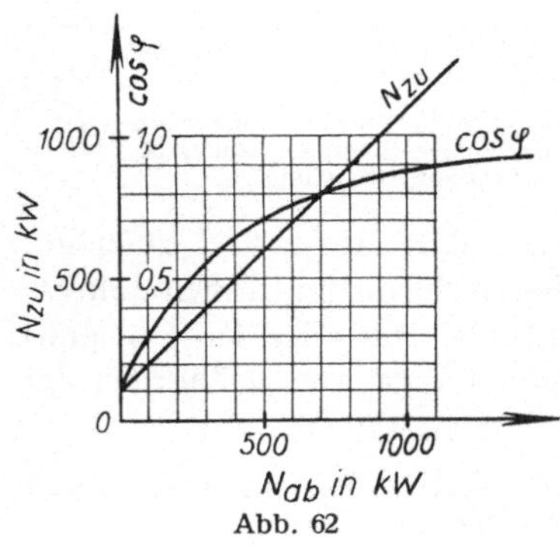

Abb. 62

Der Motor arbeitet im Jahre 3000 Stunden, davon 2000 Stunden lang mit einer abgegebenen Leistung von 200 kW, 1000 Stunden lang mit 600 kW.

Der Fabrikant hat mit dem Elektrizitätswerk, das ihm den Strom liefert, einen Vertrag geschlossen, der bezüglich des Strompreises die folgenden (auch sonst recht üblichen) Bestimmungen enthält·

P a r a g r a p h 1 : Es werden 2 Zähler eingebaut, von denen der eine die gelieferte Wirkarbeit (die Wirk-kWh, „WkWh") zählt, der andere dagegen die gelieferte Blindarbeit (die Blind-kWh, „BkWh").

P a r a g r a p h 2 : Der Strompreis beträgt 8 Pfg für jede WkWh.

P a r a g r a p h 3 · Bei dem Strompreis nach Paragraph 2 hat es sein Bewenden, wenn in dem betreffenden Rechnungsjahre der Jahresmittelwert des Leistungsfaktors genau 0,8 ist. Dabei soll unter dem Jahresmittelwert des Leistungsfaktors derjenige Wert verstanden werden, den der Leistungsfaktor des Stromverbrauches des Abnehmers in dem betreffenden Jahre gehabt haben müßte, wenn er, bei unveränderten Werten der Jahresentnahme an Wirkarbeit und an Blindarbeit, während des ganzen Jahres konstant gewesen wäre.

P a r a g r a p h 4 : Wenn jedoch der Jahresmittelwert von $\cos \varphi$ kleiner war als 0,8, so ist noch eine weitere Gebühr, die „Blindarbeitsgebühr" zu bezahlen. Sie beträgt 1 Pfg für jede BkWh, um die die in dem betreffenden Jahre gelieferte Blindarbeit größer war, als sie bei unveränderter Wirkarbeit und einem Jahresmittelwert des Leistungsfaktors von 0,8 gewesen wäre.

Paragraph 5   Wenn andererseits der Jahresmittelwert des $\cos\varphi$ sich höher als 0,8 ergeben sollte, so gewährt das Elektrizitätswerk dem Stromabnehmer eine Prämie von 0,5 Pfg fur jede BkWh, um die sein Blindarbeitsverbrauch in dem betreffenden Jahre geringer war, als er bei der entnommenen Wirkarbeit und einem Jahresmittelwert des $\cos\varphi$ von 0,8 gewesen wäre.

Fragen:

1. Wieviel Mark sind im Jahre für Strom zu zahlen?

2. Wie hoch dürfen die einmaligen Kosten der Auswechselung des Motors gegen einen solchen (kompensierten) Motor, der mit denselben Wirkungsgrad-Werten wie dieser Motor, aber dauernd mit $\cos\varphi = 1$ arbeiten wurde, höchstens sein, wenn sie sich durch die Stromkostenersparnis ohne Berücksichtigung von Zinsen in 5 Jahren bezahlt machen sollen?

3. Wie groß ist der „Jahresmittelwert des Leistungsfaktors"?

Losung

Vorbemerkungen. Hinsichtlich der Beziehungen zwischen Wirkarbeit, Blindarbeit und Scheinarbeit oder Wirk-, Blind- und Scheinleistung vergleiche man die Aufgabe 90, S. 284 ff., insbesondere die in ihrer Lösung gegebenen Vorbemerkungen [137].

Danach kann man aus diesen drei Größen ein rechtwinkliges Dreieck bilden mit dem Wirk- bzw. Blindwert als Katheten, dem Scheinwert als Hypotenuse, und dem Winkel φ zwischen „Wirk" und „Schein" bzw. gegenuber „Blind" [130]. (Vgl. Abb. 73, S. 286.)

Die Vorbemerkungen zur Lösung von Aufgabe 90, S.286 f., erläutern auch, weshalb die Elektrizitätswerke mit Recht niedrige Werte von $\cos\varphi$ besteuern und hohe Werte prämiieren, wie es der hier angegebene Tarif vorsieht [168, 169]. Der Wert $\cos\varphi = 0,8$ ist beim Vertragsabschluß als Norm angesehen und daher als Grenze zwischen den beiden Gebieten festgelegt, in denen entweder eine Blindarbeitsgebuhr oder eine Prämie fällig wird

Die Fassung der hierauf bezüglichen Tarifbestimmungen könnte weit einfacher sein, wenn der Stromverbrauch des Stromabnehmers, auf den sich der Vertrag bezieht, obschon hinsichtlich seines Kilowatt-Betrages zeitlich schwankend, so doch stets mit demselben Wert fur $\cos\varphi$ erfolgen wurde. Das ist aber nicht der Fall; denn auch bei demselben Abnehmer wechselt je nach Tageszeit und sonstigen Betriebsanforderungen das Verhältnis zwischen Lichtstrom fur Glühlampen, deren Verbrauch fast genau mit $\cos\varphi = 1$ erfolgt, und Motorenstrom, der meistens einen niedrigeren Leistungsfaktor hat; außerdem ergibt ein und derselbe Motor je nach seiner größeren oder geringeren Belastung sehr verschiedene Werte von $\cos\varphi$, wie die zur Aufgabe gehörende Abb. 62, S. 256, zeigt, so daß auch die in den meisten Betrieben üblichen Schwankungen der Motoren b e l a s t u n g zugleich erhebliche Schwankungen des cos φ verursachen.

Aus diesen Gründen muß der Tarif mit einem Jahres- (oder Monats-) M i t t e l w e r t des cos φ rechnen und braucht dazu textliche Definitionen, die entweder, wie hier, ziemlich umständlich und schwer lesbar, oder, was recht häufig vorkommt, nicht ganz eindeutig zu sein pflegen. Wenn man beiden Vertragsparteien zutrauen dürfte, daß sie ein wenig Mathematik verstehen, würde man kurz und eindeutig definieren:

$$\text{,,Jahresmittel von } \cos \varphi = \cos \varphi' = \cos \arg \operatorname{tg} \frac{\int J \cdot U \cdot \sqrt{3} \cdot \sin \varphi \cdot d\,t}{\int J \cdot U \cdot \sqrt{3} \cdot \cos \varphi \cdot d\,t}$$

wobei die Integrale uber das ganze Jahr zu nehmen sind und den Angaben des Blind- bzw. des Wirkarbeitszählers entsprechen" [*136, 137, 146*].

Es ist leicht einzusehen, daß die in Paragraph 3 des Tarifes enthaltenen Worte sich mit dieser Formulierung decken: Wenn nämlich, entsprechend dem Wortlaut des Paragraphen 3, cos φ und folglich auch φ und tg φ während des ganzen Jahres stets konstant gewesen wären, nämlich gleich cos φ' bzw. φ' bzw. tg φ', so wäre in jedem Augenblick gewesen:

Blindleistung = Wirkleistung mal tg φ',

folglich auch für das ganze Jahr:

Jahres-Blindarbeit = Jahres-Wirkarbeit mal tg φ'.

Daraus ergibt sich

$$\operatorname{tg} \varphi' = \frac{\text{Jahres-Blindarbeit}}{\text{Jahres-Wirkarbeit}},$$

$$\varphi' = \arg \operatorname{tg} \frac{\text{Jahres-Blindarbeit}}{\text{Jahres-Wirkarbeit}},$$

$$\cos \varphi' = \cos \arg \operatorname{tg} \frac{\text{Jahres-Blindarbeit}}{\text{Jahres-Wirkarbeit}},$$

woraus folgt, daß der mit den Worten des Paragraphen 3 definierte cos φ' gleich dem vorhin durch die Integrale definierten Jahresmittel von cos φ ist. Natürlich kann man auch etwa so definieren:

„Als Jahres-Mittelwert des Leistungsfaktors soll der cosinus desjenigen Winkels gelten, dessen tangens gleich dem Quotienten aus den Jahresangaben des Blindarbeitszählers durch die des Wirkarbeitszählers ist."

Der Paragraph 4 besagt, daß bei einer bestimmten Wirkarbeit höchstens eine bestimmte Blindarbeit ohne Erhebung einer Blindarbeitsgebühr zugestanden wird, nämlich soviele BkWh, als bei der wirklich in dem betreffenden Jahre verbrauchten Wirkarbeit bei dem als konstant angenommenen Wert cos φ = 0,8 hätten geliefert werden müssen.

Um dies deutlich zu erkennen, zeichnen wir gemäß **Abb. 63**, S. 259, ein rechtwinkliges Dreieck mit einer waagerechten Kathete, die die Wirkarbeit darstellen soll, indem wir den Vektor der Spannung als horizontal nach rechts weisend annehmen, und einer senkrecht nach unten gerichteten Kathete, die die Blindarbeit darstellt, da sie auf der Spannung senkrecht steht. Der cosinus des der Blindarbeit

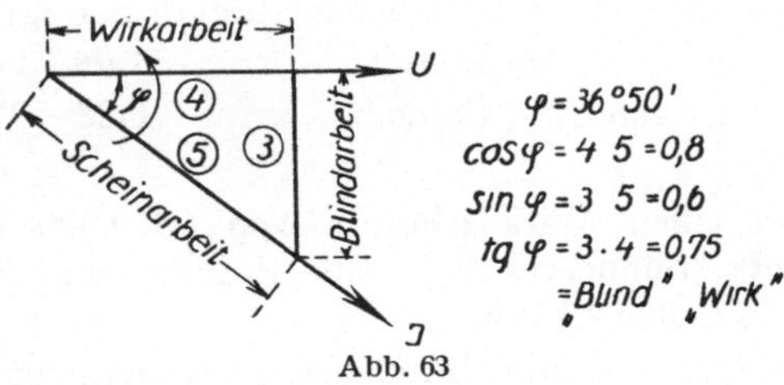

Abb. 63

gegenüberliegenden Winkels φ soll 0,8 werden. Dies trifft zu, wenn wir die Länge der vertikalen Kathete, in beliebigen Längeneinheiten gemessen, gleich 3, die der horizontalen Kathete gleich 4 machen, wobei die Hypotenuse, die die Scheinarbeit darstellt, gleich 5 wird. Die auf diese Weise entstandene Abb. 63, S. 259, zeigt, daß für jenen im Tarif vorgesehenen Grenzfall (weder Sondergebühr noch Prämie) die Beziehungen gelten.

$$\cos \varphi = 4/5 = 0,8; \quad \sin \varphi = 3/5 = 0,6; \quad tg\ \varphi = 3/4 = 0,75;$$

in Worten: „B l i n d a r b e i t = 0,7 5 m a l W i r k a r b e i t.“

Diese Beziehung ergibt also bequem jene Grenze für die straf- und prämienfreie Höhe der Blindarbeit. Der Überschuß der Blindarbeit über diesen Grenzwert wird mit je 1 Pfg für jede „Mehr-BkWh“ bestraft, das Zurückbleiben der Blindarbeit hinter dieser als Norm betrachteten Grenze dagegen mit je 0,5 Pfg für jede „Weniger-BkWh“ belohnt.

An Hand dieser Vorbemerkungen beantworten sich nun die Fragen sehr leicht:

Auswertung.

Zu Frage 1.: Der Motor läuft 2000 Stunden lang mit $N_{ab} = 200$ kW. Die Kurve für N_{zu} der Abb. 62, S. 256, ergibt zu $N_{ab} = 200$ kW den Wert $N_{zu} = 300$ kW, so daß der Verbrauch an Wirkarbeit in diesen 2000 Stunden $2000 \cdot 300 = 600\,000$ WkWh beträgt.

Entsprechend ergibt sich für die anderen 1000 Betriebsstunden mit $N_{ab} = 600$ kW aus der Kurve $N_{zu} = 700$ kW und somit eine Wirkarbeit von $1000 \cdot 700 = 700\,000$ WkWh.

Die gesamte Jahres-Wirkarbeit ist daher $600\,000 + 700\,000 = 1\,300\,000$ WkWh.

Der Leistungsfaktor des Stromverbrauchs des Motors ist gemäß der $\cos \varphi$-Kurve der Abb. 62, S. 256, etwa:

$$\text{bei } N_{ab} = 200 \text{ kW} \ldots\ldots \cos \varphi = 0,45;$$
$$\text{bei } N_{ab} = 600 \text{ kW} \ldots\ldots \cos \varphi = 0,75.$$

Dem Wert $\cos \varphi = 0,45$ entspricht etwa $\varphi = 63° 15'$ und $tg\ \varphi = 1,98;$ dem Wert $\cos \varphi = 0,75$ entspricht etwa $\varphi = 41° 25'$ und $tg\ \varphi = 0,88.$

Der jährliche Blindarbeitsverbrauch betragt demnach

in den 2000 Stunden . . . . . 1,98 · 600 000 = 1 188 000 BkWh,

in den 1000 Stunden . . . . . 0,88 · 700 000 =   616 000 BkWh,

zusammen 1 804 000 BkWh.

Bei einem Wirkverbrauch von 1 300 000 WkWh liegt die Grenze zwischen Sondergebuhr und Prämie fur Blindarbeit bei 0,75 · 1 300 000 = 975 000 BkWh.

Der wirkliche Blindarbeitsverbrauch war größer als dieser Wert und zwar um 1 804 000 — 975 000 = 829 000 BkWh. Fur diesen Mehrverbrauch an Blindarbeit ist daher gemäß Paragraph 4 des Tarifes eine **Blindarbeitsgebühr** zu zahlen von

829 000 mal 1 Pfg = **8290 Mark**

Dazu kommen die **Wirkarbeitskosten** für

1 300 000 WkWh zu je 8 Pfg = **104 000 Mark**,

so daß sich die **gesamten Jahresstromkosten** ergeben zu:

104 000 + 8290 = **112 290 Mark**.

Zu Frage 2.: Bei Auswechselung des Motors gegen einen anderen mit gleichem Wirkungsgrad, aber $\cos \varphi = 1$, wurden die Menge der jährlichen Wirkarbeit (1 300 000 WkWh) und ihre Kosten (104 000 M) unverändert bleiben. Die Blindarbeit wurde jedoch ganzlich fortfallen. Der Blindarbeitsverbrauch wurde also um 975 000 BkWh kleiner sein als der zu Frage 1. berechnete Grenzwert, bei dem die Blindarbeitsgebuhr oder die Prämie beginnt. Gemäß Paragraph 5 des Tarifes wurde daher das Elektrizitätswerk dem Stromabnehmer in diesem Falle eine Jahrespramie von

$$\frac{975\,000 \cdot 0,5}{100} = 4875 \text{ M}$$

gewähren, so daß er fur den Strombezug im Jahre nur 104 000 — 4875 = 99 125 M zu zahlen hätte.

Er wurde demgemäß an **Stromkosten** jährlich **sparen**

112 290 — 99 125 = 13 165 M,

in 5 Jahren also 5 · 13 165 = **65 825 M**.

Soviel dürfte also höchstens die Auswechselung des Motors kosten, und zwar die Beschaffung des neuen Motors einschließlich aller Nebenkosten für Anlasser, sonstige Apparate und Instrumente, Fracht, Montage, Änderung der Leitungen usw., aber unter Absetzung des Erlöses beim Verkauf des alten Motors.

Zu Frage 3.: Aus der Blindarbeit (1 804 000 BkWh) und der Wirkarbeit (1 300 000 WkWh) eines Jahres folgt der tangens des Jahresmittelwertes φ'.

$$\operatorname{tg} \varphi' = \frac{1\,804\,000}{1\,300\,000} = 1,388.$$

Daraus ergibt sich der Jahresmittelwert des Leistungsfaktors $\cos \varphi'$ entweder an Hand einer Tafel der Kreisfunktionen

$$\varphi' = 54° \; 14'; \qquad \cos \varphi' = \mathbf{0{,}5845}$$

oder aus der Beziehung $\cos \alpha = 1/\sqrt{1 + \mathrm{tg}^2 \alpha}$ [6]

$$\mathrm{tg}^2 \varphi' = 1{,}9265; \quad \sqrt{2{,}9265} = 1{,}7107;$$

$$\cos \varphi' = 1/1{,}7107 = \mathbf{0{,}5846}.$$

Aufgabe 83: Wirkung einer Änderung der Leistungsfaktor-Klausel in einem Stromlieferungsvertrag

Zwischen einem Elektrizitätsversorgungsunternehmen (EVU) und einer Fabrik stehen die Verhandlungen uber die Versorgung der Fabrik mit Hochspannungsdrehstrom nahe vor dem Abschluß auf Grund des folgenden Tarifes „A":

„Die Fabrik zahlt·

1. eine Leistungsgebühr von 60 M für je ein volles Kalenderjahr und je ein kW der in demselben von der Fabrik entnommenen Höchstleistung (Leistungsspitze);

2. außerdem eine Arbeitsgebühr von 3,50 Pfg fur jede entnommene WkWh (Wirk-kWh);

3. außerdem, fur den Fall, daß der durchschnittliche Leistungsfaktor ($\cos \varphi$) der Entnahme der Fabrik im Kalenderjahre kleiner ausfallen sollte als 0,8, einen Betrag für die dadurch bedingte Mehrentnahme an Blindarbeit, und zwar für jede Mehr-BkWh (Blind-kWh) 12 % der unter 2. festgesetzten WkWh-Arbeitsgebühr."

Bei den Schlußverhandlungen gelingt es dem Vertreter des EVU, statt dieses Tarifes „A" einen Tarif „B" in den Vertrag zu bringen. der im übrigen dem Tarif „A" gleicht, jedoch unter Ziffer 3. die Zahl 0,8 durch 0,9 und die Zahl 12 % durch 10 % ersetzt.

Fragen:

1. Um wieviel % ändert sich der von der Fabrik für Strom zu zahlende Jahresbetrag durch diese Tarifänderung, wenn angenommen wird, daß der durchschnittliche Jahres-Leistungsfaktor in Wirklichkeit 0,7 werden und die durchschnittliche Jahresbenutzungsdauer der entnommenen Leistungsspitze 2000 Stunden betragen wird?

B e m e r k u n g. Man beachte, daß zum Zweck dieser Feststellung weder die Leistungsspitze noch die gesamte Jahresentnahme zahlenmäßig bekannt zu sein braucht Tarife dieser Art und Form sind bei Verträgen uber die Lieferung großer Strommengen durchaus ublich. Etwas ausfuhrlichere Betrachtungen ubcr die hier vorkommenden Begriffe enthalten Aufgabe 81, S 250 ff , und Aufgabe 82, S 256 ff., die der Leser daher zweckmäßig vor dieser Aufgabe bearbeitet

2. Um wieviel M ändert sich der fur die Jahresentnahme zu zahlende Betrag, wenn außer den zu 1. gemachten Annahmen noch die Jahresentnahme zu $2 \cdot 10^6$ WkWh angenommen wird?

Lösung

Zu Frage 1.: Die Blindleistung eines Drehstromes [137] ist $J \cdot U \cdot \sqrt{3} \cdot \sin \varphi$, die Wirkleistung $J \cdot U \cdot \sqrt{3} \cdot \cos \varphi$ [136], das Verhältnis beider zueinander also: Blindleistung/Wirkleistung $= \sin \varphi / \cos \varphi = \operatorname{tg} \varphi$; Blindleistung $=$ Wirkleistung mal $\operatorname{tg} \varphi$. Für die drei hier in Frage kommenden Werte von $\cos \varphi$, nämlich 0,8, 0,7 und 0,9 sind die entsprechenden Winkelfunktionen:

$$\cos \varphi_1 = 0{,}800; \quad \sin \varphi_1 = 0{,}600; \quad \operatorname{tg} \varphi_1 = 0{,}600/0{,}800 = 0{,}750;$$
$$\cos \varphi_2 = 0{,}700; \quad \sin \varphi_2 = 0{,}715; \quad \operatorname{tg} \varphi_2 = 0{,}715/0{,}700 = 1{,}021;$$
$$\cos \varphi_3 = 0{,}900; \quad \sin \varphi_3 = 0{,}436; \quad \operatorname{tg} \varphi_3 = 0{,}436/0{,}900 = 0{,}485.$$

Für je eine WkWh entnimmt also die Fabrik auch 1,021 BkWh. Davon bleiben beim Tarif „A" 0,750 BkWh, beim Tarif „B" dagegen nur 0,485 BkWh gebuhrenfrei. Der überschießende Teil muß bezahlt werden, also bei Tarif „A": $1{,}021 - 0{,}750 = 0{,}271$ BkWh mit je $0{,}12 \cdot 3{,}50 = 0{,}42$ Pfg, zusammen also mit $0{,}271 \cdot 0{,}42 = 0{,}1138$ Pfg, bei Tarif „B" dagegen $1{,}021 - 0{,}485 = 0{,}536$ BkWh mit je $0{,}10 \cdot 3{,}50 = 0{,}350$ Pfg, zusammen also mit $0{,}536 \cdot 0{,}350 = 0{,}1876$ Pfg.

Der Tarif „B" verteuert also den gesamten Strombezug fur je eine entnommene WkWh um $0{,}1876 - 0{,}1138 = 0{,}0738$ Pfg. Um dies in $\%$ des ganzen Jahresbetrages ausdrücken zu können, müssen wir auch diesen auf je eine WkWh umlegen. Die Annahme, daß die durchschnittliche Jahresbenutzungsdauer der Leistungsspitze 2000 h beträgt, kann auch so ausgedrückt werden, daß auf je 1 kW der Spitze (also auf je 60 M Jahresleistungsgebuhr nach Ziffer 1.) 2000 entnommene WkWh entfallen, so daß die Leistungsgebühr $\dfrac{6000}{2000} = 3{,}00$ Pfg/WkWh ausmacht. Zusammen mit den Beträgen nach Ziffer 2. und 3. kostet also insgesamt die WkWh nach Tarif „A": $3{,}00 + 3{,}50 + 0{,}1138 = 6{,}6138$ Pfg. Nach **Tarif „B"** kostet sie also um $\dfrac{0{,}0738}{6{,}6138} \cdot 100\,\% \approx \mathbf{1{,}116\,\%}$ **mehr** als nach Tarif „A".

Zu Frage 2.: Der weniger sachkundige oder langsamer denkende Verhandlungsvertreter der Fabrik hat dadurch, daß er sich durch das scheinbare Entgegenkommen hinsichtlich des Einheitspreises der BkWh ($10\,\%$ statt $12\,\%$) irrefuhren ließ und die Wirkung der anderen Tarifänderung (0,9 statt 0,8) nicht uberblickte, die von ihm vertretene Partei bei Annahme einer Jahresentnahme von 2 Millionen WkWh, also einer Jahresstromrechnung von rund 132 000 M um rund $1{,}116 \cdot 10^{-2} \cdot 132\,000 = \mathbf{1473\ M\ j\ddot{a}hrlich}$ geschädigt.

Aufgabe 84: Verbesserung des Leistungsfaktors einer elektrischen Motoren-Anlage durch Aufstellung eines über-erregten Synchronmotors (Phasenschiebers)

Bei der Erweiterung eines großen Steinbruchbetriebes reichte die vorhandene eigene Stromerzeugungsanlage nicht mehr aus und man entschied sich daher für Fremdbezug der gesamten erforderlichen elektrischen Arbeit aus dem Überlandnetz.

Vom Überlandwerk wurde beim Abschluß des Stromlieferungsvertrages die Bedingung gestellt, daß der Jahresmittelwert des Leistungsfaktors des Steinbruchbetriebes mindestens 0,96 sein müsse. Deshalb wurde als Antriebsmotor für den bei der Erweiterung des Steinbruchbetriebes erforderlichen neuen Kompressor ein Synchronmotor gewählt; dieser soll nicht nur die fur den Antrieb des neuen Kompressors nötige Wirkleistung von 105 kW abgeben, sondern auch die für die Phasenverbesserung der bereits vorhandenen Asynchronmotoren des Steinbruchs nötige Blindleistung liefern.

Diese bereits vorhandenen Motoren sind:

2 größere Asynchronmotoren mit einer Leistungsaufnahme von zusammen 110 kW bei $\cos \varphi = 0{,}82$ und

16 kleine Asynchronmotoren mit einer Leistungsaufnahme von zusammen 90 kW bei $\cos \varphi = 0{,}67$.

Fragen:

1. Welche Blindleistung hat der Synchronmotor zu liefern, um bei voller Belastung aller Motoren den $\cos \varphi$ des ganzen Steinbruchbetriebes auf 1 zu bringen?

2. Mit welchem $\cos \varphi$ arbeitet dann der Synchronmotor? (Für die Berechnung werde ein Wirkungsgrad des Synchronmotors von 0,90 zugrunde gelegt.)

3. Für wieviel kVA muß der Synchronmotor mindestens bemessen werden?

Alle Fragen sind zunächst d u r c h R e c h n u n g , dann auch durch z e i c h n e r i s c h e B e h a n d l u n g zu lösen.

Lösung

Durch Rechnung.

Zu Frage 1.: In den Vorbemerkungen zur Lösung der Aufgabe 90, S. 284 ff., ist erörtert, weshalb die Elektrizitätswerke allgemein ein berechtigtes Interesse daran haben, daß der Leistungsfaktor ihrer Abnehmer möglichst gleich „Eins" ist. Im vorliegenden Falle hat offenbar die Überlandzentrale dem Steinbruchbesitzer einen sehr gunstigen Strompreis eingeräumt, als Gegenleistung aber die Bedingung gestellt, daß für den Stromverbrauch des Steinbruches der $\cos \varphi$ nahezu gleich 1, nämlich mindestens 0,96 sein müsse.

Die vorhandenen Motoren haben nun recht erhebliche Phasenverschiebung, nämlich $\cos \varphi = 0{,}82$ bzw. $0{,}67$, und zwar eilt bei ihnen der Strom **h i n t e r** der Spannung her (wie stets bei Asynchronmotoren, „induktive Belastung") [166]. Der neue Synchronmotor soll deswegen so stark (mit Gleichstrom) erregt („über-erregt") werden, daß er **v o r e i l e n d e n** Strom aufnimmt (als „kapazitive Belastung" wirkt), und zwar so viel, daß der Vektor des von den alten Motoren und dem neuen Motor aufgenommenen Gesamtstromes J_Σ genau in die Richtung des Spannungsvektors fällt, $\cos \varphi$ also für jenen Gesamtstrom gleich 1 wird [169, 168].

In **Abb. 64**, S. 264, in der der Vektor der Spannung U als horizontal nach rechts weisend angenommen ist und alle Vektoren gegen den Uhrzeiger-Drehsinn laufen (wie üblich), stelle J_{Asy} den Strom der Asynchronmotoren dar, $J_{Bl\,Asy}$ ihren Blindstrom, $J_{W\,Asy}$ ihren Wirkstrom, φ_{Asy} ihre Phasenverschiebung, in **Abb. 65**, S. 264, J_{Sy}, $J_{Bl\,Sy}$, $J_{W\,Sy}$, φ_{Sy} die entsprechenden Werte für den Synchronmotor; dann ergibt sich gemäß **Abb. 66**, S. 264, der Gesamtstrom aller Motoren durch **g e o m e t r i s c h e** Zusammensetzung von J_{Asy} und J_{Sy} in der Weise, wie man auch andere Vektoren. z. B. Kräfte oder Geschwindigkeiten addiert. Die „Resultante" (oder, wenn

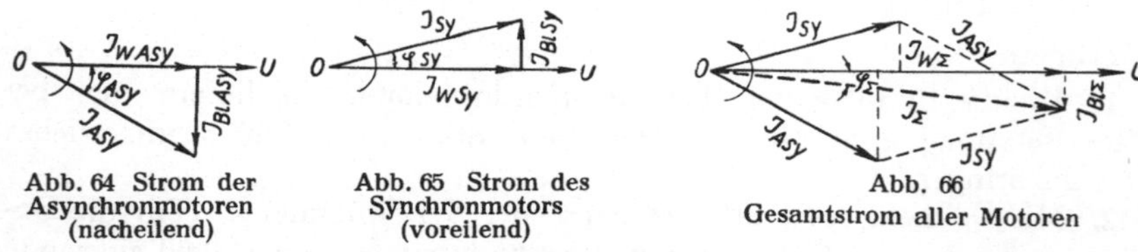

Abb. 64 Strom der Asynchronmotoren (nacheilend)   **Abb. 65 Strom des Synchronmotors (voreilend)**   **Abb. 66 Gesamtstrom aller Motoren**

man durchaus das ganze Parallelogramm zu zeichnen für nötig hält, dessen Diagonale) stellt dann den Gesamtstrom J_Σ dar [130, 137]. Seine Wirk-Komponente $J_{W\Sigma}$ ist gleich $J_{W\,Asy} + J_{W\,Sy}$, seine Blind-Komponente $J_{Bl\Sigma}$ ergibt sich aus der Addition von $J_{Bl\,Asy}$ und $J_{Bl\,Sy}$, wobei jedoch auf deren verschiedene Vorzeichen zu achten ist. In Abb. 66, S. 264, ist $J_{Bl\Sigma}$ noch nacheilender Strom, weil $J_{Bl\,Asy}$ größer war als $J_{Bl\,Sy}$. Der nacheilende Strom der Asynchronmotoren ist zwar verringert (von $J_{Bl\,Asy}$ auf $J_{Bl\,Asy} - J_{Bl\,Sy}$), aber nicht völlig kompensiert. Der Winkel φ ist zwar verkleinert von φ_{Asy} auf φ_Σ, aber noch nicht Null geworden, der $\cos \varphi$ zwar erhöht von $\cos \varphi_{Asy}$ auf $\cos \varphi_\Sigma$, aber noch nicht 1 geworden.

Offenbar wird die Kompensation vollständig, d.h. $\varphi_\Sigma = 0$, $\cos \varphi_\Sigma = 1$, wenn, abgesehen vom Vorzeichen, $J_{Bl\,Asy} = J_{Bl\,Sy}$ ist oder die Blindleistung $N_{Bl\,Asy} = J_{Bl\,Asy} \cdot U \cdot \sqrt{3} = N_{Bl\,Sy} = J_{Bl\,Sy} \cdot U \cdot \sqrt{3}$ [136, 137]. Die

Frage 1. ist also erledigt, wenn wir die Blindleistung der Asynchronmotoren bei voller Belastung angeben können.

Diese Blindleistung ist gleich der Summe der Blindleistungen der beiden Gruppen von Asynchronmotoren, uber die Angaben vorliegen. Dabei brauchen wir auf das Vorzeichen diesmal nicht zu achten, weil Asynchronmotoren stets nacheilenden Blindstrom aufnehmen.

Nun arbeitet die Gruppe der großen Asynchronmotoren mit 110 WkW bei $\cos \varphi = 0{,}82$. Gemäß Abb. 64, S. 264, 65, S. 264, oder 66, S. 264, ergibt sich der Blindstrom aus dem Wirkstrom durch Multiplikation mit tg φ, und das Entsprechende gilt naturlich auch für die Blind- und Wirkleistung. Zu $\cos \varphi = 0{,}82$ ist daher zunächst der zugehörige Wert tg φ zu suchen, entweder mittels einer Tafel der Winkelfunktionen

$$\varphi = 34{,}915°; \qquad \text{tg } \varphi = 0{,}69800,$$

oder nach der Beziehung tg $\alpha = \sqrt{1 - \cos^2 \alpha}\ /\ \cos \alpha$:

$$\cos^2 \varphi = 0{,}6724; \quad 1 - \cos^2 \varphi = 0{,}3276;$$

$$\sqrt{0{,}3276} = 0{,}572\,36; \quad \text{tg } \varphi = \frac{0{,}572\,36}{0{,}82} = 0{,}698\,00.$$

Demnach ist die Blindleistung der zwei großen Asynchronmotoren $110 \cdot 0{,}698 = 76{,}78$ BkW.[1]

Analog ergibt sich für die Gruppe der 16 kleinen Asynchronmotoren:

$$\cos \varphi = 0{,}67; \quad \varphi = 47{,}933°; \quad \text{tg } \varphi = 1{,}1080$$

oder:
$$\cos^2 \varphi = 0{,}4489; \quad 1 - \cos^2 \varphi = 0{,}5511;$$

$$\sqrt{0{,}5511} = 0{,}742\,36; \quad \text{tg } \varphi = \frac{0{,}742\,36}{0{,}67} = 1{,}1080;$$

$$N_{Bl} = 90 \cdot 1{,}108 = 99{,}72 \text{ BkW}.$$

Für alle Asynchronmotoren zusammen ist daher die **Blindleistung**

$76{,}78 + 99{,}72 = $ **176,50 BkW,** womit die Frage 1. beantwortet ist.

Zu Frage 2.: Der neue Kompressor erfordert eine Leistungs a b g a b e des Synchronmotors von 105 kW, also eine Leistungsaufnahme desselben von $\dfrac{105}{0{,}90} = 116{,}67$ kW [26]. Außer dieser Wirkleistung fließt in ihn noch die soeben zu 176,50 BkW ermittelte Blindleistung. Gemäß Abb. 65, S. 264, ist tg $\varphi_{Sy} = \dfrac{N_{Bl\,Sy}}{N_{W\,Sy}}$, hier also gleich $\dfrac{176{,}50}{116{,}67} = 1{,}513$.

Daraus ergibt sich der Leistungsfaktor des Synchronmotors, nach dem gefragt ist, entweder mittels einer Tafel der Kreisfunktionen:

$$\varphi_{Sy} = 56{,}534°; \quad \cos \varphi_{Sy} = 0{,}5514$$

---

[1] Bezuglich der Benennung der Einheiten fur Blind- oder Scheinleistungen (kW, BkW, SkW, kVA) vergleiche man die Bemerkungen am Schluß der Lösung von Aufgabe 75, S. 230.

oder aus der Beziehung $\cos \alpha = \dfrac{1}{\sqrt{1 + \mathrm{tg}^2\,\alpha}}$:

$$\mathrm{tg}^2\,\varphi_{Sy} = 2{,}289; \quad \sqrt{3{,}289} = 1{,}8135;$$

$$\cos \varphi_{Sy} = \frac{1}{1{,}8135} = \mathbf{0{,}5514}.$$

Zu Frage 3.: Der Synchronmotor muß (gemäß der Lösung zu Frage 1.) 176,50 BkW und außerdem (gemäß der Lösung zu Frage 2.) 116,67 WkW aufnehmen. Seine **Scheinleistung** wird dargestellt durch die Hypotenuse des rechtwinkligen Dreiecks, in dem jene beiden Werte die Katheten sind; sie beträgt also

$$\sqrt{176{,}50^2 + 116{,}67^2} = \sqrt{31\,152 + 13\,611} = \sqrt{44\,763} = \mathbf{211{,}57\ kVA}.$$

Für diesen Wert muß der Synchronmotor daher mindestens bemessen sein.

Man beachte, daß bei allen elektrischen Maschinen die Erwärmung vom Strom abhängt, nicht vom $\cos \varphi$, demgemäß bei gegebener Spannung von der Scheinleistung $J \cdot U \cdot \sqrt{3}$, nicht von der Leistung $J \cdot U \cdot \sqrt{3} \cdot \cos \varphi$. Daher wäre es unzweckmäßig, die Größe von Generatoren und Transformatoren nach der Leistung (in kW), die sie höchstens dauernd vertragen, bezeichnen zu wollen; dies hätte nur dann einen Sinn, wenn man einen bestimmten Wert $\cos \varphi$ zugrunde legen wurde; und das wäre deswegen wenig logisch, weil der Wert $\cos \varphi$ nicht von der Maschine abhängt, sondern von den angeschlossenen Stromverbrauchern. Deswegen ist es allgemein üblich, die Größe von Generatoren und Transformatoren nach ihrer höchstzulässigen Dauer-Scheinleistung (in kVA) zu bezeichnen und diesen Wert auf ihrem Leistungsschild anzugeben. Dies gilt auch für den Synchronmotor, weil er nur zum Teil als Motor wirkt, zum Teil dagegen als Blindleistungsgenerator, der nacheilenden Blindstrom abgibt. (Vgl. auch die Aufgaben 76 und 77.)

Durch Zeichnung.

Die Aufgabe kann anstatt, wie vorstehend, durch Rechnung, auch durch Zeichnung gelöst werden gemäß der **Abb. 67**, S. 267, und der folgenden Anweisung:

Wir wählen die Richtung des Spannungsvektors und den Drehsinn ebenso wie in Abb. 64, S. 264, Abb. 65, S. 264, Abb. 66, S. 264, und ferner einen Maßstab für kW. Um O schlagen wir einen Kreis mit dem Radius 100. Es könnten 100 mm, Doppelmillimeter, halbe Millimeter oder irgendwelche beliebige andere Einheiten sein; der Bequemlichkeit wegen nehmen wir 100 Einheiten des kW-Maßstabes. Bei der Abszisse 82 (von 0 aus gerechnet) errichten wir ein Lot, das bei A den Kreis schneidet, und ziehen den Strahl OA. Dann bildet OA mit U einen Winkel, dessen cosinus den Wert 0,82 hat; folglich hat OA die Richtung der Scheinleistung der

Gruppe I der Asynchronmotoren. Bei der Abszisse 110 errichten wir in C ein Lot, das O A in B trifft. Dann ist O B die Scheinleistung jener Gruppe I nach Richtung, Sinn und Größe. (Ihre Wirk - Komponente ist 110 kW; ihre Blind-Komponente ist C B und könnte, wenn es interessiert, am kW-Maßstab gemessen werden.)

In gleicher Weise ergibt das Lot bei der Abszisse 67 den Punkt D und der Strahl O D die Richtung der Scheinleistung der Gruppe II von Asynchronmotoren.

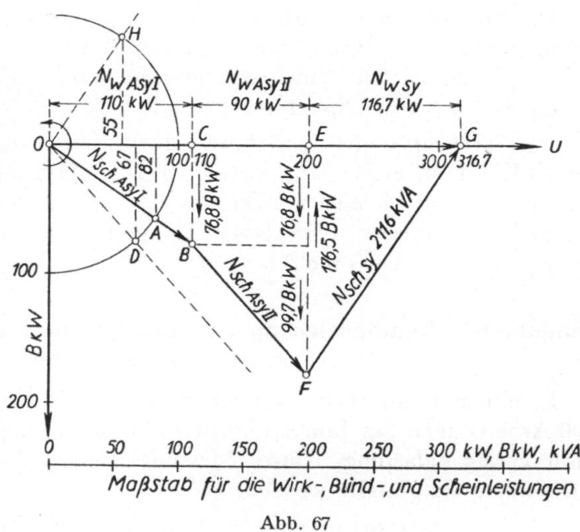

Abb. 67

chronmotoren. Wir ziehen daher durch B eine Parallele zu O D, errichten bei der Abszisse 2050 WkW in E ein Lot (weil beide Gruppen zusammen eine Wirkleistung von $110 + 90 = 200$ kW aufnehmen), und finden so den Punkt F. Dann stellt B F die Scheinleistung der Gruppe II der Asynchronmotoren dar, O F (nicht gezogen) die Scheinleistung aller Asynchronmotoren E F deren Blindleistung.

Da der Synchronmotor den Blindstrom der Asynchronmotoren gerade kompensieren soll, so muß seine Scheinleistung nach Richtung, Sinn und Größe so beschaffen sein, daß sie zusammen mit der der Asynchronmotoren eine weder nach- noch voreilende Gesamt-Scheinleistung ergibt. Der Vektor der Scheinleistung des Synchronmotors muß also von F zu einem Punkte der Horizontalen durch O führen. Da ferner der Synchronmotor $\frac{105}{0.90} = 116{,}67$ WkW aufnimmt, so daß die Gesamt-Wirkleistungsaufnahme aller Motoren zusammen $110 + 90 + 116{,}67 = 316{,}67$ WkW ist, so ist jener Punkt auf der Horizontalen durch O der Punkt G mit der Abszisse 316,7 WkW.

Wir ziehen daher F G und haben damit die Scheinleistung des Synchronmotors gefunden. Die Längenmessung dieser Strecke am kW-Maßstab ergibt die unter 3. gefragte Mindestgröße des Synchronmotors, die mit dem vorhin errechneten Wert 211,57 kVA je nach der Größe des Maßstabes und je nach der beim Zeichnen aufgewendeten Sorgfalt mehr oder weniger genau übereinstimmen muß.

Die Strecke F E ist nach Richtung, Sinn und Größe ihre Blindleistungskomponente; ihre Größe kann abgemessen werden und muß 176,5 kW ergeben (Frage 1.); ihr Sinn ist senkrecht **a u f w ä r t s**, was bedeutet, daß sie um 90° **v o r** der Spannung her eilt.

Die Richtung von F G, definiert durch den cosinus des Winkels, den sie mit O U bildet, ergibt sich, wenn wir O H parallel zu F G ziehen bis zum Schnitt mit dem Kreis, von H das Lot auf O U fällen und die Abszisse dieses Lotes ablesen, die etwa 55 sein muß, entsprechend dem Wert $\cos \varphi_{Sy} = 0,5514$ (Frage 2.).

Aufgabe 85: Kompensierung des Blindstromes eines Asynchronmotors durch Kondensatoren

In einem Pumpwerk läuft ein normaler Drehstrom-Asynchronmotor an 300 Arbeitstagen des Jahres täglich 16 Stunden lang mit gleichmäßiger, aber nicht voller Belastung. Durch Messungen sind für ihn die folgenden Betriebswerte festgestellt worden:

> Netzspannung: 500 Volt; Frequenz: 50 Hertz;
> Strom in jeder Phase des Motors   210 Amp;
> Leistungsaufnahme des Motors: 120 kW.

Das Elektrizitätswerk, von dem das Pumpwerk den Strom bezieht, hat, um seine Abnehmer zur Einhaltung eines möglichst hohen Wertes von $\cos \varphi$ anzuregen, folgenden Stromtarif eingeführt:

> „Außer den mit je 14 Pfg zu bezahlenden und von einem normalen Kilowattstundenzähler gemessenen Wirk-kWh muß jede der von einem besonderen Blind-kWh-Zähler gezählten Blind-kWh mit 1 Pfg bezahlt werden.“

Der Pumpwerksbesitzer fragt uns um sachverständigen Rat, ob und wieviel Geld er jährlich an seiner Stromrechnung sparen kann, wenn er drei Kondensatoren, die er zufällig besitzt und weder verkaufen noch auf andere Weise verwerten kann, parallel zum Motor schaltet.

Jeder der drei Kondensatoren trägt die folgende Aufschrift: „500 Volt, 400 μF (Mikrofarad)“. Eine Anfrage beim Lieferanten der Kondensatoren ergibt, daß jeder von ihnen bei Betrieb mit 500 Volt und 50 Hertz einen Eigenverbrauch von 333 Watt haben wird.

Fragen:

Wie groß ist

1. o h n e   K o n d e n s a t o r e n :
   a) der Leistungsfaktor ($\cos \varphi$) des Motors;
   b) die Blindleistung des Motors;
   c) die Jahresausgabe für Strom?

2. mit Kondensatoren:

a) die gesamte von Motor und Kondensatoren zusammen verbrauchte Wirkleistung,

b) die gesamte von Motor und Kondensatoren zusammen verbrauchte Blindleistung;

c) der Leistungsfaktor für Motor und Kondensatoren zusammen;

d) die Jahresausgabe für Strom;

e) die jährliche Ersparnis an Stromkosten?

Lösung

Zu Frage 1. a): Aus den gemessenen Werten von Spannung ($U = 500$ Volt), Strom ($J = 210$ Amp) und Leistung ($N = 120\,000$ Watt) und aus der allgemein für Drehstrom geltenden Beziehung

$$N = J \cdot U \cdot \sqrt{3} \cdot \cos \varphi \quad [136] \quad \text{ergibt sich}$$

$$\cos \varphi = \frac{N}{J \cdot U \cdot \sqrt{3}} = \frac{120\,000}{210 \cdot 500 \cdot \sqrt{3}} = \mathbf{0{,}660}.$$

Zu Frage 1. b): Wie die Abb 73, S. 286, zur Lösung von Aufgabe 90, S. 284, zeigt, ist $N_{\text{Blind}} = N_{\text{Wirk}} \cdot \text{tg}\,\varphi$ [137].

Aus $\cos \varphi = 0{,}660$ ergibt sich der Wert $\text{tg}\,\varphi$ entweder an Hand einer Tafel der Kreisfunktionen.

$$\varphi = 48{,}70°, \qquad \text{tg}\,\varphi = 1{,}1383$$

oder gemäß der Beziehung $\text{tg}\,\alpha = \dfrac{\sqrt{1 - \cos^2 \alpha}}{\cos \alpha}$ [6].

$$\cos^2 \varphi = 0{,}660^2 = 0{,}4356; \quad \sqrt{1 - 0{,}4356} = \sqrt{0{,}5644} = 0{,}7513;$$

$$\text{tg}\,\varphi = \frac{0{,}7513}{0{,}660} = 1{,}138.$$

Daraus folgt dann die **Blindleistung** zu $1{,}138 \cdot 120 = \mathbf{136{,}6\ BkW}$.

Zu Frage 1. c): Über die Gründe, die die Elektrizitätswerke oft veranlassen, eine besondere Blindarbeitsgebühr zu erheben, finden sich einige Angaben in den Vorbemerkungen der Lösung zu Aufgabe 90, S. 286 f., die man daher zunächst nachlesen möge. Auch vergleiche man Aufg. 82 und 83.

Da während der ganzen jährlichen Betriebsdauer von $300 \cdot 16$ Stunden die Wirkleistung konstant 120 WkW und die Blindleistung konstant 136,6 BkW beträgt, und da für jede WkWh 14 Pfg und für jede BkWh 1 Pfg zu zahlen sind, so beträgt die **Gesamt-Jahresausgabe für Strom**:

$$300 \cdot 16\ (120 \cdot 0{,}14 + 136{,}6 \cdot 0{,}01)\ \text{M}$$

$$= 4800\ (16{,}80 + 1{,}366) = 4800 \cdot 18{,}166 = \mathbf{87\,197\ M.}$$

Zu Frage 2. a): Da jeder Kondensator laut Aufschrift 500 Volt verträgt, wird man ihn auch wirklich mit dieser Spannung betreiben, d. h.: man wird die drei Kondensatoren im Dreieck schalten gemäß **Abb. 68**, S. 270, nicht etwa im Stern gemäß **Abb. 69**, S. 270, wobei jeder nur eine Spannung von $\dfrac{500}{\sqrt{3}} = 289$ Volt bekommen und dreimal weniger Blindleistung kompensieren würde [135]. Demgemäß wird jeder Kondensator den vom Fabrikanten für den Betrieb mit 500 Volt angegebenen Wirkverbrauch von 333 Watt haben, alle drei Kondensatoren zusammen also 1 kW. Der **Gesamt-Wirkverbrauch** von Motor plus Kondensatoren erhöht sich somit auf $120 + 1 = $ **121 kW.**

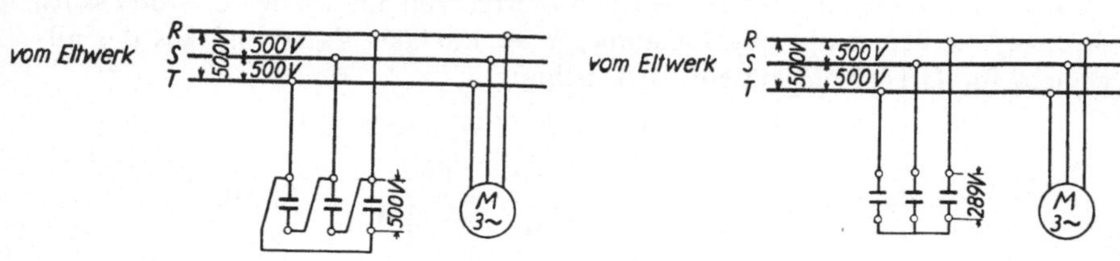

Abb. 68
Kondensatoren in Dreieckschaltung

Abb 69
Kondensatoren in Sternschaltung

Zu Frage 2. b): Gemäß den Ausführungen zu Frage 2. a) werden die drei Kondensatoren im Dreieck geschaltet und jeder erhält 500 Volt. Ein Kondensator von der Kapazität C Farad [132] im Anschluß an zwei Leitungen, die eine Wechselspannung von U Volt und eine Frequenz von f Hertz führen, nimmt einen Blindstrom auf von $C \cdot U \cdot 2 \cdot \pi \cdot f$ Amp, oder, wenn für $2\pi f$ der Buchstabe ω mit der Benennung „Kreisfrequenz" eingeführt wird. $J_{Bl} = C \cdot U \cdot \omega$ Amp [133]. Da $1\ \mu F = \dfrac{1}{10^6}$ F ist, so ergibt sich hier mit

$$C = 400 \cdot 10^{-6}\ F, \qquad U = 500\ \text{Volt}, \qquad \omega = 2 \cdot \pi \cdot 50 = 100\,\pi = 314,16$$

der Blindstrom für einen Kondensator zu

$$J_{Bl} = 400 \cdot 10^{-6} \cdot 500 \cdot 314,16 = 62,83\ \text{Amp,}$$

folglich die Blindleistung für einen Kondensator zu $\dfrac{62,83 \cdot 500}{1000}$ $= 31,416$ BkW und für alle drei zusammen zu $3 \cdot 31,416 = 94,25$ BkW. Da diese Blindströme der Kondensatoren um $90°$ vor der Spannung her eilen [133], so sind sie den vom Motor herrührenden Blindströmen, die der Spannung um $90°$ nacheilen, genau entgegengesetzt. Ihre Blindleistung kann daher von der des Motors algebraisch subtrahiert werden; somit bleibt eine **Blindleistung** von $136,6 - 94,25 =$ **42,3 BkW** übrig, und zwar ist sie **nacheilend**, weil die Blindleistung des Motors die der Kondensatoren überwog.

Zu Frage 2. c): Das Diagramm der **Abb. 70**, S. 271, zeigt (absichtlich nicht ganz genau maßstäblich) den Zusammenhang der Wirk-, Blind- und Scheinleistungen von Motor, Kondensatoren und ihrer Summe, wobei für letztere der Index „Σ" verwendet ist [130, 137].

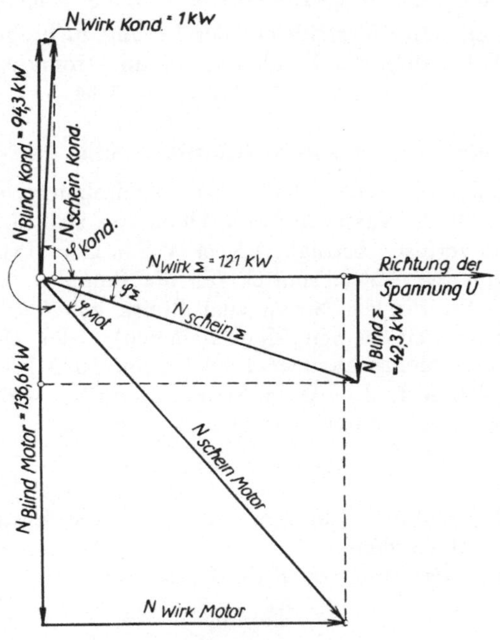

Abb 70
Zusammenstellung der Wirk-, Blind- und Scheinleistungen
($N_{\text{Wirk Kond.}}$ ist der Deutlichkeit halber absichtlich
zu groß gezeichnet)

Für den Winkel φ_Σ zwischen U und $N_{\text{Schein}\,\Sigma}$ ergibt das Diagramm die Beziehung

$$\text{tg}\,\varphi_\Sigma = \frac{42,3}{121} = 0,3496, \text{ woraus dann folgt:}$$

$$\varphi_\Sigma = 19,27^\circ; \quad \cos\varphi_\Sigma = \mathbf{0{,}9440}$$

oder gemäß der Beziehung $\cos\alpha = \dfrac{1}{\sqrt{1 + \text{tg}^2\,\alpha}}$ [6]:

$$0,3496^2 = 0,12222; \quad \sqrt{1,12222} = 1,059;$$

$$\cos\varphi_\Sigma = \frac{1}{1,059} = \mathbf{0{,}9443}.$$

Zu Frage 2. d): Da die gesamte Wirkleistung jetzt 121 kW und die gesamte Blindleistung 42,3 kW ist, so betragen die **jährlichen Stromkosten** beim Betrieb mit den Kondensatoren:

$$300 \cdot 16 \ (121 \cdot 0,14 + 42,3 \cdot 0,01) \ M$$
$$= 4800 \ (16,94 + 0,423) = 4800 \cdot 17,363 = \textbf{83 342 M.}$$

Zu Frage 2. e): Der Vergleich mit der Lösung zu Frage 1. c) zeigt, daß durch das Parallelschalten der Kondensatoren **an Stromkosten jährlich gespart** werden·   87 197 — 83 342 = **3855 M.**

Aufgabe 86: Wahl der Betriebskraft für eine Pumpenanlage

Ein Braunkohlen-Tagebau hat durch Kreiselpumpen dauernd und gleichmäßig 1,6 m³/sek Wasser auf eine Höhe von 20,0 m zu fördern. Der Rohrleitungsdruckverlust beträgt 1,5 m WS. Der Wirkungsgrad der Pumpen ist 0,70. Als Antriebsmittel für die Pumpen stehen zur Wahl Elektromotoren, für die der Strom zum Preise von 6 Pfg/kWh bezogen werden kann (gemessen an den Motorklemmen), oder Dieselmotoren für Teerölbetrieb. Das Steinkohlenteer-Treiböl von 8900 kcal/kg kostet frei Maschinenhaus 260 M/t. Der Gesamtwirkungsgrad („wirtschaftliche Wirkungsgrad") der Dieselmotoren werde zu 0,35 angesetzt, der der Elektromotoren zu 0,92

Fragen:

1. Welche Betriebsart ist billiger, wenn nur die Kosten des Betriebsstoffes berücksichtigt werden?
2. Wie groß ist der Unterschied in M pro Jahr?

Lösung

Zu Frage 1.: Die manometrisch gemessene Druckdifferenz zwischen Saugstutzen und Druckstutzen [47], ausgedrückt in m WS (Meter Wassersäule), ist gleich dem (mittels Nivellierinstrument) zu messenden Höhenunterschied zwischen dem Saugspiegel einerseits und der freien Ausgußstelle des Druckrohres andererseits (hier 20,0 m) plus dem Reibungsdruckverlust in den Rohren nebst Saugkörben, Schiebern usw. (einschließlich der kleinen „Geschwindigkeitshöhe" für die verlorene Austrittsgeschwindigkeit beim Ausguß). Diese „manometrische Förderhöhe" beträgt also hier 20,0 + 1,5 = 21,5 m WS oder 21 500 mm WS oder 21 500 kg/m² [66]. Die Wasserstromstärke beträgt 1,6 m³/sek und folglich die **manometrische Leistung** (die, genau wie in der Elektrotechnik, sich als das Produkt aus Strom mal Spannung oder Druck ergibt) **der Pumpen 1,6 · 21 500 mkg/sek** [50].

Der **Leistungsbedarf der Pumpen,** d. h. die den Pumpen zuzuführende Leistung, beträgt bei einem Pumpenwirkungsgrad von 70 % dann:

$$\frac{1,60 \cdot 21\,500}{0,70} = \textbf{49 100 mkg/sek} \ \text{oder} \ \frac{49\,100}{75} = \textbf{655 PS} \ [51].$$

Die E l e k t r o m o t o r e n wurden daher zum Antrieb aller Pumpen zusammen bei einem durchschnittlichen Motorwirkungsgrad von 92 %

eine **elektrische zugeführte Leistung** erfordern von insgesamt $\dfrac{655 \cdot 735}{0,92}$

$= 523\,000$ Watt oder **523 kW**. (Wenn man wußte, daß 1 mkg/sek äquivalent ist mit 9,804 Watt, konnte man den elektrischen Leistungsbedarf der Motoren etwas kürzer ableiten aus

$$\frac{1,6 \cdot 21\,500 \cdot 9,804}{0,70 \cdot 0,92} = 524\,000 \text{ Watt } [158,\ 17,\ 26].)$$

Die **Stromkosten** p r o S t u n d e betragen daher

$$524\ [\text{kW}] \cdot 6\ [\text{Pfg/kWh}] = 3144\ \text{Pfg/h oder } \mathbf{31{,}44\ M/h}.$$

Bei Antrieb der Pumpen unmittelbar d u r c h D i e s e l m o t o r e n hätten die Motoren ebenfalls eine Leistung von 49 100 mkg/sek abzugeben. Da theoretisch 427 mkg äquivalent mit 1 kcal sind [17], so würden die Dieselmotoren, wenn sie ideale Maschinen mit einem „Gesamtwirkungsgrad" oder „wirtschaftlichem Wirkungsgrad" $\eta_{\text{wirtsch}} = 1$ wären, eine Wärmestromzufuhr (in Form des Heizwertes des zugeführten Treiböls)

von $\dfrac{49\,100}{427}$ kcal/sek erfordern. Bei $\eta_{\text{wirtsch}} = 0{,}35$ (einem sehr hohen, von

Dampfmaschinen nicht annähernd erreichten Wert!) erfordern sie in Wirk-

lichkeit $\dfrac{49\,100}{427 \cdot 0,35}$ kcal/sek und f r e s s e n daher, da das verwendete Treib-

öl 8900 kcal/kg enthält, $\dfrac{49\,100}{427 \cdot 0,35 \cdot 8900}$ kg/sek Teeröl. Für die Stunde

sind das $\dfrac{49\,100 \cdot 3600}{427 \cdot 0,35 \cdot 8900} = 133$ kg Teeröl, und die **Treibstoffkosten**

betragen daher

$$133\ [\text{kg/h}] \cdot 26\ [\text{Pfg/kg}] = 3458\ \text{Pfg/h oder } \mathbf{34{,}58\ M/h}.$$

Der Dieselbetrieb ist daher, wenn nur die Kosten des Betriebsstoffes angesehen werden, bei diesem Treibölpreis teurer als der elektrische Betrieb. (In Wirklichkeit sind jedoch noch viele andere Gesichtspunkte maßgebend, z. B. Anschaffungskosten, Bedienungskosten, Reparaturkosten, Zinsen und Abschreibungen, Platzbedarf, Geräusch, Erschütterung, Betriebssicherheit, Beweglichkeit der Anlage usw. Bei diesen Gesichtspunkten ist der Elektromotor überlegen.)

Zu Frage 2.: Der **Kostenunterschied pro Jahr** beträgt

$$(34{,}58 - 31{,}44)\ [\text{M/h}] \cdot 24\ [\text{h/d}] \cdot 365\ [\text{d/a}] = 3{,}14 \cdot 8760 \approx \mathbf{2751\ M/a}\ [1])$$

---

[1]) h = hora = Stunde; d = dies = Tag; a = annus = Jahr.

Aufgabe 87: Vergleich der Wirtschaftlichkeit zweier Drehstromgeneratoren

Zur Versorgung einer kleinen Maschinenfabrik mit Kraft und Licht soll ein Drehstromgenerator von 120 kVA angeschafft werden, der seinen Antrieb von einer schon vorhandenen 140 pferdigen Gasmaschine erhält Für den Drehstromgenerator liegen zwei Angebote vor. Bei beiden lauten die Leistungsschildangaben gleich, nämlich: 120 kVA, 500 Volt. 50 Hertz. Die Wirkungsgrade η, die Leerlaufverluste und Preise der beiden Maschinen werden dagegen von den beiden Bewerbern verschieden angegeben gemäß der Zahlentafel 20.

Zahlentafel 20

	Generator I	Generator II
η bei 120 kVA, $\cos\varphi = 1$.	0,870	0,920
Leerlaufverbrauch	7,00 kW	5,50 kW
Preis, fertig montiert . . .	8700 M	10 100 M

Der Generator wird an 300 Tagen des Jahres täglich

8 Stunden lang mit 115 Amp bei $\cos\varphi = 0,80$ und

16 Stunden lang mit 80 Amp bei $\cos\varphi = 0,70$

belastet sein; seine Spannung wird stets 500 Volt betragen.

Die stündlichen Betriebskosten der Gasmaschine betragen bei Leerlauf der Gasmaschine 4,20 M und erhöhen sich bei Belastung um 4,0 Pfg für je 1 PS der Leistung der Gasmaschine (nicht des Generators!).

Es ist anzunehmen, daß die Verluste des Generators aus einem konstanten Teil bestehen, der gleich seinem Leerlaufverbrauch ist, und einem variablen Teil, der dem Quadrat der Stromstärke proportional ist.

Fragen:

1. Wieviel Scheinleistung [kVA] und wieviel Wirkleistung [kW] muß der Generator jeweils abgeben?

2. Wieviel PS muß die Gasmaschine jeweils leisten, und wie groß ist dabei der Wirkungsgrad des Generators

α) bei Wahl des Generators I;

β) bei Wahl des Generators II?

3. Wie hoch belaufen sich die jährlichen Betriebskosten der Anlage

α) bei Wahl des Generators I,

β) bei Wahl des Generators II?

4. Welcher der beiden Generatoren ist zu wählen, damit die Gesamtkosten möglichst klein werden, wenn für Verzinsung und Amortisation jährlich 12 % des Anlagekapitals ausgegeben werden mussen, und wie groß ist der Unterschied dieser jährlichen Gesamtkosten?

Losung

Vorbemerkungen. Wenn der billigere Generator bessere Werte η hätte als der teurere, so wäre die Wahl selbstverständlich. Wie meistens, hat aber der teurere (II) den höheren Wirkungsgrad, so daß die beiden Vorteile: niedrigerer Preis und höherer Wirkungsgrad gegeneinander abzuwägen sind. Das ist exakt nur möglich, wenn auch der Wirkungsgradunterschied in Geld umgerechnet wird; und um dies zu können, müssen Unterlagen über die Betriebsdauer, die Belastung während derselben, und die Kosten der Arbeitseinheit der Antriebsmaschine zur Verfügung stehen. Diesen Sinn haben die betreffenden in der Aufgabe enthaltenen Angaben.

Wenn nämlich die Maschine nur selten oder meistens mit schwacher Belastung laufen würde oder wenn die Antriebsarbeit sehr billig wäre, so würde der niedrigere Wirkungsgrad der Maschine I nur geringe wirtschaftliche Bedeutung haben und ihr niedrigerer Anschaffungspreis würde ausschlaggebend sein. Bei langer Betriebsdauer mit hoher Belastung und bei hohem Arbeitspreis der Antriebsmaschine (insbesondere also z. B. bei hohem Gaspreis) würde dagegen der bessere Wirkungsgrad von Generator II den Ausschlag zu dessen Gunsten geben und sein Mehrpreis dagegen nebensächlich sein.

Aber auch nach Umrechnung der Vorteile des hoheren Wirkungsgrades in eine bestimmte jährliche Geldsumme ist die Entscheidung noch nicht sofort zu treffen, weil eine j ä h r l i c h e Geldersparnis nicht ohne weiteres mit einer e i n m a l i g e n Mehraufwendung beim Kauf der Maschine verglichen werden kann. Deswegen müssen entweder die jährlichen Ausgaben (bzw. Mehr- oder Minderausgaben) in einmalige Geldsummen umgerechnet („kapitalisiert") werden, oder es muß die einmalige Aufwendung (bzw. Mehr- oder Minderaufwendung) beim Einkauf der Maschine durch äquivalente jährlich wiederkehrende gleiche Jahresaufwendungen („Jahresrente", „Kapitaldienst") ersetzt werden, die die einmalige Aufwendung verzinsen und innerhalb der voraussichtlichen Lebensdauer der Maschine tilgen. Um diese Umrechnung exakt ausführen zu können, müßte also eigentlich die Lebensdauer der Maschine und der Zinsfuß wahrend derselben bekannt sein, und man müßte auch die Zinseszinsen berucksichtigen und 'eine Rentenformel anwenden. Hier ist das Problem dadurch vereinfacht, daß in Frage 4. der Aufgabe (wie es häufig geschieht) ein runder als angemessen erscheinender Satz (hier 12 %) als Jahresquote für Verzinsung und Tilgung des Anschaffungspreises festgesetzt wurde [*3, 28*].

18*

Die Frage 4. ist die Hauptfrage; die Fragen 1. bis 3. sollen auf sie hinführen und die Lösung erleichtern.

Auswertung.

Zu Frage 1.: a) Wenn der Generator mit 115 Amp und $\cos \varphi = 0{,}80$ arbeitet, so ist

$$\text{seine \textbf{Scheinleistung}} \quad \frac{115 \cdot 500 \cdot \sqrt{3}}{1000} = \textbf{99,59 kVA.}$$

$$\text{seine \textbf{Wirkleistung}} \quad \frac{115 \cdot 500 \cdot \sqrt{3} \cdot 0{,}80}{1000} = \textbf{79,67 kW.}$$

b) Wenn er mit 80 Amp und $\cos \varphi = 0{,}70$ arbeitet, ist

$$\text{seine \textbf{Scheinleistung}} \quad \frac{80 \cdot 500 \cdot \sqrt{3}}{1000} = \textbf{69,28 kVA,}$$

$$\text{seine \textbf{Wirkleistung}} \quad \frac{80 \cdot 500 \cdot \sqrt{3} \cdot 0{,}70}{1000} = \textbf{48,50 kW} \; [\textit{136, 137}].$$

Zu Frage 2.: Die in der Aufgabe angedeutete Zerlegung der Verluste des Generators beruht darauf, daß seine Verluste durch Luft- und Lagerreibung, Hysteresis, Wirbelströme und Erregung nahezu unabhängig von seiner Belastung sind, seine Verluste durch Stromwärme im Anker ($J^2 \cdot R$) dagegen proportional dem Quadrat der Stromstärke oder — was auf dasselbe hinauskommt — dem Quadrat der Scheinleistung [123].

Beim Generator I ist bei der Scheinleistung von 120 kVA und dem Leistungsfaktor $\cos \varphi = 1$, also bei der Wirkleistung von 120 kW der Wirkungsgrad $\eta = 0{,}870$, der Leistungsbedarf also $\dfrac{120}{0.870} = 137{,}93$ kW [158], der Gesamtverlust also $137{,}93 - 120 = 17{,}93$ kW, und sein variabler Teil (da der konstante Verlust 7,00 kW beträgt) $17{,}93 - 7{,}00 = 10{,}93$ kW (bei 120 kVA).

Beim Generator II sind die entsprechenden Werte: Wirkleistung 120 kW, $\eta = 0{,}920$, Leistungsbedarf $\dfrac{120}{0{,}920} = 130{,}43$ kW, Gesamtverlust 10,43 kW, konstanter Verlust 5,50 kW, variabler Verlust $10{,}43 - 5{,}50 = 4{,}93$ kW (bei 120 kVA).

Aus den variablen Verlusten der beiden Generatoren bei 120 kVA und ihren konstanten Verlusten ergibt sich für die in den Betriebsperioden a) und b) zutreffenden Werte der Scheinleistung und Wirkleistung die den Generatoren zuzuführende Leistung in PS wie folgt:

Generator I, Betriebsperiode a), (99,59 kVA; 79,67 kW):

$$\text{Variable Verluste: } 10,93 \ [\text{kW}] \cdot \left(\frac{99,59 \ [\text{kVA}]}{120 \ [\text{kVA}]}\right)^2 = 7,53 \ \text{kW,}$$

konstante Verluste: 7,00 kW,
gesamte Verluste: 7,53 + 7,00 =   14,53 kW,
zuzuführende Leistung: 79,67 + 14,53 =   94,20 kW,

Wirkungsgrad $\eta = \dfrac{79,67}{94,20} = \mathbf{0,846}$ [26].

Generator I, Betriebsperiode b), (69,28 kVA; 48,50 kW):

$$\text{Variable Verluste: } 10,93 \cdot \left(\frac{69,28}{120}\right)^2 = \qquad 3,64 \ \text{kW,}$$

konstante Verluste: 7,00 kW,
gesamte Verluste: 3,64 + 7,00 =   10,64 kW,
zuzuführende Leistung: 48,50 + 10,64 =   59,14 kW,

Wirkungsgrad $\eta = \dfrac{48,50}{59,14} = \mathbf{0,820.}$

Generator II, Betriebsperiode a), (99,59 kVA; 79,67 kW):

$$\text{Variable Verluste. } 4,93 \cdot \left(\frac{99,59}{120}\right)^2 = \qquad 3,40 \ \text{kW,}$$

konstante Verluste: 5,50 kW,
gesamte Verluste: 3,40 + 5,50 =   8,90 kW,
zuzuführende Leistung: 79,67 + 8,90 =   88,57 kW,

Wirkungsgrad $\eta = \dfrac{79,67}{88,57} = \mathbf{0,900.}$

Generator II, Betriebsperiode b), (69,28 kVA; 48,50 kW):

$$\text{Variable Verluste } 4,93 \cdot \left(\frac{69,28}{120}\right)^2 = \qquad 1,64 \ \text{kW,}$$

konstante Verluste·   5,50 kW,
gesamte Verluste: 1,64 + 5,50 =   7,14 kW,
zuzuführende Leistung: 48,50 + 7,14 =   55,64 kW,

Wirkungsgrad $\eta = \dfrac{48,50}{55,64} = \mathbf{0,872.}$

Die von der Gasmaschine an den Generator abzugebende Leistung
in PS folgt aus den soeben in kW berechneten Werten durch Multiplikation
mit 1,360 [17]:

    bei Generator I, Periode a): 1,360 · 94,20 = **128,11 PS,**
    bei Generator I, Periode b): 1,360 · 59,14 = **80,43 PS,**
    bei Generator II, Periode a): 1,360 · 88,57 = **120,46 PS,**
    bei Generator II, Periode b): 1,360 · 55,64 = **75,67 PS.**

Zu Frage 3.: Bei fast allen Kraftmaschinen besteht der auf die Zeiteinheit (etwa h, nicht auf die Arbeitseinheit, etwa PSh[1]) bezogene Verbrauch (an Gas, Dampf, Treibstoff, Kohle, Strom, Geld usw.) aus einem konstanten Teil, der auch bei Leerlauf in voller Höhe bestehen bleibt, und einem variablen Teil, der meistens der Belastung ungefähr proportional ist. Infolgedessen wird als Funktion der Belastung N [PS] der Verbrauch pro Zeiteinheit (etwa pro h) angenähert durch eine nicht durch Null gehende Gerade oder durch eine lineare Gleichung dargestellt, der Verbrauch pro Arbeitseinheit (etwa pro PSh) dagegen durch eine gleichseitige Hyperbel oder eine Gleichung zweiten Grades. So ergeben sich hier die s t ü n d l i c h e n Betriebskosten sehr einfach zu $4{,}20 + 0{,}040 \cdot N$ M/h, während für die Betriebskosten p r o P S h der kompliziertere Ausdruck gilt: $0{,}040 + 4{,}20/N$ M/PSh. (Vgl. Aufgabe 36, S. 115 ff.) Die stundlichen Betriebskosten sind demnach·

bei Generator I, Periode a): $4{,}20 + 128{,}11 \cdot 0{,}040 = 4{,}20 + 5{,}13 = 9{,}33$ M,

bei Generator I, Periode b): $4{,}20 + 80{,}43 \cdot 0{,}040 = 4{,}20 + 3{,}22 = 7{,}42$ M,

bei Generator II, Periode a): $4{,}20 + 120{,}46 \cdot 0{,}040 = 4{,}20 + 4{,}82 = 9{,}02$ M,

bei Generator II, Periode b)· $4{,}20 + 75{,}67 \cdot 0{,}040 = 4{,}20 + 3{,}03 = 7{,}23$ M.

Daraus und aus der Dauer der Perioden a) und b) ergeben sich die **gesamten Jahres-Betriebskosten:**

bei Generator I, Per. a): 300 [d/a] · 8 [h/d]'· 9,33 [M/h] = 22 390 M/a,[1])

bei Generator I, Per. b): 300   · 16   · 7,42   = 35 620 M/a,

                                                zusammen **58 010 M/a,**

bei Generator II, Per. a): 300 · 8 · 9,02 =   21 650 M/a,

bei Generator II, Per. b): 300 · 16 · 7,23 =   34 700 M/a,

                                                zusammen **56 350 M/a.**

Zu Frage 4.: Der Kapitaldienst für den Generator beträgt:

        bei Generator I: $0{,}12 \cdot 8\,700 = 1044$ M/a.

        bei Generator II: $0{,}12 \cdot 10\,100 = 1212$ M/a.

Die jährlichen Gesamtausgaben für diesen Kapitaldienst und für die Betriebskosten zusammen sind daher·

        bei Generator I. $58\,010 + 1044 = 59\,054$ M/a,

        bei Generator II. $56\,350 + 1212 = 57\,562$ M/a.

Der Generator II erfordert also in diesem Falle unter Berücksichtigung aller Umstände **jährlich etwa 1492 M weniger Gesamtausgaben und ist daher trotz seines höheren Anschaffungspreises unbedingt vorzuziehen.** Sein Mehrpreis von 1400 M wird binnen kurzer Zeit durch die Ersparnisse im Betriebe wieder eingebracht sein.

---

[1]) h = hora = Stunde; d = dies = Tag; a = annus = Jahr.

Schlußbemerkung.

Derartige Vergleichsberechnungen, die sich dem Ingenieur auf allen Gebieten sehr häufig aufdrängen, sind höchst nützlich. Dennoch sind sie nicht immer allein entscheidend für die Wahl. Denn erstens beruhen sie oft auf unsicheren Schätzungen der Lebensdauer, der Betriebszeiten, der Belastungen, des Zinsfußes usw., und zweitens berücksichtigen sie nicht den oft zutreffenden Umstand, daß vielleicht der Mangel an Kapital oder Kredit ein zwingenderer Grund ist als die Aussicht auf spätere Ersparnisse im Betriebe.

Aufgabe 88: Wirtschaftlicher Vergleich von zwei Angeboten auf einen Elektromotor

Ein Fabrikant braucht für seinen Betrieb einen Elektromotor von 340 PS Leistung. Es werden ihm auf Anfrage zwei Maschinen gleicher Leistung angeboten mit folgenden Preisen und Wirkungsgraden η

Motor a· Preis· 26 250 M; $\eta = 92\,\%$ bei Vollast;

Motor b: Preis· 18 750 M; $\eta = 88\,\%$ bei Vollast.

Der Fabrikant beauftragt seinen Ingenieur, festzustellen, welcher der beiden Motoren die geringeren „Gesamt-Jahreskosten" (Verzinsung, Abschreibung und Stromkosten zusammen) verursachen wird, und dabei folgende Betriebsverhältnisse zugrunde zu legen:

Stromkosten·	11 Pfg/kWh;
Benutzungsdauer	25 Tage im Monat bei 8 stündiger Arbeitszeit;
Belastung:	stets Vollast;
Verzinsung:	$6\,\%$ p. a.;
Abschreibung	Der Motor soll in 15 Jahren abgeschrieben sein bis auf seinen Altwert, der zu $20\,\%$ des Anschaffungspreises zu schätzen ist.

Fragen:

1. Wie groß sind beim Motor a bzw. beim Motor b die Gesamt-Jahreskosten?

2. Bei welchem Strompreis würden die beiden Motoren gleiche Gesamt-Jahreskosten ergeben?

Lösung

Die Aufgabe hat Ähnlichkeit mit der Aufgabe 87, S. 274 ff., die man daher einschließlich der Vorbemerkungen zu ihrer Lösung zunächst durchlesen möge.

Der Motor soll in jedem Jahre abgeben:

12 [Monate/Jahr] · 25 [Tage/Monat] · 8 [h/Tag] · 340 [PS]

$= 816\,000$ PSh oder $816\,000 \cdot 0{,}735 = 600\,000$ kWh [17].

Er muß daher in jedem Jahre aufnehmen [26, *158*]·

bei Wahl des Motors a: ...... $\dfrac{600\,000}{0,92} = 652\,000$ kWh,

bei Wahl des Motors b· ...... $\dfrac{600\,000}{0,88} = 682\,000$ kWh.

Die Stromkosten betragen daher jährlich·

bei Wahl des Motors a· ...... $652\,000 \cdot 0,11 = 71\,720$ M,

bei Wahl des Motors b: ...... $682\,000 \cdot 0,11 = 75\,020$ M.

Über den Kapitaldienst wird man sich vielleicht am besten klar, wenn man annimmt, daß der Fabrikant sich das zur Beschaffung des Motors erforderliche Geld von einer Bank leiht, die mit 6 % Jahreszinsen rechnet. Dann besteht der vom Fabrikanten für den Motor jährlich aufzubringende Kapitaldienst aus zwei Teilen:

Den einen Teil bilden die der Bank zu zahlenden Zinsen; er beträgt also 6 % des Kaufpreises K.

Den anderen Teil bringt der Fabrikant jährlich zu einer anderen Bank, damit er sich dort nebst seinen Zinsen und Zinseszinsen ansammelt, ebenfalls zu einem Zinsfuß von 6 % p. a.; und zwar muß dieser Teil so bemessen sein, daß alle diese Jahresbeträge zusammen einschließlich ihrer Zinsen und Zinseszinsen nach 15 Jahren ausreichen, um gemeinsam mit dem (zu 20 % des Kaufpreises angenommenen) Altwert die Schuld bei der ersten Bank zu löschen. Dieser Teil, der Tilgungsdienst, soll also in 15 Jahren 80 % des Kaufpreises K tilgen und muß daher, da gemäß den Handbüchern [3] zu 15 Jahren und $i = 6$ % eine Tilgungsquote von 4,296 % gehört,

jährlich $\dfrac{4,296 \cdot K \cdot 80}{100 \cdot 100} = \dfrac{3,437\,K}{100}$ betragen, während der bezeichnete Zin-

sendienst jährlich $\dfrac{6\,K}{100}$ ist. Beide zusammen ergeben den gesamten jähr-

lichen Kapitaldienst von $\dfrac{3,437 + 6}{100}\,K = \dfrac{9,437}{100}\,K$, also

bei Wahl des Motors a· ..... $0,094\,37 \cdot 26\,250 = 2480$ M,

bei Wahl des Motors b: ..... $0,094\,37 \cdot 18\,750 = 1770$ M.

Die **Gesamt-Jahreskosten** (für Strom und Kapitaldienst zusammen) sind demnach:

bei Wahl des Motors a: ..... $71\,720 + 2480 = \mathbf{74\,200}$ **M,**

bei Wahl des Motors b: ..... $75\,020 + 1770 = \mathbf{76\,790}$ **M.**

Damit ist die Frage 1. beantwortet. Der Motor a verdient den Vorzug.

Bei sehr niedrigem Strompreis würde offenbar die Ersparnis an Stromkosten beim Motor a infolge seines besseren Wirkungsgrades nicht genügen,

um seinem Mehrpreis die Waage zu halten, und es ist daher eine nahe-
liegende Frage, wie tief der Strompreis liegen müßte, damit dies gerade
eben noch zutrifft (Frage 2.).

Wenn der gesuchte Strompreis x Pfg/kWh ist, so würde bei Geltung
dieses Strompreises die jährliche Ausgabe fur Strom

bei Wahl des Motors a: . . . . . 652 000 · x/100 M,

bei Wahl des Motors b: . . . . . 682 000 · x/100 M

betragen, die. Gesamt-Jahreskosten also:

bei Wahl des Motors a· . . . . . (2480 + 6520 x) M,

bei Wahl des Motors b· . . . . . (1770 + 6820 x) M.

Die Gleichsetzung ergibt also

$$2480 + 6520\,x = 1770 + 6820\,x,$$
$$300\,x = 710,$$
$$x = 2{,}367.$$

Der gesuchte **Strompreis** ist also **2,367 Pfg/kWh**.

Bei noch niedrigerem Strompreise wäre der Motor b vorzuziehen. (Man
vergleiche freilich die Schlußbemerkung der Lösung zu Aufgabe 87.)

Bemerkung bezüglich des Tilgungsverfahrens: Wenn der Fabrikant
die Tilgungsquoten zu einer anderen Bank bringt, bei der er keine Schulden
hat, so wird sie ihm vermutlich nur einen niedrigeren Haben-Zinsfuß gewähren als 6 %, den Soll-Zinsfuß der ersten Bank. Deswegen wird er auch
die Tilgungsquoten jährlich zur ersten Bank bringen und sie zur Entlastung
seines Schuldkontos bei ihr verwenden. Das kommt dann auf dasselbe her-
aus, wie das angedeutete Verfahren mit zwei Banken und einheitlichem
Zinsfuß, das aber für die Vorstellung anschaulicher ist.

Aufgabe 89: Wirtschaftlichkeit einer Blindstrom-Kompensierung durch einen Phasenregler (Phasenschieber)

Eine Fabrik bezieht aus einem Drehstromnetz an jährlich 300 Tagen
täglich 8 Stunden lang eine konstante Leistung von 3000 (Wirk-) Kilowatt
bei einem Leistungsfaktor $\cos \varphi = 0{,}7$. Der Preis fur je eine Wirk-Kilo-
wattstunde beträgt 5,5 Pfennig; außerdem werden für je eine Blind-Kilo-
wattstunde 0,6 Pfennig erhoben.

Zwecks Kompensierung des Blindstromes wird die Anschaffung eines
leerlaufenden über-erregten Synchronmotors (Phasenreglers) erwogen. Der
Preis einer derartigen Maschine mit allem Zubehör, fertig montiert, werde
angenommen zu 20 M fur je 1 kVA ihrer Nennleistung; ihr Eigenverbrauch
bei Nennlast sei 4 % ihrer Scheinleistung. Fur den Kapitaldienst (Verzinsung und Abschreibung) und Betrieb (Unterhaltung, Bedienung und Schmierung) des Phasenreglers mögen jährlich 11 % seines Anschaffungspreises
gerechnet werden.

Fragen:

1. Wie groß sind die jährlichen Ausgaben der Fabrik (in Mark) für den Stromverbrauch vor der Anschaffung des Phasenreglers?

2. Welche Größe (Nennleistung, in kVA) muß der Phasenregler haben, damit vollständige Kompensierung des Blindstromes (also Einstellung auf $\cos \varphi = 1$) möglich ist?

3. Wie hoch belaufen sich die jährlichen Gesamtausgaben der Fabrik (in Mark) nach Anschaffung des Phasenreglers für seinen Kapitaldienst und Betrieb und für den gesamten Stromverbrauch?

4. Wie hoch ist die jährliche Ersparnis (in Mark) durch die Aufstellung des Phasenreglers?

Lösung

Vorbemerkungen. Über die Erhebung einer besonderen Gebühr für den Blindstromverbrauch (hier 0,6 Pfg/BkWh) und ihre Begründung findet man einige Angaben in den Vorbemerkungen zur Lösung der Aufgabe 90, S. 285 ff.; bezüglich der Verwendung eines über-erregten Synchronmotors, der dann wohl 'Phasenregler genannt wird, zur Verringerung oder völligen Kompensierung des Blindstromes vergleiche man die Ausführungen „zu Frage 1." der Lösung zur Aufgabe 84, S. 263 ff. Es empfiehlt sich daher, jene beiden Aufgaben nebst Lösungen zunächst durchzulesen. Im vorliegenden Fall soll der aufzustellende Synchronmotor ausschließlich dem Zweck der Blindstrom-Kompensierung dienen, nicht auch gleichzeitig noch irgend eine Arbeitsmaschine, etwa einen Gleichstromgenerator oder dergleichen antreiben; er soll also leer laufen. Bei hohem nacheilendem Blindverbrauch der übrigen Stromverbraucher der Fabrik, insbesondere ihrer Asynchronmotoren, und hohem Blindstrompreis kann sich die Aufstellung eines solchen leer laufenden Phasenreglers u. U. lohnen; Ziel der Aufgabe ist es, zu prüfen, ob und in welchem Maße dies hier zutrifft [*137, 166, 168, 169*].

Auswertung.

Zu Frage 1.: Vor Aufstellung des Phasenreglers entnimmt die Fabrik dem Elektrizitätswerk jährlich an Wirkstrom:

$$300 \; [\text{Tage}] \cdot 8 \; [\text{h/Tag}] \cdot 3000 \; [\text{kW}] = 7\,200\,000 \; \text{kWh}.$$

Wie die zur Lösung der Aufgabe 90, S. 284, gehörende Abb 73, S. 286, zeigt, ergibt sich die Blindarbeit aus der Wirkarbeit durch Multiplikation mit tg φ. Daher ist zunächst aus dem zu 0,7 angegebenen Wert von $\cos \varphi$ der Wert von tg φ zu berechnen. Er folgt entweder aus einer Tabelle der Kreisfunktionen

$$\cos \varphi = 0{,}7, \qquad \varphi = 45{,}573^\circ, \qquad \text{tg } \varphi = 1{,}0202,$$

oder aus der Beziehung.

$$\text{tg } \varphi = \frac{\sqrt{1 - \cos^2 \varphi}}{\cos \varphi} = \frac{\sqrt{1 - 0,7^2}}{0,7} = \frac{\sqrt{1 - 0,49}}{0,7}$$

$$= \frac{\sqrt{0,51}}{0,7} = \frac{0,714\,14}{0,7} = 1,0202 \quad [6].$$

Daraus folgt dann der Jahres-Blindverbrauch zu $7\,200\,000 \cdot 1,0202$ $= 7\,345\,440$ BkWh.

Die **Jahresausgaben für Strom** sind dann bei einem Preise von 5,5 Pfg/WkWh und 0,6 Pfg/BkWh:

$$\frac{7\,200\,000 \cdot 5,5}{100} + \frac{7\,345\,000 \cdot 0,6}{100} = 396\,000 + 44\,070 = \mathbf{440\,070\ M.}$$

Zu Frage 2.: Die zu kompensierende n a c h e i l e n d e Blindleistung ergibt sich aus der Wirkleistung von 3000 kW und dem Wert tg $\varphi = 1,0202$ zu $3000 \cdot 1,0202 = 3061$ BkW. Im Phasenregler muß also eine v o r - e i l e n d e Blindleistung von 3061 BkW fließen und außerdem diejenige Wirkleistung, die zur Deckung seiner Verluste für Reibung, Stromwärme, Hysteresis, Wirbelströme usw. erforderlich ist. Diese Verluste sind gemäß den Angaben der Aufgabe bei Nennlast 4 %, der Scheinleistung des Phasenreglers. Sie bilden in einem rechtwinkligen Dreieck, O D E der **Abb. 71**, S. 283, dessen eine Kathete O D die Blindleistung (3061 BkW) ist, die zweite Kathete D E, während die Hypotenuse O E die Scheinleistung darstellt. Wenn nun der Phasenregler nicht unnötig groß bemessen wird, sondern gerade so, daß seine Nennleistung [kVA], das ist seine h ö c h s t z u l ä s s i g e

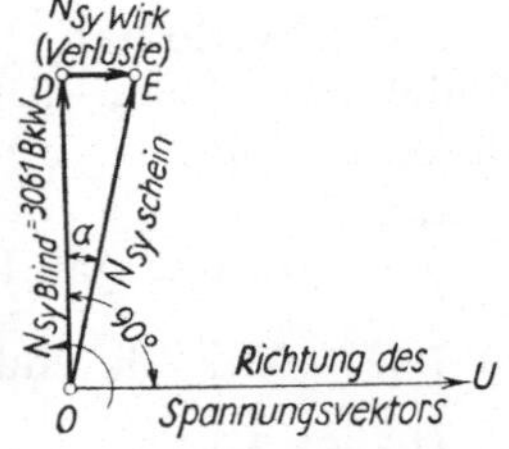

Abb. 71 Blind-, Wirk- und Scheinleistung des Phasenreglers

Dauer-Scheinleistung, etwa gleich seiner im Betriebe w i r k l i c h a u f t r e - t e n d e n Scheinleistung ist, so liegt Betrieb mit Nennlast vor und es beträgt dann dieser Verlust im Betriebe 4 % der Scheinleistung.

In dem $\triangle$ ODE ist dann OD $= N_{\text{Sy Blind}} = 3061$ kW, OE $= N_{\text{Sy Schein}}$, DE $= N_{\text{Sy Wirk}} = 0,04 \cdot$ OE, sin $\alpha = 0,04$, wenn wir mit dem Index „Sy" die Leistungswerte des als Phasenregler wirkenden Synchronmotors kennzeichnen.

Nun ist bei so kleinen Winkeln sehr nahezu sin $\alpha = $ tg α. Beispielsweise ist

für $\alpha = 2,30°$: sin $\alpha = 0,040\,13$ und tg $\alpha = 0,040\,16$,

für $\alpha = 5°$ · sin $\alpha = 0,087\,16$ und tg $\alpha = 0,087\,49$,

so daß hier mit hinreichender Genauigkeit die Scheinleistung O E gleich der Blindleistung O D gesetzt werden kann. Die **Nennleistung des Pha-**

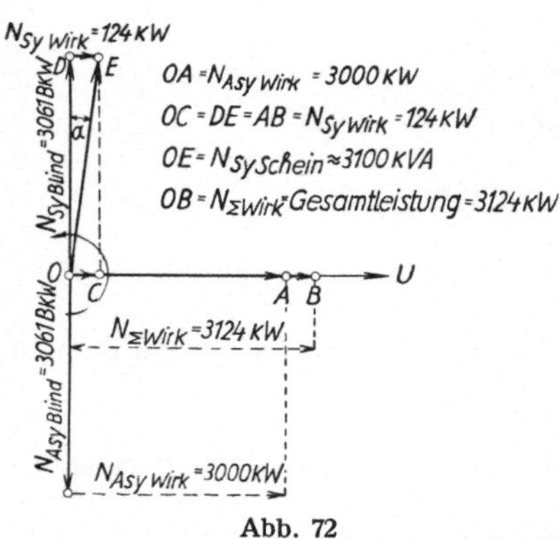

Abb. 72

senreglers braucht also nicht nennenswert größer zu sein als 3061 kVA, wird
vielleicht abgerundet auf **3100 kVA**,
und seine Verluste betragen dann
$0,04 \cdot 3100 = 124$ kW.

Die **Abb. 72**, S. 284, zeigt in der üblichen Vektor-Darstellung [130] übersichtlich die Lage und die ungefähren
Größenverhältnisse der einzelnen Wirk-,
Blind- und Scheinleistungen der zu kom-
pensierenden Asynchronmotoren (Index
„Asy") und des Synchron-Phasenreg-
lers. (Bei $DE = AB = OC$ ist vom
Maßstab abgewichen, weil sonst dieser

Vektor nicht mehr erkennbar gewesen wäre.

Zu Frage 3.: Nach Inbetriebnahme des Phasenreglers fällt die Blindarbeit fort, es bleibt nur die von den Asynchronmotoren aufgenommene
Wirkarbeit von 7 200 000 kWh und die Verlustarbeit des Phasenreglers.
Der Eigenverbrauch (L e i s t u n g s verlust) des Phasenreglers war am
Schluß der Lösung zu Frage 2. bereits ermittelt zu 124 kW, so daß der dadurch bedingte A r b e i t s verlust im Jahre $300 \cdot 8 \cdot 124 = 297\ 600$ kWh
ausmacht.

Der gesamte jährliche Arbeitsverbrauch ist daher 7 200 000 + 297 600
$= 7\ 497\ 600$ kWh und der dafür zu zahlende Geldbetrag $\dfrac{7\ 497\ 600 \cdot 5,5}{100}$
$= 412\ 368$ M.

Der Phasenregler kostet gemäß den Angaben der Aufgabe
3100 [kVA] $\cdot$ 20 [M/kVA] $= 62\ 000$ M und erfordert daher für Kapitaldienst, Unterhaltung, Bedienung und Schmierung einen Jahresaufwand von
$62\ 000 \cdot 0,11 = 6820$ M. Die **jährlichen Gesamtausgaben** für Kapitaldienst und Betrieb des Phasenreglers und für den gesamten Stromverbrauch
sind somit $412\ 368 + 6820 =$ **419 188 M.**

Zu Frage 4.: Aus der Vergleichung der Lösungen zu den Fragen 1. und 3.
ergibt sich, daß durch die Aufstellung des Phasenreglers eine **Netto-
ersparnis** erzielt wird von jährlich $440\ 070 - 419\ 188 =$ **20 882 M.**

Aufgabe 90: Wahl eines Drehstrommotors

Zum Betrieb einer Wasserhaltung soll ein Drehstrommotor beschafft
werden, der an 300 Tagen des Jahres täglich 16 Stunden lang 120 PS und
8 Stunden lang 60 PS zu leisten hat. Dafür liegen zwei Angebote vor:

        a) auf einen Drehstrom-Asynchronmotor,
        b) auf einen Drehstrom-Kollektormotor.

Die Preise der beiden Motoren sind verschieden; der Kollektormotor b ist teurer.

Aus den Angeboten ergeben sich die folgenden wichtigen technischen Angaben:

		Asynchronmotor	Kollektormotor
Belastung 120 PS	N_{zu} [1])	100 kW	100 kW
	$\cos \varphi$	0,92	0,96
Belastung 60 PS	N_{zu} [1])	60 kW	60 kW
	$\cos \varphi$	0,74	0,94

Das den Drehstrom liefernde Kraftwerk berechnet (außer einer Gebühr von 12 Pfg für die Wirk-kWh) für jede verbrauchte Blind-kWh 0,5 Pfg.

Frage:
Um wieviel Mark darf der Anschaffungspreis des Kollektormotors im Grenzfall höher sein als der des Asynchronmotors, ohne daß bei ihm die gesamte Jahresausgabe für Strom und Kapitaldienst (Zinsen und Abschreibung) zusammen größer wird als bei jenem? (Für den Kapitaldienst sind 11 % pro Jahr anzusetzen.)

Lösung

Vorbemerkungen. Die Aufgabe hat Ähnlichkeit mit Aufgabe 87, S. 274 ff., und 88, S. 279 ff., und es wird empfohlen, zunächst diese sowie ihre Lösungen durchzulesen.

Hier sind jedoch, abweichend von jenen beiden Aufgaben, die Wirkungsgrade beider Motoren gleich groß, da beide bei Abgabe von 120 PS 100 kW und bei Abgabe von 60 PS 60 kW aufnehmen. Der Verbrauch an Wirkarbeit (Wirk-kWh) und der dafür an das Elektrizitätswerk zu zahlende Geldbetrag wird daher bei beiden Motoren gleich hoch sein, so daß der in der Aufgabe angegebene Preis von 12 Pfg für je eine Wirk-kWh bei der Entscheidung zwischen den Angeboten a und b nicht interessiert.

Ein Unterschied besteht dagegen hinsichtlich der Werte $\cos \varphi$, die beim Kollektormotor bei jeder hier vorkommenden Belastung nahe bei 1 liegen, beim Asynchronmotor dagegen viel niedriger sind. Der Asynchronmotor nimmt daher außer der Wirkleistung ($U \cdot J \cdot \sqrt{3} \cdot \cos \varphi$) auch noch eine erhebliche Blindleistung ($U \cdot J \cdot \sqrt{3} \cdot \sin \varphi$) auf, der Kollektormotor dagegen nur eine geringe [*136, 137*].

---

[1]) N_{zu} soll die elektrische Leistungsaufnahme des Motors in kW bedeuten.

Dieser Blindleistung entspricht nun zwar keine Arbeit; sie wird vom üblichen Zähler nicht mitgemessen [146]; sie würde dem Elektrizitätswerk, wenn dies durch sehr kurze und sehr starke Leitungen mit dem Stromabnehmer verbunden wäre, auch keine nennenswerten Kohlenkosten verursachen. Trotzdem ist sie wirtschaftlich nachteilig; denn sie bewirkt, daß der Strom J bei gleicher Belastung des Motors größer ist als er sein würde, wenn der Motor mit $\cos \varphi = 1$ arbeitete, d. h. nur Wirkleistung aufnähme.

Die **Abb. 73**, S. 286, zeigt, wie der wirklich fließende Strom J sich in eine Arbeit leistende Komponente, den Wirkstrom $J \cos \varphi$, und in eine keine Arbeit leistende Komponente, den Blindstrom $J \sin \varphi$ zerlegen läßt, wie die (Kohlen verbrauchende) Wirkarbeit $t \cdot J \cdot U \cdot \sqrt{3} \cdot \cos \varphi$ sich mit der (keine Kohlen verbrauchenden) Blindarbeit $t \cdot J \cdot U \cdot \sqrt{3} \cdot \sin \varphi$ zur Scheinarbeit $t \cdot J \cdot U \cdot \sqrt{3}$ zusammensetzt (t soll hier die Zeit bedeuten), und entsprechend die Wirkleistung $J \cdot U \cdot \sqrt{3} \cdot \cos \varphi$ mit der Blindleistung $J \cdot U \cdot \sqrt{3} \cdot \sin \varphi$ zur Scheinleistung $J \cdot U \cdot \sqrt{3}$, und daß bei gleicher Wirkarbeit die Werte von Scheinarbeit, Scheinleistung und Strom um so größer werden, je größer φ, also je kleiner $\cos \varphi$ ist [130].

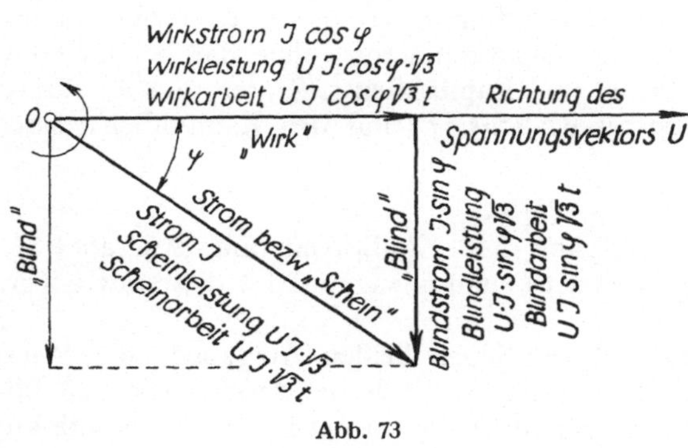

Abb. 73

Eine Vergrößerung des Stromes J (ohne Vermehrung der Wirkarbeit) verursacht nun dem Elektrizitätswerk in mehrfacher Hinsicht Mehrkosten· erstens zwingt sie es, die Zuleitungen zu dem betreffenden Abnehmer mit Rücksicht auf die zulässige Erwärmung stärker zu bemessen, als es sonst nötig wäre; denn die Wärmeentwicklung in einer Leitung hängt ceteris paribus von J^2 ab, steigt also bei doppeltem Wert von J schon auf das Vierfache [123]. Dasselbe gilt von den Generatoren. Leitungen und Generatoren werden also durch die Blindarbeit verteuert. Zweitens wächst, wenn man die Kupferquerschnitte der Leitungen und Generatoren nicht im selben Verhältnis wie J^2 vergrößert, der elektrische Arbeitsverlust in ihnen. Es wird dann also auch die von den Dampfturbinen und Kesseln aufzubringende Leistung und Arbeit durch die Blindarbeit erhöht (wenngleich nicht sehr erheblich); die Dampfturbinen und Kessel müssen deswegen etwas größer bemessen werden, was sie verteuert, die Kessel verschlingen etwas mehr Kohlen.

Alle diese Umstände veranlassen viele Elektrizitätswerke mit Recht, in ihren Stromlieferungsverträgen außer der Gebühr für die vom üblichen Zähler angezeigte Wirkarbeit (hier 12 Pfg/kWh) auch noch eine (freilich erheblich kleinere) Sondervergütung für jede entnommene und von einem besonderen „Blindverbrauchszähler" angezeigte Blind-kWh zu erheben (hier 0,5 Pfg/BkWh). Diese Tarifmaßregel soll teils die Abnehmer dazu anregen, durch Wahl besonderer Motoren (z. B. von Kollektormotoren) oder durch andere geeignete Vorkehrungen (z. B. Kondensatoren oder Phasenregler) den Blindverbrauch zu verringern, teils dem Elektrizitätswerk eine Entschädigung für die erörterten erhöhten Aufwendungen gewähren. (Vgl. die Aufgaben 82, S. 256, 83, S. 261, 84, S. 263, 85, S. 268, 89, S. 281.

Bei dieser Aufgabe soll also der Stromabnehmer prüfen, bis zu welchem Geldbetrage ein Mehrpreis des Kollektormotors durch die Ersparnisse an Blindarbeitskosten gerechtfertigt sein würde.

Wie bei Aufgabe 87, S 275, muß man auch hier, um die e i n m a l i g e n Anschaffungsmehrkosten gegen die j ä h r l i c h e n Ersparnisse abwägen zu können, entweder die einmalige Geldsumme durch eine äquivalente alljährlich in gleicher Höhe aufzubringende Summe („Rente", „Kapitaldienst") ersetzen (die hier mit $11\,^0/_0$ der einmaligen Summe angesetzt werden soll), oder die Rente nach dem Satz von $11\,^0/_0$ p a kapitalisieren.

Auswertung.

Gemäß Abb. 73, S. 286, ergibt sich die Blindleistung N_{Blind} aus der Wirkleistung N_{Wirk} zu

$$N_{\text{Blind}} = N_{\text{Wirk}} \cdot \text{tg}\,\varphi.$$

Wir stellen daher zunächst zu allen gemäß den Angaben der Aufgabe vorkommenden Werten von $\cos\varphi$ die zugehörigen Werte von $\text{tg}\,\varphi$ fest, entweder an Hand einer Tafel der Kreisfunktionen oder gemäß der Beziehung

$$\text{tg}\,\varphi = \frac{\sin\varphi}{\cos\varphi} = \frac{\sqrt{1 - \cos^2\varphi}}{\cos\varphi} \quad [6].$$

Diese letztere Formel ergibt für die Werte der Aufgabe die Zahlentafel 21.

Zahlentafel 21

$\cos\varphi$	0,74	0,92	0,94	0,96
$\cos^2\varphi$	0,5476	0,8464	0,8836	0,9216
$1 - \cos^2\varphi$	0,4524	0,1536	0,1164	0,0784
$\sqrt{1 - \cos^2\varphi}$	0,6726	0,3919	0,3412	0,2800
$\text{tg}\,\varphi = \sqrt{1 - \cos^2\varphi}/\cos\varphi$	0,909	0,426	0,363	0,292

Aus diesen Werten $\operatorname{tg}\varphi$ ergeben sich für die beiden Motoren a und b bei den beiden vorkommenden Belastungen (120 PS und 60 PS) die folgenden Werte der Blindleistung:

M o t o r a (Asynchronmotor):

Belastung 120 PS:
   Wirkleistung: $N_{zu} = 100$ kW; $\cos\varphi = 0{,}92$; $\operatorname{tg}\varphi = 0{,}426$;
   Blindleistung: $100 \cdot 0{,}426 = 42{,}6$ BkW;

Belastung 60 PS:
   Wirkleistung: $N_{zu} = 60$ kW; $\cos\varphi = 0{,}74$; $\operatorname{tg}\varphi = 0{,}909$;
   Blindleistung: $60 \cdot 0{,}909 = 54{,}5$ BkW.

M o t o r b (Kollektormotor):

Belastung 120 PS:
   Wirkleistung: $N_{zu} = 100$ kW; $\cos\varphi = 0{,}96$; $\operatorname{tg}\varphi = 0{,}292$;
   Blindleistung: $100 \cdot 0{,}292 = 29{,}2$ BkW;

Belastung 60 PS·
   Wirkleistung· $N_{zu} = 60$ kW; $\cos\varphi = 0{,}94$; $\operatorname{tg}\varphi = 0{,}363$;
   Blindleistung: $60 \cdot 0{,}363 = 21{,}8$ BkW.

Der jährliche Blindarbeitsverbrauch beträgt also:

beim Motor a:
   300 [Tage] · (16 [Std/Tag] · 42,6 [BkW] + 8 [Std/Tag] · 54,5 [BkW])
   $= 300 \, (682 + 436) = 300 \cdot 1118 = 335\,400$ BkWh;

beim Motor b:
   $300 \, (16 \cdot 29{,}2 + 8 \cdot 21{,}8)$
   $= 300 \, (467 + 174) = 300 \cdot 641 = 192\,300$ BkWh.

Bei einer Sondervergütung von 0,5 Pfg/BkWh macht das in einem Jahre aus:

$$\text{beim Motor a:}\ldots\ldots\frac{335\,400 \cdot 0{,}5}{100} = 1677 \text{ M,}$$

$$\text{beim Motor b:}\ldots\ldots\frac{192\,300 \cdot 0{,}5}{100} = 962 \text{ M.}$$

Der Motor b (Kollektormotor) spart also an Blindstromkosten jährlich $1677 - 962 = 715$ M. Die Kapitalisierung dieser Jahresrente nach dem in der Aufgabe vorgesehenen Satz von 11% p.a. ergibt eine einmalige Summe

von $715 \cdot \dfrac{100}{11} = \mathbf{6500}$ **M.**

U m d i e s e n B e t r a g d ü r f t e a l s o d e r A n s c h a f f u n g s - p r e i s d e s K o l l e k t o r m o t o r s i m G r e n z f a l l h ö h e r s e i n a l s d e r d e s A s y n c h r o n m o t o r s. Bei geringerem Preisunterschied ist es ratsam, den Kollektormotor zu wählen. (Man beachte jedoch auch die Schlußbemerkung der Lösung von Aufgabe 87, S. 279.)

Aufgabe 91: Schaltplan für einen Gleichstrommotor

Es ist ein Schaltbild zu zeichnen für einen Gleichstrom-Nebenschlußmotor, dessen Drehzahl durch einen besonderen veränderlichen Widerstand geregelt werden soll. Das Schaltbild soll enthalten: Sammelschienen, Sicherungen, Schalter, Anlasser, Drehzahlregler, Motoranker, Schenkelwicklung. Der Hauptstromkreis und der Erregerstromkreis sind verschieden stark zu zeichnen. An den Sammelschienen sind Polbezeichnungen, an Motor und Schaltgeräten Klemmenbezeichnungen anzubringen und bei allen Leitungen ist die Stromrichtung durch Pfeile anzudeuten. Am Anlasser ist an den entsprechenden Stellungen anzuschreiben: „Aus" bzw. „Ein". Am Drehzahlregler ist ein Pfeil einzuzeichnen mit der Bezeichnung „Schneller".

Lösung

Abb. 74, S. 289, zeigt das verlangte Schaltbild. Besonders sei noch auf folgende Einzelheiten hingewiesen:

1. Beim Einschalten des Anlassers muß der Schenkelstrom sofort möglichst stark einsetzen, was bei der gezeichneten Anordnung erreicht wird. Beim weiteren Anlassen wird den Schenkelspulen zwar der Anlaßwiderstand vorgeschaltet; das ergibt aber nur eine geringe Schwachung des Schenkelstromes, weil der Ohmwert des Anlaßwiderstandes klein ist gegenüber dem der Schenkelspulen und weil der den Schenkeln vorgeschaltete Teil des Anlassers nur von dem kleinen Schenkelstrom durchflossen wird, nicht vom Ankerstrom. Dieser Mangel ist daher unerheblich und kann gegenuber dem Vorteil der einfachen Anlasseranordnung (ohne besonderen Schleifring fur den Schenkelstrom) in Kauf genommen werden.

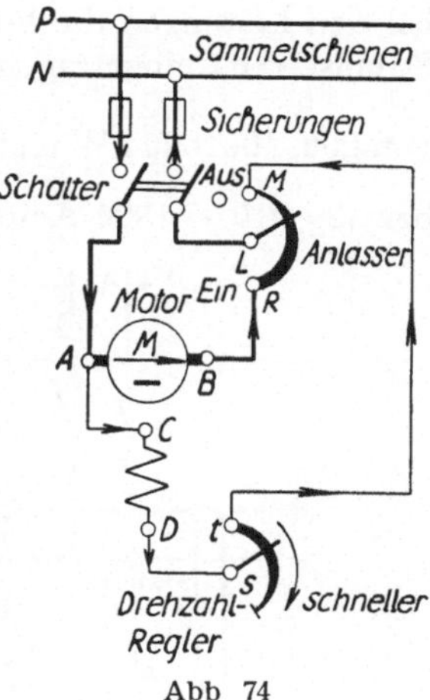

Abb 74

2. Ein Verstellen der Drehzahlreglerkurbel, die beim Anlassen auf *t* stehen soll, in der Pfeilrichtung vergrößert den Schenkelstrom-Vorwiderstand, schwächt daher das Magnetfeld des Motors und erhöht daher die Drehzahl [*159. 161*].

Aufgabe 92: Entwurf eines Schaltplanes für eine einfache Gleichstromzentrale ohne Batterie

Für eine Zweileiter-Gleichstromzentrale mit 220 Volt Betriebsspannung mit 3 Generatoren von 200 bzw. 400 bzw. 600 kW ohne Akkumulatorenbatterie ist ein Schaltbild zu zeichnen

Die Maschinen arbeiten mit Fremd-Erregung von den Sammelschienen. Alle zum ordnungsmäßigen und sicheren Betrieb erforderlichen Apparate,

Instrumente und Verbindungsleitungen sind einzuzeichnen und bei den Apparaten ist ihre Höchststromstärke (Nennstromstärke) beizuschreiben, bei den Instrumenten ihr Meßbereich. An den Regler-Widerstandskurbeln ist an einer Endstellung beizuschreiben „Aus" und außerdem ein Drehrichtungspfeil beizuzeichnen. Ferner ist anzugeben, wie eine Bewegung der Kurbel in der Pfeilrichtung auf Spannung, Stromstärke und Leistung der Maschine wirkt, und zwar

a) wenn sie leer läuft (vor dem Einschalten auf die Sammelschienen);

b) wenn sie a l l e i n das Netz versorgt;

c) wenn sie parallel mit anderen das Netz versorgt.

Einzuzeichnen sind auch die Apparate und Instrumente für 4 Speiseleitungen, die das Netz speisen.

Lösung

Die **Abb. 75**, S. 290, zeigt das verlangte Schaltbild [177]. Darin sind bei den Leitungen die Polzeichen, bei den Apparaten und Instrumenten die Stromstärken eingetragen. Letztere ergeben sich aus der Maschinenleistung

von 200, 400, 600 kW und der Spannung von 220 Volt zu $\dfrac{200\,000}{220} = 910$ Amp

bzw. $2 \cdot 910 = 1820$ Amp bzw. $3 \cdot 910 = 2730$ Amp und einer angemessenen

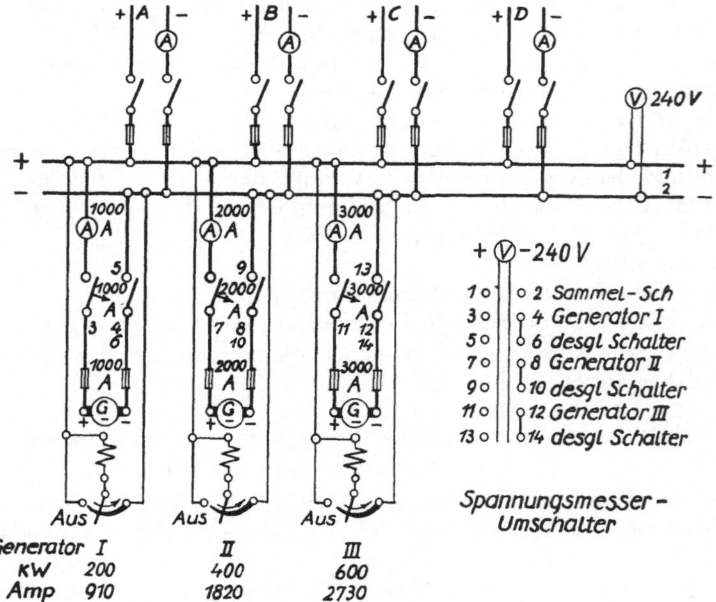

Abb. 75 Schaltplan einer Gleichstromzentrale ohne Akkumulatorenbatterie

Abrundung nach oben, damit die Instrumente auch noch bei Überlastung der Maschinen ausreichen.

Der Spannungsmesserumschalter ist als Steckumschalter gezeichnet mit 7 Stellungen. Die Ziffern neben seinen Kontakten und die gleichen Ziffern neben Punkten des übrigen Schaltbildes deuten die erforderlichen festen Spannungsmeßleitungen der Schaltanlage an. Stellung (5, 6) mißt die Spannung zwischen den Kontakten des rechten Hebelschalters von Generator I. Ist der linke Schalter (ein selbsttätiger Höchststromausschalter) [176] der Maschine I geschlossen, der rechte offen, und zeigt dann das Voltmeter bei dieser Stellung seines Umschalters Null oder einen kleinen positiven Betrag, so darf auch der rechte Schalter geschlossen werden, womit dann die Maschine auf die Sammelschienen parallel zu den bereits laufenden Maschinen geschaltet wird. Demselben Zweck dienen die Stellungen (9, 10) und (13, 14) für Maschine II und III.

Eine Bewegung der Kurbel des Feldreglers einer Maschine in der Pfeilrichtung bewirkt:

a) bei leer und allein laufendem Generator ein Steigen der Spannung (Strom und Leistung sind Null);

b) bei allein arbeitendem Generator ein Steigen der Spannung, des Stromes und der Leistung;

c) bei parallel zu anderen arbeitendem Generator ein Steigen des Stromes und der Leistung d i e s e s G e n e r a t o r s, während die Spannung nur wenig steigt und ebenso die Gesamtleistung aller Maschinen. Die anderen Maschinen werden entlastet [157].

Die Erregung der Maschinen ist nicht von den Maschinenklemmen abgezweigt (was auch möglich wäre), sondern von den Sammelschienen. Dies ist von Vorteil, wenn beim Anlaufen der Maschine die Sammelschienen bereits unter Spannung stehen, etwa dadurch, daß eine andere Maschine schon auf die Sammelschienen arbeitet. Dann wird nämlich bei dieser Schaltung der Magnetismus und daher auch die Maschinenspannung rascher erzeugt als bei Selbst-Erregung. Auch ist dann ausgeschlossen, daß die Polarität der Maschinenklemmen falsch wird, wie es bei Selbst-Erregung infolge Umpolarisierung beim Ausschalten (Überkippen des remanenten Magnetismus) zuweilen vorkommt. (Deswegen wird diese Anordnung bei Anlagen mit Batterie, bei denen die Sammelschienen dauernd unter Spannung zu stehen pflegen, fast stets angewendet.) Soll die Maschine anlaufen, ehe die Sammelschienen Spannung führen, so muß sie sich selbst erregen. Zu dem Zweck müssen in diesem Falle vor dem Anlassen die beiden Hauptschalter der betreffenden Maschine geschlossen werden; das Netz wird dabei durch Öffnen der sämtlichen Netzschalter vorläufig abgetrennt.

19*

Anhang

Verwendete mathematische Zeichen (vgl. DIN 1302)

$\sim$	ähnlich	$\mathit{\Delta}$	(Delta) endliche Änderung (ausweichend auch δ)
$\approx$	nahezu gleich, etwa, rund	d	vollständiges Differential
$<$	kleiner als	Σ	(Sigma) Summe
$\leqq$	gleich oder kleiner als	$\int$	Integral
$>$	größer als	$\llcorner$	rechter Winkel
$\geqq$	größer als oder gleich	ϕ	Durchmesser
$/\!-:$	geteilt durch	$\triangleq$	bedeutet
$/$	für je ein	$\overline{AB}$	Strecke von A nach B
$\ldots$	bis	lg, log	gewöhnlicher (Briggscher, dekadischer) Logarithmus zur Basis 10
$\perp$	rechtwinklig zu	ln	natürlicher Logarithmus zur Basis e
$\parallel$	parallel zu	tg	tangens
$�£$	parallel und gleich	$^0/_0$	Prozent, vom Hundert
∞	unendlich	$^0/_{00}$	Promille, vom Tausend
$\mid\ \mid$	Betrag von (absoluter Wert)		
$\not\sphericalangle$	Winkel		
$\triangle$	Dreieck		

Wichtige Zahlenwerte

$$\pi = \frac{\text{Kreisumfang}}{\text{Kreisdurchmesser}} = 3{,}141\,592\,7; \quad \lg \pi = 0{,}497\,15; \quad 1/\pi = 0{,}318\,310;$$
$$\lg 1/\pi = 0{,}502\,85 - 1.$$

$e =$ Basis des natürlichen Logarithmus $= 2{,}718\,282; \quad \lg e = 0{,}434\,294;$
$1/e = 0{,}367\,879; \quad \lg 1/e = 0{,}565\,71 - 1; \quad ln\,10 = 2{,}302\,585.$

$g =$ Fallbeschleunigung, Erdbeschleunigung. Normwert (DIN 1305)
$= 9{,}806\,65$ m/sek², entsprechend ungefähr dem wirklichen Wert für $45°$
Breite und Meereshöhe; ubliche Abrundung 9,81 m/sek².
$\lg 9{,}81 = 0{,}991\,67; \quad 1/(2 \cdot 9{,}81) = 0{,}050\,968; \quad \lg 1/(2 \cdot 9{,}81) = 0{,}707\,30 - 2;$
$\sqrt{2 \cdot 9{,}81} = 4{,}429\,447; \quad \lg \sqrt{2 \cdot 9{,}81} = 0{,}646\,35.$

Formelgrößen und übliche Einheiten

Zeichen	Übliche Einheit	Bedeutung
a		Erfahrungsziffer
a	$^0/_0$	Fehler
a	Umdr /kWh	Zählerankerumdr. pro angezeigte kWh
a	M/inst. kW	relative Anlagekosten
A	mkg	Arbeit, Wucht
A	kWh	Jahresverbrauch
b	m/sek^2	Beschleunigung
b	m	Breite
B	kg/h	Kohlenstrom
B	h	durchschnittliche Jahresbenutzungsdauer der Jahreshöchstleistung
B	kW, kVA	Belastung
$\mathfrak{B}$	Gauß	magnetische Induktion im Eisen
c		Konstante
c	kg/(cm^2 mm)	Wert der Einheit der Indikatordiagramm-Höhe
c_p	kcal/kg$^\circ$	spezifische Wärme bei konstantem Druck
c_v	kcal/kg$^\circ$	spezifische Wärme bei konstantem Volumen
c_m	kcal/kg$^\circ$	mittlere spezifische Wärme
C	F, μF	Kapazitat eines elektrischen Kondensators (Farad)
C	.../$^\circ$	Instrumenten-Konstante (z. B.: $C = 0,2$ Amp/$^\circ$ = Amp pro Skalenteil)
d	mm, cm	Durchmesser von Draht, Seil, Kolbenstange usw.
d	kg/m^{2}h	Heizflächenbeanspruchung eines Kessels
D	cm, m	Durchmesser
D	kg/h	Dampfleistung
e		Basis des natürlichen Logarithmus (Zahlenangaben unter „Wichtige Zahlenwerte")
e	Volt	Elektromotorische Kraft (EMK) eines Elementes
E	Volt	Elektromotorische Kraft (EMK) der ganzen Batterie
E	kg/cm^2	Elastizitätsmodul (fur Stahl $\approx$ 2 200 000)
E	lx, Hlx, Nlx	Beleuchtungsstärke (Hefner-Lux, Neue Lux)
E	kWh	Jahresabgabe
f	mm^2, cm^2	Querschnittsfläche (z. B. des Indikatorkolbens)
f	Hz	Frequenz (Hertz = Perioden/sek)

Zeichen	Übliche Einheit	Bedeutung
F	cm², m²	Fläche, Oberfläche, Querschnittsfläche, wirksame Kolbenfläche
F	kg	Ablesung an der Federwaage
F		falscher Wert ($F = R/K$)
g	m/sek²	Erdbeschleunigung, Fallbeschleunigung (Zahlenangaben unter „Wichtige Zahlenwerte")
g	kg	Gewicht auf der Gewichtsseite einer Dezimalwaage
G	kg	Gewicht (z. B. auf der Lastseite einer Dezimalwaage)
G	S	elektrischer Leitwert ($G = 1/R$) (Siemens)
h	m	Höhe, Fallhöhe, Gefällhöhe, Förderhöhe
h_m	mm	mittlere Höhe eines Indikatordiagramms
H	m	Höhe, Förderhöhe
H	m²	Heizfläche eines Kessels
H_u	kcal/kg	unterer Heizwert
H_o	kcal/kg	oberer Heizwert
i		Anzahl
i	Amp	elektrischer Strom, Erregerstrom
i	kcal/kg	Wärmeinhalt (Enthalpie)
i'	kcal/kg	Enthalpie des siedenden Wassers
i''	kcal/kg	Enthalpie des trocken gesättigten Dampfes (bei 1 ata und 99,1° ist $i'' = 639,3$ kcal/kg; bei 1 Atm abs. und 100,0° ist $i'' = 639,7$ kcal/kg; „Normaldampf": $i'' = 640$ kcal/kg)
i		Übersetzungsverhältnis (z. B. von Zahnrädern)
i		Gefälle (z. B. eines Kanals)
i	%/a	Zinsfuß
J	kgsek²m	Trägheitsmoment
J	Menge/Zeit	Strom (z. B. elektr. Strom [Amp], Wasserstrom [kg/sek, m³/sek], Luftstrom [kg/sek, Nm³/sek], Kohlenstrom [kg/h] usw.)
J	mm²	Flächeninhalt eines Indikatordiagramms
J	HK, NK	Lichtstärke (Hefner-Kerze, Neue Kerze)
J_W	kcal/h	Wärmestrom
J_G	kg/sek	Gewichtsstrom
J_V	m³/sek	Volumenstrom
J_W, J_Wirk	Amp	Wirkstrom
J_B, J_Blind	Amp	Blindstrom
J_α	HK, NK	Lichtstärke in Richtung α

Zeichen	Übliche Einheit	Bedeutung
k	m	Rauhigkeitsmaß
k	$\dfrac{\text{kcal}}{\text{m}^2\text{h}^\circ}$	Wärmedurchgangszahl
k	$^0/_0/a$	Zinsfuß
K		Korrekturfaktor $(R = K \cdot F)$
K	Ah	Kapazität einer Akku-Batterie
K	M	Jahreskosten, Kaufpreis, Anlagekapital
l	mm, cm, m	Länge (z. B. Indikatordiagramm-Länge)
L	mm, cm, m	Länge
L	Nm³/kg	Luftbedarf zur Verbrennung
L	mkg/m³	Kompressionsarbeit
L	tkm	Nutz-Förderleistung einer Akku-Lokomotive mit e i n e r Ladung
L	H	Induktivität (Henry)
m	kgsek²/m	Masse $(= G/g)$
M	mkg	Drehmoment
M_{eigen}	mkg	Eigen-Drehmoment
M		Molekulargewicht
n	1/min	minutliche Drehzahl
n		Anzahl (z. B. der Elemente einer Batterie)
N	kW, PS	Leistung, Jahreshöchstleistung (Mechanische Maschinen: N [PS] $$= \frac{P\,[\text{kg}] \cdot v\,[\text{m/sek}]}{75} = \frac{M\,[\text{mkg}] \cdot \omega\,[1/\text{sek}]}{75}$$ $$= \frac{M\,[\text{mkg}] \cdot n\,[1/\text{min}]}{716{,}2} = N\,[\text{kW}] \cdot 1{,}360;$$ N [kW] $= N$ [PS] $\cdot$ 0,7353. Gleichstrom: N [kW] $= \dfrac{J\,[\text{Amp}] \cdot U\,[\text{Volt}]}{1000}$; Einphasen-Wechselstrom· $$N\,[\text{kW}] = \frac{J\,[\text{Amp}] \cdot U\,[\text{Volt}] \cdot \cos\varphi}{1000} ;$$ Drehstrom: $$N\,[\text{kW}] = \frac{J\,[\text{Amp}] \cdot U\,[\text{Volt}] \cdot \sqrt{3} \cdot \cos\varphi}{1000}).$$
N_{W}	kW	Wirkleistung
$N_{\text{B}}, N_{\text{B lind}}$	BkW, kVA, kW	Blindleistung
N_{S}	SkW, kVA, kW	Scheinleistung
N'	kg	Normalkraft (z. B. Kraft $\perp$ schiefen Ebene)
$\varDelta N$	kW, Watt	Leistungsverlust
p	m/sek²	Beschleunigung $(= P/m)$

Zeichen	Übliche Einheit	Bedeutung
p'	m/sek²	Verzögerung $(= P/m)$
p	kg/cm²	Druck
Δp	kg/m² = mm WS	Druckverlust
p		Anzahl d Polpaare einer Wechselstrommaschine
p	M/kg	spezifischer Preis
p	$^0/_0$	Spannungsabfall
p_w	$\dfrac{M}{\text{Mio kcal}}$	Wärmepreis
P	kg	Kraft, Zugkraft
P	kg/m² = mm WS	Druck
P	Amp, Watt	Belastung
P	M	Preis
P_b	kg	Beschleunigungskraft
P_H	kg	Kraft zum Heben
P_m	kg	Mittelwert der Kraft (am Kolben)
P_N	kW	Nennlast
P_R	kg	Reibungskraft
q	mm², cm², m²	Querschnitt
Q	kg	Gewicht, Last
Q	kg, m³	Wassermenge
Q	kcal	Wärmemenge
Q	Amp-sek [As], C Ah	Elektrizitätsmenge (Amperesekunde = Coulomb, Amperestunde)
Q	lmh, Hlmh, Nlmh	Lichtmenge (Hefner-Lumenstunde, Neue lmh)
r	mm, cm, m	Radius
r	m	Entfernung von der Lichtquelle
r	kcal/kg	Verdampfungswärme $(= i'' - i')$
r		Reservefaktor (N_{inst}/N_{max})
r'	m	hydraulischer Radius $(= \text{Querschnitt } F \text{ [m²]/Umfang } U \text{ [m]})$
r_1	Ω	innerer Widerstand eines Elementes
R	m	Radius
R	Ω	elektrischer Widerstand
R		richtiger Wert $(= F \cdot K)$
R_a	Ω	äußerer elektr. Widerstand
R_1	Ω	innerer elektr Widerstand (z. B. der Batterie)
R_J	Ω	Widerstand des Instrumentes
R_e		Reynoldsche Zahl
R_l	kg	Luftreibungswiderstand
s	m	Weg, Strecke, Hub, Teufe

Zeichen	Übliche Einheit	Bedeutung
s		Schlupfung oder Schlupf (in Bruchteilen oder $\%$ der synchronen Drehzahl)
s	kcal/($^\circ$kg)	Entropie
s'	kcal/($^\circ$kg)	Entropie des siedenden Wassers
s''	kcal/($^\circ$kg)	Entropie des trocken gesättigten Dampfes
S	kcal/$^\circ$	Entropie
S	kg	Schubkraft, Umfangskraft beim Riementrieb
t	sek, min, h	Zeit
t	h	durchschnittliche Jahresbenutzungsdauer der Höchstleistung ($= E$ [kWh]$/N_{max}$ [kW])
t	m	Tiefe
t	$^\circ$, $^\circ$C	Celsius-Temperatur
T	$^\circ$K	absolute Temperatur ($=273+t$) (Grad Kelvin)
u	Volt	elektrischer Spannungsverlust
Umdr.		Anzahl der Umdrehungen
U	m	Umfang
U	Volt	elektrische Spannung
$U_v, \Delta U$	Volt	Spannungsverlust
U^*	Volt	Sternspannung
v	m/sek	Geschwindigkeit, Umfangsgeschwindigkeit $= 2\,r\,\pi\,n/60$
v	$\dfrac{\text{kg Dampf}}{\text{kg Kohle}}$	Brutto-Verdampfungsziffer
v_n	$\dfrac{\text{kg Normal-Dpf}}{\text{kg Kohle}}$	Netto-Verdampfungsziffer
V	m³	Volumen
V	km/h	Geschwindigkeit
w	m/sek	Geschwindigkeit
w		Anzahl der Wagen hinter einer Lokomotive
w	kcal/kWh	spezifischer Wärmeverbrauch
W_S	kg/t	Schienen-Reibungswiderstand
x		relativer Dampfgehalt des Naßdampfes (z.B.: $x = 0,8$ bedeutet $80\,\%$ Dampf $+ 20\,\%$ Wasser)
X	Ω	Blindwiderstand ($= \omega L$ bzw. $1/(\omega C)$ bzw. $\omega L - 1/(\omega C)$ bei Reihenschaltung von R, L, C)
z	m/sek²	Verzögerung
z		Zähnezahl eines Zahnrades

Zeichen	Übliche Einheit	Bedeutung
z		Anzahl der Zähleranker-Umdrehungen
Z	kg	Zugkraft
Z	Ω	Scheinwiderstand $(= U/J = \sqrt{R^2 + X^2})$
α		Erfahrungszahl
α	°, g, rad	Winkel, Neigungswinkel (z. B. einer Straße), Umschlingungswinkel des Riemens oder Seiles, in Altgrad, Neugrad, Radianten
α		Temperaturkoeffizient des elektr. Widerstandes (z. B.: $R_{60^0} = R_{20^0} + 40 \cdot \alpha_{20^0} \cdot R_{20^0}$; für Cu ist $\alpha \approx 0{,}004$; siehe auch unter τ)
α	°	Instrumentenausschlag in Skalenteilen
β		Kapitaldienst-Jahresquote (z. B. $\beta = 0{,}15 \triangleq 15\,\%/\text{a}$)
β, γ	°, g, rad	Winkel (siehe α)
γ	kg/m³	Wichte = spezifisches Gewicht $(= G/V)$
δ	°, g, rad	Winkel (siehe α)
δ	mm, cm, m	Durchmesser, Drahtdurchmesser, Riemendicke, Schichtdicke
$\varDelta$	Volt	Spannungsverlust
ε		relativer Spannungsverlust $(= u/U \text{ oder } \%\text{ von } U)$
ζ		Widerstandsziffer für Krümmer, Ventile usw.
η		Wirkungsgrad $(= N_{ab}/N_{zu})$
η	kgsek/m²	Zähigkeit
η		Raumfaktor (bei Beleuchtungsberechnungen), Wirkungsgrad der Beleuchtung
$\eta_{Cl\,R}$		Clausius-Rankine-Wirkungsgrad = thermodynamischer Wirkungsgrad
λ		Liefergrad (volumetrischer Wirkungsgrad)
λ		Widerstandsziffer (bei Wasserströmung)
λ		Luftüberschußzahl (bei Verbrennung)
μ		Reibungszahl, Haftreibungszahl
ν	m²/sek	kinematische Zähigkeit $(= \eta/\varrho)$
ϱ	kgsek²/m⁴	Dichte $(= \gamma/g)$
ϱ	Ω mm²/m	spezifischer elektr. Widerstand
σ	kg/cm²	Zug- oder Druckspannung (Normalspannung)
τ	kg/cm²	Schubspannung (Tangentialspannung)

Zeichen	Übliche Einheit	Bedeutung
τ	°	Temperatur-Summand zur Umrechnung des elektr. Widerstandes auf andere Temperaturen (z. B.: $R_{60°} = R_{20°} \cdot (60 + \tau)/(20 + \tau)$; $\tau_{\text{Kupfer}} = 235°$; siehe auch unter α)
φ	°, g, rad	Phasenverschiebungswinkel (bei Wechsel- und Drehstrom; J gegen U bzw. U^*) (siehe α)
$\cos \varphi$		Leistungsfaktor (siehe auch unter N)
Φ	Maxwell	Magnetischer Induktionsfluß
Φ	lm, Hlm, Nlm	Lichtstrom (Hefner-Lumen, Neue Lumen)
Φ_{O}	lm, Hlm, Nlm	sphärischer Lichtstrom
$\Phi_{\text{⊐}}$	lm, Hlm, Nlm	unterer hemisphärischer Lichtstrom
ω	1/sek, rad/sek	Winkelgeschwindigkeit
ω	1/sek	Kreisfrequenz bei Wechselstrom ($= 2 \pi f$ $=$ Winkelgeschwindigkeit des Vektors; für die übliche Frequenz $f = 50$ Hz ist $\omega \approx 314$)
ω		Raumwinkel (Verhältnis des zugehörigen Stückes der Kugeloberfläche zum Quadrat des Kugelhalbmessers; voller Raumwinkel $= 4 \pi = 12{,}566$)

Indizes

a = äußerer
ab = abgeführte (z. B.: N_{ab})
ad = adiabatisch
A = am Anfang
A = in Rohrachse
Ank = Anker
Anl = Anlasser
Al = Aluminium
Asy = des Asynchronmotors
Cu = Kupfer
dy = dynamisch
Dr = Drehstrom
E = am Ende
e = effektiv
    (besser· $N_e = \ldots$ PS
    als $N = \ldots$ PS$_e$)
g, ges = gesamt
G = Generator
h = hinter
H = Hochdruck
i = innerer
i = indiziert
    (besser· $N_i = \ldots$ PS
    als: $N = \ldots$ PS$_i$)
inst = installiert
is = isothermisch

kVA = in kVA
kW = in kW
m = mittlere, Mittelwert
max = Maximum
mech = mechanisch
M = Motor
MG = Motor-Generator
N = Niederdruck
r = Rohr
stat, st = statisch (z. B.: P_{stat})
sy = synchron (z. B.· n_{sy}
    = synchrone Drehzahl)
Sy = des Synchronmotors
v = vor
v = Verlust (z B · U_v = Spannungsverlust)
w = Widerstands (z. B.: P_w)
wirtsch = wirtschaftlich (z.B.: $\eta_{wirtsch}$)
zu = zugefuhrte (z. B.· N_{zu})
Σ = Summe, gesamt, zusammen (z. B.: J_Σ , φ_Σ)
100 = bei Belastung mit 100 %
der Nennleistung (z. B.:
J_{75}, η_{125})

Häufig benutzte Einheiten

m Meter (1 km · 1 mm² = 1 dm³,   1 m · 1 mm² = 1 cm³)

g Gramm

kg Kilogramm

t Tonne (1 t = 1000 kg)

sek [1]) Sekunde

min Minute

h (hora) Stunde

d (dies) Tag

a (annus) Jahr

l Liter (= dm³)

Nm³ Normkubikmeter (1 Nm³ = Gasmenge von 1 m³ bei 760 mm QS und 0°)

Mol oder kmol (Kilomol) (1 Mol = M kg, wenn M = Molekulargewicht: bei Gasen ist 1 kmol = 22,414 Nm³)

inch, ″ engl. Zoll (1″ = 25,40 mm)

sq.inch engl. Quadratzoll (1 sq.inch = 6,4516 cm²)

ft engl. Fuß (1 ft = 12″ = 304,8 mm)

sq.ft engl Quadratfuß (1 sq.ft = 144 sq inch = 929,0 cm²)

lb [2]) engl. Pfund (1 lb = 453,6 g)

° (Alt-)Grad (Zahlenangaben unter „Winkelmaße", S 303)

′ (Alt-)Minute (1′ = $^1/_{60}$°)

″ (Alt-)Sekunde (1″ = $^1/_{60}$′)

g Neugrad (Zahlenangaben unter „Winkelmaße", S 303)

rad Radiant (Einheitswinkel) (Zahlenangaben unter „Winkelmaße", S 303)

at metrische oder neue Atmosphäre (1 at = 1 kg/cm²; weitere Zahlenangaben unter „Beziehungen zwischen Druckeinheiten", S 303)

Atm alte oder physikalische Atmosphäre (1 Atm = 760 mm QS; weitere Zahlenangaben unter „Beziehungen zwischen Druckeinheiten", S 303)

mm QS oder Torr (nach Torricelli), Millimeter Quecksilber-Säule von 0°

°, °C Celsiusgrad

°abs oder °K, Grad absolut oder °Kelvin

°F Grad Fahrenheit (1°F = $^{100}/_{180}$°C, 0°C bei + 32°F; 0°F bei ≈ − 17,8°C)

° Skalenteile (Ablesung an Zeiger-Instrumenten mit Skalteilung ohne Angabe der Maßeinheit)

---

[1]) Für Ampere, Volt, Watt, Sekunde sind auch die kürzeren Schreibarten A, V, W, s üblich, besonders in Zusammensetzungen wie z B Ah, As, kVA, kV, kW, kWh, Ws usw

[2]) sprich pound

cal oder gcal, Grammkalorie (siehe „Beziehungen zwischen Arbeitseinheiten", S 304)

kcal Kilokalorie (früher auch als WE bezeichnet; 1 kcal = 1000 cal; siehe „Beziehungen zwischen Arbeitseinheiten", S 304)

BTU British Thermal Unit (bezogen auf 1 lb und . $1°$ F; 1 BTU = 0,252 kcal)

PS Pferdestärke (siehe „Beziehungen zwischen Leistungseinheiten", S 304)

Amp [1]) Ampere (1 Amp ist die Stromstärke J, die sekundlich 1,118 mg Silber niederschlägt; Reichsgesetz vom 1. 6. 98, seit 1908 auch international gültig); $(J = U/R;\ Amp = Volt/\Omega)$

Volt [1]) Volt (Spannung U); $(U = J \cdot R;\ Volt = Amp \cdot \Omega)$

Watt [1]) Watt (Leistung N); $(N = U \cdot J;\ Watt = Volt \cdot Amp$; siehe die Zusammenstellung der Leistungseinheiten, S 304) (WkW = Wirk-kW, BkW = Blind-kW, SkW = Schein-kW, kVA = Kilo-Volt-Ampere)

Ω Ohm (1 Ω ist der Widerstand R einer QS-Säule von $l = 106{,}3$ cm, $q = 1$ mm², $t = 0°$, $G = 14{,}4521$ g); $(R = U/J;\ \Omega = Volt/Amp)$

C Coulomb = Amperesekunde [As] (Elektrizitätsmenge Q); $(Q = J \cdot t;\ C = A \cdot s)$

J Joule = Ws [Wattsek] (Arbeit A); $(A = N \cdot t;\ J = W \cdot s$; siehe die Zusammenstellung der Arbeitseinheiten, S 304)

S Siemens (Leitwert G); $(G = 1/R;\ S = 1/\Omega)$

F Farad (1 F ist die Kapazität C eines Kondensators, die unter dem Druck von 1 Volt eine Elektrizitätsmenge von 1 C aufnimmt); $(C = Q/U;\ F = C/V)$

H Henry (Induktivität oder Koeffizient der Selbstinduktion L);

$$(U = L \cdot dJ/dt;\ L = \frac{U}{dJ/dt};\ H = Volt/(A/s) = Vs/A)$$

Hz Hertz = Perioden/sek (Frequenz f)

HK, IK, NK Hefnerkerze, früher auch als „Normalkerze" bezeichnet, „Internationale Kerze", „Neue Kerze" (Lichtstärke J); (die IK und die NK sind erheblich größer als die HK; das Verhältnis hängt von der Lichtfarbe ab)

lm Lumen, Hlm, Ilm, Nlm (Lichtstrom oder Lichtfluß Φ); $(\Phi = J \cdot \omega$; Hlm = HK mal Raumwinkel)

lx Lux, Hlx, Ilx, Nlx (Beleuchtungsstärke E); $(E = J/r^2 = \Phi/F$, wobei r [m] = Entfernung der senkrecht bestrahlten Fläche von der Lichtquelle und F [m²]. = Größe dieser Fläche; Hlx = HK/m² = Hlm/m²)

---

[1]) Siehe die Fußnote auf S. 301.

Vorsilben vor Einheiten

k kilo	(10^3)	c centi	(10^{-2})
M mega	(10^6)	m milli	(10^{-3})
d dezi	(10^{-1})	μ mikro	(10^{-6})

Winkelmaße

Zwischen dem Rechten [$\llcorner$], dem Radianten (Winkel vom Bogenmaß 1) [rad], dem (Alt-)Grad [°] und dem Neugrad [^{g}] bestehen die Beziehungen:

$$1° = 1/90^{\llcorner} = \pi/180 \text{ rad} = 0{,}017\,453 \text{ rad} = 10/9\,^g$$

$$1^g = 1/100^{\llcorner} = \pi/200 \text{ rad} = 0{,}015\,708 \text{ rad} = 9/10°$$

$$1^{\llcorner} = 90° = 100\,^g = \pi/2 \text{ rad} = 1{,}570\,796 \text{ rad}$$

$$1 \text{ rad} = 2/\pi^{\llcorner} = 0{,}636\,62^{\llcorner} = 57{,}295\,78° = 63{,}6620\,^g$$

Beziehungen zwischen Druckeinheiten

	at, kg/cm²	Atm	mm WS kg/m²	mm QS	mb
1 at = 1 kg/cm² =	1	0,9678	10000	735,6	980,7 [2])
1 Atm (physik. Atm.) =	1,033	1	10332	760,0	1013
1000 mm WS bei 4° = 1000 kg/m² =	0,1000	0,09678	1000	73,56	98,07
1000 mm QS bei 0° [1]) =	1,3595	1,316	13595	1000	1333
1000 mb (Millibar) [3]) =	1,0197	0,9869	10197	750,1	1000

[1]) Spez. Gewicht des Quecksilbers bei 0° und 760 mm QS (1 Atm abs) = 13,5951 kg/dm³; 1 mm QS = 1 Torr

[2]) Normwert der Erdbeschleunigung = 980,665 cm/sek².

[3]) 1 b (Bar) = 10^6 dyn/cm² = 1000 mb (Millibar).

Beziehungen zwischen Arbeitseinheiten

	mkg	PSh	cal	kcal	Ws	kWh
1 mkg =	1	$3{,}704\ 10^{-6}$	2,342	$2{,}342 \cdot 10^{-3}$	9,804	$2{,}723 \cdot 10^{-6}$
1 PSh =	270 000	1	632 300	632,3	$2{,}648 \cdot 10^{6}$	0,7353
1 cal (oder gcal) =	0,427	$1{,}581\ 10^{-6}$	1	$1{,}000 \cdot 10^{-3}$	4,186	$1{,}163 \cdot 10^{-6}$
1 kcal =	427	$1{,}581 \cdot 10^{-3}$	1000	1	4186	$1{,}163 \cdot 10^{-3}$
1 Ws (od Joule) =	0,1020	$3{,}778 \cdot 10^{-7}$	0,2389	$2{,}389 \cdot 10^{-4}$	1	$2{,}778 \cdot 10^{-7}$
1 kWh =	367 210	1,360	860 000	860	$3{,}600 \cdot 10^{6}$	1

Beziehungen zwischen Leistungseinheiten

	mkg/sek	PS	kcal/sek	kcal/h	Watt	kW
1 mkg/sek =	1	$1{,}333 \cdot 10^{-2}$	$2{,}342 \cdot 10^{-3}$	8,431	9,804	$9{,}804 \cdot 10^{-3}$
1 PS =	75,00	1	0,1756	632,3	735,3	0,7353
1 kcal/sek =	427	5,693	1	3600	4186	4,186
1 kcal/h =	0,1186	$1{,}581 \cdot 10^{-3}$	$2{,}778 \cdot 10^{-4}$	1	1,163	$1{,}163 \cdot 10^{-3}$
1 Watt =	0,1020	$1{,}360 \cdot 10^{-3}$	$2{,}389 \cdot 10^{-4}$	0,860	1	$1{,}000 \cdot 10^{-3}$
1 kW =	102,0	1,360	0,2389	860	1000	1

Bemerkung. Für die in den beiden vorstehenden Tafeln angegebenen Umrechnungszahlen geben die Handbücher vielfach Werte an, die um ein Geringes voneinander abweichen Das ist z. T. durch starke Abrundung verursacht, z. T. aber auch dadurch, daß fur manche Begriffe mehrere nicht genau ubereinstimmende Einheiten bestehen, z B. eine durch Deutsches Reichsgesetz definierte, eine durch internationale Vereinbarung festgelegte und eine aus dem c-g-s-System abgeleitete Einheit. Dies gilt insbesondere für das Joule (und damit auch fur kW und kWh) und für die Kalorie. Für letztere unterscheidet man z. B. eine „15°-Kalorie" (beruhend auf der Erwärmung des Wassers von 14,5° auf 15,5°), eine „0°-Kalorie", eine „mittlere Kalorie" (beruhend auf der Erwärmung von 0° bis 100°) und eine „IT-Kalorie" (internationale Tafel-Kalorie), definiert durch die Beziehung 860 IT-kcal = 1 internat kWh Die hier gegebenen Tabellen sind auf Grund der internationalen Vereinbarungen berechnet; unter Joule ist also das internationale Joule verstanden, unter kcal die IT-kcal.

Verzeichnis der verwendeten Hinweise auf Stellen in Handbüchern

H = „*Hutte*", „Des Ingenieurs Taschenbuch", Verlag *Wilh Ernst u. Sohn*, Berlin, I. Band 27 Aufl. 1941 oder Neudruck 1942 oder 1944 oder 1948; II Band 27. Aufl. 1944 oder Neudruck 1949.

D = „Taschenbuch für den Maschinenbau", herausgegeben von Prof *H. Dubbel*, *Springer*-Verlag, Berlin — Göttingen — Heidelberg, 9 oder 10 Aufl 1943 oder 1949

K = „Elektrische Starkstromanlagen" von *Emil Kosack, Springer*-Verlag, Berlin — Göttingen — Heidelberg, 11 Aufl 1950

SV = Dies Buch von *Suchting-Vierling*

I bzw. II = Band I bzw Band II.

Die Ziffern bedeuten die Seitenzahl

„f" = „und nächste Seite"; „ff" = „und folgende Seiten"

[1] Tafeln mathematischer Zahlen H I 4 ff D I 2 ff SV 292

[2] Englische und amerikanische Maßeinheiten H I 1151 ff, 1160 f, 1169, 1173 f, 1180, 1192, 1199 f, 1211, 1215 f D I 673 f. SV 301 f

[3] Tilgungs- und Rentenformeln H I 80. D I 51

[4] Winkel-Einheit ,Neugrad" H I 36 ff, 44 ff, 88 D I 56. 672. SV 303, 301

[5] Radiant H I 54 ff, 66, 88 D I 28,56 SV 303, 301.

[6] Beziehungen zwischen den Funktionen desselben Winkels H I 89 D I 58.

[7] Gleichung einer Geraden durch zwei Punkte· H I 129 f D I 91

[8] Konstruktion der gleichseitigen Hyperbel H I 138 D I 107, II 81

[9] Maxima und Minima H I 103 D I 72.

[10] Differentiation des Quotienten zweier Funktionen H I 100 D I 67

[11] Gesetze der geradlinigen Bewegung H I 356 ff D I 203 ff

[12] Umfangsgeschwindigkeit ($v = D\pi n/60$) H I 363 D I 207 f, 593 SV 297 bei v

[13] Winkelgeschwindigkeit ($\omega = 2\pi n/60$) H I 363 ff D I 207 f, 222

[14] Masse, Kraft, Beschleunigung H I 313 f D I 219 f SV 292 bei g, 295 bei m und p.

[15] Umfangskraft, Umfangsgeschwindigkeit, Leistung ($N = P \cdot v/75$) H I 317, II 270 D I 222 SV 295 bei N, 297 bei v

[16] Drehmoment, Winkelgeschwindigkeit, Leistung ($N = M \cdot \omega/75 = M\, n/716{,}2$) H I 317, 1073 D I 222 SV 295 bei N

[17] Arbeits- und Leistungseinheiten H I 317, 542, 1081, 1211 ff D I 222, 289, 297, II 729 f. (D nicht immer eindeutig, ob die gesetzliche, die internationale oder die c-g-s-Einheit gemeint ist) K 19 ff (sehr stark abgerundet und dadurch z T unrichtig, z B 864 kcal/kWh), 349 SV 295 bei N, 302 bei Watt u Joule, u Tafeln 304

[18] Zusammensetzung von Kräften H I 318 ff D I 165 f

[19] Wucht ($m v^2/2$, $J \omega^2/2$) H I 318, 379 D I 222

[20] Fliehkraft ($m v^2/r$, $m r \omega^2$), freie Achse, Auswuchten H I 349, 376, II 300 D I 232 f

[21] Wichte (γ), Relativgewicht (s), Dichte (ϱ) H I 314, 784 ff, 804, 991 ff D I 647 f. SV 298 bei γ und ϱ

[22] Reibung auf schiefer Ebene H I 397 D I 183 ff

306

[122] Leistung des elektrischen Stromes H II 1089, 1090, 1095, 1133 D II 729 f
K 19 ff. SV 295 bei N, 302 bei Watt u. Joule.

[123] Joulesches Gesetz H II 1095, 1331 D II 729 f. K 22, 20, 294

[124] Magnetisierungskurven, Gauß H II 1091, 1103, 1106. D II 731   736, 782
K 34 ff, 349

[125] Kraftwirkung zwischen Strom und Magnetfeld H II 1107, 1160 D II 763,
783 K 30 f

[126] Effektivwert des Wechselstromes H II 1110 D II 738 f K 43 f

[127] Ohmsches Gesetz für Wechselstrom in induktionsfreiem Widerstand· H II
1110. D II 741. K 46

[128] Induktivität, Henry H II 1089, 1091, 1107 f, 1111, 1305 f. D II 740. K 39 f,
349 SV 302 bei H.

[129] Ohmsches Gesetz für Wechselstrom in induktiven Leitern H II 1110 f D II
740 f K 45 ff SV 297 bei X, 298 bei Z.

[130] Vcktordiagramme für Wechselstrom H II 1113 f, 1211, 1222 usw D II 738 ff,
754 usw K 45   49

[131] Blindwiderstand (Reaktanz), Scheinwiderstand (Impedanz) H II 1111. D II
741 f. K48 f. SV 297 bei X, 298 bei Z. 302 bei Watt.

[132] Farad, Mikrofarad H II 1089, 1090, 1093, 1100 f, 1112 D II 743 f K 41, 349.
SV 293 bei C, 302 bei F

[133] Strom im Kondensator ($J = \omega C U$), voreilend H II 1112, 1189 f, 1203, 1288
D II 744 f. K 49, 219. SV 302 bei C u. F

[134] Leistung des Einphasen-Wechselstromes H II 1111, 1133, 1136 D II 742,
791 f, 795 K 46 ff, 68 f SV 295 bei N.

[135] Drehstrom, Stern- und Dreieckschaltung H II 1114 D II 747   750 K 51 ff,
174, 176 f, 178, 282 f

[136] Leistung des Drehstromes H II 1114, 1133, 1136 D II 749 f, 791 f, 795 f
K 52, 70 ff SV 295 bei N

[137] Wirk-, Blind-, Scheinleistung H II 1111, 1127, 1146, 1288 D II 742. K 47 ff,
52, 75, 140 f, 169, 183 f, 218 f SV 302 bei Watt

[138] Blindleistung je kW Wirkleistung, abhängig von $\cos \varphi$ H II 1288 (Tafel 7)

[139] Spannungsmesser mit Vorwiderstand H II 1123 (Abb 4 b), 1133 f, D II 795
K 62 f.

[140] Widerstandsmessung aus Strom und Spannung H II 1137. D II 796 K 63 f

[141] Wheatstonesche Brucke H II 1094, 1137 D II 796 f K 64 ff

[142] Temperaturmessung aus Widerstandszunahme H II 1094 f, 1138 D II 797 f
K 11, 220 ff. SV 298 bei α, 299 bei τ

[143] Strom- und Spannungswandler H II 1125, 1129 f, 1133 ff, 1287 D II 758 f,
795. K 164 f, 325, 338 ff, 343 ff

[144] Zweiwattmeter-(Aron-)Schaltung H II 1136 f (Abb 21 u. 19) D II 795 f.
K 71 f, 74

[145] Messung des Leistungsfaktors ($\cos \varphi$) H II 1110 f, 1114, 1127, 1135, 1136 f
(Abb 18, 19, 21), 1146. D II 742, 792 K 75 SV 295 bei N.

[146] Elektrizitätszähler H II 1131 f, 1135. D II 793 f. K 72 ff.

[147] Normquerschnitte für elektrische Leitungen H II 1305, 1312 D II 808.
K 290 ff

310

[*173*] Parallelbetrieb von Drehstrom-Transformatoren· H II 1223, 1229. D II 756 f
K 163 f, 210, 343 f.

[*174*] Stufen-(Regulier-)Transformator H II 1206, 1209, 1212, 1218, 1232 ff, 1239
D II 758. K 160 f.

[*175*] Akkumulatoren (Kapazität, Spannung, Wirkungsgrad). H II 1141 ff. D II
725. K 239 f, 250 ff. SV 302 bei C.

[*176*] Überstrom-Selbstschalter· H II 1292, 1322 ff. D II 414,809. K 301 f, 304 f

[*177*] Schaltplan einer Gleichstromzentrale ohne Batterie H II 1278. K 327.